国家出版基金项目
NATIONAL PUBLICATION FOUNDATION

北京卷
Beijing Volume

中国传统建筑
解析与传承

THE INTERPRETATION AND INHERITANCE OF
TRADITIONAL CHINESE ARCHITECTURE

Editorial Committee of the Interpretation and Inheritance
of Traditional Chinese Architecture: Beijing Volume

《中国传统建筑解析与传承 北京卷》编委会 编

中国建筑工业出版社

图书在版编目(CIP)数据

中国传统建筑解析与传承. 北京卷/《中国传统建筑解析与传承 北京卷》编委会编. —北京：中国建筑工业出版社，2019.9

ISBN 978-7-112-24200-9

Ⅰ. ①中… Ⅱ. ①中… Ⅲ. ①古建筑-建筑艺术-北京 Ⅳ. ①TU-092.2

中国版本图书馆CIP数据核字（2019）第193744号

责任编辑：胡永旭 唐 旭 吴 绫 张 华
文字编辑：李东禧 孙 硕
责任设计：王国羽
责任校对：王 烨

中国传统建筑解析与传承 北京卷
《中国传统建筑解析与传承 北京卷》编委会 编
＊
中国建筑工业出版社出版、发行（北京海淀三里河路9号）
各地新华书店、建筑书店经销
北京锋尚制版有限公司制版
北京富诚彩色印刷有限公司印刷
＊
开本：880×1230毫米 1/16 印张：26¼ 字数：771千字
2020年9月第一版 2020年9月第一次印刷
定价：288.00元
ISBN 978-7-112-24200-9
(32345)

本卷编委会

Editorial Committee

目　录

Contents

前　言

第一章　绪论

002　第一节　自然环境对北京建筑发展的影响
004　一、山势
004　二、水系
006　三、气候
007　第二节　北京建筑及其社会背景发展的沿革
007　一、古代
018　二、近代
023　三、现代
026　第三节　北京传统建筑传承概述
027　一、城市
028　二、院落
029　三、建筑
029　四、建构

上篇：北京古代传统建筑遗存

第二章　总体特征

033　第一节　规划整体
035　第二节　布局严谨
036　第三节　结合自然
037　第四节　结构标准

037   第五节　色彩分明

038   第六节　技艺精湛

第三章　城市

040   第一节　元明两代形成的总体格局

040   一、元大都城市格局

041   二、明北京城市格局

043   第二节　城门城墙构成的城市轮廓

049   第三节　中轴线空间序列及比例关系

049   一、中轴线建筑布局与空间构成

053   二、中轴线的精确比例

056   第四节　北京街道胡同构成的道路系统

056   一、元大都的街道胡同

057   二、明清北京的街道胡同

060   第五节　作为严整城市规划补充的园林系统

066   第六节　极具功能性的京郊村落

066   一、古商道上的村落

066   二、古驿道上的村落

第四章　院落

069   第一节　院落的围合感及组合方式

070   第二节　院落的平面模数与扩展方式

070   一、多进院落

071   二、多路院落

072   第三节　院落的空间序列营造

072   一、空间序列的递进

072   二、空间的时序之美

089   三、空间的韵律之美

089   第四节　院落的景观营造

090   第五节　院落空间的整中有变

第五章　建筑

097   第一节　严谨有序而类型丰富的平面布局

097   一、丰富的平面形状

097　二、严谨有序的柱网

097　三、面阔、进深之确定

097　第二节　程式化亦不乏多样化的立面造型

098　一、多样的屋顶类型

100　二、立面比例与细节

101　三、台基的重要性

104　四、造型极其多样的佛塔

104　第三节　基于木结构特性与空间形式的灵活的剖面设计

104　一、不同屋顶类型的剖面

110　二、大型共享空间

112　三、天窗的设计

114　第四节　基于小木作的灵活分隔的室内空间

114　一、天花

115　二、藻井

118　三、丰富多样的隔断形式

119　四、灵活分隔

121　第五节　大胆而不失和谐的建筑色彩

第六章　建构

123　第一节　高度标准化、模数化的大木结构

123　一、概述

123　二、梁架

127　三、斗栱与斗口模数制

131　四、重要技术成就

131　第二节　多样化的砖石结构类型

131　一、概述

135　二、砖石建筑类型

138　第三节　色彩材质丰富的屋面瓦作

138　一、概述

141　二、琉璃瓦屋面

143　第四节　轻质灵活而多样的小木装修

143　一、隔扇（亦作槅扇）

144　二、板门

147　三、屏门

147　四、槛窗

148　五、支摘窗

148　六、什锦窗

150　　　第五节　建筑装饰

150　　　一、彩画

154　　　二、石雕

155　　　三、砖雕

155　　　四、木雕

156　　　五、镏金

中篇：北京近代对传统建筑传承变革

第七章　总体特征

163　　　第一节　城市性质的转变

163　　　第二节　城市空间的开放

164　　　第三节　建筑的变革与传承

166　　　第四节　建筑营造的发展

第八章　城市

168　　　第一节　封建帝都空间的逐渐开放

168　　　一、皇家权力空间的市民化

170　　　二、封闭城墙的打破及废存话题

171　　　三、商业性空间的成长

172　　　第二节　传统城市架构的继承与发展

174　　　一、垂直相交轴线布局的创立

175　　　二、环路加放射交通格局的初现

176　　　三、既有街巷肌理的继承与发展

176　　　第三节　近代城市空间及功能的扩展

177　　　一、市内商务核心区的雏形

177　　　二、近代模范新市区的开辟

180　　　三、西北郊文教游览区的形成

180　　　四、西郊新街市的建设

181　　　五、东郊工业区及石景山炼铁厂的发展

182　　　第四节　城乡过渡地带及京郊乡镇的发展

182　　　一、城乡过渡地带的扩展

183　　　二、京郊乡镇的发展

第九章　院落

186　　第一节　传统院落空间的新内容
186　　一、帝都原有院落空间的利用与更新
189　　二、近代利用西郊园林形成的学堂院落组群
191　　第二节　从四合院到室内中庭建筑
191　　一、四合院到天井式楼房建筑
194　　二、室内中庭式建筑

第十章　建筑

203　　第一节　清末民初的中西合璧建筑
204　　一、官方的"西洋"风格中西合璧建筑实践
206　　二、民间的中西合璧建筑
208　　第二节　中体西用思想下中国传统复兴式建筑
209　　一、近代建筑本土化的早期实践
212　　二、中国传统复兴式建筑实践
214　　三、体现保存国粹宗旨的国立北平图书馆
215　　四、西方建筑师对中国风格新建筑的探索
216　　第三节　本土建筑师的中国风格新建筑探索

第十一章　建构

222　　第一节　结构体系的变革
222　　一、砖（石）木混合结构的发展
223　　二、铸铁结构
224　　三、砖（石）墙钢筋混凝土结构的引入和发展
225　　四、大跨度结构
226　　第二节　材料与工艺的传承和发展
226　　一、新材料新工艺的引进
227　　二、传统工艺、技术的传承和发展
228　　第三节　形式与装饰的模仿和创新
228　　一、中西合璧的建筑装饰
229　　二、传统建筑工艺对西洋建筑形式的仿写
230　　三、近代建筑工艺对中国传统建筑形式的模仿
230　　四、中国营造学社对中国传统建筑形式和装饰的研究整理

下篇：北京现代对传统建筑传承创新

第十二章　总体特征

235　　第一节　城市在传统与现代的交织中演变
236　　第二节　院落空间的多元发展
236　　第三节　传统建筑形式的继承和创新
237　　第四节　传统建筑技艺的现代表现

第十三章　城市

240　　第一节　城市形态
240　　一、城市形态的演变历程
240　　二、城市规划的新理念
241　　三、城市结构特点的传承
242　　第二节　两轴格局
242　　一、两轴交汇
244　　二、南北轴线
244　　三、东西轴线
246　　第三节　环路嵌套
246　　一、环路格局
247　　二、环状绿隔规划
248　　三、城墙遗址绿化
249　　第四节　街巷肌理
249　　一、传统街巷保护
251　　二、方格网肌理延续
255　　三、单位大院
257　　四、内向型居住区
260　　第五节　公共园林
260　　一、借用历史遗存遗迹
262　　二、运用传统理念建造
263　　第六节　城郊村落
263　　一、传统村落空间格局的传承
265　　二、传统村落风格特征的再生

第十四章　院落

268　第一节　院落围合
268　一、内向的空间组织方式
271　二、模糊的内部界面
275　三、逐渐开放的外部界面
280　第二节　空间层次
280　一、空间递进
282　二、空间延展
286　三、空间时序
291　第三节　中庭设计
293　第四节　景观自然

第十五章　建筑

301　第一节　传统建筑形式的继承
301　一、整体空间的继承
305　二、外部形式的继承
310　第二节　传统建筑形式的演化
310　一、以屋顶作为典型特征传承演化
314　二、以构件作为典型特征传承演化
321　第三节　传统建筑形式的创新
321　一、精简提炼
327　二、抽象衍生
331　第四节　传统建筑意境的延续
331　一、空间构型的尺度与韵律
335　二、建筑外观的材质与色彩

第十六章　建构

342　第一节　建构逻辑的传承创新
343　第二节　传统结构的传承创新
345　一、钢木结构
345　二、钢筋混凝土结构
345　三、钢结构
347　第三节　传统材料与技艺的传承创新
347　一、砖的砌筑

350　　　　二、木的搭接

353　　　　三、瓦的拼贴

355　　　第四节　传统建构元素与形式的传承创新

355　　　　一、屋顶

357　　　　二、外檐

361　　　　三、台基

第十七章　结语

附　录

参考文献

后　记

前　言

Preface

　　2014年，《中国传统建筑解析与传承》丛书的编纂出版工作正式启动，全国大陆31个省、自治区、直辖市各出版1卷。本套丛书以中华优秀传统文化为指引，通过对丰富的传统与现代建筑案例的调研与总结，深入梳理并解析优秀传统建筑的特征及其文化渊源，提炼并阐释优秀传统建筑文化在现代建筑中的传承与发展的方法与要点，以弘扬优秀传统建筑文化，为当代与未来的城市规划与建筑创作提供借鉴。这项工作是该领域的大型调查研究，时间跨度大，类型覆盖全；亦是至今对我国传统建筑文化及其传承创新相结合的最全面、最系统的解析，意义重大。

　　《中国传统建筑解析与传承　北京卷》（以下简称"《北京卷》"）是《中国传统建筑解析与传承》丛书的有机组成部分。本书不是建筑通史研究，而是以传统建筑文化传承的案例研究为线索，从不同建筑尺度上进行分析与总结。在传统建筑解析与现代传承的探索中倡导功能、形式与意境相结合的审美取向，在分析物质功能要素的满足的同时关注建筑的文化诉求。从而为《北京卷》的编写奠定了坚实的基础。

　　中国传统文化通常被认为是独立于西方哲学体系之外的文化系统。^① 在全球文明交融、多元文化对话的当今社会，中国传统文化觉醒、文化自信逐渐成为大众热议的话题，并在世界范围内获得了广泛的关注与认同，充分彰显了中国传统文化系统的重要价值与对世界文明发展的意义。在这样新的时代背景下，本书希望"中国传统建筑解析与传承"的研究可以突破简单的建筑学层面的思考，尝试从中华优秀传统文化与哲学层面进行探索与思考，呈现关于"中国传统建筑解析与传承"研究主题的一个新的视角与判断。

---

① 《辞海》对"传统"的解释："历史沿传下来的思想、文化、道德、风俗、艺术、制度以及行为方式等。对人们的社会行为有无形的影响和控制作用。传统是历史发展继承性的表现，在有阶级的社会里，传统具有阶级性和民族性。积极的传统对社会发展起促进作用，保守和落后的传统对社会的进步和变革起阻碍作用"。

所谓传统是"历史沿传下来的思想、文化、道德、风俗、艺术、制度以及行为方式等"[1]，是普世的、共同拥有的，而创作又是更具个性化的、繁多的，通过每一位建筑师的设计对于文化的传承做出回应。"传统"与"传承"是一对紧密结合、互相作用的概念。

现代社会中，在工业文明高速发展的冲击下，传统文化特质遗失严重，"传统文化"成了博物馆中精致的、只可远观的文物，与社会发展、大众生活渐行渐远，失去了生命力。在多元文化对话成为全球文化主流的今天，越发需要重新焕发优秀传统文化的活力，树立中国的文化自信。

北京是一座拥有三千余年建城史、八百余年[1]建都史的城市，拥有深厚的文化底蕴与建筑积淀、悠久的历史传承。从旧石器时代开始，北京地区即出现了人类活动的痕迹，如周口店北京人。北京地区可考的最早的聚落为蓟，即蓟城的前身；西周时期，在北京地域范围内出现了蓟、燕两座城市；汉武帝时期至南北朝，北京地区隶属于幽州刺史部[2]；隋唐时期北京地区隶属上阳、广阳二郡。公元938年，辽在此设置陪都、号南京幽州府；1153年，金在北京建都，称为中都；1272年，元改中都为大都；明朝初年，将大都更名为北平，1403年，明成祖朱棣更北平为北京，意喻与南京相对，北京称谓的由来肇始于此。民国时期的北京失去首都地位，又更名为北平。新中国成立之后，确立北京为首都，北京的称谓沿用至今。

《北京卷》的编著具有特殊的难度和更高的要求：建筑实践方面，北京是中国古代传统建筑集大成者，是近代重要的城市之一，是发展迅猛的新中国的首都，具有悠久的传统建筑历史积淀与丰富的现代实践。在全国范围内，其独特的城市性质、多元交融的文化背景、丰富多样的建筑与城市的传统遗存与创新实践都极具特色。未来要求方面，北京作为新中国的首都，作为全国的政治中心、文化中心、国际交往中心、科技创新中心，对城市规划与建筑设计有着更高的要求和期待。本专题研究方面，面临重要的挑战——传统建筑继承与创新的基本观点有待进一步深入研究，中国建筑体系的完善有赖于相关领域的研究成果给予更多的理论支持。

通过基本概念与研究思路的辨析，《北京卷》清晰地建立了本书的核心架构：以"首都"为文化主线，以"（建筑传统与传承的具体）特征及其背景分析"为编写逻辑主线，以传统建筑与近现代传承中具体特征的不同尺度作为篇章建构的基本依据。

《北京卷》以"首都"作为研究北京城市与建筑发展的文化主线。首都是北京最重要的城市性质，有其丰富的内涵，是建成环境最主要的影响因素之一。无论是文化还是建筑，无论是过去的积淀

---

① 自金天德五年（1153年），海陵王正式下诏迁都，改南京为中都算起。
② 汉武帝元封五年，为了加强中央对地方的控制，除京师附近七郡外，把全国分为13个监察区域。每区由朝廷派遣刺史一人，专门负责巡察该区境内的吏政，检举不法的郡国官吏和强宗豪右，其管区称为刺史部。

还是未来的期望，首都的特质造就了北京在中国所有城市中独一无二的地位，主要体现在两个方面：一是文化内容方面，北京是中国文化的荟萃之地，国家最高管理机构所在地，城市格局与建筑样式与社会礼制严格对应、形制完整，拥有最高水平的建造工艺；二是影响力方面，作为全国政治、文化、国际交往与科技创新中心，也是整个国家城市建设的缩影和建筑样式的样板，在全国的建设中具有典型性、代表性、统领性、辐射性，同时北京的开放性与包容性为其在社会的不断发展中持续汇聚优秀文化、探索更好的可能、保持引领性地位提供了保障。

作为首都的北京，是一个传统与现代，多元文化交融碰撞的城市，是中国农业文明向工业文明、生态文明演变过程中建筑与城市发展变迁的典型代表。新中国建立了新的社会制度，作为首都，新的城市与建筑如何传承中国优秀的传统文化，需要仔细辨析，例如：一，建成环境形制体现社会文化形成完整的城市与建筑体系的做法值得传承；二，在"以人民为中心"的发展思想指导下，作为与之对应的城市与建筑理念、城市与聚落的布局、建筑的形制等都需要完善；三，那些放到现代仍然符合人的生活需求、体现群落社会需求、体现人与自然和谐相处的部分城市与建筑理念及做法值得传承；四，新时代要建立符合现代社会的、新的品质标准，追求高水准工艺品质的传统值得传承；五，开放、包容、创新的精神值得传承。

《北京卷》研究的地域范围是北京行政区全境，选取典型案例展开论述；研究对象以建筑为主体，也涉及城市的整体格局变迁、具有典型特征的村落的演进等相关部分的内容。《北京卷》的研究与思考涉及古代、近代、现代、未来整个发展历程。

《北京卷》体例上，以论述为主，不是单纯的全面的历史考证与陈述，而是仅选取相关的历史资料，作为进一步提炼观点的素材；方法上，以实证为主、评论为辅，不是单纯的详细的工程实录与简介，而是通过大量的文献梳理、专家研讨、案例调研，结合理论框架，选取优秀的、建成的、现存的案例，针对其优秀传承的具体方面，深入解析与阐释，力图通过广泛的资料收集和项目归类，解析出中国传统建筑文化传承的脉络。

《北京卷》研究范围涉及时空维度宽广，建筑案例及相关文化理念繁多，需要有一个清晰统一的编写主线来把控总体。《北京卷》找到了"传统遗存"、"近代传承变革"与"现代传承创新"之间贯穿的核心脉络：以"特征及其背景分析"作为贯穿全书的主线，统一贯穿上篇古代遗存、中篇近代传承变革、下篇现代传承创新、结语总结展望，同时，以绪论作为全卷总概要，浓缩北京从古至今各时期城市与建筑总体格局的典型特征、来龙去脉、核心问题及其思索；这样，使得主题突出、完整、一致，主线清晰，逻辑严密。

在特征解析方面更深层次地挖掘其内部逻辑。以建筑与城市为本体，建筑特征解析的思路包含两个层次、六个方面。第一个层次是：特征是什么、特征的形成原因、特征的传承手法；第二个层次是：不同的建筑尺度、建筑类型、发展时期。本书以特征是什么为核心；向前探索特征形成原因，向后提炼特征传承手法；以建筑尺度、建筑类型、发展时期为隐含的编写线索与分类方式；最终达到上、中、下篇及结语的联系与呼应，加强文章的整体性。本书中对于特征的总结不强调学科体系的完整性，更关注总结具有传承价值的特征，重点突出。

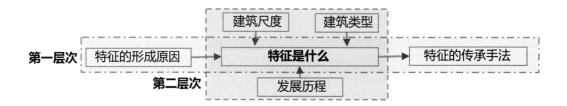

"建筑之始，产生于实际需要，受制于自然物理非着意创制形式，更无所谓派别。其结构之系统，及形式之派别，乃其材料环境所形成"①。"建筑显著特征之所以形成，有两因素：有属于实物结构技术上之取法及发展者，有缘于环境思想之趋向者。对此种种特征，治建筑史者必先事把握，加以理解，始不致淆乱一系建筑自身优劣之准绳，不惑于他时、他族建筑与我之异同。"②恰如梁先生所说，建筑特征之形成有两因素：一为环境思想之所趋，一为建筑自身所具有之特征。

"背景分析"主要从建筑环境发展变迁、影响因素、影响机制等方面对建筑的外部因素进行归纳梳理，在书中绪论部分体现。环境发展变迁包含发展历程、社会环境、人文环境等方面；影响因素是建筑外在的、但是对建筑产生与形成具有重要作用的方面，分析总结归纳为人的需求、社会因素、管理因素、自然因素、文化因素、经济因素、技术因素、设计因素、建造因素九大因素；影响机制主要探讨影响因素的作用方式，包含影响内容、影响途径、影响结果三方面。影响因素中人的因素在现实生活中受制于特定的社会规则、自然条件、文化偏好、经济发展、技术水平、管理制度等方面，这种制约以设计为媒介、建造施工为落实手段，体现到建筑与建成环境中。其中，设计

---

① 梁思成《中国建筑史》："建筑之始，产生于实际需要，受制于自然物理，非着意创制形式，更无所谓派别。其结构之系统，及形式之派别，乃其材料环境所形成。古代原始建筑，如埃及、巴比伦、伊琴、美洲及中国诸系，莫不各自在其环境中产生，先而胚胎，粗具规模，继而长成，转增繁缛。其活动乃赓续的依其时其地之气候，物产材料之供给；随其国其俗，思想制度，政治经济之趋向；更同其时代之艺文，技巧，知识发明之进退，而不自觉。建筑之规模，形体，工程，艺术之嬗递演变，乃其民族特殊文化兴衰潮汐之映影；一国一族之建筑适反鉴其物质精神，继往开来之面貌。今日之治古史者，常赖其建筑之遗迹或记载以测其文化，其故因此。盖建筑活动与民族文化之动向实相牵连，互为因果者也。"
② 梁思成. 中国建筑史. 天津：百花文艺出版社，1998.

和建造因素在某种程度上起着连接其他因素与建成环境效果的作用，实现其他因素对最终结果的影响。

特征及其传承手法解析的主要层面，以尺度划分为四部分：城市、院落、建筑、建构。"城市"章节包括城市、群落的相关内容。北京作为首都，城市整体格局对建筑单体的特征具有重大影响，研究北京传统建筑，离不开对相关的北京城市特征的研究。本书将从城市格局、空间形态等方面进行北京城市特征的总结与解析，如对自然环境的回应、空间结构、城市形态等。"院落"具有独特的中国属性，是北京传统民居的核心要素，具有重要的文化内涵。本书将从原型出发探索北京传统院落空间的特征、成因与传承。通过空间逻辑、肌理布局、空间变异、空间时序等方面体现传统院落建筑特征的传承。"建筑"是本书的主体部分，北京的首都定位对其建筑发展的脉络梳理与特征总结具有极重要的意义，本书以建筑形式作为切入点，综合建筑形式传承程度与建筑类型、屋顶、立面、室内、色彩、符号等方面，梳理北京现代建筑对传统的传承。"建构"在建筑领域是一个具有丰富内涵的词汇，本书中提及的建构是相对狭义的，更多指代其在建筑构造层面的涵义，根据论述需求会涉及部分建构逻辑方面内容，主要内容从建构逻辑、结构、传统材料与技艺、建构元素与形式四个方面梳理北京现代建筑对传统的传承创新与地域文化的体现。

对"传统"与"传承"的转折点进行更细致的分析，会发现北京近代是一个承上启下的阶段，既有对传统的传承，也有可以被现代传承的传统，在传统与传承两方面都有着举足轻重的地位，具有独特性，因而有必要独立成篇。综合考虑各方因素后本书划分为六个部分：前言、绪论、上篇北京古代传统建筑遗存、中篇北京近代对传统建筑传承变革、下篇北京现代对传统建筑传承创新、结语。全书整体紧扣"传统解析"与"现代传承"两个主题；三篇均从总体特征、城市、院落、建筑、建构这五个方面统一论述框架，令传统解析与现代传承的对应关系更加清晰。

前言简介了《北京卷》总体情况、编写思路、各部分的主要内容及意义。绪论统领全书，概述北京从古至今，城市与建筑总体格局的典型特征、来龙去脉、核心问题及其思索。上、中、下三篇除"总体特征"外，分别从城市、院落、建筑、建构四个尺度详细解析了古代传统建筑特征、文化渊源，并探索现代的传承实践。上篇强调"遗存"，是对北京古代传统建筑遗存的总结与解析，基于解析与传承的主题，选择具有传承价值、具有典型性的传统建筑进行总结、梳理与解析。以元、明、清时期的建筑遗存为主，结合中国传统文化精华对传统建筑遗存的相关文化特征、布局肌理、建筑要素、建筑实例等进行梳理总结、归纳提炼。中篇承上启下，既研究近代对古代遗存的"传承"，也研究近代在时代背景下对传统的"变革"。时间覆盖1840—1949年，集中在1911—1949年，但考虑近代建筑的发展与演变过程与典型社会发展历史时刻不完全吻合，近代时间段的划分作弹性处理，重点关注北京在清末新政、北洋政府及南京政府管理时期自主性的近代化实践。下篇主要在四个尺度下选取现代传承传统的典型建筑案例分析、梳理、总结、提炼现代传承的详细特征。结语，面向未来，对北京优秀传统建筑文化传承进行概述与展望，并梳理传承图谱。

由于时间有限和能力所致，本书的编写难免存在疏漏和不妥之处，敬请读者谅解和不吝指正！

第一章　绪论

中国拥有上下五千年的悠久历史，北京地区，从旧石器时代起就有人类活动痕迹；至公元前1046年西周时期建立蓟与燕，成为城市发展的起点。北京经历了数千年的发展，在封建社会时期从边疆之城逐渐发展成为地方政权的中心再到全国的政治中心，民国时期初步现代化，直至成为中华人民共和国的首都。至今，北京拥有三千多年的建城史、八百多年的建都史，逐渐发展成为中国最重要的城市，是中华文明的凝聚和代表。

北京老城的城市营建与空间格局充分体现了中国传统文化中的营城思想，是古代平原地区营城的典范。丹麦学者罗斯缪森评价北京老城说"北京城乃是世界的奇观之一，它的布局匀称而明朗，是一个卓越的纪念物，一个伟大文明的顶峰"。随着中国经济迅猛发展，在树立民族自信、文化自信的过程中，传统建筑传承得到高度关注。如今，应当突破仅从形式角度研究和探索的方法，深入建筑背后的社会生活、人文精神、建筑意匠等更本质的要素进行思考与实践。

第一节　自然环境对北京建筑发展的影响

根据侯仁之先生对北京地区自然环境的考证，北京地区城市的兴建和文化的发展与三大平原汇聚的文化带、与南北贯通的重要的古代交通道路的发展、与险要的地理位置、与得天独厚的自然资源、与四季分明的气候环境密不可分。

北京所在的"北京小平原"位于呈巨大三角形的华北平原的最北端。[①]北京的总体地势西北高东南低，可以分成三

个地貌单元：东、北、西三面是山地，这些山地在地貌学上属侵蚀——剥蚀构造断块山地，其面积约占北京市总面积的2/3；第二个地貌单元是由永定河、拒马河、潮白河及清水河向渤海汇流过程中所形成的向东南倾斜的冲洪积平原；第三个地貌单元是在断块山地与冲洪积平原之间的侵蚀——剥蚀丘陵、台地。[②]从中国大的三级地势来看，北京恰处于第二级与第三级地势的过渡带上，在环境基础上也提供了不同文化交融的机会。[③]（图1-1-1、图1-1-2）。

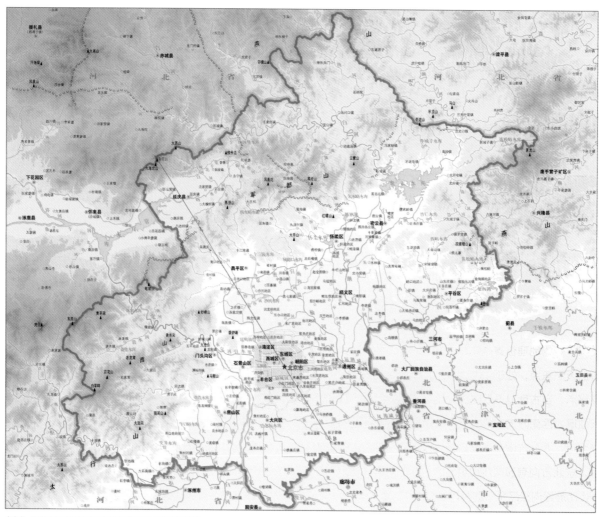

高度表

0　50　100　200　400　600　800 1000 1200 1400 1600 1800 2000 2200　（m）

图1-1-1　北京市地形（资料来源：《北京历史地图集·文化生态卷》）

① 侯仁之著. 北平历史地理. 邓辉等译. 北京：外语教学与研究出版社，2013.11（2015.2重印），P1.
② 侯仁之主编. 北京城市历史地理. 北京：北京燕山出版社，2000.3，P1.
③ 侯仁之主编. 北京城市历史地理. 北京：北京燕山出版社，2000.3，P12.

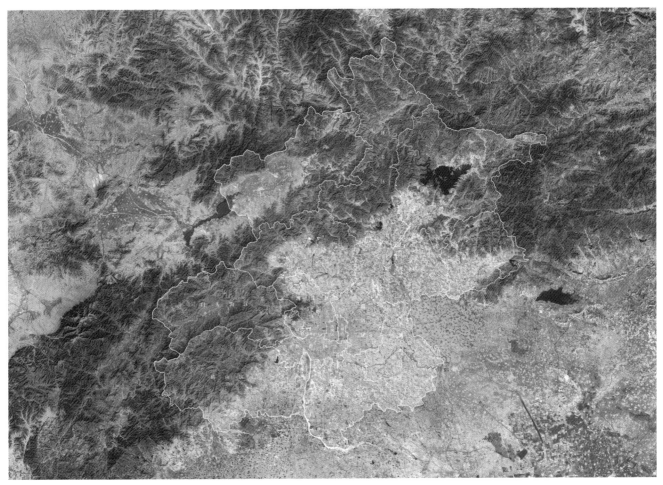

图1-1-2 北京地区卫星图（来源：《北京历史地图集·文化生态卷》）

北京所处的地理位置是华北平原与北方山地、高原间陆路交通的天然焦点，处于东北大平原、华北大平原和蒙古高原的交接点，自古就是联系这三大地理单元的枢纽，其交通也得天独厚：西南方向有沿太行山东麓直通中原各地的太行山东麓大道，西北方向有通向太行山以西及蒙古高原的居庸关大道，东北方向有通向燕山腹地的古北口大道，向东还有紧傍燕山南麓通向松辽平原的喜峰口大道和山海关大道。[1]

早自旧石器时代开始，北京就成了联结南北各地的枢纽，承担起文化的外向辐射与内向聚敛的双重作用，[2]新石器时代亦是如此，如上宅一期文化明显受到东北兴隆洼文化的影响，筒形罐是典型的兴隆洼文化中期陶器。上宅二期文化中同时具有南北两方的文化因素，一方面有来自中原磁山文化的影响，另一方面也有来自北方赵宝沟文化的影响。[3]进入青铜器时代，在商朝根据考古研究北京地区的文化类型以夏家店下层文化为主，其特征是继承了龙山文化河北类型又受到东北地区文化的影响。在上宅遗址和雪山遗址最上层都发现重要的夏家店下层文化遗址。平谷区刘家河一座墓葬出土青铜礼器，都具有典型的商代中期文化特征，而耳环、臂钏

---

① 侯仁之，唐晓峰. 北京城市历史地理. 北京：北京燕山出版社，2000年，P353.
② 王光镐. 人类文明的圣殿——北京. 北京：中国书籍出版社，2014.9 P412.
③ 侯仁之主编. 北京城市历史地理. 北京：北京燕山出版社，2000.3，P12.

等则属于典型夏家店下层文化。这些情况进一步说明北京小平原是中原和北方文化交融的地区。[①]

北京依靠太行山的冲积扇平原、土壤肥沃、交通便利、水系充沛、四季分明，地理气候适宜农耕文明生存、发展；北京处于长城文化带、运河文化带、西山文化带的交汇处，在古代是游牧文明与农耕文明的交汇处，横亘北京城北面和东北面的燕山山脉是中原农耕区与北方游牧区界线（世界上最重要的社会分水岭[②]）的一部分，且因为这里有整条界线上从游牧草原至农耕平原最短的天然通道，因此燕山山脉正是这一界线中的要害部分。当游牧民族的威胁从西北方转移至东北边境时，北京的政治、军事意义不断凸显，最终成为中国王朝后期都城。[③]

一、山势

"日日车尘马足间，梦魂连夜到西山"[④]

西山为太行余脉，因地处京城西部而得名。西山自北京西南部延伸向西北，形成一道弧形的天然屏障，它南起今房山区，中经门头沟区、石景山区，北抵昌平，将北京拱卫起来，连绵延亘一百八十里，俗称"二百里西山"。北京历朝历代在西山营建了数不尽的园林、寺观，著名的燕京八景中的"西山晴雪"即为吟咏西山雪后初晴之美景。

"大漠沙如雪，燕山月似钩"[⑤]

燕山山脉西起洋河，东至山海关，北接坝上高原，南侧为河北平原，西南以关沟与太行山（西山）相隔，东西绵延约420公里，山脉被滦河切断形成喜峰口，被潮河切割形成古北口等，自古为南北交通锁钥。北京境内的燕山位于城市北部，万里长城的北京段即延燕山逶迤西行。北京昌平区的

西部、北部为山区，以南口及居庸关为界，西部山区属于西山，北部山区属燕山。

燕山层峦叠嶂，分布有众多古建筑群，其中昌平天寿山由于绝佳的风水形势，被明成祖朱棣选作明代皇陵区所在，最终形成了宏大壮伟的明十三陵建筑群；银山素有"铁壁银山"之谓，其中留有金、元、明、清数十座佛塔组成的银山塔林；小汤山则以温泉佳致著称，清代曾在此建有行宫；万里长城随燕山起伏，形成古北口、黄花城、居庸关等著名关隘，居庸关一带更有燕京八景之一的"居庸叠翠"。

如果说西山的寺观、园林等古建筑主要以优美见长的话，那么燕山的雄关、古塔、十三陵等古建筑则以壮美取胜，这是北京两大山区古建筑体现出的不同气质。

二、水系

北京地区的河流全部属于海河水系。从东到西分布有蓟运河、潮白河、北运河、永定河及大清河五大水系（图1-1-3），分别由北向南或由西北向东南穿过军都山及西山进入北京小平原，其中永定河为最大河流，它与潮白河对北京湾的形成起到了至关重要的作用。永定河古称㶟水，亦称浑河，其上游为桑干河，由于时常泛滥，河道变迁、摆动不定，故也称作无定河。永定河历来被视为北京城的母亲河，横跨在永定河上的卢沟桥为北京与中原地区之间的重要交通要道，同时也是北京重要的金代遗存，燕京八景之一的"卢沟晓月"即咏卢沟桥景致（图1-1-4）。

以上河流水系在北京小平原上形成了许多天然湖泊，例如莲花池、白莲潭（今天北京三海与什刹海之前身）、瓮山

① 侯仁之主编. 北京历史地图集·政区城市卷. 北京：文津出版社. 2013.9，P17.
② 侯仁之著. 北平历史地理. 邓辉等译. 北京：外语教学与研究出版社，2013.11（2015.2重印），P13："燕山山脉只是历史上中原农耕区与北方游牧区界线的一部分。……这条农牧交界带西起青藏高原的东北边缘，东迄太平洋海岸，长达一千五百多英里（约2400公里）。罗士培教授曾写道：'这条界线，标志着世界上最重要的社会分水岭之一——它分隔了大草原与农耕区，也就是由无数小农家庭组成的中原地区与广泛分布着掠夺性游牧民族的北部边疆地区，而后者只在最强盛的中原王朝统治下一度臣服。'"
③ 侯仁之著. 北平历史地理. 邓辉等译. 北京：外语教学与研究出版社，2013.11（2015.2重印），P13.
④ 《西山》明·大学士李东阳。
⑤ 《马诗·五》唐·李贺。

图1-1-3 北京市五大水系分布（来源：《北京历史地图集·文化生态卷》）

泊（今颐和园昆明湖之前身）等等，这些湖泊同古代北京的城市生活与园林营建有着十分密切的联系。在上述天然水系格局的基础之上，古代北京经过长达三千余年的城市建设，逐渐形成了自身特有的城市水系，包括莲花池水系、高梁河

水系与通惠河、清代西北郊水利工程等等。绘制于清乾隆年间的《都畿水利图》（弘旿绘，高32.9厘米，长1018.3厘米，藏于中国国家博物馆）（图1-1-5）由左至右（即由卷末至卷首）描绘了自北京西北郊香山、玉泉山直至通州、天

图1-1-4　明王绂《燕京八景图》之"卢沟晓月"（来源：《中国美术全集6绘画编明代绘画 上》）

图1-1-5　《都畿水利图卷》中的万寿山清漪园（今颐和园）（来源：《中国国家博物馆馆藏文物研究丛书——绘画卷，风俗画》）

津，长达上百公里壮阔的都畿水系全景，可谓清代北京地区水系分布与水利工程的生动写照。

三、气候

北京为典型的北温带半湿润大陆性季风气候，夏季高温多雨，冬季寒冷干燥，春、秋短促。年平均气温10～12℃。1月-7～-4℃，7月25～26℃。极端最低-27.4℃，极端最高42℃以上。全年无霜期180～200天，西部山区较短。年平均降雨量600毫米左右，为华北地区降雨最多的地区之一。

北京地区的气候温暖湿润，水土资源丰富，早在新石器时代就成为中国北方的主要农业区之一。[1]稳定、适宜的气候为北京地区农耕文明的形成与发展提供了优越的条件与有力的保障。从原始时期的部落到聚落再到城市，北京的城市与建筑在漫长的发展变迁中，根据气候条件不断优化，形成了具有典型北京特色的建筑风格。

---

① 王光镐. 人类文明的圣殿——北京. 北京：中国书籍出版社，2014.9（2015.10重印）.

第二节　北京建筑及其社会背景发展的沿革

北京古代的城市格局是封建社会制度与农耕文明的共同产物。伴随中国东北方向游牧民族的兴起，北京政治与军事的战略地位得到了大大的提升。现存的北京城是在元大都的规划建设基础上发展而来的。元大都是一个平地新建的街巷制都城。元大都在吸纳《周礼·考工记》礼制严谨的营城思想的基础上也充分融合了少数民族逐水草而居的习性，形成了如今北京城的起点。

北京城郊村落最早起源于先秦时代，秦汉至隋唐几经变迁，辽金元多元交融，明、清代持续发展，民国时期发展趋于缓慢，在新中国成立之后产生了多方面的变化。[①]京郊村落深受其所处地理环境与当时社会经济条件的影响，在布局形态、环境形态与居住形态三方面均具有重要特征，三个方面互相关联，特征显著。

古代，北京曾作为封建王朝的首都，传统中等级森严的礼制要求在北京城的规划与建筑中得到了充分的体现。长幼尊卑、中正的思想从皇宫到民宅一以贯之。古代北京城市规模宏大，经济、文化发达，聚集着大量的人口，蕴藏着巨大的消费需求，这些消费需求带动着周边聚落的发展、如爨底下等。另一方面，基于北京三面环山的地理环境特点与冷兵器时代的城市防御特色促使古北口、宛平城等军事重镇得以存续发展，成为保卫北京的屏障。

近代，伴随着中国社会农耕文明向工业文明的被动转变，列强入侵、政权迭变、军阀割据、社会动荡。西方文明进入后，北京的城市建设开始了缓慢现代化的步伐。北京城市开始扩张，城墙被打开，新的功能的建筑开始出现；随着科学技术的革新，新的建筑材料与技术被应用在城市与建筑的建设上，出现了很多新形式的建筑。不过作为古都的北京在某些方面依旧深受首都文化的影响。

现代，中华人民共和国的成立翻开了北京城市与建筑建设新的篇章。北京的城市与建筑逐渐成为社会文明的承载，被赋予了新时代的意义。

北京从一个无出其右的封建都城样板到新中国的首都，其自身发展重要的同时更有牵一发而动全身的国际影响力。城市空间格局是城市发展的骨架，是城市经济发展政策和城市整体建设策略在空间布局上的具体体现。[②]北京经历了漫长的历史发展，形成了如今的空间格局。北京以地理、自然属性为基础，政治属性为核心，文化属性为动力，千百年来生生不息地建设发展（图1-2-1）。

一、古代

作为早期居民点的北京本质上是一个边疆城市。10世纪起，北方游牧民族发展强大，在这个漫长时期，北京主要是中原王朝北疆防御的军事基地。938年辽的疆域扩展并将北京作为陪都致使情况发生了根本性变化。北京不再是一个中原地区的边疆城市，而是变成了北方政权中心之一。随着历史的变迁、北方政权的发展，北京政治、军事的影响力逐步加强，北京的重要性也随之提升，逐渐成为全国的政治中心（图1-2-2、图1-2-3）。

（一）西周至唐

1. 蓟与燕

西周初年，周王朝在今北京地区先后分封了两个诸侯国：蓟与燕，蓟在北、燕在南——迄今为止我们所知道的北京地区城市发展的历史由此开始。[③]其中蓟国的都城"蓟"，是北京地区最早出现的聚落之一。燕国的范围主要在永定河

---

① 尹钧科. 北京郊区村落发展史. 北京：北京大学出版社，2001.
② 王亚钧，路林. 从卫星城到新城——北京城市空间格局的发展与变化. 北京规划建设[J]，2006（5）.
③ 北京地区在出现城市以前早已有人类活动，如北京西南房山周口店遗址发现距今46万年前的"北京人"、距今约10万年前的"新洞人"以及距今2万年前的"山顶洞人"化石等等，都证明北京地区早期人类生活的情况。但本书以古都北京的城市与建筑为主题，因此对北京之历史沿革从城市出现谈起。

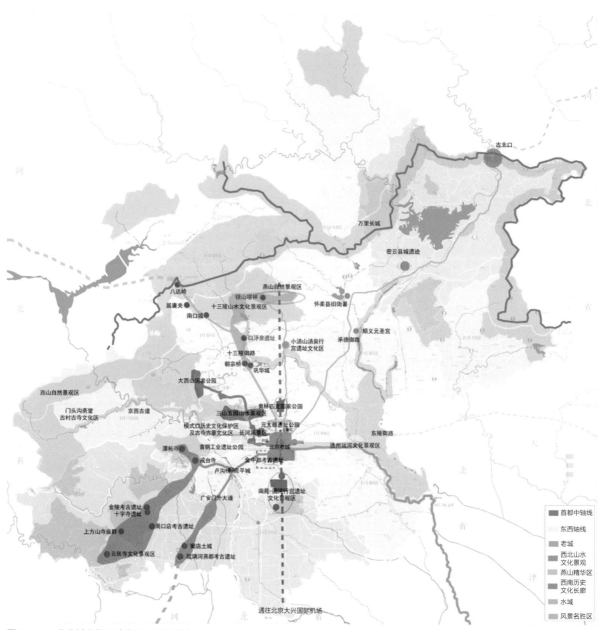

图1-2-1　北京城市格局（来源：王南 绘）

以南的拒马河流域。后燕国将自己的国都改设在"蓟"。因此古老的"蓟城"可称作"北京城的前身"，其位置大致位于今天北京的广安门一带（图1-2-4）。①

春秋，今北京地区主要为燕国疆域。战国，今北京市西部和西北部地区属上谷郡，东部及东北部地区主要属渔阳郡，东部的极少部分属右北平郡。

---

① 战国之前的蓟城，至今考古工作未能证实，但战国至魏晋时的蓟城，结合文献及考古发现，大致在以广安门为中心，东至菜市口，南至白纸坊，西至白云观以西，北至头发胡同以南的范围。这一区域内曾发现有战国时期的陶片及战国至西汉时的陶井300余座。参见梅宁华，孔繁峙主编. 中国文物地图集·北京分册（下册）. 北京：科学出版社，2008：55.

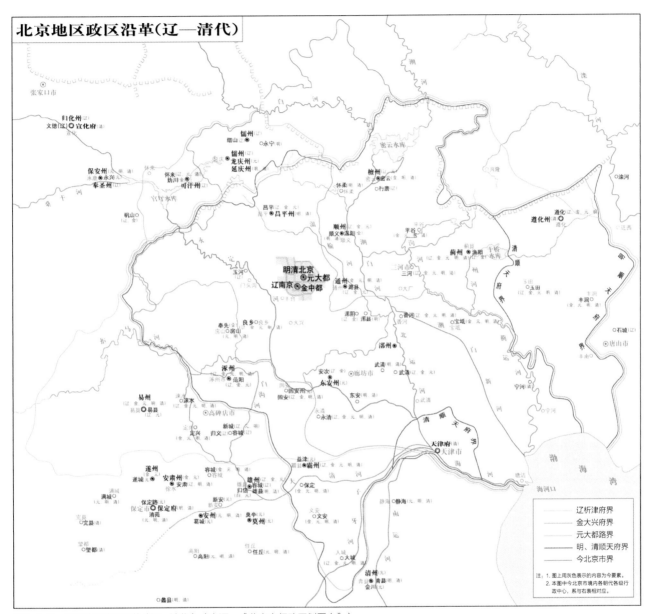

图1-2-2　北京地区政区沿革（辽—清代）（来源：《北京市行政区划图志》）

2. 唐幽州

隋初，为了加强中央统治，简化地方行政制度，于开皇三年改州、郡、县三级制为州、县二级制。唐初地方行政制度仍袭隋制。武德元年（公元618年）以州统县，贞观元年（1153年）在州上设道，分全国为十道；开元二十一年（公元733年）增为十五道，形成道、州、县三级行政区划。中唐时，以数州为一镇，置节度使，称为"方镇"或"藩镇"。天宝以后，节度使又兼任各道采访使，道、镇

基本合一。开元二十九年（公元714年），今北京地区属河北道，下置幽州、檀州，并有妫州及饶乐都督府部分地区（图1-2-5）。

北京地区隋代属涿郡，唐代属幽州，二者都以蓟城为治所，因此蓟城在隋唐之际又先后被称为涿郡、幽州。

隋代开凿京杭大运河为北京城市史上的大事：当时的大运河自余杭至华北平原的北端门户蓟城（涿郡），全长近3000余里，后世逐步发展成为北京城的"生命线"。

北京城址变迁(辽—清代)

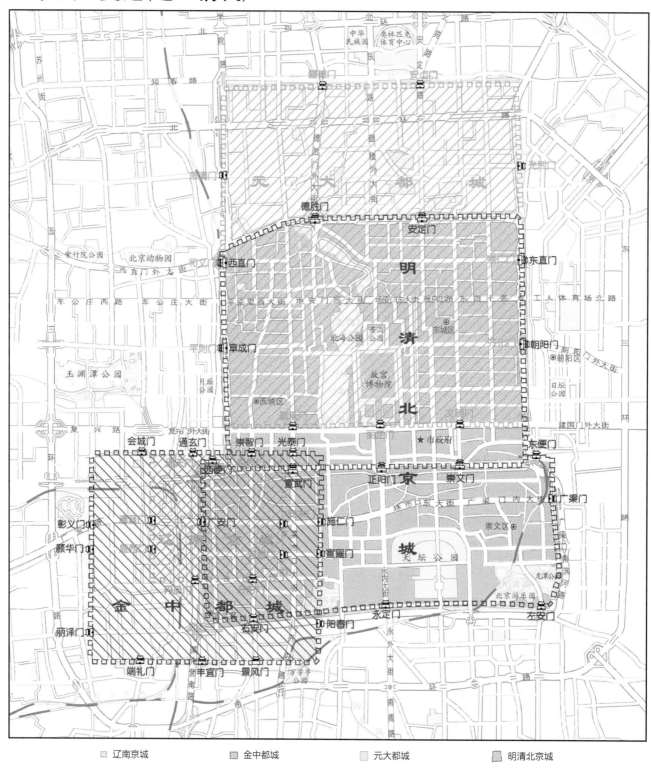

☒ 辽南京城　　　　　☒ 金中都城　　　　　☒ 元大都城　　　　　▧ 明清北京城

图1-2-3　北京城址变迁（辽—清代）（来源：《北京市行政区划图志》）

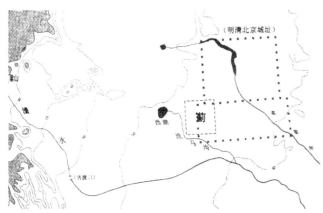

图1-2-4　《水经注》所述蓟城位置示意图（来源：《北京城的起源与变迁》）

幽州城有内外两重城垣，即子城（内城）和大城（外城）。子城位于大城西南隅——"安史之乱"时，史思明曾将子城改为皇城，城内建有紫微殿、听政楼等殿阁。子城之外采取"里坊制"布局，并一直延续到辽代；城北是市肆区，称为"幽州北市"。

从西周至隋唐，北京地区一方面作为边关要塞，其军事地位日益增加。从边关小城到屯兵十几万的军事重镇。其军事实力的壮大也为唐王朝的灭亡埋下了巨大隐患；另一方面伴随着唐帝国大一统形势的形成，以及东北方各少数民族的陆续崛起南下在幽燕地区形成的民族杂居和文化融合[1]。综

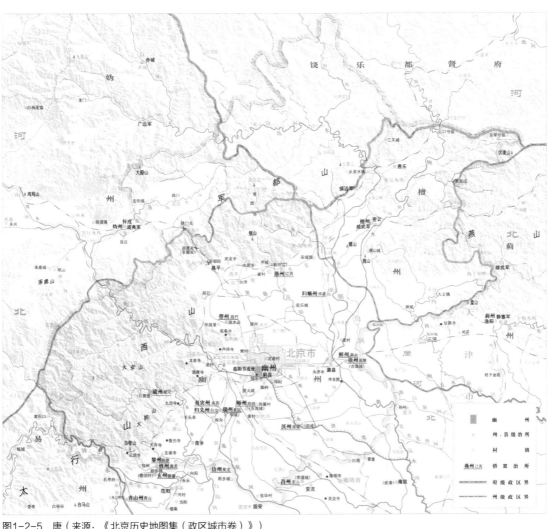

图1-2-5　唐（来源：《北京历史地图集（政区城市卷）》）

---

① 韩光辉. 从幽燕都会到中华国都——北京城市嬗变. 北京：商务印书馆，2011。

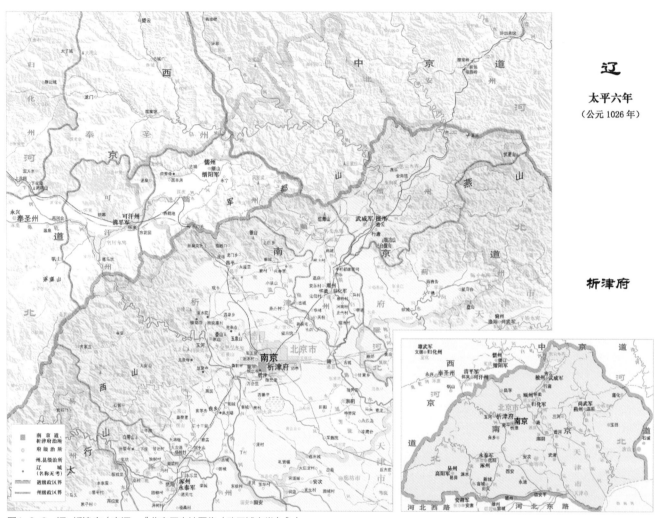

图1-2-6　辽-析津府（来源：《北京历史地图集（政区城市卷）》）

上，经历了千年发展北京地区在政治、经济、文化、军事等方面均已经发展到了边疆之城的巅峰，一时无两。

（二）辽至金

1. 辽南京

公元936年，后晋的石敬瑭割让"幽云十六州"给契丹以求取得契丹支持建立后唐政权，从此幽州地区纳入契丹人的版图。辽会同元年（公元938年），幽州升为辽五京之一的"南京"，又称"燕京"。至此，北京政治地位开始抬升，由辽南京直至金中都，北京地区逐渐发展成为中国的重要政治中心，为元、明、清直至今日北京作为国家的首都奠定了基础。

辽制，分立上、中、东、西、南五京。于京置道，道领府、州：府统州、县，并多置军。太平六年，今北京地区分属南京道、西京道、中京道（图1-2-6）。

辽南京基本沿用唐幽州旧城，包括大城和子城，子城内还建有宫城。大城设八门，以东西、南北两条大街为骨干，其中南北大街即今牛街至南樱桃园一线，东西大街即今之广安门内大街、广安门外大街一线。布局仍采取"里坊制"，全城共26坊，其中部分里坊还沿用唐代旧名。子城依旧位于大城西南部，约占大城的四分之一，内有宫殿区和园林区。

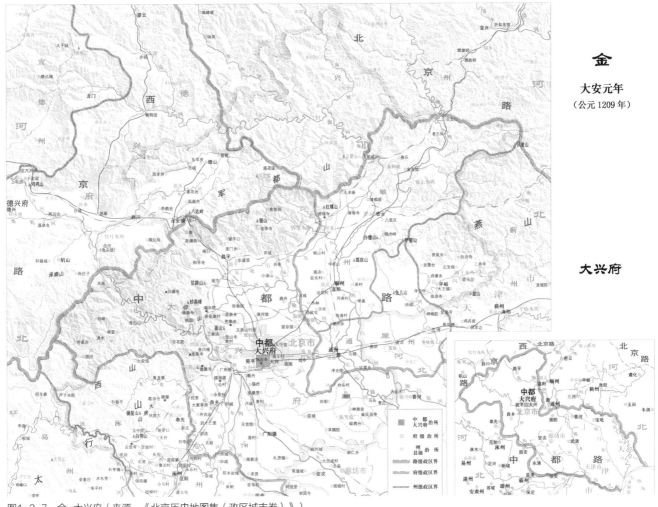

图1-2-7 金-大兴府（来源：《北京历史地图集（政区城市卷）》）

子城中部偏东建有宫城，规划设计了一道南北中轴线自南门丹凤门到宫城北门并继而延伸至子城北门，最后沿南北向大街直抵大城北墙通天门，形成辽南京城的主轴线。

2. 金中都

金贞元元年（1153年）海陵王完颜亮从会宁迁都至辽南京，改燕京为中都。金中都是在古蓟城旧址上发展起来的一座大城，在北京城市发展史上起到承上启下的作用。

金政区大体承袭宋、辽旧制，以路统辖府州，府州下辖县镇。中都附近特设中都路，其中近畿部分为大兴府。大安元年今北京地区分属中都路、西京路和北京路各一部分

（图1-2-7）。

金中都的规划建设一方面是对辽南京的改扩建，更重要的是对北宋都城汴梁（今河南开封）的仿建。金中都呈宫城、皇城、大城三重城垣相套的格局。辽南京的皇城原在大城西南隅，金中都欲仿北宋汴梁皇城居中之制，同时也为扩大都城规模，故将辽南京旧城向西、南大大展拓，东面也略加外扩——经过此番扩建，金中都的皇城便基本居于大城中央（略偏西）。宫城位于皇城中央偏东，宫城的南北中轴线成为全城的主轴线，该中轴线位于明清北京城外城西墙一线（即今广安门滨河路一线）。

金中都大城为东西长、南北窄的长方形，周长约18690

米，共设城门13座。大城的规划布局也借鉴了北宋汴梁的"街巷制"布局，呈现为从"里坊制"向"街巷制"过渡的形态。皇城南部为宫廷前区的宫廷广场，法度严谨，气势宏大，纵深感极强，烘托出宫城的庄严气氛——元大都、明北京都继承了这种宫廷前区的规划模式。宫城规模宏大，周回九里三十步（面积与元大都宫城以及明清北京紫禁城相近），部署秩序井然，成为元、明、清宫殿规划设计的范本（图1-2-8、图1-2-9）。

（三）元明清

1. 元代

1215年蒙古兵攻占金中都，改置燕京路，总管大兴府。元大都[①]，遗址位于现北京内城及其北部，元世祖至元四年（1338年）下令营造新城，八年建国号曰元，九年改中都为大都。二十一年置大都路总管府，大兴府废。延祐三年大都路总管府治大都，领二院、六县十州。今北京地区包含二院即左、右警院在城区，大兴、宛平（二县附郭）、良乡、昌平四县，顺州、檀州、通州、漷州、涿州、蓟州、龙庆州，今怀柔区北部和延庆区东北部属上都路地（图1-2-10）。元大都，在二十余年中按规划逐步建成。它是中国两千余年封建社会中最后一座按既定的规划平地创建的都城，面积近51平方公里，从规划的完整性和面积的宏大而言，在当时的世界上都是最突出的。元大都由刘秉忠依《周礼·考工记》营城思想规划建设而成，采取大城、皇城、宫城环环相套的传统形制，皇城位于大城南半部，宫城位于皇城中央偏东，在城市布局上，明显有比附《考工记·匠人营国》中"旁三门"、"左祖右社"、"面朝后市"等都城特点之意，同时内城中设置的太液池与海子也充分体现了少数民族逐水草而居的文化特征（图1-2-11）。

元大都的城市格局奠定了传承至今的北京中轴线的基本格局。

2. 明代

明洪武元年（1368年），徐达攻克元大都，元灭，建都南京，改大都为北平，因不利防守，遂弃其北半城，将北城墙南移约2.5公里重新营建。北平设承宣布政使司，军事上为北平都指挥使司。明朝初年，北平不再是全国的首都，但是在政治和军事上仍然占有重要的地位。明王朝把它作为防御元朝后裔在北方和东北的残余势力的主要据点。明代边地各民族与内地的联系继续加强，各族统治者在政治上都与明朝保持着隶属的关系，各族人民与汉族人民的经济、文化交往更加频繁了。[②]

惠帝建文四年（1402年），朱棣以"靖难"为名，夺取帝位，改元永乐，改北平为北京，称"行在"，准备迁都，四年（1406年）开始改建北京城池，营造宫殿。十八年（1420年）基本竣工，遂迁都，以北京为京师。[③]

明初在元大都基础上改建北京。东西城墙沿用元大都，南城墙向南移。城市轴线和主要干道基本未变。拆除元代旧的宫殿，稍向南移建设新的宫殿，并将建设中产生的大量渣土堆积在元大内延春阁一区的故址上，即今天的景山。

明嘉靖以后，由于行会制度的推广，士子来京考试暂居的需要等，促进了当时的正阳门、宣武门外的繁荣。嘉靖三十二年（1553年）动工修筑外城墙。后由于多方面因素无法修筑完整的外墙，综合当时正南面已有天坛与山川坛（后改先农坛）且居民稠密等因素，最终决定先将南部的城墙修筑起来，四十三年（1564年）竣工，促成了如今"凸"字形的老城格局。"明之北京，在基本原则上实遵循隋唐长安之规划，清代因之，以至于今，为世界现存中古时代都市之最伟大者"（图1-2-12、图1-2-13）。[④]

① 傅熹年. 中国古代城市规划、建筑群布局及建筑设计方法研究（第二版）. 北京：中国建筑工业出版社，2015.
② 北京大学历史系《北京史》编写组著. 北京史. 北京：北京出版社，2012.6.
③ 侯仁之主编，北京历史地图集. 政区城市卷，北京：文津出版社，2013.9，P56.
④ 梁思成. 中国建筑史. 天津：百花文艺出版社，1998.

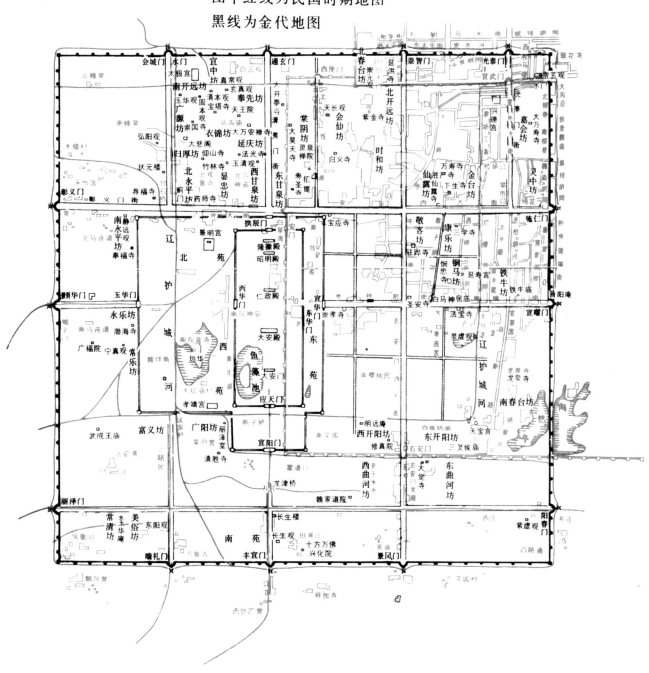

图1-2-8 金中都平面图（来源:《金中都》）

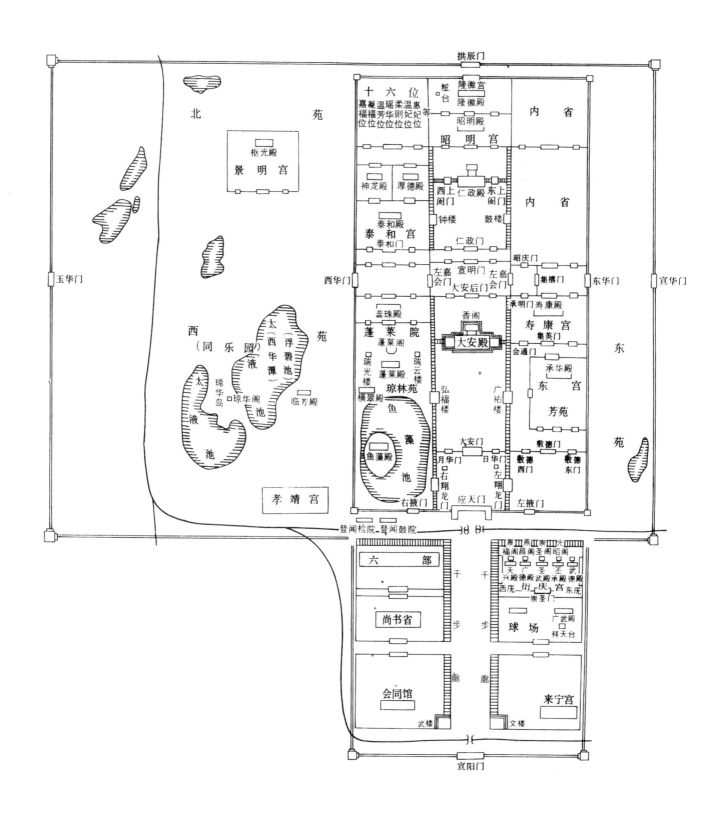

图1-2-9 金中都皇城图（来源：《金中都》）

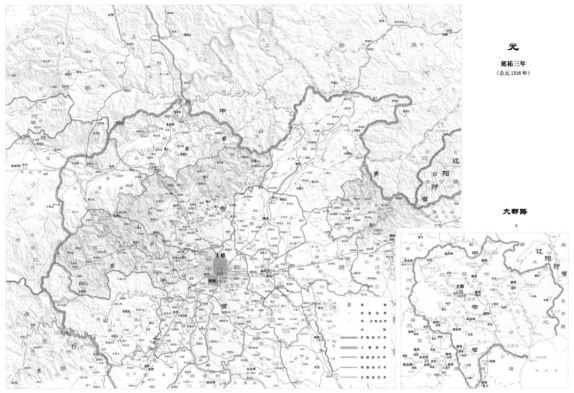

图1-2-10 元-大都路（来源：《北京历史地图集（政区城市卷）》）

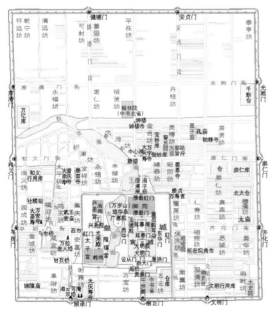

图1-2-11 元大都（1341—1368年）平面图（来源：北京市测绘设计研究院提供）

3. 清代

清继明后建都北京，其地方政区多沿明制，省为一级政区，下领府、州、县。光绪三十四年（1908年），今北京地区分属直隶省顺天府、宣化府、承德府和独石口厅（图1-2-14）。

清代基本沿袭明代建制与城市格局，主要着力于皇家苑囿（三山五园）的营造，清初实行"满汉分治"，汉民不得入住内城，同时明令禁止在内城开设市场、戏院等。[①]这种制度使得内城出现大量的王府建筑，外城出现了大量会馆与商业建筑。一方面导致了内外城城市空间的差异，另一方面促进了内城与外城不同文化的发展，同时促进了外城商业的繁荣。这种分治状态直到清道光之后才逐渐松弛。清朝末年社会动荡，王公贵族和百姓在生活窘困时便会拆房、通过卖建筑材料挣钱，四合院的动态变化在那时

① 朱祖希，北京市西城区文物保护研究所，正阳书局编. 北京城：中国历代都城的最后结晶，北京：北京联合出版公司，2018.3，P168.

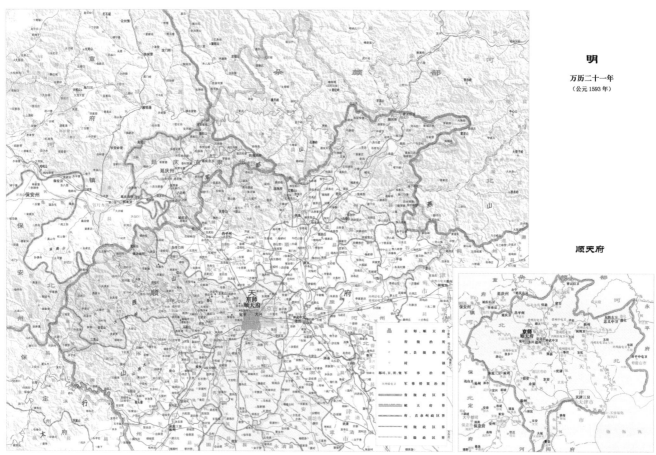

明

万历二十一年
（公元 1593 年）

顺天府

图1-2-12　明-顺天府（来源：《北京历史地图集（政区城市卷）》）

就开始出现了（图1-2-15）。

二、近代

　　近代北京城市建设的发展经历了一种非剧烈的、缓慢但连续的变化。短短的几十年间，政权风云迭变、社会潮起潮落，近代北京逐渐进入了工业文明阶段。

　　中国近代北京城市发展经历了五个阶段：1840—1911年，鸦片战争中国国门被迫打开，20世纪初义和团运动后八国联军的入侵动摇了清王朝的统治，其后清廷推行"新政"希望通过效仿西方的社会制度维护自身的政权稳固，在城市建设方面试图通过引入近代化管理与市政交通设施解决北京

城封闭格局对城市近代化的限制。1911—1928年，辛亥革命推翻了清王朝统治，北京处于北洋政府统治下，北洋政府在尊重旧有古都城市格局的基础上，借鉴西方经验，引入近代规划建设与市政管理理念以及新式的城市街区与建筑，试图确立一座新都市，今北京地区主要属京兆地方，也包括直隶省口北道，察哈尔特别区，热河特别区的一部分（图1-2-16）。1928—1937年，首都南迁，北京不再具有中国政治中心的属性，北京城市建设速度开始减缓、现代化进程滞后，整个社会发展减缓，这一阶段的减缓对新中国成立后的北京的城市发展与建设具有深远的潜在影响。1937—1945年，日本侵占北京时期，北京作为华北沦陷区的殖民统治中心，自主的城市建设中止，但经日本吸收的欧美近代城

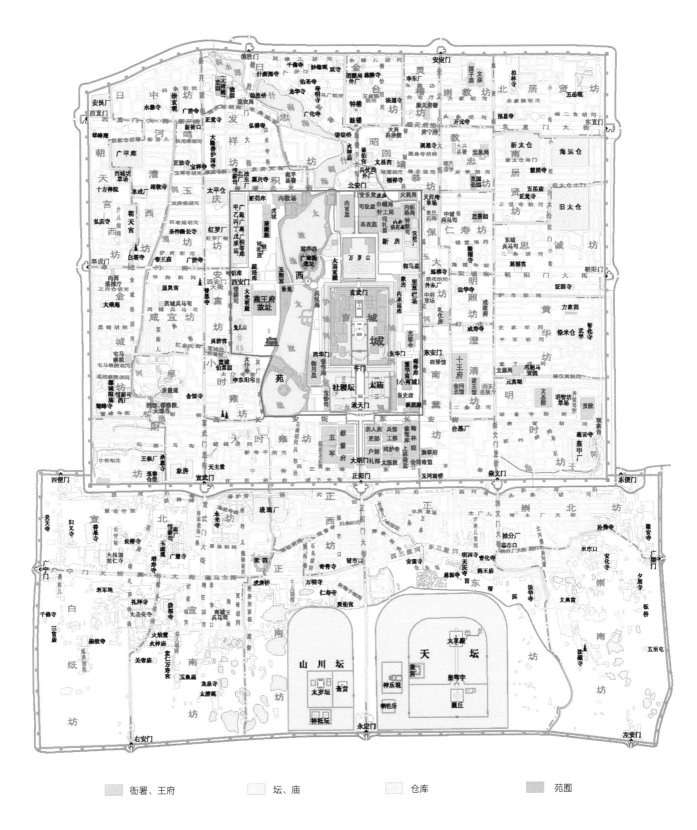

图1-2-13　明北京（1573—1644年）平面图（来源：北京市测绘设计研究院提供）

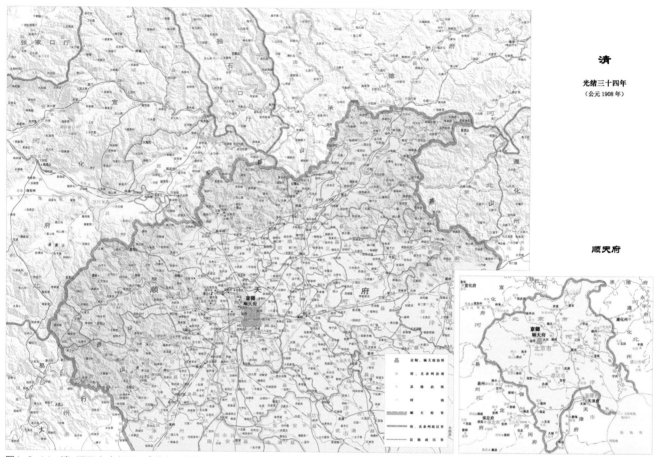

图1-2-14 清-顺天府（来源：《北京历史地图集（政区城市卷）》）

市规划思想也在北京得到部分的实施。[1]1945—1949年，解放战争时期，北京作为特别市，在城市建设方面采取了积极的态度，对城市进行了调查分析，提出了具有现代意义的都市计划，并进行了一定程度的市政建设。

近代是中国从传统封建主义社会步入现代社会的一个重要转折时期。东西交流频繁，社会结构逐渐开放，城市基础设施、建设、管理、人口及其社会结构的近代化是推进北京城市近代化的要素，特别是城市土地利用出现不同于封建王朝的变迁，导致北京的城市形态从传统的封建帝都的封闭格局向开放的近代化的格局演变。西式的生活方式、文化、理念、技术的进入，农耕文明向工业文明转变，北京城从手工业消费城市转变成工商业消费城市，政权更迭与城市空间结构和面貌的变化相伴相生。北京城市面貌呈现出中西交融、多元化的特征。

这一时期，中国政治制度变革，社会动荡、思潮汹涌；城市发展与建筑建设深受影响，是社会状态的直观体现。

义和团运动后由于民教冲突致使教会开始思考其自身本土化问题，这直接引起了北京近代教会建筑本土化，因此在北京地区出现了很多具有中国元素的教堂、教会大学、教会医院等，这一阶段的教会建筑大多出自国外建筑师之手，

① 根据"秦佑国教授访谈"总结整理。

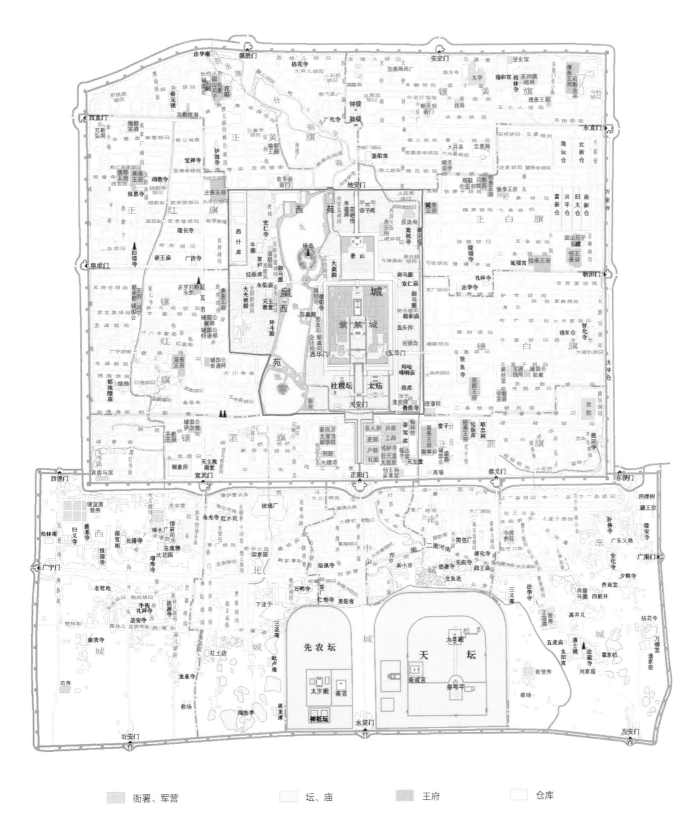

图1-2-15 清北京（1750年）平面图（来源：北京市测绘设计研究院提供）

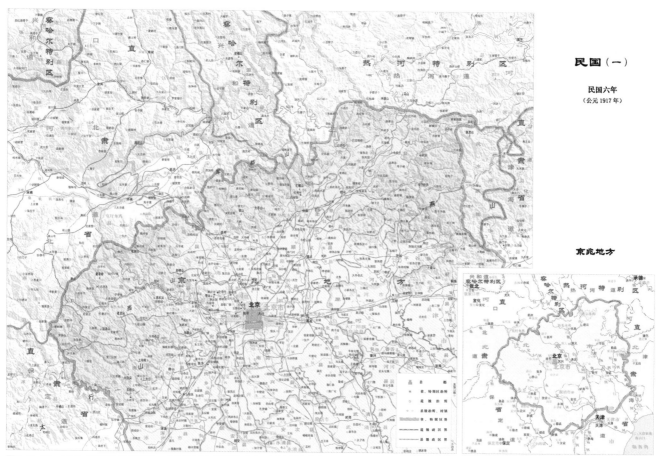

图1-2-16　民国-京兆地方（来源：《北京历史地图集（政区城市卷）》）

他们基于教会的一种"在地化"的文化策略[1]需求进行中国统建筑文化的传承，如墨菲设计的燕京大学、格里森设计的辅仁大学、美国沙特克—何士建筑师事务所设计的协和医学院。

　　在北洋政府短暂的、相对稳定的统治下，北京获得了比较重要的发展。1915年陈独秀创办《新青年》杂志标志着新文化运动的开端，1918年，第一次世界大战结束，1919年五四运动爆发，1928北洋政府垮台。伴随着一系列爱国救亡运动的开展，中国的有识之士开始反思"中体西用"的思想，中国社会的民族主义情绪高涨。1929年制定颁布的《首

都计划》中明确提及"要以采用中国固有之形式为最宜，而公署及公共建筑尤当尽量采用"更将此次中国传统建筑传承的探索推向了高潮；这一时期除了受到政府主张的"中国固有之形式"的影响外，中国建筑师也将中国古代传统建筑研究与世界范围的现代建筑浪潮结合，把中国传统建筑装饰元素融入现代建筑设计，尝试了中国传统建筑传承的新探索。[2]这一时期，中国的建筑师们创作中胸怀振兴中华的文化使命感，创作了一批具有中国建筑传统文化的近代建筑，在中国近代建筑史上添上了浓墨重彩的一笔，如杨廷宝设计的北京交通银行，"梁思成建筑事务所"技师关颂坚主持设计

---

① 邹德侬. 中国现代建筑二十讲. 北京：商务印书馆，2015. P50.
② 根据"秦佑国教授访谈"总结整理。

的仁立地毯公司王府井铺面等。这一时期比较活跃的建筑师有基泰工程司的关颂声、杨廷宝以及庄俊、吕彦直等。

1937年抗日战争爆发，中国建筑业从1920—1930年代的空前繁荣，跌入1937—1949年长达12年因战争带来的凋零时期[①]。这一时期建筑师们开始对上一个十年的建筑活动进行反思。在经历了战争的残酷之后，深刻领悟了落后就要挨打的道理，促使了科学主义思想在中国发扬，在建筑领域表现为积极倡导现代建筑运动，批判"固有之形式"。这一时期建筑师们目睹抗日战争中民众的颠沛流离，他们将更多的注意力投向民生问题。1946年，在《中国营造学社汇刊》终刊上，发表了林徽因的"现代住宅设计的参考"，在专注古代建筑历史研究刊物上发表住宅社会学论文，应当视为反映时代潮流的信号。[②]

三、现代

近、现代交汇的一段时期内，北京的区划主要经历了三次大的调整，对北京的城市发展产生了深远的影响。1928年国民政府建都南京将北京改为北平，并制定了内六区、外五区的区划方式；1949年6月，为了适应新生政权的需要，北京行政区划经华北人民政府调整并进一步合并为20个区；到了1958年，经过进一步的划归、撤区、并县，最终基本奠定了今日北京市的行政区域范围和轮廓线（图1-2-17）。

自1949年新中国成立后，北京这个千年古都承载了新的职能与使命，开启了现代化的进程，是中华民族传统与西方现代文明交融的典型代表。北京城市与建筑是中国传统文化现代化、西方文化本土化的物质展现。

1. 新中国成立初期30年

在城市方面：新中国成立初期，北京的城市规划在功能布局上是一致的，讨论主要集中于首都行政中心的位置，

最后聚焦于苏联专家方案和梁陈方案。1953—1954年，提出北京市改建与扩建草案，《北京市第一期城市建设计划要点》、《改建与扩建北京城市规划草案要点甲、乙方案》、《北京市规划草案1954年（修正稿）》，其中前两个文件报送中央，是北京城市建设开启期。这时期在"一边倒学习苏联"的政治方针影响下，北京城市规划在很大程度上参照了苏联首都莫斯科的环状布局，确立了将老城作为行政中心的定位，奠定了北京今日城市发展的基本格局。1955—1957年《北京城市建设总体规划初步方案》制定并报送中央，是北京城市建设奠基期。城市布局提出"子母城"的形式，发展市区同时有计划地发展南口、昌平、顺义、门头沟、长辛店、房山、良乡、通州等40个卫星镇。1958—1959年对上一次报送的初步方案进行了修改，提出"分散集团式"布局形式，把市区约600平方公里用地打碎成几十个集团，集团间保留农田与绿地。1961—1962年，自新中国成立初期至此已经历了13年的城市建设与发展，在此基础上对北京城市建设进行了十三年总结，形成了北京城市建设总结草稿。1972—1973年在总结的基础上进行了适度调整形成了《关于解决北京市交通市政公用设施等问题的请示报告》与《北京市总体规划方案》，分别上报中央与北京市委。此阶段维持"分散集团式"布局，但中心绿地农田面积大大缩小。

新中国成立初期，百废待兴，北京城市发展与建筑建设几乎完全照搬苏联的发展经验，城市定位为全国的政治、经济、文化中心，更要快速地建设成为工业基地与科技中心，将现代化首都的蓝图叠加在农耕文明的传统古都肌理之上，形成了如今北京城市的基底。[③]

在建筑设计方面：提出了"适用、经济、在可能条件下注意美观"的建筑方针，"民族的形式、社会主义的内容"在北京的城市建设中如火如荼地展开。里程碑式的北京十大建筑便是设计、建成于这个时期。大量有国外学习背景的建

---

① 邹德侬. 中国现代建筑二十讲. 北京：商务印书馆，2015，P88.
② 邹德侬. 中国现代建筑二十讲. 北京：商务印书馆，2015，P93.
③ 根据"秦佑国教授访谈"总结整理。

1928年北京内外城区划
来源：田燕国根据《百年映像：北京区划变迁》改绘

1949年10北京市域
来源：北京市测绘设计研究院

2016年北京市行政区域界线
来源：天地图北京-标准地图

图1-2-17　近现代北京市域变迁（1928—1949—2016）

筑师们延续了近代对北京传统建筑传承的思考，在传承"中国固有之形式"与将传统建筑元素运用到现代建筑中等方面有了更深一步的探索与实践，获得了很好的效果，如民族文化宫、北京火车站、中国美术馆、中国国家图书馆（老馆）对传统大屋顶形式的传承与衍生；人民大会堂、福绥境大楼（人民公社大楼）体现了对传统建筑元素的运用与传承。这一时期众多优秀的建筑师为中国传统建筑传承做出了重大贡献，如张镈、戴念慈、张开济、龚德顺等。[①]

2．改革开放初期30年

改革开放后，中国的发展重心转变为"以经济建设为纲"。中国的社会环境日益开放，对经济发展的追求成了社会发展的核心。2001年北京申奥成功，2008年成功举办了第29届奥运会，中国在世界的影响力逐渐增强，中西方的交流日益频繁，在这样的社会大环境下，西方后现代建筑文化思潮开始涌入中国，"夺回古都风貌运动"在北京开展，申奥成功后一大批国际建筑师涌入中国、登上建筑设计的舞台。北京原有的城市肌理被高速的城市建设与发展打破，北京迎来了跨越式发展的时代。

1981—1982年北京城市建设重启，制定了《北京城市建设总体规划方案》报送中央正式批复，城市性质定位为首都、全国的政治、文化中心。1992年改革开放关键时期北京市编制完成了《北京城市总体规划（1991—2010）》开启城市建设新篇章，提出了"城市建设重点要逐步从市区向远郊区作战略转移，市区建设要从外延扩展向调整改造转移"，提出了建设卫星城的要求。城市定位在政治文化中心基础上增加了"世界著名的古都和现代国际城市"。2003年至2004年制定了《北京城市总体规划（2004—2020）》与《北京空间发展战略研究》提出了"两轴-两带-多中心"的城市空间结构。

改革开放初期的三十年，伴随短时间内经济的极大繁荣，北京的城市与建筑出现了跳跃式的变化。北京的城市发展在此阶段呈现出急速扩张的态势。新城建设呈环状一层层向外扩展。

在建筑设计层面：第一，20世纪80年代初期延续30年代"中国本位、民族本位"的思想和50年代"社会主义内容，民族形式"的要求，同时受到西方后现代主义思潮的影响，一些建筑师对中国传统建筑文化的后现代表达进行了

---

①　结合邹德侬《中国现代建筑二十讲》与秦佑国教授访谈总结编写。

尝试与探索，如香山饭店；第二，80年代末到90年代中期在"夺回古都风貌"的要求下，北京短暂地出现了"夺风建筑"，如北京西站；第三，20世纪90年代中后期房地产市场兴起，"欧陆风"建筑蔓延开来。这一时期在一定程度上对中国传统建筑文化传承有一些促进，但是也出现了一些问题：一方面，在学术层面中国建筑发展没有经历西方的系统、完善的"现代主义"阶段，导致后现代主义进入中国后没有"现代主义"建筑理性（功能理性、结构理性、经济理性）思想的支撑，在建筑设计实践方面未能很好的呈现；另一方面，对中国优秀传统文化传承缺少辨析与系统、深入的研究，使得优秀传统文化传承流于表面。[①]另外，伴随着北京申奥成功，中西文化交流迎来高潮，一座座新的地标建筑拔地而起，给北京的城市整体风貌带来了重要影响。

3. 北京奥运会至今

2008年北京在成功举办第29届奥运会后逐步登上国际舞台，伴随国际知名度的提升，北京的城市发展、定位与建筑建设也迎来了新的机遇与挑战。前一时期的快速崛起让北京的城市发展出现了很多问题——交通问题、生态问题、人口问题等，北京的城市发展正面临重要的反思与抉择。

后奥运时代北京的城市发展不再是单一、一个城市的问题，而是整个"北京湾"的区域问题，北京也不仅仅是中国的北京，更是世界的北京，应该在京津冀协同的视角下去思考北京国际化的城市发展之路。

2015年3月中共中央国务院批准通过《京津冀协同规划纲要》，明确京津冀整体定位是"以首都为核心的世界级城市群、区域整体协同发展改革引领区、全国创新驱动经济增长新引擎、生态修复环境改善示范区"。2015年12月20日至21日，中央城市工作会议在北京举行。会议指出，我国城市发展已经进入新的发展时期。会议强调，当前和今后一

个时期，我国城市工作的指导思想是：全面贯彻党的十八大和十八届三中、四中、五中全会精神，以邓小平理论、"三个代表"重要思想、科学发展观为指导，贯彻创新、协调、绿色、开放、共享的发展理念，坚持以人为本、科学发展、改革创新、依法治市，转变城市发展方式，完善城市治理体系，提高城市治理能力，着力解决城市病等突出问题，不断提升城市环境质量、人民生活质量、城市竞争力，建设和谐宜居、富有活力、各具特色的现代化城市，提高新型城镇化水平，走出一条中国特色城市发展道路。[②]2016年2月6日，中共中央国务院发布关于进一步加强城市规划建设管理工作的若干意见。针对目前城市规划建设管理中存在的突出问题：城市规划前瞻性、严肃性、强制性和公开性不够，城市建筑贪大、媚洋、求怪等乱象丛生，特色缺失，文化传承堪忧，"城市病"严重等问题提出要求、指明发展方向。2017年4月1日中共中央国务院印发通知，决定设立河北雄安新区。这是以习近平同志为核心的党中央深入推进京津冀协同发展作出的一项重大决策部署，对于集中疏解北京非首都功能，探索人口经济密集地区优化开发新模式，调整优化京津冀城市布局和空间结构，培育创新驱动发展新引擎，具有重大现实意义和深远历史意义。[③]2017年9月27日，中共中央国务院正式批复了《北京城市总体规划（2016年—2035年）》。批复指出：《总体规划》的理念、重点、方法都有新突破，对全国其他大城市有示范作用。北京是中华人民共和国的首都，是全国政治中心、文化中心、国际交往中心、科技创新中心。北京城市的规划发展建设，要深刻把握好"都"与"城"、"舍"与"得"、疏解与提升、"一核"与"两翼"的关系，履行中央党政军领导机关工作服务，为国家国际交往服务，为科技和教育发展服务，为改善人民群众生活服务的基本职责（图1-2-18、图1-2-19）。[④]

① 根据"秦佑国教授访谈"总结整理。
② 新华网，中央城市工作会议在北京举行；http://www.xinhuanet.com//politics/2015-12/22/c_1117545528.htm.
③ 新华社：中共中央、国务院决定设立河北雄安新区。
④ 新华社：中共中央 国务院关于对《北京城市总体规划（2016年—2035年）》的批复。

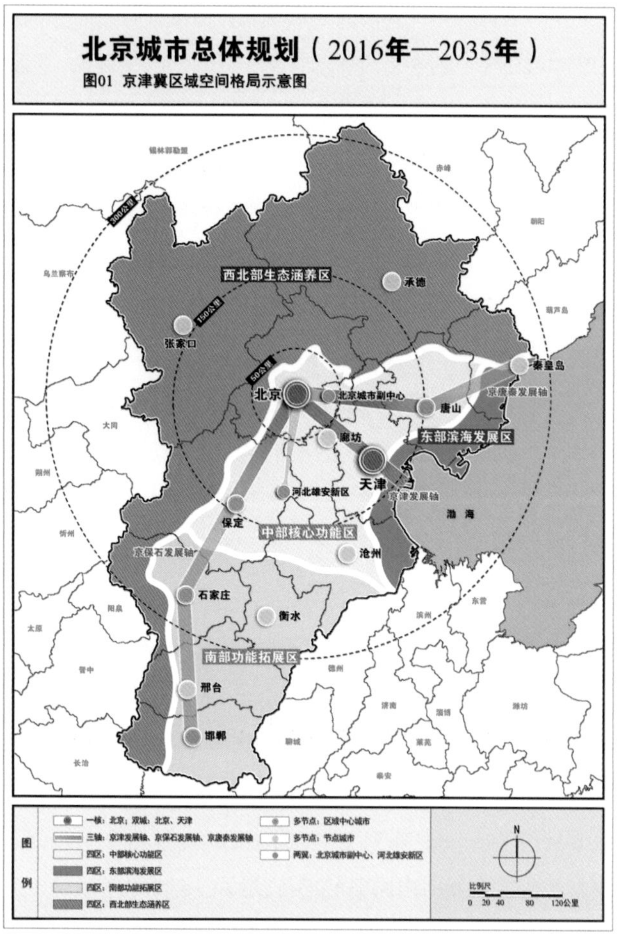

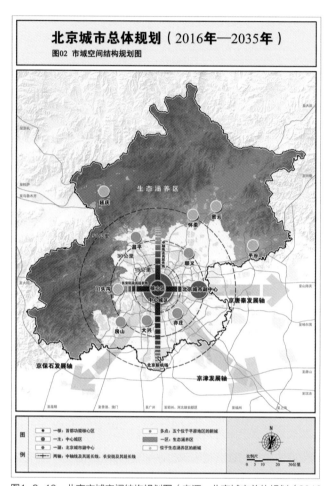

图1-2-18　京津冀区域空间格局示意图（来源：北京城市总体规划（2016年—2035年））

图1-2-19　北京市域空间结构规划图（来源：北京城市总体规划（2016年—2035年））

北京作为国家首都，其城市规划与每个时期的国家大政方针是紧密关联的，反映了中央治国理政的思路和方向，体现了中央对首都在全国发展大局中的角色要求和使命担当。[①]中国的国际地位急速提升，文化自信增强。北京要担当起"世界大国首都"的身份，城市与建筑领域更要大力传承中国传统建筑文化，体现民族自信。基于社会环境变迁滋生的新的需求，越来越多的建筑师开始从更丰富的角度解析传统、探索传承，呈现了很多经典作品。

北京从蓟一个边陲小城逐渐发展变迁成为今天中华人民共和国的首都经过了数千年的时间，漫长时间的地理变迁、

文化融合与积淀是滋养传统建筑文化的源泉，亦是现代建筑传承创新的基础。

第三节　北京传统建筑传承概述

北京，一个在传统与现代交织发展的城市，蕴涵着农业文明的深厚积淀，充满了工业文明蒸腾的气息。天然的自然环境与地理优势让它成了一个浑然天成的文化中心，星河璀璨的历史变革、波澜壮阔的社会演进，为北京承载新中国的

---

① 施卫良，和朝东，胡波，彭珂. 贯彻中央精神，回应时代要求——北京新总规的几个重点. 城市规划[J]，2017（11）.

首都功能打下了深厚的基础。

传统的北京经历了漫长的发展从一个边疆之城逐渐发展成为中国封建社会末期最后一个王朝的都城，千百年来传承着中华民族优秀灿烂的传统建筑文化，体现了中国传统建筑的最高成就，为当代北京遗留下的、丰富的世界文化遗产——故宫、长城、天坛、颐和园等——已然成为北京独一无二的标志。

现代的北京城市发展日新月异、环路扩张、市域面积增大、传统街区被拆除、老城匀质的肌理被打破、高楼大厦拔地而起、建筑面貌发生了翻天覆地的变化。传统建筑文化在经济崛起与全球化的冲击下或被滥用，或被边缘化。

今天，北京作为新中国的首都，随着社会的发展、经济技术的繁荣，目前中国的社会发展已经进入了新的历史阶段——关注中国优秀传统文化、倡导文化自信。在建筑领域，从国家层面到社会层面越来越多的人不满足于文化传承的现状，开始对文化传承进行探索与尝试，涌现出众多经典作品，本书之始盖源于此。

本书以传统建筑特征传承为核心，结合北京地区特点，涵盖城市、院落、建筑、建构四个层面，承前启后深入探索北京地区传统建筑文化与现代建筑设计的融合策略，找寻从古至今一脉相承的文化特质，在吸纳先辈研究成果的基础上，勇于探索，期望寻回中国建筑文化自信。

一、城市

北京作为首都，在"传统与传承"主题之下，其城市的成就是不可回避的，一方面，传统城市的一些典型要素对于近现代城市仍具有极强的传承价值，另一方面，城市尺度上的一些特征对建筑的特征的形成具有明显的重要的影响。北京城市的总体格局、街巷肌理、园林景观、城郊村落等方面都具有上述两方面丰富的遗存与传承。

北京城市发展的多元性成就了今天北京独特、多样、注

重礼制的城市结构与混杂的建筑氛围，很多重要的传统建筑在现代城市发展的吞噬下有幸留存至今的，逐渐发展成为重要的城市节点与空间——如故宫、天坛、王府、城门、城墙等——成为古今交融的历史见证。

北京城市总体格局在一定程度上延续并发展了元明清三朝的环环相套与南北中轴的格局。近现代北京城市以环路代替城墙延续、扩展了环环相套的格局，拓展了南北轴线，建设东西轴线，融合现代城市功能，形成环状与放射状交织的城市总体格局。南北轴线在原有基础上不断向两端延伸，引导了城市重要文化功能的布局，如在轴线北端设置的奥林匹克公园；东西轴线在近代初步形成的长安街基础上不断发展，利用长安街整合重要城市功能、塑造城市形象。

北京城市街区多以方格网为主，在一定程度上延续了传统街巷肌理。传统街巷与新街区并存，展现了北京街巷变迁的历史脉络，为传统街巷肌理传承提供了重要参考。

北京园林是传统皇家园林与北方园林的典型代表，伴随社会性质变革，从近代开始北京的皇家园林便逐渐向市民开放，发展成为北京城中重要的公共空间。随着北京现代化的发展，在现代园林建设中——一方面注重对传统园林的传承与发展，另一方面也注重传统造园思想的现代实践——重视园林特色营造、园林资源的可持续维护、更充分体现了"以人为本"的时代精神。

北京郊区的大部分村落都是围绕其都城需求而产生的，如军屯型村落、驿道型村落等，同时，这些村落大都处于"北京湾"平原的边缘或周边的主要山脉中，因地制宜是这些村落布局的典型特征。至目前北京的传统村落在门头沟分布的数量最多，由于地处山区、交通不便，得以保留下较为完整的传统风貌。传统村落最有价值的特征体现于历史脉络、建筑街巷肌理等方面，在村落的形成和演变中，功能发挥了重要作用，并影响着传统村落的现代传承（图1-3-1）。[①]

---

① 根据北京市住房和城乡建设委村镇处刘小军处长访谈整理。

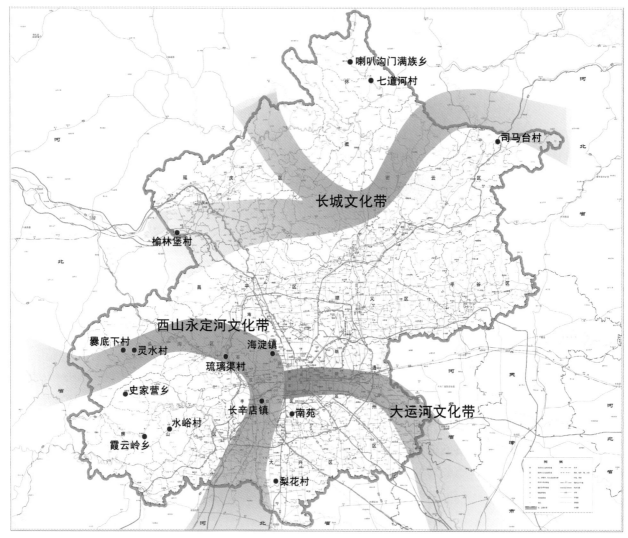

图1-3-1 北京村落案例分布图（来源：田燕国根据北京地形图、三条文化带分布图 改绘，底图：北京市基础地理底图（市域）样图1）

二、院落

　　院落式布局是北京古建筑（同时也是中国古建筑）总平面布局的最基本特征，具有传承及创新价值，如院落的围合、纵向递进、横向扩展和由此展开的空间序列营造，以及院落布局所带来的建筑与自然的结合、整中有变的建筑群格局等，其中，闻名遐迩的北京四合院可谓北京各类院落式建筑群的基本原型。

　　院落空间是中国传统建筑中的特色空间，凝结了中国传统的礼制文化，展现了中华民族的天人合一的精神世界。

　　院落介于城市聚落与单体建筑之间，是一种建筑群的布局方式、展示了一种空间氛围的营造策略。北京老城充分体现了院落营城的思想：从紫禁城的院落构成到三山五园的院落营造，从王府、衙署的院落形制到传统民居的院落生活，北京老城由大大小小的院落组成，将礼制与自然巧妙融合，营造出匀质的空间氛围。

　　在传统北京四合院中，院落空间通常是一个家庭生活或一种公共功能（如集会、祭祀等）展开与空间布局的中心，建筑功能随着院落的排列组合展开，尺度宜人、空间丰富、逻辑明晰。随着农业文明向工业文明转变，社会构成与文化逐渐发生变化，建筑功能变得更加丰富，院落在现代城市中日益成为奢侈品，成了稀缺资源，传统的院落空间在新社会意识形态的影响下逐渐发生了变革：从传统宗法社会中体现礼制与等级特色逐渐演变成现代社会中对空间序列与逻辑的体现，这种变化让院落空间的传承更多地集中于建筑空间形式，基于对院落空间原型的思考，传统院落在院落围合、空间层次、中庭设计、景观自然等方面可进行较好的传承与创新。

三、建筑

北京传统建筑是中国传统建筑成就集大成者，主要包括皇家建筑与民居建筑，是全国官式建筑样板，同时体现了古今、中西、各民族等多元文化的交融，展现了兼容并包、和而不同的品格。以明清古建筑为主的北京古建筑，有着丰富多彩的类型和突出的佳作，在建筑单体的平面布局、立面造型、剖面设计、室内空间、建筑色彩等方面适应自然环境，富含人文内涵，建造逻辑清晰，特征突出，极具深入研究和传承的价值。

北京的建筑经历了崇尚西化到立足本土的近代化的发展过程，近代北京的建筑的传承与创新主要集中在建筑空间的演变与建筑风格、营造技艺的本土化实践方面上，西方的建筑思想与中国的建筑思想的交融、中国传统建筑文化复兴均在建筑形式上得到极大体现。近代探索中国传统建筑的传承之路艰辛曲折，多有停滞、反复，至今没有形成中国自己的完整的建筑传承理论体系、成熟的现代的传承形式，还有很大的研究与总结空间。在理论与实践方面需要继续深入解析原理，创新传承手法，建造真正体现中华传统建筑文化精神而非初级的形式模仿、符号点缀的传承佳作。

本书延续近代传统建筑传承探索以传统建筑解析为基础，通过对传统建筑要素的分析，总结传统建筑在当今社会背景下所具有的可以传承的中国传统建筑文化的特征。面对新时代的建筑功能、建筑形式、建筑技术的要求，传统建筑文化传承因其不同的设计策略与设计目标直观地体现出不同的传承程度。建筑部分将传承程度作为切入点，从传统建筑形式的继承、传统建筑形式的演化、传统建筑形式的创新、传统建筑意境的延续这四个方面进行论述。从完全沿用传统建筑形式、结合现代建筑功能演化的传统建筑形式，对传统建筑要素进行现代创新到传统建筑意境营造，书中选取典型案例呈现现代建筑对传统建筑文化的现代传承与创新。通过系列案例分析与特征总结，以期为未来北京建设明确方向、提供参考。

四、建构

中国传统建筑建构逻辑发展至唐代逐渐稳定下来后，基本呈现一种"千篇一律与千变万化"的状态，例如结构形式，总结下来不外乎抬梁、穿斗及井干三种主要形式，但发展出来的形态却是千变万化的。在长时间的稳定发展中，建构逻辑逐渐成为传统建筑文化的一部分，成为大众对于传统建筑认知的一部分。

北京传统建筑的建构方式拥有独特的气质、蕴含中国传统建筑建构的哲学巧思，如传统建筑中前廊后厦的结构特点，减柱造的构造方式，丰富精巧的隔扇，绚烂多彩的檐下彩画，寓意深远的脊首等。北京传统建筑构造是官式建筑构造的典型代表。同时，由于其都城的吸纳性，部分建筑中也体现出了南方建筑的构造特点。在《论中国建筑之几个特征》中林徽因提出"台基、柱梁、屋顶可以说是我们建筑最初胎形的基本要素……中国架构制既与现代方法恰巧同一原则，将来只需变更建筑材料，主要结构部分则均可不有过激变动，而同时因材料之可能，更作新的发展，必有极满意的新建筑产生。"随科学技术的发展，虽然在建筑材料、技术等方面出现了革命性的创新，但北京传统建筑建构在整体建构逻辑、结构体系、传统材料与工艺、形式与装饰等方面蕴含的中国传统建筑的精神，依旧具有重要的传承价值，是现代建筑创作的思想宝库。

近现代建筑在建构方面的传承主要体现在三大方面：第一，从整体、结构和技艺三个角度体现传统建构逻辑的当代再现；第二，从砖、木、瓦等传统材料的角度体现传统材料在当代建构中的传承与创新；第三，从屋顶、台基等建筑构件角度体现传统建构元素在现代建筑中的传承与创新。

上篇：北京古代传统建筑遗存

第二章　总体特征

北京的古建筑分布与山水格局可谓是紧密依托、互为依存的关系。

经过漫长的城市建设历史，北京形成了清晰而完整的古建筑分布格局，其中北京小平原的核心部分，结合高梁河水系，构成了明清北京城，北京最主要的古建筑群集中在城墙范围内，这是北京古建筑的第一大集中区域；北京西北、西部和西南部绵亘二百里的西山也是北京古建筑集中分布的区域之一，特别是海淀的"三山五园"，可谓北京古建筑的第二大中心，此外整个西山之中分布了为数众多的古建筑，尤其是寺庙，明代王廷相有"西山三百七十寺"的诗句；而北部的燕山也分布有大量古建筑群，尤其在昌平天寿山坐落着明十三陵这一庞大建筑群，为北京古建筑的第三大中心，此外，北部的群山也是万里长城北京段的分布地带；而面向东南的平原地区，古建筑主要沿着通惠河－京杭大运河水系分布。

北京城从公元前1046年建城（当时称蓟城）至今已逾三千年，其间经历了古蓟城、唐幽州、辽南京、金中都、元大都、明北京、清京师、民国北平直至新中国首都北京等许多重要历史阶段。

纵观古都北京三千余年之建城史，尤其是其中八百余年之建都史，我们可以说古都北京实为中国古代都城之集大成者。今天我们所说的古都北京主要是明、清北京城，其规划设计直接沿袭元大都、明中都、明南京三座都城的规划设计，还可以上溯至北宋汴梁与金中都（甚至年代更加久远的北魏洛阳直至隋唐长安、洛阳的规划设计）。如今中国历代古都大多数皆湮灭无存，少数遗存稍多者（如南京）亦难辨其整体格局，唯独古都北京整体格局尚清晰可辨（尽管同样因现代化建设而受到极大破坏），是名副其实的"中国古都的最后结晶"。

北京古建筑之总体特征，包括规划整体、布局严谨、结合自然、结构标准、色彩分明与技艺精湛等六个方面。

第一节　规划整体

　　北京古建筑最主要的构成是明、清两代的建筑遗存，其最重要的属性是都城建筑，这是北京古建筑区别于中国其他地区古建筑的最重要特征。北京古建筑呈现出十分宏大壮伟的"都城气魄"，并且体现了规划设计的高度整体性，这集中表现在三大方面。

　　首先，明、清北京城（包括其前身元大都）是具有高度规划整体性的都城。明北京城由外城、内城、皇城、宫城四重城墙环环相套，北起钟鼓楼南至永定门，全长约7.8公里的南北中轴线为骨干，以东四大街和西四大街两条南北贯通的街道作为交通大动脉，以逻辑清晰的"大街－胡同－四合院"体系作为规划设计的基本街区布局模式，整个都城的规划设计气魄雄伟、布局严整、脉络清晰，被梁思成誉为"都市计划的无比杰作"。如果要用一幅直观的图像来呈现北京城规划的高度整体性，最佳的范例莫过于清乾隆年间画家徐扬所绘的《京师生春诗意图》（图2-1-1）。这幅纵255厘

米、横233.8厘米的宏大画幅展现了京城雪后初春的鸟瞰全景，美轮美奂，由画面左下方的前门大街珠市口起笔，最后结束于画面右上方的景山，中轴线两侧，不论前门一带的商铺民宅，抑或大清门至午门之间御街两侧的各部衙署、左祖右社，紫禁城外的皇城建筑群、西苑三海，均描摹地细致入微，画面背景则衬以层峦叠嶂的北京西北部雪后的群山，提供了古代北京山水、城市、建筑群及园林整体和谐的最清晰、最直观的视觉资料。

　　其次，是位于西北郊昌平天寿山的明十三陵，整个陵区占地约120平方公里（群山内的平原面积约40平方公里），主神道长度（由石牌楼至长陵宝顶）与北京城中轴线相当，近7.8公里，整个规划设计以长陵总神道为主干，其余各陵由总神道分支若树枝状结构，脉络清晰，十三处陵寝建筑群形成一个有机整体。陵寝建筑群与周围山水环境水乳交融，不仅气势宏伟，而其意境绝佳，成为与明北京城遥相呼应的一座"陵寝之城"。一批古人笔下的十三陵全图清晰地展现出十三陵建筑群整体规划同时与周边山水完美交融的特征（图2-1-2）。

　　再次，如果说十三陵陵区与明北京城还只是遥相呼应的话，那么清代帝王在西北郊海淀一带营建的以"三山五园"为主体的皇家园林群落则完全通过长河水系及周围园林寺观与北京城连成一片。《康熙六旬万寿盛典图》长卷就展现了由紫禁城神武门经皇城西安门、西四大街、西直门大街出西直门，沿西北郊御路直抵海淀畅春园的情景。而等到乾隆年间"三山五园"（包括畅春园、圆明园、香山静宜园、玉泉山静明园以及万寿山清漪园）全部建成时，西北郊成为一座园林之城。"三山五园"荟萃了清代皇家园林之精华，其中规模最大的圆明园总面积达350余公顷，香山静宜园约140公顷，玉泉山静明园约65公顷，颐和园约295公顷，五座园林东西横亘十余公里，成为与明清北京城、明十三陵呈三足鼎立之势的一座"园林之城"。清人绘制的一幅《颐和园图》（图2-1-3）——实际上是西北郊山水、园林、寺观全景图，展现了西北郊"园林之城"的大观，是现存关于清代北京西北郊园林之

图2-1-1　《京师生春诗意图》——由这幅清乾隆时期的绘画中我们可以看到北京古代建筑、城市与山水自然的整体和谐（来源：《清代宫廷绘画》）

图2-1-2　《十三陵图》（来源：《美国国会图书馆藏中国古地图》）

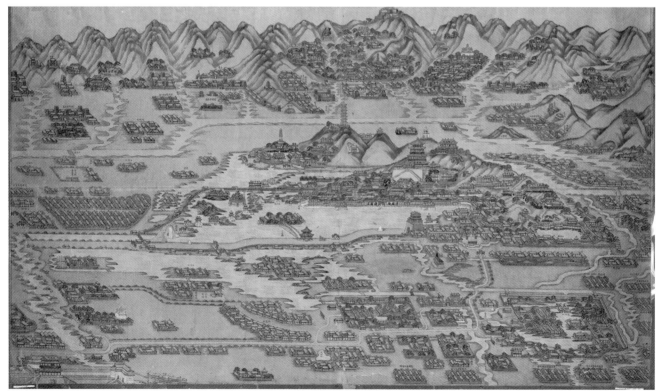

图2-1-3　清人绘《颐和园图》（来源：贾珺 提供）

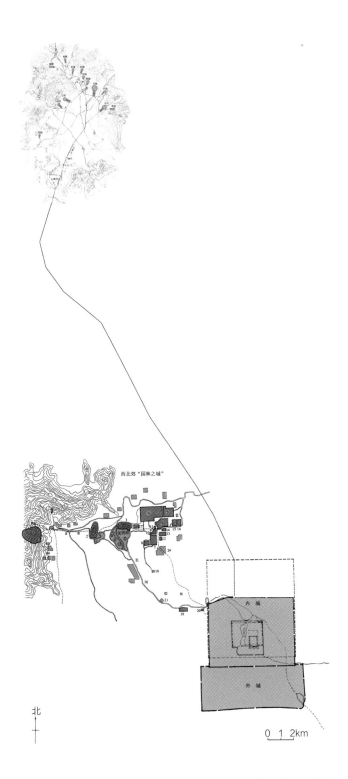

图2-1-4 明清北京城、清北京西北郊园林群及明十三陵位置格局示意图
（来源：王南根据《中国古代建筑史》及《中国古典园林史》插图 改绘）

城的最详细、最全面的图像资料之一。

　　配合着北京都城的特殊地位和多种需要，在都城外围形成了众多村落或村落群。这些村落在功能上与北京整体规划具有高度的补充性，包括朝代更替为增加人口、以农耕及其他生产产业为主的移民建村；以军事防御为先期条件，修筑城墙堡垒、开辟交通要道、养殖军用战马、驻军守城屯田而成的军屯村；以配套服务为目的，看管皇家行宫、寺庙、园林及陵墓，加工、收存和管理营建工程的物资材料的庄户村等。

　　总体观之，北京的都城规划不仅局限于城墙之内，尤其是明清两代，在凸字形的城墙之外均大肆营建：明代在昌平天寿山建造了广袤的皇家陵寝区，即今天的明十三陵；而清代则在西北郊海淀一带营建了以三山五园为核心的庞大园林群落，一方面规模宏大，一方面具有高度整体性。这是北京古建筑所具有的第一个重要特征，也是北京古建筑最震撼人心的魅力所在，整体规划的古都北京、十三陵和三山五园是北京古建筑最伟大的遗产（图2-1-4）。

第二节　布局严谨

　　北京古建筑以明清古建筑为主，其单体建筑虽不及唐宋古建筑雄壮并富有韵味，但其群体布局却更加严谨，达到中国古代建筑群布局的成熟期，取得了极其杰出的成就。从千门万户的紫禁城宫殿到单座四合院民居，都有矩形院墙围绕，有南北中轴线组织院落空间，沿中轴线布置一进一进由正房、厢房或者正殿、配殿围合而成的院落，形成"庭院深深深几许"的意境。当建筑群达到一定规模，单独依靠南北方向延伸不足以布置时，则在东、西方向布置跨院；当东、西跨院也由南北多进院落串联而成时，则称东路、西路，形成与中轴线并列的东、西次轴线。北京的大型建筑群基本一致采用中、东、西三路布局：其中，中路布置礼仪性的重点建筑，而东、西两路布置实用性建筑或者园林之类，当然更大规模的建筑东、西路又可以各自包括多路建筑，典型者如

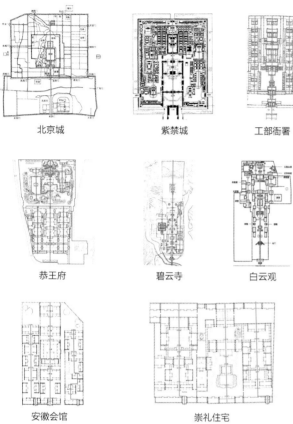

图2-2-1　北京城及各类古建筑群中、东、西三路（或五路）平面布局示意图（来源：王南根据《中国古代建筑史》、《中国古代城市规划史》、《北京私家园林志》、《傅嘉年建筑史论文集》、《宣南鸿雪图志》、《中国科学技术史》（建筑卷）插图 改绘）

紫禁城、潭柘寺，皆在东路、西路之外又有外东路、外西路（图2-2-1）。在最重要的坛庙（如天坛、地坛）则会采取正方形或圆形平面，形成纵横双轴线布置，可取得最为庄严肃穆的空间效果。

需要特别指出的是，北京古建筑的布局并未由于其高度严谨的布局而丧失活力甚至陷入呆板，恰恰相反，却呈现出"整中有变"的特征。以城市论，在中轴对称的大格局下，有太液池三海和什刹海水系自由穿插其间，形成严整而又不失自由的充满张力的城市设计构图。以建筑论，虽然大多数建筑群都是轴线对称布局，然而其附属园林却多呈现"虽由人作、宛自天开"的自由式布局；即便没有园林的建筑群，也往往在院落中栽植花木，为严整对称之布局带来活泼的自然气息；或者在中、东、西三路布置的建筑群中，特意令

东、西路呈现略微自由之变化，与中路形成对比；即便是最庄严的紫禁城宫殿，其中路完全对称，可轴线东西两侧却呈现出许多不对称的布局变化……正是这样"整中有变"的设计哲学，使得北京古建筑可以达到"千篇一律"与"千变万化"的辩证统一，不因布局之严谨而丧失其艺术魅力。

第三节　结合自然

中国古建筑崇尚自然历来为人所称道。北京古建筑与自然环境的融合取得了极高的成就：大到山川形胜，小到庭园花木，都渗透着追求自然的山水美学的影响，各种尺度、类型的园林与建筑群达到了水乳交融的境地。

从城市整体角度来看，京郊村落受到自然条件与农业开发早晚的直接影响，在空间分布上，平原地区呈现出山麓平原和近河两岸为多为密的基本规律；山地沟谷呈现出整体顺应山势地形排布，建筑因地制宜灵活布局、道路或平行或垂直于等高线的基本规律。皇家的三海、民间的什刹海与北京中轴线相辅相成、一庄一谐，形成北京城市设计的大手笔。而清代在西北郊营建的"三山五园"等园林更形成一座与北京城南北相望的"园林之城"。

除了宏大的皇家苑囿，传统北京拥有为数众多的公共园林风景区，在什刹海之外还包括内城东南角的泡子河、天坛北面的金鱼池、外城西南的陶然亭、安定门外的满井、右安门外南十里的草桥、东便门外通惠河上的二闸、南郊的丰台等等。除上述著名风景区之外，西北郊长河、海淀一带更是一派江南水乡般的景致。

另外，为数众多的寺观庙宇都有各自的园林，可供市民游赏。在北京一些寺庙之中，一些闻名遐迩的古树名木甚至比建筑群更加光彩夺目，诸如戒台寺的古松、潭柘寺的银杏、孔庙和卧佛寺的古柏、法源寺的丁香、大觉寺的玉兰等等。

最后，大量的私家园林与住宅庭院虽然规模有限、自成小天地，但是从城市整体空间形态上却把北京城变成一座树林中的城市或曰"绿色城市"（图2-3-1）。

图2-3-1　由北京景山万春亭远眺西山两幅（来源：赫达・莫里逊 摄）

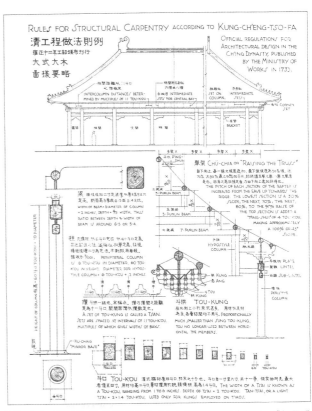

图2-4-1　清工部《工程做法》大式大木作图样要略（来源：《梁思成全集》（第四卷））

第四节　结构标准

　　与北京古建筑群平面布局严整相对应的是其单体建筑的标准化。虽然明清古建筑中已不再运用宋《营造法式》的"材分制"，但是"斗口制"的应用依然是高度模数化、标准化的建造法式。流传至今的清工部《工程做法》（图2-4-1）及各类算例，都显示出清代官式建筑（包括其前身明代官式建筑）高度的标准化，并且涵盖木结构及砖石结构，大木作、瓦作、石作、小木作等多个工种。北京古建筑大部分皆为明清官式建筑，其单体中木构架、台基、屋顶乃至小木作都高度标准化。虽然过于极端的标准化使得明清建筑单体不及唐宋建筑单体那样富有神韵，但建筑群体的高度整体性弥补了此方面的不足，使得明清建筑以整体美取胜。

　　另一方面，北京古建筑单体仍然不乏极具特色的杰作，

诸如明代的长陵祾恩殿、太庙享殿，清代的紫禁城太和殿、天坛祈年殿和皇穹宇、颐和园佛香阁、雍和宫万福阁等。

第五节　色彩分明

　　北京古建筑还有一大特色即色彩分明。首先，皇家建筑与民间建筑的色彩形成鲜明对照，可谓界限清晰，主次分明。皇家建筑金碧辉煌，多采用黄琉璃瓦、红墙、白石台基，立柱门窗多为红色，斗栱梁枋施以蓝绿色调为主的彩绘，局部饰以金箔。一些具有特殊象征意义的建筑如天坛，采用蓝琉璃瓦；又如社稷坛，用五色土和四色琉璃砖墙。此外，皇家园林建筑则广泛使用各色琉璃瓦，取得灿烂夺目的色彩效果。北京明清皇家建筑用色之华丽绚烂继承了金、元两代的传统又有着自身鲜明的特色，与唐代宫殿朱柱、白

图2-5-1　北京航拍图中体现的主次鲜明的城市色彩（来源：《长安街：过去·现在·未来》）

墙、青瓦的色调迥然有别，在琉璃瓦的运用上也比宋代宫殿更加普遍，因此虽然如前文所言，明清建筑单体造型不及唐宋建筑豪迈有力，但色彩之明艳华美却有过之无不及。而民间建筑尤其是四合院民居，则一律用青砖青瓦，木结构施以红绿色彩为主的油饰。以四合院民居最大面积的灰色为"底色"，烘托城市中央皇家建筑群的黄、红、白三大主要色调，并点缀以坛庙、王府、衙署、寺观、会馆等建筑群的黄、蓝、绿、黑、灰等各色瓦顶，从整体上形成了主次鲜明、和谐统一的北京古建筑色彩构图（图2-5-1）。

此外，北京的自然环境如大面积的绿树、水面乃至山脉（如林语堂笔下"淡紫色"的西山），也对城市色彩的调和起到了重要作用。

我们不妨以绘画为例来体会传统北京城市色彩的妙处：绘画时如果在具有某种"底色"的画纸、画布上作画，色彩将格外易于调和——北京城正如在一块灰色的画布上作画，

尽管用色鲜亮、纯度极高，却在整体上获得高度和谐统一，是中国传统城市色彩的经典之作。

第六节　技艺精湛

北京在辽代为陪都，金代为北部中国的首都，元、明、清三朝更成为全中国的首都，大量皇家建筑群的营建将北京古建筑的技艺推向中国元、明、清时期建筑的顶峰。单以明代永乐时期创建紫禁城为例，全部建筑用西南诸省运来的高质量楠木，殿内铺地的方砖（金砖）来自苏州等，制瓦的陶土取自安徽太平，彩画颜料自西南诸省征调，匠师更是云集了来自全国各地的能工巧匠——正所谓"穷天下之力以奉一人"——各工种的建筑技艺在紫禁城的营建中均得到巨大发展，包括大木结构、小木装修、砖石结构、屋面瓦作和各类建筑装饰。

第三章　城市

　　北京古建筑最卓越的成就体现在其"具有计划性的整体"（梁思成语），尤其体现在古都北京的城市规划方面。

　　今天的古都北京的城市规划，肇始于元大都，改扩建于明北京，踵事增华于清北京，不仅构成壮伟的总体格局、城墙城门、中轴线与皇家建筑群，同时形成北京极具特色的街区规划——即"街道-胡同-四合院"体系。

　　其中，元大都从平地规划建成，一气呵成。元大都的都城规划，十分难得地将《周礼·考工记》的"营国制度"与北京自然地形地貌因地制宜地加以结合，达到了中国古代都城规划的又一个高峰。在元大都的规划中，除了都城、皇城、宫城三重城垣相套的大格局之外，街巷胡同规划亦具鲜明特色，并且历时近七百载，一直保存延续至今。今日北京古城内，东单至东四、西四一带，南、北锣鼓巷一带的许多胡同依旧保持着元代的格局，至为珍贵。

　　明代弃用元大都北部，又另行向南拓展，最终形成由内城、外城、皇城、紫禁城四重城墙构成的整体格局，其中内城规划严谨，是对元大都的延续与完善。外城更多一些自由生长的痕迹。内外城共同被一条长约7.8公里的中轴线加以统摄，气势宏伟，为世界现存历史名都之最。

第一节　元明两代形成的总体格局

古都北京的总体格局是在元大都城市格局的基础上逐渐发展起来的，明代对元大都的改建最终形成今日北京古城的基本格局。

一、元大都城市格局

在中国漫长的都城史中，元大都是最后一座不在以往旧城基础上改建，而是平地规划建造的都城，其规划建设不仅在规模上，同时在科学性、艺术性上均达到了当时全世界最先进的水平。

元大都采取大城、皇城、宫城三重城垣环环相套的传统形制，其中大城城郭南北长约7600米，东西宽约6700米，周长约28600米，总面积约50.9平方公里。皇城位于大城南半部，宫城位于皇城中央偏东。

元大都皇城位于都城南部，周回约二十里。皇城南门棂星门与大都南门丽正门之间是"T"字形的宫廷前广场，两侧是"千步廊"，大型官署位于"千步廊"外侧。由皇城正门棂星门向北数十步，即达金水河，河上建白石桥三座，名周桥，可看作是今天天安门外金水桥的前身，只不过后者的位置由宫城外推至皇城外。过周桥约二百步，便是宫城正门崇天门（亦称午门）。皇城之内，以太液池为中心，以万岁山（即琼华岛）为制高点，环列三大建筑群即宫城（亦称大内）、隆福宫（皇太子宫）和兴圣宫（皇太后居所）。

元大都宫城又称大内，在皇城东部、太液池东岸，建于至元八年（1271年）到至元二十一年（1284年）。[①]元大都宫城南北长约947米，东西宽约739米，占地约70万平方米，与今天故宫紫禁城的规模大致相当（紫禁城南北约965米，东西约762米）。元大内南至今故宫太和殿前一线，北至今景山后墙一线，东西与紫禁城东西墙基本一致（图3-1-1）。宫城内主要建筑分成南北两部分：南面以大明殿为主体，相当于紫禁城太和殿，称大内前位；北面以延春阁为主

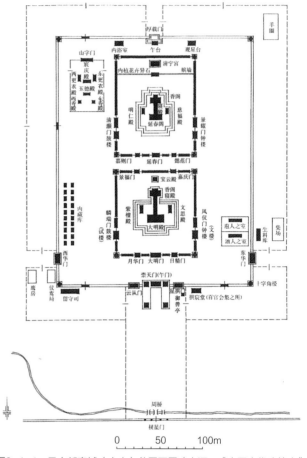

图3-1-1　元大都宫城（大内）总平面图（来源：《中国古代建筑史》（第四卷：元、明建筑））

体，称大内后位，两组建筑群各由正门、东西门、钟鼓楼、廊庑围成独立庭院。

元大都皇城内另建有隆福宫（原为太子东宫，后改作太后宫）和兴圣宫（为太后、嫔妃居所），分别位于太液池西岸之南、北两地，与大内宫殿隔太液池相望，大内北侧建有御苑。三宫和御苑环绕太液池布局的模式使得太液池具有更强的中心地位，太液池中央琼华岛上的制高点建广寒殿，成为整个皇城真正意义上的中心。这种环水布置的宫殿格局在中国历代都城中十分罕见，应当与蒙古人逐水草而居的生活习俗有关。

---

① 至元二十二年（1285年）到顺帝至正十四年（1354年）陆续有营建与修葺。

二、明北京城市格局

　　明北京的规划是在对元大都进行改建的基础之上形成的。经过改扩建的永乐时期（1420年）的内城与嘉靖时期（1564年）修建的外城共同形成了明北京独特的"凸"字形城郭，并且为清代所继承（图3-1-2）。内城之内又有皇城和宫城（即紫禁城），形成四重城垣相套的格局。明北京城以"凸"字形城墙为轮廓，以紫禁城和皇城为核心，以南北中轴线为骨架，有条不紊地规划部署各类城市功能于中轴线的东、西两侧。

图例　—— 大街　　▭ 衙署、仓库　　▭ 坛、庙
　　　　—— 胡同　　▭ 王府　　▭ 苑囿

图3-1-2　明北京平面图（来源：《北京旧城胡同现状与历史变迁调查研究》）

其中主要坛庙均匀分布在中轴线两侧（少量在城郭以外），包括紫禁城南侧的"左祖右社"（太庙和社稷坛），外城永定门内东西侧的天坛和山川坛（清代改称先农坛），朝阳门外日坛和阜成门外月坛，安定门外地坛，东城孔庙和西城历代帝王庙，形成庞大而严谨的祭祀建筑系统。

中央各部衙署均匀布局在皇城前"T"字形宫廷前广场东、西两侧，地方衙署则重点布置在东、西城。

主要的园林包括皇家的西苑、景山，分别位于紫禁城的西侧和北侧；清代则进一步将西北郊海淀一带建成一座园林之城。民间的什刹海、泡子河、金鱼池、陶然亭等分别为内外城提供了公共园林风景区。

宗教建筑如寺观则较为均匀地分布在内外城中，几乎每条胡同之中至少有一座庙宇。在郊外则集中分布在西山、燕山一带。

明北京城的皇城占地约6.8平方公里，约为北京城面积的十分之一。东西约2500米，南北约2800米，周长约11公里。皇城之内明代为皇家禁地，民不得入；清代除紫禁城、西苑、景山以及一些重要坛庙、庙宇、衙署和仓厂之外，余皆成为民宅。清康熙时期内廷绘制的《皇城宫殿衙署图》细致入微地刻画了清北京皇城的布局（图3-1-3）。[①]皇城城墙高约6米，为红墙黄琉璃瓦顶，与北京内、外城可以上兵马的厚实城墙不同，皇城墙更类似建筑群的围墙（图3-1-4）。

明、清两代的文献对于皇城大门的定义略有不同：明代皇城包含天安门前的"T"字形宫廷广场，整个皇城共设6门，分别为大明门（清代改称大清门）、长安左门、长安右

图3-1-3　康熙时期北京皇城图（来源：清华大学建筑学院中国营造学社纪念馆）

图3-1-4　皇城城墙（来源：王南 摄）

---

① 《皇城宫殿衙署图》为彩绘绢本，墨线勾画，施以淡彩，高2.38米，宽1.79米，为清代北京城市地图中的宏幅巨制。为迄今所见第一幅具备实地测量基础、内容丰富翔实、绘制精细、笔墨精湛、艺术性与写实性高度结合的北京城市地图，极有可能是在皇帝或内廷的直接主持与监督下，在若干宫廷画师的参与配合下完成的。

门、东安门、西安门、北安门（清代改称地安门）；清代皇城则不含天安门前广场，皇城设4门，为天安门、东安门、西安门、地安门。①

以上粗略勾勒了北京的规划格局，下面将重点论述北京的城墙、中轴线、街道、胡同和重要标志性建筑。

第二节　城门城墙构成的城市轮廓

中国古代城市以封闭、围合的城墙作为最基本的外部形象。北京自西周建城伊始，历经三千余年，虽然城址几经变迁，然而可以肯定一直都有完整的城墙存在——其中，金、元、明、清时期的城垣位置都有较准确的考证。

元大都城墙全部用夯土筑成，基部宽24米，高16米，顶部宽8米。城墙东、南、西三面均为三门，北面仅开二门——据学者分析是继承了汉魏洛阳以来的都城北墙正中不开门的传统。除了城门楼，元大都的城墙四角都建有巨大的角楼——今建国门南侧的古观象台原本即为元大都东南角楼（图3-2-1）。

北京历代城墙之中，对于当代人而言，名气最大、讨论最多的非明北京城墙莫属。

据瑞典美术史家喜仁龙的《北京的城墙和城门》②一书记载，明北京内城城墙总体来说是高10～12米、厚十几二十米的敦实墙体，呈现出雄浑的体量感（图3-2-2）。外城城墙则比内城低矮一些，高度在6～7米左右，厚度达十一二米（图3-2-3）。

整个明北京城墙最引人瞩目的部分是其"内九外七"的

图3-2-1　古观象台（原为元大都东南角楼）（来源：王南 摄）

城门与城楼。《康熙南巡图》（第十二卷）中对正阳门的城楼、箭楼、瓮城以及城中的关帝庙建筑群都有细致入微的描绘，为我们了解北京内城城门的基本"配置"提供了最佳的形象资料（图3-2-4）。

内城九门分别为南面的正阳门、崇文门、宣武门，东面的朝阳门、东直门，西面的阜成门、西直门和北面的安定门、德胜门，九座城门基本形制都一样，由城楼、箭楼与瓮城组成，仅尺寸与细部略有差异（图3-2-5～图3-2-13）。

外城城门共七座，包括南面永定门、左安门、右安门，东面广安门，西面广渠门，北面东便门和西便门（图3-2-14～图3-2-20）。外城城门比内城规模小得多，其平面布局和样式与内城相同，不过在结构和装饰细部上大为简化。城楼一般高5米左右，加上6米左右的城墙，通高十一二米，与外城一、二层高的商铺、会馆、民居尺度融洽，构成和谐的整体。

此外，内、外城四角均设有角楼。角楼造型即以两座箭

---

① 以上对皇城各门的记载可分别见于明万历《大明会典》和清乾隆时期的《国朝宫史》。此外，清嘉庆《大清会典》又将以上二者加以综合，将天安门、东安门、西安门、地安门、大清门、长安左门和长安右门共7门全部列为皇城城门。参见傅公钺编著. 北京老城门. 北京：北京美术摄影出版社，2001：18。皇城除上述主要7门外，还有几座次要门楼，如东安里门，位于东安门内望恩桥，为三间方洞三座门式；长安左、右门外又有两座门楼，分别称作东三座门、西三座门，均为三间方洞三座门式，此二门为乾隆十九年（1754年）建，1913年拆除，许多文献将东、西三座门与长安左、右门相混淆，其实长安左、右门为宫廷前区的主要大门，为五间三券门式，形制和地位均高于东、西三座门。

② 瑞典美术史家奥斯伍尔德·喜仁龙（Osvald Siren）于20世纪20年代通过对北京城墙、城门长达数月的实地考察、测绘，结合文献研究，完成了《北京的城墙和城门》（1924）一书，该书不仅对北京城墙、城门的历史变迁及1920年代的保存状况进行了翔实论述，更对北京城墙所体现的美感进行了极其生动的探讨。值得一提的是，该书完成四十余年后当北京古城墙遭到毁灭性拆除之后，《北京的城墙和城门》一书由于是迄今为止关于北京城墙与城门最为完整翔实的资料，终于成为不朽的著作。在笔者看来，北京城墙遇到喜仁龙以及喜仁龙遇到北京城墙，于二者都是莫大的幸运！2003年张先得编著出版了《明清北京城垣和城门》一书，加入了明清北京皇城、宫城城墙的内容，并搜集了更多历史照片，同时附上自己的数十幅精彩的城墙水彩画，可看作喜仁龙著作的进一步补充。

图3-2-2　20世纪20年代阜成门附近城墙（来源：The walls and gates of Peking researches and impressions）

图3-2-3　20世纪20年代外城西南角城墙与角楼（来源：The walls and gates of Peking researches and impressions）

图3-2-4　《康熙南巡图》中的正阳门（来源：《清代宫廷绘画》）

图3-2-5　1920年代的正阳门（来源：清华大学建筑学院中国营造学社纪念馆）

图3-2-6　崇文门城楼（来源：清华大学建筑学院中国营造学社纪念馆）

图3-2-7　宣武门城楼（来源：清华大学建筑学院中国营造学社纪念馆）

图3-2-8　朝阳门箭楼（来源：清华大学建筑学院中国营造学社纪念馆）

图3-2-9　东直门城楼（来源：清华大学建筑学院中国营造学社纪念馆）

图3-2-10　阜成门城楼（来源：清华大学建筑学院中国营造学社纪念馆）

图3-2-11　1920年代西直门全景（来源：The walls and gates of Peking：researches and impressions）

图3-2-12　安定门箭楼（来源：清华大学建筑学院中国营造学社纪念馆）

图3-2-13　德胜门箭楼侧影（来源：清华大学建筑学院中国营造学社纪念馆）

图3-2-14 永定门侧影（来源：《北京老城门》）

图3-2-15 左安门瓮城（来源：《北京老城门》）

图3-2-16 右安门城楼（来源：清华大学建筑学院中国营造学社纪念馆）

图3-2-17 广安门箭楼（来源：清华大学建筑学院中国营造学社纪念馆）

图3-2-18 广渠门瓮城（来源：《北京老城门》）

图3-2-19 东便门箭楼（来源：清华大学建筑学院中国营造学社纪念馆）

图3-2-20 西便门城楼（来源：清华大学建筑学院中国营造学社纪念馆）

图3-2-21　1920年代外城角楼（来源：The walls and gates of Peking researches and impressions）

图3-2-22　1920年代东直门护城河景致（来源：The walls and gates of Peking researches and impressions）

图3-2-23　前门西侧城墙与护城河，远处为前门与箭楼——城墙、城楼、护城河共同构成迷人的画面（来源：《北京老城门》）

楼垂直相交而成，既有箭楼的雄浑质朴，又因屋檐交错而多了几分灵动之气（图3-2-21）。

　　明北京城墙之外还设有护城河。护城河宽窄深浅不一，宽可至50米，窄处仅3～5米。从护城河旧影中我们可以发现朝阳门和东直门之间的护城河两岸柳枝拂扬，河中白鸭成群，现出一派生机，而前三门（即正阳门、崇文门和宣武门）外的护城河更是宽阔无比，一派江南水乡的气息（图3-2-22、图3-2-23）。①

　　综观这作为古都北京象征的城墙，其实浓缩了北京城市与建筑美学的精髓。北京城墙的大气之处就在于它的"一气呵成"的气魄，它的16座城门、8座角楼的"大同小异"——正是这看似单调的安排，反而使得北京城墙具有了庄重沉雄的性格（很难想象要是十余座城楼各有各的造型，姿态将是怎样一幅容颜），这不也正是北京城的性格么？

① 与护城河相联系的是城墙上的水关：明北京城墙设有多座水关，作为城市进水、排水的孔道。水关位于城墙墙体下部，有券顶式和过梁式，内外设有二至三排铁栅栏，并由军士看守维护。内城设7座水关：德胜门西水关、东直门南水关、朝阳门南水关、崇文门东水关、正阳门东水关、正阳门西水关、宣武门西水关；外城设3座水关：西便门东水关、东便门西水关、东便门东水关。

第三节　中轴线空间序列及比例关系

　　北京城的中轴线举世闻名。梁思成曾经在《祖国的建筑》（1954年）一文中曾创造性地把北京中轴线所体现的城市、建筑群空间之美与中国传统绘画中的长卷之美相提并论。今天北京中轴线上的城市空间发生了很大变化，难能可贵的是，藏于故宫博物院的《康熙南巡图》[①]的第一卷和第十二卷分别描绘了康熙帝玄烨第二次南巡时"出警"与"入跸"（即出发与回京）的场面——尤其是第十二卷，完整地绘制了玄烨南巡归来的壮阔图景，画卷从左至右由永定门直至紫禁城太和殿。这幅高67.8厘米，长2612.5厘米的"巨型长卷"不仅让我们清晰地领略到清康熙年间北京中轴线的大部分城市、建筑群景观，更生动地展现了中轴线上举行重大礼仪活动的壮观场面以及丰富多彩的清代北京日常生活场景。

一、中轴线建筑布局与空间构成

　　仔细分析《康熙南巡图》第十二卷所显示的北京中轴线建筑布局与空间构成，可以从左到右（即由南至北）分作四段，即永定门大街、前门大街、宫廷前区和紫禁城外朝，各段形成迥然不同的空间特色（图3-3-1）。

（一）永定门大街

　　第一段由外城正门永定门至天桥，[②]（图3-3-2）即永定门大街，此段由漫长的御街与两侧的祭坛（天坛与先农坛）构成肃穆、荒僻的空间，景观以御街两侧的坛墙、树木为主，正阳门及五牌楼遥遥在望，可谓是中轴线的"序幕"。

　　永定门往北，隐约可见大街西侧靠近城门的一组建筑群，应当是城门附近的一些商铺、民居及寺观（乾隆《京城

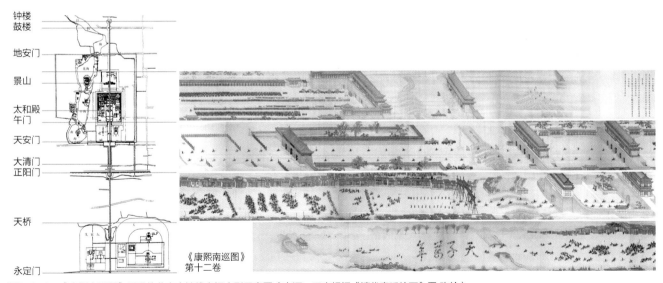

钟楼
鼓楼
地安门
景山
太和殿
午门
天安门
大清门
正阳门
天桥
永定门

《康熙南巡图》
第十二卷

图3-3-1　《康熙南巡图》展现的北京中轴线空间序列示意图（来源：王南根据《清代宫廷绘画》图 改绘）

---

① 《康熙南巡图》共十二卷，描绘了康熙二十八年（1689年）玄烨第二次南巡的盛况。据学者考证，《康熙南巡图》的绘制工作由督察院左副都御史宋骏业主持，而主笔的画家为清初"四王"之一的王翚，其他参与创作的画家目前知道的有冷枚、杨晋、王云、徐玫、虞沅、吴芷、顾昉以及宋骏业本人，实际参与者应该不止于此。

② 明清北京外城有多处低洼水塘，其中西部下洼子一带水塘沿山川坛北墙外的明沟东流，在天坛北墙外汇入金鱼池，天桥即横跨该水之上，是帝王赴天坛、山川坛祭祀的必经之地——皇帝为天子，因而该桥称作天桥，俗称龙鼻子（正阳门为龙头），桥两侧的河沟则称为龙须沟。明清的天桥地区为一片水乡泽国景象，清末民初这一带逐渐发展为著名的天桥市场，成为曲艺、杂技和各种摊贩的聚集地。

图3-3-2 《康熙南巡图》中的天桥（来源：《清代宫廷绘画》）

图3-3-3 前门大街与五牌楼，画中坐在八抬大轿上者为康熙皇帝（来源：《清代宫廷绘画》）

全图》上有观音庵、永寿庵、佑圣寺等）。大街东侧树丛之中隐约露出一段蓝色攒尖屋顶及金色宝顶，显然是天坛大享殿（乾隆十六年即1751年更名祈年殿）的象征。

（二）前门大街

第二段由天桥至正阳门，即正阳门大街（俗称前门大街），这是整条轴线上最热闹的一段——清代北京城最繁华的商业街。南巡归来的浩浩荡荡的队伍也主要集中在这一段画面之中，康熙皇帝则被安排在鲜艳夺目的"五牌楼"之前（图3-3-3）。画面的背景由前门大街鳞次栉比的商铺及民居组成，雄伟壮丽的正阳门成为该段的一个小高潮。

画家对前门大街建筑群进行了精心刻画，尤其是大街西侧的铺面，描摹得一丝不苟，细致入微。不仅整条大街"棚房比栉"的整体意象得以生动描绘，画面中的铺面建筑也可谓是种类丰富、样式齐全——清末民初北京铺面的许多类型，如牌楼式铺面、拍子式铺面、重楼铺面，画中都已具备（图3-3-4、图3-3-5）。

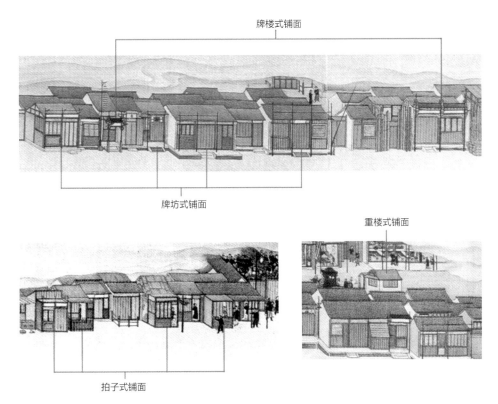

图3-3-4 《康熙南巡图》中的前门大街铺面（来源：王南根据《清代宫廷绘画》图 改绘）

图3-3-5 民国时期的铺面——左为牌楼式，中为牌坊式，右为拍子式（来源：《梁思成全集》第六卷）

（三）宫廷前区

第三段由正阳门至午门，为宫廷前区。

正阳门内的大清门为黄瓦红墙的单层门楼，设三座拱形

门洞，与高大的正阳门城楼形成强烈的对比。二者之间是朱漆栏杆围成的棋盘街，明清一直的"朝前市"之所在。进入大清门后，画面主色调由灰色转为红、黄相映，经由漫长的

"天街"和重重门阙直抵午门，尽是一派肃杀的气氛，其中大清门与皇城正门天安门之间是红墙环绕的"T"字形宫廷广场，东西两侧分列各部官署，中央御街两侧是"千步廊"（图3-3-6）。

整段空间由三座宫廷前广场及两侧的衙署、坛庙组成，庄严端丽，与此前热闹的前门大街形成鲜明的对比，可谓一个庄严的"发展部"。不论各部衙署还是左祖右社，其大门均朝向中央御街，呈拱卫之势（图3-3-7、图3-3-8）。

图3-3-6　《康熙南巡图》中的大清门及千步廊（来源：《清代宫廷绘画》）

图3-3-7　民国时期中华门棋盘街俯瞰（来源：Baukunst und Landschaft China）

图3-3-8　20世纪初从正阳门北望内城全景（来源：徐苹芳《论北京旧城街道的规划及其保护》）

（四）紫禁城外朝

第四段是整个轴线的"高潮"——由午门直至太和殿，是紫禁城外朝的主要部分。从午门进入太和门广场，空间豁然开朗，高峻巍峨的午门与平缓舒展的太和门形成纵横体量的对比——正如在前一段中正阳门－大清门－天安门所形成的高低起伏的变化。穿过太和门，最终抵达太和殿广场，广场的绝对尺寸超过太和门广场，同时主体建筑太和殿由三重汉白玉台基高高托起——最精彩之处在于，画面中太和殿处在云雾缭绕之中，仅仅微露峥嵘，以示"瑞气郁葱，庆云四合"（此图卷首文字）之意，愈发显得崇高而神秘。

（五）紫禁城内廷、景山及钟鼓楼

美中不足的是画卷停止在太和殿，当代画家笔下的民国北平长卷《天衢丹阙》弥补了《康熙南巡图》的遗憾——尽管民国年间的城市景观与清代相比有了较大改变，然而从中我们还是可以一窥《康熙南巡图》中未曾交代的太和殿至钟楼的壮美景色（图3-3-9）。

通过这幅长卷我们可以概括出北京中轴线城市设计上的一个重要特色：即轴线上主体建筑群的变化多端与轴线两侧附属建筑群的千篇一律——画面中的中轴线上，从南到北设置了永定门、天桥、五牌楼、正阳桥、正阳门箭楼与城楼、大清门、外金水桥、天安门、端门、午门、内金水桥、太和门、太和殿等一系列建筑群，它们不论从规模、形制、造型、空间、色彩等方面都充满变化，尤其是正阳门到太和殿一段，建筑高低起伏、空间伸缩收放，形成极其波澜壮阔的序列；反观中轴线两侧，先是两大祭坛一成不变的坛墙，继而是连绵不断的商业铺面，接着是千篇一律的千步廊以及皇城、紫禁城内的东西朝房、配殿，一直延伸到太和殿。

在中轴线两侧，明清北京城规划设计了一系列的地标建筑，如景山万春亭、北海白塔、钟鼓楼、妙应寺白塔、万宁桥、银锭桥、法藏寺塔、报国寺、毗卢阁以及各主要街道及大型建筑群入口处的众多牌楼。这一系列重要的地标建筑和"内九外七皇城四"的二十座城门楼一样，基本呈对称、均匀地分布在城市中轴线及其东西两侧。它们一方面构成所在区域的标志，颇有"鹤立鸡群"之气势；但另一方面它们又严格服从于整个城市的总体规划布局，与作为背景的大量胡同－四合院建筑群水乳交融、和谐共处，成为塑造城市整体和谐的一分子——这是古都北京在设计"标志性建筑"时的重要原则，非常值得今天总是试图设计"标志性建筑"的建筑师们深思与借鉴。

二、中轴线的精确比例

北京中轴线之伟大不仅在于其在空间感受方面震撼人心之气魄，更在于其理性方面精确的模数制规划设计以及精心的比例划分。

（一）内城中轴线比例

明北京内城中轴线被平均分成三段，即正阳门箭楼至紫禁城午门一段，紫禁城午门至景山北墙一段，景山北墙至钟楼一段，且三段各500丈[1]（其中最多仅差4.5丈，可视为当时的施工或测量误差）（图3-3-10）。

图3-3-9　《天衢丹阙》图卷所绘太和殿至钟楼景象（来源：《天衢丹阙》）

---

[1] 本篇第三章"城市"第三节"中轴线空间序列及比例关系"与第五章"建筑"第二节"程式化亦不乏多样化的立面造型"中使用的是明丈，一丈=3.173米；其余部分均为清丈，1丈=3.2米。

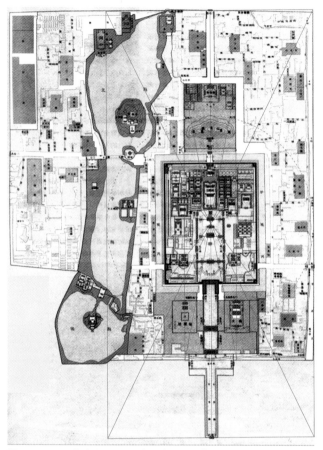

图3-3-10　明北京分析图——皇城（来源：《规矩方圆 天地之和》）

也可视作是以紫禁城进深为模数来设计的，这与明北京内城进深以紫禁城进深为规划模数（内城总进深为紫禁城进深的5.5倍，其中正阳门墩台北壁即内城南墙内皮至午门墩台南壁约450丈，合紫禁城进深的1.5倍；紫禁城北壁至内城北墙南壁为紫禁城进深的3倍）是相符合的。

不仅如此，这样的精心规划设计还带来一些其他的结果：首先，景山的主峰即今天万春亭的位置，成为整个北京内城的几何中心——直到今天，景山万春亭都是鸟瞰全北京的最佳驻足点，这是明北京都城规划留下的伟大遗产；其次，从皇城范围来看，紫禁城成为名副其实的中心——如果我们在明清北京皇城复原图上作图，可以得到：紫禁城的几何中心位于中轴线上中和殿与保和殿之间，它同时也是皇城中轴线（即大明门至地安门）的中点，同时它还是长安左、右门形成的长安街东西中轴线与景山后墙连线的中点。

由此可知，明北京内城中轴线的规划设计兼顾了内城、皇城和紫禁城的关系，以紫禁城加景山的进深（500丈）为基本模数之一，以紫禁城的进深300丈为另一基本模数，从内城范围看，景山是中心；从皇城范围看，紫禁城是中心。

（二）外城中轴线比例

通过测量：永定门墩台南壁至正阳门墩台南壁与北二环路道路红线的中线至北土城北界的距离几乎相等。因此可知，明北京外城南墙的位置确定，是希望外城南墙至内城南墙等于内城北墙至元大都北墙，进而形成一个以这个距离环绕北京内城一周的外城，可是由于工程量太过浩大而不得不草草收尾，形成今天所见明北京"凸"字形的形状（图3-3-11）。

北京外城中轴线也被平均分成两段，分界处是天桥，每段约487丈，略少于内城中轴线500丈的基本模数，这一方面是由于外城与内城不是一次规划设计的原因，另一方面是因为外城进深实际上等于明北京北城墙至元大都北城墙的距离，这是外城初始规划所确定的，因此没有刻意与内城中轴线规划的模数找关系。

综上所述，整个波澜壮阔的明北京中轴线，全长由钟楼

不仅如此，这三段各500丈的轴线又被各自细分为两小段，其中：正阳门箭楼至天安门约320丈；天安门至午门约180丈；紫禁城进深约300丈；紫禁城北墙门至景山北墙约200丈；景山北墙至地安门约180丈；地安门至钟楼约320丈。

由上述数据可知明北京内城规划设计时，内城南墙的位置（包括正阳门城楼与箭楼的位置），天安门、午门的位置，紫禁城进深、景山进深、地安门的位置、钟楼的位置这些重要的节点都是精心安排的：正阳门箭楼至午门等于午门至景山后墙等于景山后墙至钟楼，各为500丈——这实际上是把紫禁城加上景山的总进深500丈作为内城中轴线规划设计的基本模数，与元大都以大内加上御苑的进深作为都城规划的基本模数之一如出一辙。与此同时，这三段500丈、共计1500丈的内城中轴线又是紫禁城进深300丈的5倍，因此

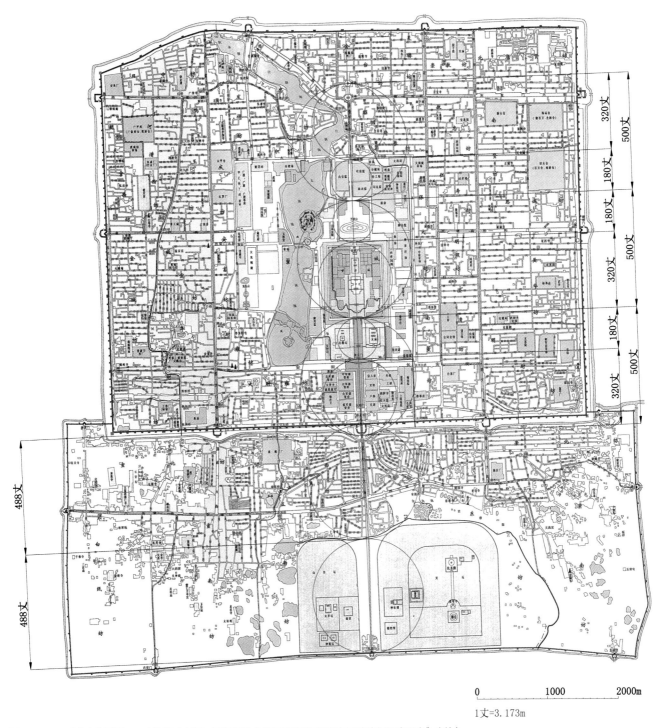

图3-3-11　明北京分析图——中轴线（来源：王南根据《北京旧城胡同现状与历史变迁调查研究》改绘）

墩台北壁至永定门城楼墩台南壁约为2440丈，分作内城、外城两部分，其中，内城分作500丈的三段；而外城分作487丈的两段（其中正阳门城楼的进深在计算时重叠了一次）。

划分轴线的分界点控制了北京中轴线上几乎所有的重要节点，使得北京中轴线的雄伟壮丽成为可以量化的、模数化的规划设计。

第四节 北京街道胡同构成的道路系统

白居易的诗句"万千家似围棋局，十二街如种菜畦"是中国古代城市"棋盘式"道路系统的生动写照，元大都和明北京（尤其是内城）的街道与胡同都沿袭了这一特点。明杨荣《皇都大一统赋》所说的"豁九达之通衢，罗万室之如栉"则是明北京城街道－胡同－四合院体系之形象描绘。

一、元大都的街道胡同

（一）街道

元大都城的每个城门以内都有一条笔直的干道，有些城门之间或城门与城墙之间还加辟一条干道，这些干道纵横交错，连同沿城墙根的街道（所谓顺城街）在内，全城共有南北干道九条、东西干道六条。

元大都的街道宽度有着统一的标准，据《析津志》"街制"条载："大街阔二十四步，小街阔十二步"。[1]按照元代1步约为1.54米计，大街宽约36.96米，小街宽约18.48米。[2]

都城中各主要街道皆有"对景"的精心设置：首先，各城门楼自然是大街的主要对景。此外更有：丽正门内中轴线御路北对皇城正门棂星门、周桥以及宫城正门崇天门；皇城北门厚载红门外大街北对万宁桥和中心阁；都城北部中轴线大街（今旧鼓楼大街一线）以钟楼、鼓楼为对景；崇仁门大街（今东直门内大街）西对中心阁；和义门大街（今西直门内大街）东对鼓楼；齐化门大街（今朝阳门内大街）西对大内延春阁建筑群；平则门大街（今阜成门内大街）东对大圣寿万安寺（今白塔寺）白塔及万岁山（即琼华岛）广寒殿，等等。这些大尺度、远距离的对景造就了元大都壮丽的街道景观，在当时世界上各大都市中当属首屈一指的奇观，并且这样的街道对景格局一直延续到明北京。

（二）胡同

除大街、小街之外，《析津志》记载元大都还有"三百八十四火巷，二十九衖通。衖通二字本方言。"这里火巷、衖通应该都是后世胡同的前身。

胡同为北京大量巷道的专有名称，可谓闻名遐迩。"胡同"一词的写法从元代到清代有很多种：衖通、火弄、火疃、火巷、火衖、胡洞、衚衕、衚衕（此为胡同之繁体）等等，到明清之际衚衕（胡同）一词最为流行。有学者认为胡同是蒙古语"水井"的音译，这就将胡同与"市井"联系起来。

元大都的胡同大都沿南北向街道（即所谓的"九经"）的东西两侧平行排列，形成"鱼骨状"的道路网络，亦称"蜈蚣巷"（图3-4-1）。今天东四至北新桥、西四至新街口以及南、北锣鼓巷一带还保留了典型的元大都街巷－胡同格局（图3-4-2）。

北京的街道－胡同体系即肇始于元大都：主次干道将元大都分为五十坊，这些坊均不建坊墙，而以干道为坊界。坊

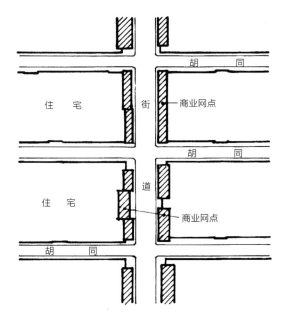

图3-4-1 元大都街道胡同示意图（来源：《中国古代城市规划史》）

① [元]熊梦祥. 析津志辑佚. 北京：北京古籍出版社，1983：4.
② 单士元先生在《故宫史话》里说，元代一步为五尺，元一尺合0.308米，因此元代一步合1.54米。

图3-4-2　南锣鼓巷街道胡同示意图（来源：王南根据《北京旧城胡同现状与历史变迁调查研究》插图 改绘）

内之地段，沿南北向干道，开辟若干东西向的平行的胡同，成为居住区内部的道路——这样一方面住宅区可以取得南北朝向（非常适应北京的气候条件），一方面街道两侧可以布置各行各业的商业铺面以供住户的日常生活之需，胡同内则不再设商店，以保持宁静、安全的居住环境。元大都街道、胡同、民居规划设计的精华即在于"闹中取静"。

二、明清北京的街道胡同

（一）街道

明北京内城的街道与胡同均是在元大都的基础上改建而成的：明北京弃用元大都北部，元大都崇仁门（明北京东直门）、和义门（明北京西直门）以南主要街道均得以保留。此外明北京又将元大都南墙拆除，在该位置改建皇城南面的东、西长安街，分别与崇文门内大街、宣武门内大街相交于东单、西单路口（明清北京的东单、西单路口均为"丁"

字路口）。由于东、西长安街上的长安左门、长安右门将皇城前的"T"字形宫廷广场封闭起来，因此东、西长安街并不起沟通城市东西交通的作用。明北京内城道路系统以崇文门、宣武门内的南北向大街为最主要的骨架，辅以安定门、德胜门内的南北大街。东西向街道主要有东直门内大街（以鼓楼为"对景"）、西直门内大街、朝阳门内大街（与东四大街交于"东四"路口，[1]以景山为"对景"）、阜成门内大街（与西四大街交于"西四"路口，正对北海琼华岛与景山）、地安门北大街（今平安大街）、东安门大街、西安门大街以及东、西江米巷（今东、西交民巷）等。在以上大街的基础上，沿着各南北向干道或街巷，向东西方向伸展出数以千计的胡同，构成明北京内城道路的主要模式。当然，内城的街巷系统里也不乏南北向的胡同，甚至有许多并非横平竖直的街巷胡同，包括斜街、斜胡同等，例如什刹海周围就有大量因地制宜形成的斜街，包括鼓楼西大街、烟袋斜街、白米斜街等。

相比之下，外城由于缺乏统一的规划，其道路系统呈现出更加显著的自由生长的形态：中轴线上正阳门与永定门之间南北一贯的大街为外城道路系统的中轴线；广安门与广渠门之间则以一条蜿蜒逶迤、时宽时窄的东西向街道相连，构成外城的东西主干道。除了上述一纵一横的主街以外，另有崇文门、宣武门外大街向南与东西向主街相交成"丁"字路口。以上街道组成外城街巷系统的主要骨架，比内城泾渭分明的大街要曲折得多，许多大街宽度也与胡同无异。由于缺乏系统的规划，加上天坛、山川坛北面坛墙呈弧形，外城许多地方地势低洼，积水成湖沼、池塘，再加上元大都与金中都故城之间本已逐渐形成的大量斜街……诸多因素的共同作用，最终形成了明北京外城极不规则的道路系统。尽管正阳门大街西侧、崇文门大街两侧（尤其是花市一带）也不乏一些规则的东西向胡同，但南北走向的胡同比比皆是，更有大量的街巷、胡同不再局限于东西南北走向，极度自由。外城

---

① 东四因十字路口东西南北各立一座牌楼而得名"东四牌楼"，简称"东四"；与"西四牌楼"、"西四"相对应。同样，东单、西单路口各有单独一座牌楼。

图3-4-3　1880年前后的前门大街（来源：《城市及其周边——旧日中国影像》）

图3-4-4　宣武门外大街（来源：《北京老城门》）

中称作"斜街"的道路为数众多：樱桃斜街、铁树斜街、棕树斜街、杨梅竹斜街、上斜街、下斜街……整个街道系统随着社会、城市、自然环境的发展形成如今的肌理。

传统北京街道的美感特征在于街道和店铺尺度宜人，并且往往设置有优美的街道对景。

首先，北京传统街道的尺度十分宜人：内外城主要街道宽度在20~30米之间，次要街道在10~20米之间（元大都规划时大街约36米，小街约18米，但到明清北京时道路宽度都略有减少）。

其次，商业建筑的尺度也十分小巧：街道两侧商铺以一~二层为主，建筑高度大致为：拍子式铺面高约3米，单层两坡铺面檐口高度与拍子式铺面相当，正脊高约5~6米；二层重楼铺面檐口高约6米，正脊高约8~9米（少量三层以上的重楼可达十余米），牌楼或牌坊式铺面的冲天牌楼高度可达十余米。

另一方面，传统北京的街道十分注意对景的设置，尤其是以雄伟高大的城楼或华丽悦目的牌楼作为对景：市街牌楼高约13米，城楼高约34~42米（钟鼓楼更高：鼓楼45米，钟楼47米）。这些牌楼、城楼一方面作为街道对景丰富了街道的美感，一方面由于大大高于两侧铺面，成为街道的视觉"焦点"和主要地标（图3-4-3、图3-4-4）。

（二）胡同

由北京城热闹繁华的大街转到分布在其两侧的一条条小

胡同里，人们瞬间即进入一处处幽静安逸的四合院住宅区。明清北京城的道路尺寸不似元大都初始规划时那么严格，尤其是胡同的宽度从不足1米（如钱市胡同，位于大栅栏宝珠市路西，最窄处仅40厘米）到10余米不等，胡同的形态也更加丰富，呈现出千姿百态的局面：除了最典型的东西向胡同，还有南北向胡同、斜胡同以至一些曲折迂回的胡同——这些不规则的胡同往往依据胡同具体形状被冠以"弓弦胡同"、"抄手胡同"、"扁担胡同"、"大拐棒胡同"、"大秤钩胡同"、"小口袋胡同"、"X道湾胡同"（如七道湾、八道湾、九道湾等）等形象的名称，此外还有为数不少的"死胡同"。

将胡同与街道相对比，更容易凸现二者的设计特色。从空间形态上，二者呈现出鲜明的宽与窄、虚与实、艳与素、垂直与水平、平直与曲折等多方面的对比，从而在整体上体现出街市繁华之美与胡同宁静之韵的强烈对比。

宽与窄：相对于街道胡同则窄得多，更具封闭、围合感。据王彬《北京胡同的空间形态》一文统计：内城东四一带胡同（三条至九条）平均宽度7.8米；内城西四一带胡同平均宽度4.8米（图3-4-5）；外城鲜鱼口草厂一带胡同平均宽度4.14米；外城大栅栏一带胡同平均宽度3.2米（图3-4-6）。足见内城东四一带胡同最为宽阔，也最长；西四一带就要窄许多、短许多；外城胡同比之内城更短、更窄，并且大部分胡同宽度在3~5米之间。胡同两侧一般都是平房，檐口高度约为3米，外城由于商业繁盛，用

图3-4-5 西四北四条胡同（来源：王南 摄）

图3-4-6 草厂二条（来源：王南 摄）

地紧张，一些极窄的胡同却建二、三层的铺面，则显得较为促狭。总体看来，北京的胡同有着十分近人的尺度，比大多数街道更为亲切宜人。

虚与实：传统街道的铺面建筑临街完全开敞，并且用住宅等建筑的室内隔扇置于外檐柱间，可以根据需要完全卸下。因此街道（尤其是商业街）与胡同立面形象的最大区别在于一虚一实，街道立面以玲珑剔透的铺面构成，而胡同立面则以大面积灰墙间以少量大门、高窗构成。

艳与素：在色彩构成上，街道铺面建筑以红色、褐色木装修为主色调，辅以青绿色彩为主的彩绘，局部甚至以金箔点缀，而胡同则是"青瓦灰墙映朱门"，以大面积的青灰色为主调，点缀以少量鲜艳色彩。前者艳丽，后者朴素，从而也给人带来一闹一静的心理感受。

垂直与水平：由于铺面建筑的开间多为三间，高度多为二层，加上大量使用冲天牌楼、悬挂招幌，因而总体上形成垂直方向的韵律。与之形成对比的是，胡同往往以水平方

图3-4-7　帽儿胡同北立面图（来源：王南及人民大学艺术学院景观建筑系2006级学生测绘）

图3-4-8　宣南粉房琉璃街西立面图（来源：王南、唐恒鲁、王斐、孙广懿测绘）

向上绵延的四合院的灰墙作为立面，只有四合院的大门打断这一水平方向上的延续，因而胡同的立面呈现为强烈的水平韵律。

平直与曲折：相比平直的大街小街，尽管北京胡同也有不少直而长的胡同（比如东四、西四一带的胡同），但更多的胡同呈现为较为曲折的形态。与通衢大道相比，小胡同更加富于曲径通幽的韵味。

这样，传统北京胡同的封闭、灰色以及水平的形态与街道的开敞、红色以及垂直的形态从空间形态上也体现了静与闹的对比。胡同以其与街道"繁华之美"畔然有别的空间意象呈现出独有的"宁静之韵"（图3-4-7、图3-4-8）。

第五节　作为严整城市规划补充的园林系统

古都北京之伟大，不仅仅在于拥有金碧辉煌的宫殿、坛庙和陵寝，更因为它得天独厚的山水环境和历朝历代在自然山水的基础上营建的数量丰富、种类繁多的园林，使得北京既是壮伟的帝国之都，同时又是柔媚的山水城市，集壮美与优美于一身，刚柔并济，体现了中国传统城市美学的理想追求。

古都北京从整个区域的山水形胜，到规模宏大的皇家园林以及风景如画的公共园林，从达官显贵的私家园林，到平民百姓的庭院小景，加上寺观庙宇的园林景胜……形成了蔚为大观的山水园林体系。从城市设计角度来看，皇家西苑

（三海）与民间什刹海共同构成与古都北京中轴线相辅相成的城市设计大手笔，清代在西北郊营建的三山五园等园林群落更形成一座与北京城南北相望的"园林之城"，此外，大量的私家园林与住宅庭院虽然规模有限、自成小天地，但是从城市整体空间形态上却把古都北京城变成一座树林中的城市或曰"绿色城市"。

最能代表古都北京园林艺术成就的非皇家园林莫属。今天北京的"三海"（即北海、中海和南海）（图3-5-1～图3-5-4）原为明清北京城内最主要的皇家园林——西苑的主体。西苑由金代大宁宫、元代太液池逐步发展而成，历经金、元、明、清历朝不断添建，踵事增华，愈趋成熟，成为北京皇家园林的代表。

清代帝王不满足于对西苑三海的经营，而是着力在京城西北郊进行大规模的皇家园林营建，最终形成了西起香山、东到海淀、南临长河的一座"园林之城"。这座园林之城以皇家园林畅春园、圆明园、香山静宜园、玉泉山静明园以及万寿山清漪园（即著名的"三山五园"）为核心（图3-5-5），其中有以山取胜的香山静宜园，有山水俱佳的静明园、清漪园，还有人工叠山构池的畅春、圆明二园，圆明园更以其荟萃性成为"万园之园"——正如周维权在《中国古典园林史》中所言："三山五园荟聚了中国风景式园林的全部形式，代表着后期中国宫廷造园艺术的精华。"

三山五园有着各自不同的园林意象，它们所构成的整体则呈现出丰富博大的文化内涵。五园之中，畅春园以"朴素"为主要特点，反映了康熙的审美趣味；圆明园则包罗

1. 万佛楼
2. 阐福寺
3. 极乐世界
4. 五龙亭
5. 澄观堂
6. 西天梵境
7. 静清斋
8. 先蚕堂
9. 龙王庙
10. 古柯亭
11. 画舫斋
12. 船坞
13. 濠濮间
14. 琼华岛
15. 陟山门
16. 团城
17. 桑园门
18. 乾明门
19. 承光左门
20. 承光右门

图3-5-1 清乾隆时期北海平面图（来源：《中国古典园林史》）

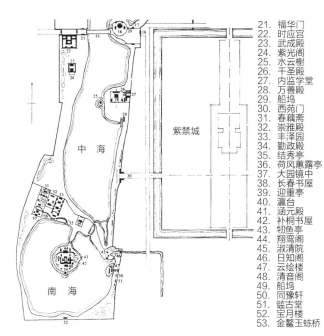

21. 福华门
22. 时应宫
23. 武成殿
24. 紫光阁
25. 水云榭
26. 千圣殿
27. 内监学堂
28. 万善殿
29. 船坞
30. 西苑门
31. 春藕斋
32. 崇雅殿
33. 丰泽园
34. 勤政殿
35. 结秀亭
36. 荷风蕙露亭
37. 大园镜中
38. 长春书屋
39. 迎重亭
40. 瀛台
41. 涵元殿
42. 补桐书屋
43. 牣鱼亭
44. 翔鸾阁
45. 淑清院
46. 日知阁
47. 云绘楼
48. 清音阁
49. 船坞轩
50. 同豫轩
51. 鉴古堂
52. 宝月楼
53. 金鳌玉蝀桥

图3-5-3 清乾隆时期中南海平面图（来源：《中国古典园林史》）

图3-5-2 琼华岛南面全貌（来源：王南 摄）

图3-5-4　三海现状鸟瞰（来源：《长安街：过去·现在·未来》）

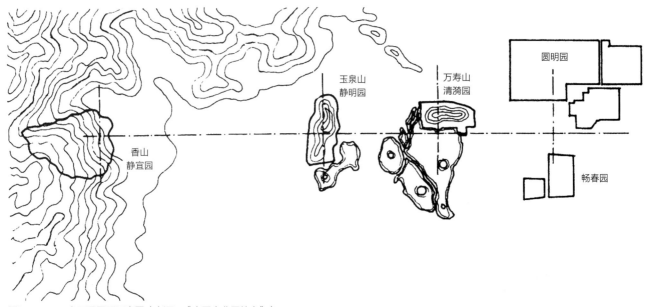

图3-5-5　三山五园平面示意图（来源：《中国古典园林史》）

图3-5-6　民国时期玉泉山静明园东高水湖及界湖楼遗址（来源：《三山五园旧影》）

万象，体现出与畅春园正相反的"华丽"的气象；静宜园则以山之"雄"取胜，当然也有"见心斋"这样"雄中藏秀"的景致；静明园与静宜园正好形成对比，山明水秀，尤以泉胜，更多体现出"秀"的气质，当然也有宝塔的雄劲之姿（图3-5-6）；最晚建成的清漪园则是乾隆园林审美情趣的代表，其自然山水意境胜过以上诸园，为五园中之最柔媚者——乾隆所称道的"何处燕山最畅情，无双风

月属昆明"，可见该园"妩媚"的基本意象（图3-5-7、图3-5-8）。

除了上述赫赫有名的皇家苑囿之外，京郊还有不少小型的公共园林风景区，如德胜门外和内城西南角的两处太平湖等。城中的公共园林则有什刹海、泡子河、金鱼池、陶然亭等，其中最著名的非什刹海莫属（图3-5-9、图3-5-10）。

图3-5-7   颐和园——最后的皇家园林（画面正中为玉泉山，背景为香山）（来源：王南 摄）

图3-5-8   由颐和园知春亭遥望玉泉山静明园（来源：王南 摄）

图3-5-9 银锭桥（来源：王南 摄）

图3-5-10 民国时期的什刹海与钟鼓楼（来源：《采访本上的城市》）

第六节　极具功能性的京郊村落

北京在古代产生的村落大多是处在建成区范围外，伴随着各种功能需要产生的。和城市的占地面积相比，古代京郊村落这一圈环形的、向外延伸的范围很广，从多个方位都有进京的联络线，或是通商要道，例如门头沟爨底下村作为来往通商的停驻点，客栈、商铺众多；或是战略要塞，例如延庆榆林堡村具有传递情报、接待过往官员等多种功能，驻军、驿站众多；或是运输集结，例如通州皇木厂村，专为存储建设北京所用、由大运河自南方运来的木材而设立，皇仓、官署众多。这些村落担负着联络带的功能，是京城与外界之间的缓冲区。

京郊村落发展的历史脉络从元朝开始至今是比较清晰的。元朝忽必烈即位后，劝农设仓，屯田养兵，开通运河，立驿设站。元朝北京城市性质的改变与历史地位的抬升对郊区村落产生了广泛而深刻的影响。元朝时期北京对人口的吸纳，对经济发展特别是农业的发展，以及对水陆交通的建设等方面，直接或间接地推动着郊区村落的发展：在京郊增加了军民、工匠、少数民族聚居等类型的村落；在北郊新增了军民屯田型村落；增加了大量农业村落，随着水路与陆路交通的发展促进了运河沿线与驿站周边村落的形成与发展；这些促进了元时期村落的新增与成长。

明代是北京郊区村落蓬勃发展的时期，通过在京郊各村寻访的情况显示，如今的京郊村落有很大一部分是明代形成的。明初为了恢复和发展农业生产、增强经济和军事实力而移民使大批新村落涌现；明朝极为重视屯政，许多新村落随着军民屯田而形成，并充填于旧村落间的宽旷之地，使京郊村落地域分布趋于均衡，并呈现出由西北向东南增多的趋势；明朝尤为注重防守和修筑长城，使沿长城内侧村落增多，沿线的一些重要居民点以及居庸关外延庆境内的大批村落基本城堡化；此外还有城市建设带动的村落发展、养战马供军需使"马房"类村落的形成、立庄田设皇庄使称"庄"

村落增多、建陵墓修寺庙使配套服务村落发展。[①]

一、古商道上的村落

爨底下古山村位于京西明代"爨里安口"险隘谷下方，从而得名。古村位于明清京城连接边关的军事通道，又是通往河北、山西、内蒙古一带交通要道，而成为京西贯穿斋堂地区西部、中国北方东西大动脉最重要的古商道上的一处货物交易商站，使得村落迅速发展。

爨底下村的发源得益于明正德十四年（1519年）修建的古驿道，现保存着600间70余座合院建筑，是北京古都珍贵的历史文化村落，也是我国不可多得的古村文化经典。村落依山而建，依势而就，高低错落，充分利用建筑间前后排的高差，使每座宅院都能获得良好的采光、通风、观景效果。整体格局分为上下台面（图3-6-1），村上和村下被一条长200米的弧形墙垣隔开，以龙头山为中心延展出一组放射状扇面形建筑群体。[②]院落横向沿地势分布，纵向遵循"轴线"和"向心"的原则，建筑分布严谨和谐，变化有序。公共建筑均为庙宇，村内村外均有分布。村落的环境空间和建筑群体的组合，形成古山村建筑紧凑而富有变化，与自然环境相和谐的特征。[③]

爨底下村在古代的货物交易、人员集散，以及现代的旅游接待，有着相似的繁华、生动景象，所幸的是，整体村落格局和自然人文景观基本得到了较为妥善的保护。

二、古驿道上的村落

榆林堡始建于元代，地处北京延庆县康庄镇，因旧有榆树林而得名，作为驿站自元至清一直被沿用，既有军事作用，也用于传递情报和接待过往官员。现存榆林堡驿站是西榆林，是为均分驿站间距（基本保证每五十里路设置一个驿站）改建于现存遗址的"新榆林堡"，因功能的独特需求该

①　尹钧科. 北京郊区村落发展史. 北京：北京大学出版社，2001.3.
②　葛亮，余雪悦. 北京门头沟爨底下古村落国家历史文化名城研究中心历史街区调研[J]. 城市规划，2013，37（05）：97-98.
③　业祖润. 北京古山村——川底下[M]. 北京：中国建筑工业出版社，1999.

图3-6-1　爨底下村全景（来源：李艾桦 摄）

图3-6-2　榆林堡遗址（来源：田燕国 摄）

村落布局具有典型性。

　　榆林堡古城呈"凸"字形，分为北城和南城，这种形式与北京城形制极为相似。原榆林古城有完整的城墙、城壕和护城河等防御设施，南北的城墙四角皆有城楼和瓮城，现只剩城墙的部分遗存[①]（图3-6-2）。

　　北城基本呈方形，城墙分布四个角楼、三个瓮城和东南两城门。北城现存道路呈"井"字形，东西向主路有三条平行的街道，由北至南分别是小东门街—城隍庙街—太神庙街；南北向有两条道路，分别是主干道南北街和次干道小西街。小东门街北部为驿丞属（七品官员办公及住处），城隍庙街与太神庙街中间的东侧为马场。南城为长方形，原有东西城门，南城被古驿道贯穿，现存道路呈"七"字形。

　　中国古驿站的兴衰经历了漫长的过程，榆林堡在其影响下形成的街巷、院落和单体空间的营造特色传承意义显著。

① 刘莹. 北京延庆榆林堡驿站传统聚落空间营造体系研究[D]. 北京：北方工业大学，2016（08）.

第四章　院落

院落式布局是北京古建筑（同时也是中国古建筑）总平面布局的最基本特征。

正如汉字"中"字的基本结构一样，中国古代建筑群往往以长方形院墙围合，并由一道南北中轴线统领整个建筑群。最简单的一进院落包括正殿（或正房）、东、西配殿（或厢房）以及大门（或倒座房）。如果规模需要扩展，则可以沿着南北中轴线形成多进院落。如果进深达到一定规模，还可向东、西方向延伸，形成中、东、西多路建筑群之庞大规模。如此一来，一座大型建筑群通常是由一系列院落组成。这些院落，既有位于中轴线上的礼仪性很强的院落，也有位于边路的一些更富于生活气息的院落，甚至有一些十分园林化的院落，不一而足。

北京古建筑的院落布局特征，包括院落的围合、纵向递进、横向扩展和由此展开的空间序列营造，以及院落布局所带来的建筑与自然的结合，整中有变的建筑群格局等，其中，闻名遐迩的北京四合院可谓北京各类院落式建筑群的基本原型。

第一节 院落的围合感及组合方式

享誉世界的北京四合院其实是明清时期形成的，是北京传统民居的代表（图4-1-1）。北京四合院是在元大都院式住宅的基础上发展而来：从最简单的一进四合院到二、三、四进院落的四合院（图4-1-2）乃至有东、西路跨院的大宅第，规模更大的宅院甚至纵跨两条以上的胡同。

王国维在谈及古人作宫室（即住宅）时写道：

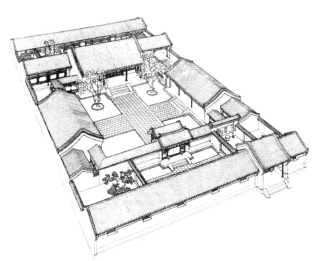

图4-1-1 四合院——北京的细胞（来源：《北京四合院》）

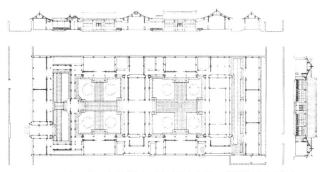

图4-1-2 一座四进四合院的平、剖面图（来源：《世界城市史》）

"我国家族之制古矣。一家之中，有父子、有兄弟，而父子、兄弟又各有其匹偶焉。即就一男子言，而其贵者有一妻焉，有若干妾焉。一家之人，断非一室所能容……其既为宫室也，必使一家之人所居之室相距至近，而后情足以相亲焉，功足以相助焉。然欲诸室相接，非四阿之屋不可。四阿者，四栋也，为四栋之屋，使其堂各向东西南北，于外则四堂，后之为四室，亦自向东西南北，而凑于中庭矣，此置室最近之法，最利于用，而亦足以为观美。"①

这段论述言简意赅地道出了中国古代四合院住宅的最主要特征——"为四栋之屋"、"各向东西南北"、"凑于中庭"；最主要优点——"最利于用，而亦足以为观美"（实用而美观）；最主要的文化内涵——"必使一家之人所居之室相距至近，而后情足以相亲焉，功足以相助"，即四合院是古代家族制度的产物，诠释了一种内向性的空间逻辑与文化内涵。

最简单的四合院为一进院落，它可以说是北京四合院围合的"基本原型"。②院落坐北朝南，最北端是正房三间加左右耳房各一间（称作"三正两耳"，平均一间1丈，但正房开间要比耳房稍大），东西厢房各三间，倒座房五间，其最东头一间辟为全院大门。四座房屋围成南北深东西窄的狭长院落。从东南隅的大门进入，迎面是镶砌在东厢房南山墙上的影壁，称"坐山影壁"。向西通过一道矮垣上的小门（通常做成圆形的"月亮门"，上安四扇绿色屏门）便可进入内院。此外，倒座房最西一间往往与中央三间隔开，并有和大门对称的矮垣、屏门与内院分隔，如此就成为一处带小院子的独立房间，常常当作书房。这就是一座"最低标准"的四合院——由四座主要房屋和一些辅助建筑（耳房、矮垣、屏门等）加上四周墙垣围合而成的院落单元。由于南、北各五间房，所以也称"五间口"四合院（图4-1-3）。

① 王国维认为"明堂、辟雍、宗庙、大小寝之制，皆不外由此而扩大之缘饰之者也"，即四合院住宅之布置为明堂辟雍等大型礼制建筑的"基本原型"。参见：王国维. 观堂集林（外二种）（第三卷艺林三）. 石家庄：河北教育出版社，2001：73.
② 朱家溍指出：一进的四合院才是真正意义上的四合院，二进以上的宅院则称作"宅第"，只是近代才逐渐通称四合院。参见：朱家溍. 故宫退食录（下册）. 北京：北京出版社，1999：712.

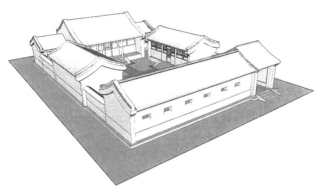

图4-1-3　一进四合院三维模型鸟瞰（来源：《北京四合院》）

第二节　院落的平面模数与扩展方式

北京各类四合院建筑群基本是以1丈网格进行平面布局。通过模数的控制纵向发展，成为多进院落，或者横向发展，形成中东西多路格局。

一、多进院落

新开路（新革路）20号四合院，东西7格，南北9.5格，总占地1.1亩，为较典型的一进四合院。

二～三进的四合院在明清北京城（特别是内城）中数量最多。二进四合院在东、西厢房南侧还可各设一间"厢耳房"，两座厢耳房南墙一线筑起隔墙一道，将整个建筑群分作内外两进院落。板厂胡同27号院（前两进）东西7格，南北10.5格，总占地1.225亩，可视作七间口两进四合院标准模式。南北方向上，第一进院占3.5格，第二进院占7格，其中游廊0.5格，庭院4格，正房2.5格（图4-2-1）。

在二进四合院正房后面加一排北房（称作后罩房），与正房之间形成一个与第一进院类似的狭长院落，正房的东耳房尽端一间辟为联系主庭院与后院的通道——这样就形成一座三进的四合院。蔡元培故居东西5格，南北12格。南北方向上，第一进院占3格，其中倒座房约占2格，庭院占1.5

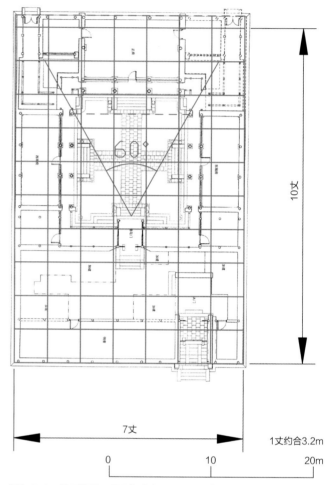

图4-2-1　板厂胡同27号网格（来源：王南 绘）

1丈约合3.2m

0　　　　　　　10　　　　　　　20m

格；第二进主院占8格，其中游廊0.5格，庭院4格，正房约2.5格；第三进院约占2格。东西方向上，5格可以布置大门一间，倒座房四间；正房三间带东西耳房各一间；主院东西约3格，东西厢房进深各占1格。这是经典的"五间口"三进四合院的占地模式（图4-2-2）。

如果将三进四合院的主院重复一遍，则形成一座四进四合院。西城区西四北六条二十三号四合院东西10格，南北22格，总占地3.67亩，可谓标准的四进四合院。南北方向上，第一进4格，其中倒座房2格，庭院2格；第二进7.5格，其中庭院5格，正房2.5格；第三进7.5格，其中庭院5格，正房2.5格；第四进3格，其中庭院1格，后罩房2格。

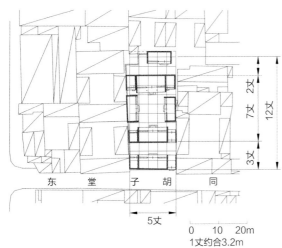

图4-2-2 蔡元培故居网格（来源：王南 绘）

二、多路院落

当建筑群达到一定规模，单独依靠南北方向延伸不足以布置时，则在东、西方向布置跨院；当东、西跨院也由南北多进院落串联而成时，则称东路、西路。北京的大型建筑群基本一致采用中、东、西三路布局，其中，中路布置礼仪性的重点建筑，而东、西两路布置实用性建筑或者园林之类。

东四六条的崇礼住宅（图4-2-3）由中、东、西三路并联的四合院组成，东路、西路均是由五进院落组成的住宅，中路为花园，三路均相互连通。

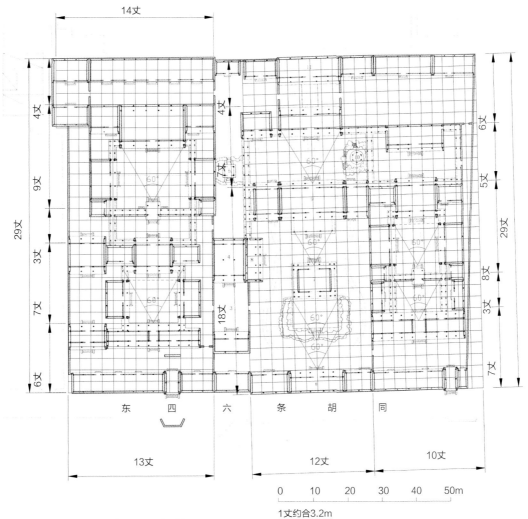

图4-2-3 崇礼住宅网格（来源：王南 绘）

西路：东西13格，南北29格。南北进深方向上：第一进院6格，其中倒座房2格，庭院2格，正房（穿堂）2格；第二进院7格，其中庭院加正房前廊5格，正房2格；第三进过渡小院3格；第四进院9格，其中庭院加正房前廊6格，正房3格；第五进院4格，其中庭院2格，后罩房2格。

中路花园东西11格，南北29格。南北进深方向上：第一进院18格，其中大门和倒座房占2格，花厅前院占6格，花厅占3格，花厅后院占3格，正厅（带抱厦）占4格；第二进院7格，其中庭院4格，正房（穿堂）3格；第三进院4格，其中庭院2格，正房2格。

中路与西路之间的巷道（包括一组书房院）为不规则梯形，大约东西3格，通过这个巷道过渡，实现了西路与中、东路之间格网角度的微妙偏转。

东路东西9格，南北29格。南北进深方向上：第一进院7格，其中倒座房占2格，庭院占2格，正房（穿堂）占3格；第二进过渡院3格；第三进院8格，其中庭院5格，正房3格；第四进院5格，其中庭院3格，正房2格；第五进院6格，其中庭院4格，后罩房2格。

三路院落尽管进深一致，皆为29丈，但却刻意通过院落进深的变化形成不同的节奏与韵律，加强了建筑群布局严谨中却不失自由的感觉：东路五进院落形成7、3、8、5、6的划分；中路花园则分作18、7、4；西路五进院落分作6、7、3、9、4，极少雷同，构成了整个建筑群院落深深并富于变化的整体韵律。

第三节　院落的空间序列营造

中国古代建筑群往往沿中轴线布置重门、殿（堂）、庭院，从而形成起承转合的丰富空间序列，此为中国传统建筑空间设计方面的精华。

一、　空间序列的递进

四合院民居的精髓在于庭院，大型的四合院往往在中轴线上

图4-3-1　院落空间之美——庭院深深深几许（来源：华新民 提供）

布置两进以上的庭院，包括狭长的前院、后院以及方正轩敞的中央庭院，此外还有一些位于角落的小院自成"小天地"——通过大大小小不同尺度院落的安排（各类院落又配植不同特色的花木、小品），构成了丰富多变的空间序列。特别是主庭院，可谓四合院住宅的多功能共享空间：院内各房间的采光、通风、交通，人的户外活动包括冬日晒暖、夏天纳凉、赏花观鱼、吟诗作赋乃至红白喜事等等，都在其中进行（图4-3-1）。

其实不单单是合院民居，整座雄伟壮丽的古都中，包括禁城宫阙、坛壝庙学、皇家苑囿、陵寝墓葬、王公府第、衙署仓房、宗教建筑在内的所有建筑群落都体现着这种空间序列的递进（图4-3-2～图4-3-19），这种"庭院深深深几许"的美感才是北京院落的迷人之处所在。

二、　空间的时序之美

中国文人向来热衷于在宅中营建园林，北京也不例外，园林的步移景异和一时四季给四合院空间带来了难得的时序之美，比如北京私家园林的代表作——可园。根据可园中文煜之侄志和所撰的园记石碑，可知此园落成于清咸丰十一年（1861年）。园记中称，营建这座园林，"但可供游钓，备栖迟，足矣。命之曰'可'，亦窃比卫大夫'苟合苟完'之意云尔"，并称此园"拓地十方，筑室百堵，疏泉成沼，垒石为山，凡一花一木之栽培，一亭一榭之位置，皆着意经营，非复寻常。"

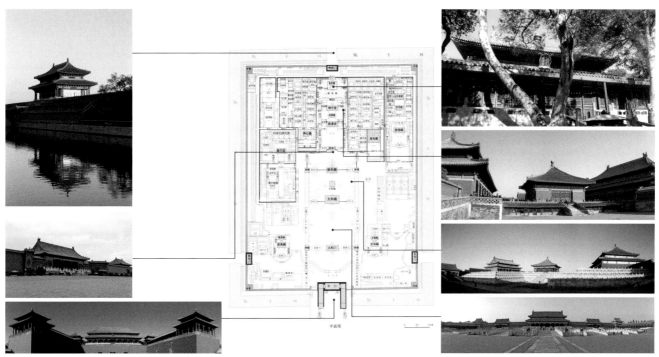

图4-3-2　紫禁城的空间序列（来源：图《中国文物地图集·北京分册》，照片王南 摄）

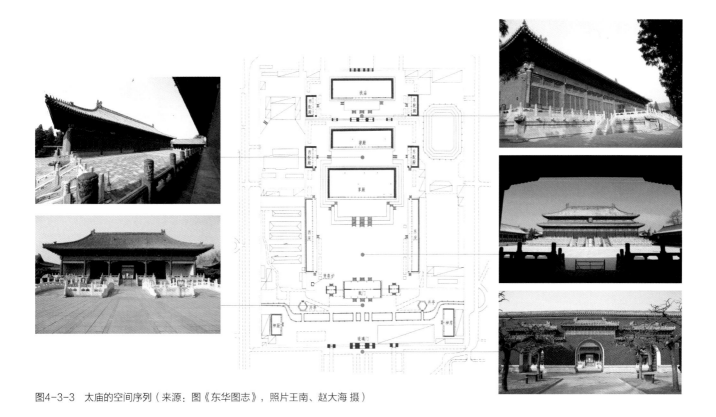

图4-3-3　太庙的空间序列（来源：图《东华图志》，照片王南、赵大海 摄）

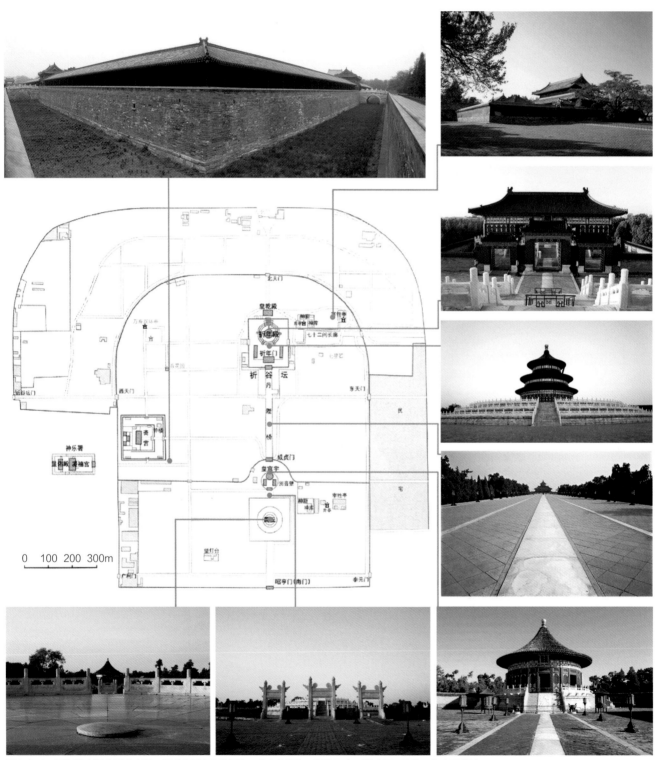

图4-3-4   天坛的空间序列（来源：图《中国文物地图集·北京分册》，照片王南、楼庆西、陈锋、包志禹 摄）

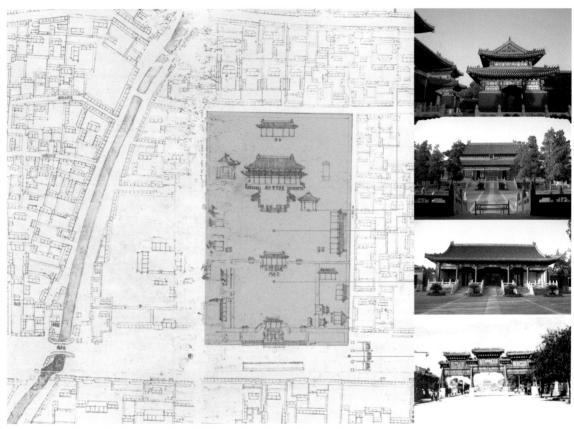

图4-3-5　历代帝王庙的空间序列（来源：图乾隆《京城全图》，照片王南 摄）

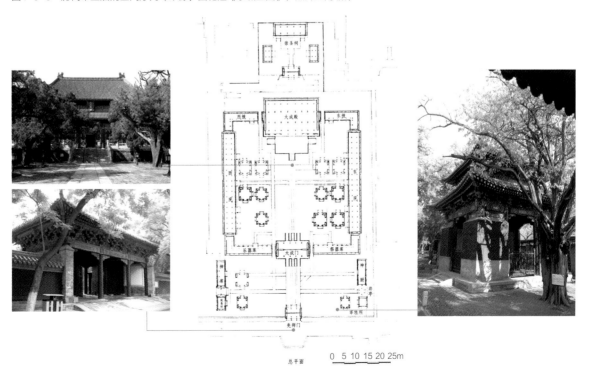

图4-3-6　孔庙的空间序列（来源：图《东华图志》，照片王南、梅静 摄）

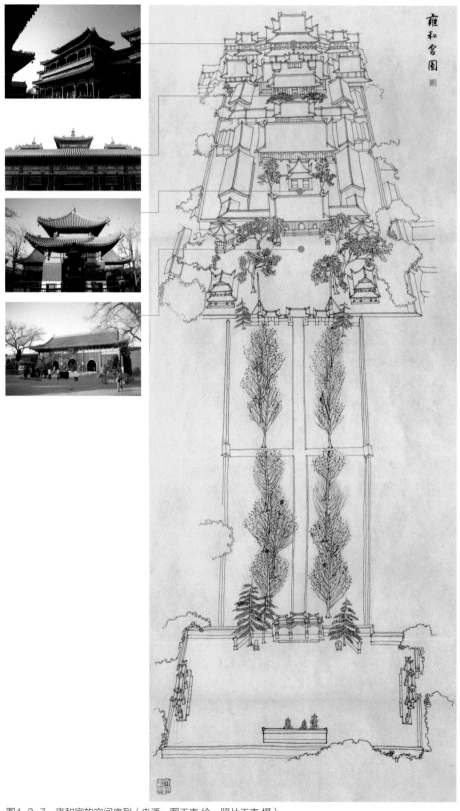

图4-3-7　雍和宫的空间序列（来源：图王南 绘，照片王南 摄）

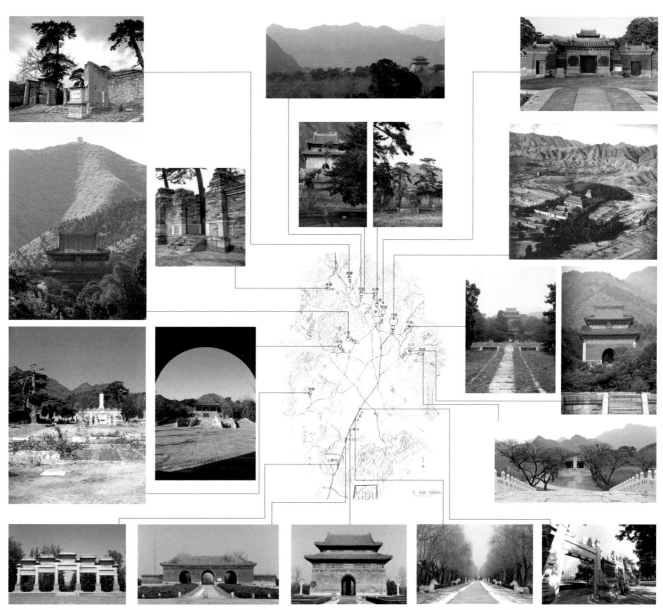

图4-3-8　十三陵的空间序列（来源：图《中国古代建筑史》，照片王南、赵大海、江权 摄、《航拍中国1945》、《十三陵》）

图4-3-9　醇亲王墓的空间序列（来源：图王南 绘，照片赵大海 摄）

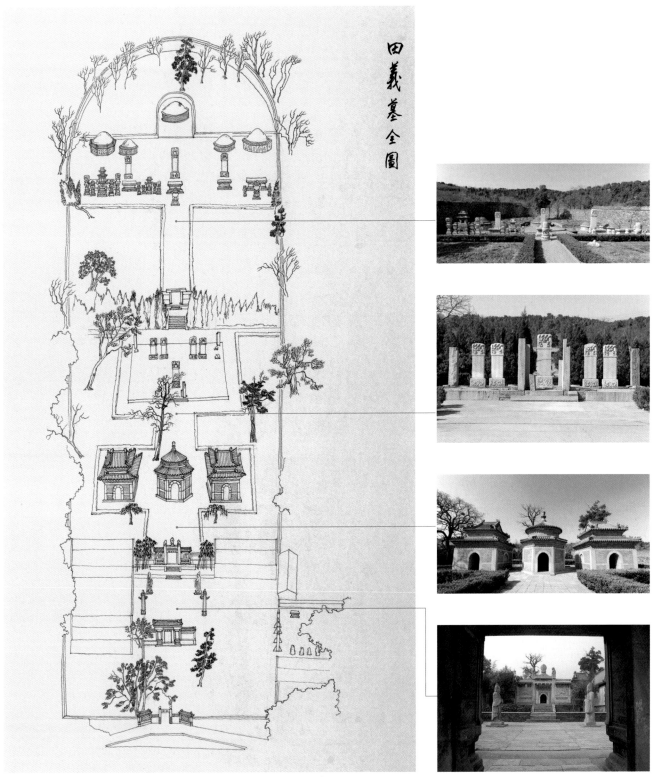

图4-3-10　田义墓的空间序列（来源：图王南 绘，照片王南、赵大海 摄）

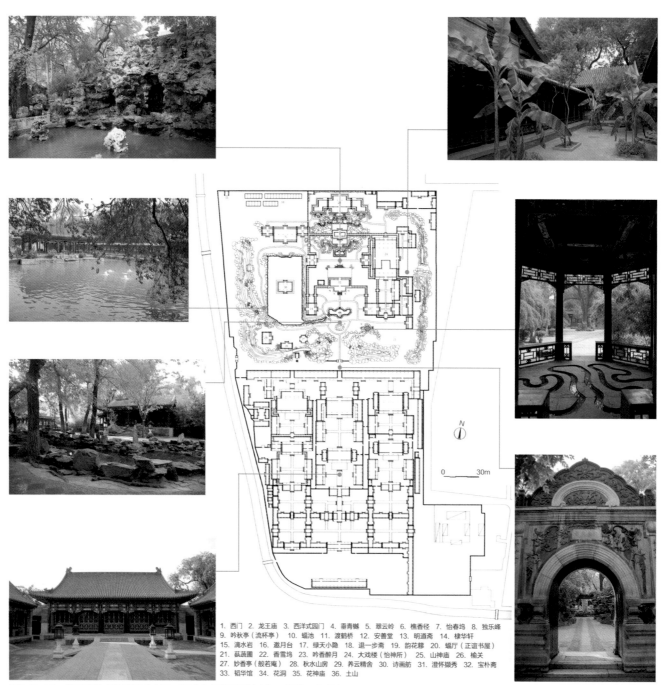

1. 西门 2. 龙王庙 3. 西洋式园门 4. 垂青樾 5. 翠青岭 6. 樵香径 7. 怡春坞 8. 独乐峰
9. 吟秋亭（流杯亭） 10. 蝠池 11. 渡鹤桥 12. 安善堂 13. 明道斋 14. 棣华轩
15. 滴水岩 16. 邀月台 17. 绿天小隐 18. 退一步斋 19. 韵花簃 20. 蝠厅（正谊书屋）
21. 蕉蔬圃 22. 香雪坞 23. 吟香醉月 24. 大戏楼（怡神所） 25. 山神庙 26. 榆关
27. 妙香亭（般若庵） 28. 秋水山房 29. 养云精舍 30. 诗画舫 31. 澄怀撷秀 32. 宝朴斋
33. 韬华馆 34. 花洞 35. 花神庙 36. 土山

图4-3-11 恭王府的空间序列（来源：图《北京私家园林志》，照片王南 摄）

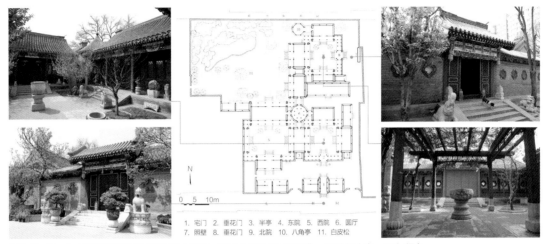

图4-3-12 礼式胡同129号的空间序列（来源：图《北京私家园林志》，照片赵大海、王南 摄）

1. 宅门 2. 垂花门 3. 半亭 4. 东院 5. 西院 6. 圆厅 7. 照壁 8. 垂花门 9. 北院 10. 八角亭 11. 白皮松

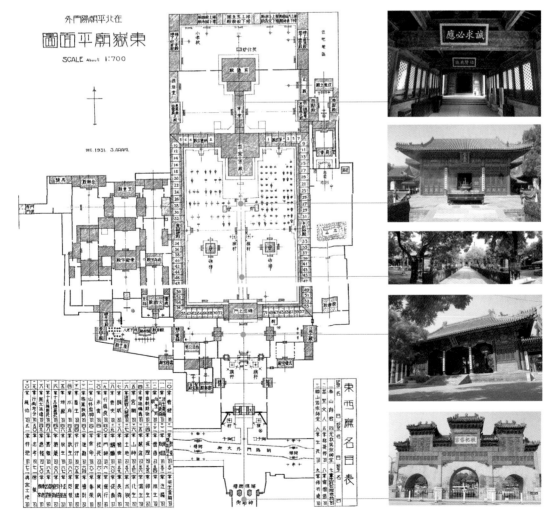

图4-3-13 东岳庙的空间序列（来源：图《北京东岳庙》，照片王南、赵大海 摄）

图4-3-14　万寿寺的空间序列（来源：图《北京长河史万寿寺史》，照片王南 摄、《北京长河史万寿寺史》）

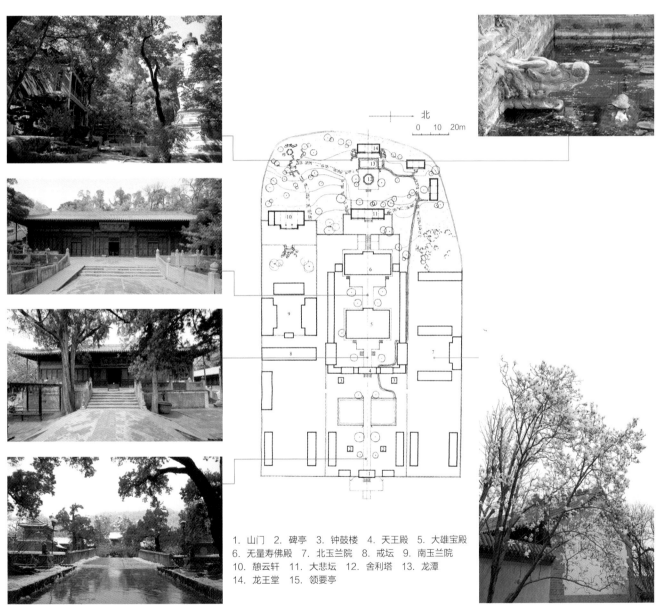

1. 山门   2. 碑亭   3. 钟鼓楼   4. 天王殿   5. 大雄宝殿
6. 无量寿佛殿   7. 北玉兰院   8. 戒坛   9. 南玉兰院
10. 憩云轩   11. 大悲坛   12. 舍利塔   13. 龙潭
14. 龙王堂   15. 领要亭

图4-3-15　大觉寺的空间序列（来源：图《中国古典园林史》，照片王南、赵大海 摄）

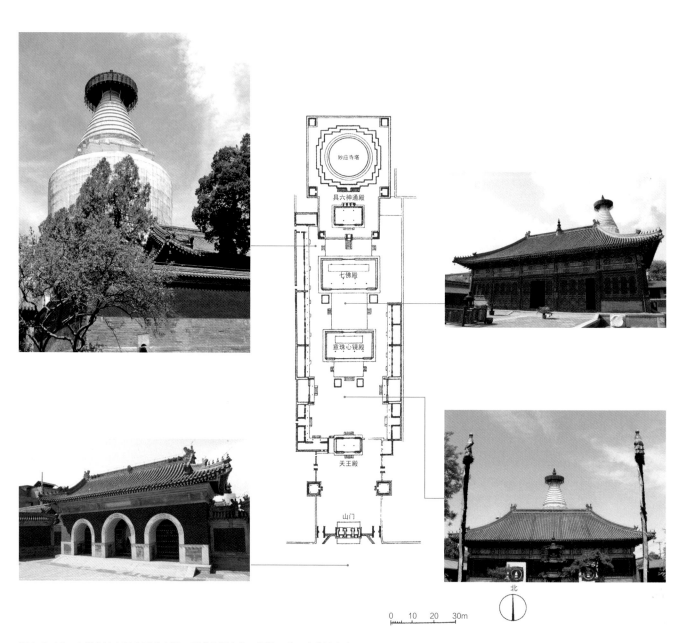

图4-3-16　白塔寺的空间序列（来源：图《白塔寺》，照片王南、李倩怡 摄）

图4-3-17 碧云寺的空间序列（来源：图《傅熹年建筑史论文集》，照片王南 摄）

1. 山门　2. 天王殿　3. 大雄宝殿　4. 三圣殿　5. 毗卢阁　6. 梨树院　7. 楞严坛　8. 戒台　9. 写经室　10. 大悲坛　11. 龙王殿　12. 舍利塔　13. 方丈屋　14. 地藏殿　15. 竹林院　16. 行宫院　17. 流杯亭

图4-3-18　潭柘寺的空间序列（来源：图《中国古典园林史》，照片王南、赵大海 摄）

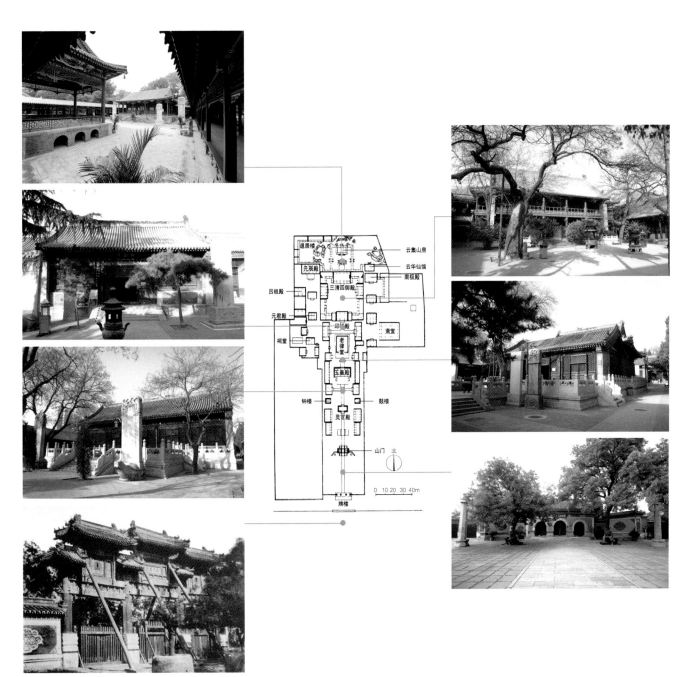

图4-3-19 白云观的空间序列（来源：图《傅熹年建筑史论文集》，照片李倩怡、胡介中、赵大海 摄、《中国文化史迹》）

图4-3-20 可园前院石桥（来源：《北京四合院》）

图4-3-23 可园后院景致（来源：《北京四合院》）

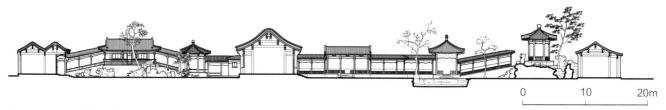

图4-3-21 可园剖面图（来源：《中国古建筑测绘十年》）

图4-3-22 可园前院正厅（来源：《中国古建筑测绘十年》）

可园分东西两部分，西部（9号院）为主体，东部（7号院西院）为附属，其中主体部分南北长约97米，东西宽约26米，面积不足4亩，占地相当于一座狭长的五进四合院，四周均为城市住宅，无景可借，造园难度较大，但经过造园者精心经营，于咫尺之间，山水林桥、亭榭厅轩诸景皆备，可谓匠心独运。

可园分为前后两院，前院以池沼为中心，后院以假山为中心，各自独立，通过东部的长廊贯通。前后院的北端各有一座正厅，坐北朝南，并在西厢的位置上各有一座小厅，与东部长廊相呼应。进入东南角的大门之后，即垒有假山，起屏障作用，山上建有一座小巧玲珑的六角亭。向西洞穿假山，绕过西厅之前，可达水池石桥。水池面积虽小，但形状曲折，并引出两脉支流，一脉从石桥下穿过至西面院墙止；一脉一直穿过南面假山至六角亭之下，与山石相依，聊有山泉之意（图4-3-20、图4-3-21）。前院正厅面阔五间，带耳房、游廊（图4-3-22）。

从正厅东侧穿廊而过，再沿一条绿竹夹道的斜径至后院。院中山石蜿蜒，半开半闭，与松竹相间，颇为精巧。后院正房是五开间硬山带耳房和游廊。在东部假山上建有一座三开间歇山顶轩馆，为全园最高处（图4-3-23）。此轩建筑最为精巧，直接临山对石，前有一株大槐树，坐凳为美人靠，极为别致。轩下以山石砌成浅壑，有雨为池，无雨为壑，为北方宅园的独特手法。

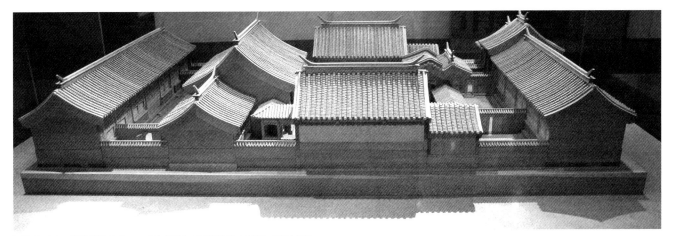

图4-3-24　建筑造型之美——出入躲闪、高低错落（来源：王南 摄）

三、　空间的韵律之美

四合院的空间造型可以概括为：出入躲闪、高低错落。前者指平面关系，后者指屋顶关系。平面布局上所谓出入躲闪包括厢房躲闪，突出正房；耳房退后，突出正房；游廊陪衬，突出二门（垂花门）；倒座陪衬，突出宅门，等等。总的原则是次要建筑在平面布局上避让、烘托主体建筑。

而建筑高度方面，正房在台基、柱高、进深、举折方面都占有绝对优势，厢房、耳房、厢耳房逐步递减；大门高于倒座房，垂花门高于游廊，从而形成主次分明、高低错落的富于韵律感的屋顶轮廓（图4-3-24）。

四合院的平面、造型设计可谓是"礼制"、等级制度在建筑群上最生动的体现，并且产生了和谐有序的审美效果。

第四节　院落的景观营造

传统北京四合院的庭院中常设"天棚鱼缸石榴树"。四合院的主庭院一般设有对称的"十"字形甬路，连接垂花门、正房和两厢，甬路以外的四隅均可布置花木，一般会在正房前对称种植两组花木；有的宅院会在甬路正中立假山、荷花缸或金鱼缸；也有于主庭院中设置藤架者——这些园林化的处理使得家家户户都自成一片小天地（图4-4-1）。

图4-4-1　园林绿化之美——天棚鱼缸石榴树（来源：王南 摄）

四合院中喜爱种植的花木除了石榴树（有"多子多福"之寓意）外，还有枣树（有"早生贵子"之寓意），北京的一些地名如枣林前街、枣林大院等，都可以看出四合院枣树之普遍，鲁迅更是在其散文名篇《秋夜》中写道："秋夜在我的后园，可以看见墙外有两株树，一株是枣树，还有一株也是枣树。"此外海棠（寓意为富贵满堂）、丁香、夹竹桃、榆叶梅、山桃、柿子树、香椿、臭椿、榆树、金桂、银桂、杜鹃、栀子、草茉莉、凤仙花（北京俗称指甲草）、牵牛花、扁豆花……都是北京庭院中常植的花木。当然还有最常见的槐树——邓云乡叹道："在夏天，那浓郁的槐荫中，一片潮水般的知了声，那真是四合院的仲夏夜之梦境啊！"[①]

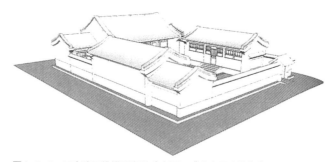

图4-5-1　三合院三维模型鸟瞰（来源：《北京四合院》）

第五节　院落空间的整中有变

正如梁思成指出的，中国古代建筑之重要特征之一是包含绝对对称与绝对自由之两种平面布局：

"以多座建筑合组而成之宫殿、官署、庙宇、乃至于住宅，通常均取左右均齐之绝对整齐对称之布局。庭院四周，绕以建筑物。……其所最重者，乃主要中线之成立。一切组织均根据中线以发展，其布署秩序均为左右分立，适于礼仪之庄严场合；公者如朝会大典，私者如婚丧喜庆之属。反之如优游闲处之庭院建筑，则常一反对称之隆重，出之以自由随意之变化。布署取高低曲折之趣，间以池沼、花木，接近自然，而入诗画之境。此两种传统之平面布署，在不觉中，含蕴中国精神生活之各面，至为深刻。"[②]

北京城有诸多宅院，分别是通过对典型四合院作"加减法"变化而来的。

先说"加法"。普通四合院正、厢房都是三间，但五品以上的官员则可以造五间甚至更多，于是四合院在宽度

上即可出现"五正四耳九间口"、"五正六耳十一间口"的阔面大宅；另一方面，虽然四进院落即已充满两条胡同间的距离，然而达官贵人的深宅大院却可以纵贯数条胡同——据清人笔记载，和珅宅邸的中路竟达十三进之多（相当于跨过3~4条胡同，今恭王府及花园即为和珅旧宅的一部分）。另外，大型宅第还可采取东西方向几组院落并联的方式来增加规模。胡同里的大型公共建筑如庙宇、官署、会馆也都是由这样并联的院落组成的——最常见的布局是分作中、东、西三路，最主要的礼仪性空间布置在中路，附属空间与园林等等布置在东、西路，紫禁城则是这种布局的极致。

再看"减法"。当用地和经济条件不允许建造哪怕是最小的四合院单元时，古人则往往因地制宜地做一番"减法"，以获得比四合院稍微简化但依旧舒适的宅院：如果用地进深不足，则将四合院中的倒座房取消，改为南墙，于东南部开一座"随墙门"——这样就成为一座标准"三合院"（图4-5-1）。如果面阔不足"五间口"，仅够盖四间，则采用三间正房外加左右各半间耳房，俗名"四破五"，可算作是"准四合院"。如果面阔仅三间，则成为"三间口"的"小四合"，入口仅为半间的小街门，里面正、厢房俱全，但无耳房，也算是"小而精"——不过庭院则十分促狭了。像这类"精简"的小宅院大都出现在外城，清代震钧《天咫偶闻》中即写道：

①　邓云乡. 北京四合院　草木虫鱼. 石家庄：河北教育出版社，2004.1：78.
②　梁思成《中国建筑史》，参见：梁思成. 梁思成全集（第四卷）. 北京：中国建筑工业出版社，2001.4：13~14.

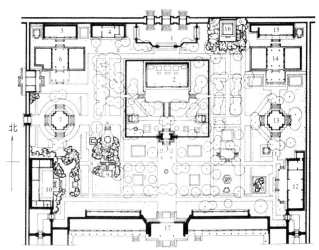

1. 承光门 　2. 钦安殿 　3. 天一门 　4. 延晖阁 　5. 位育斋 　6. 澄瑞亭
7. 千秋亭 　8. 四神祠 　9. 鹿囿 　10. 养性斋 　11. 井亭 　12. 绛雪轩
13. 万春亭 　14. 浮碧亭 　15. 摛藻堂 　16. 御景亭 　17. 坤宁门

图4-5-2　御花园平面图（来源:《中国古典园林史》）

图4-5-3　御花园万春亭（来源:王南 摄）

"内城房屋，异于外城。外城式近南方，庭宇湫隘。内城则院落宽阔，屋宇高宏。"①

另外，虽然四合院基本是轴线对称布局，但院落中常常栽植花木，打破严整的对称布局。大型的院落更是加入自由的园林布局，比如紫禁城御花园、恭王府萃锦园、白云观云集园等等。

御花园建于明景泰六年（1455年），位在坤宁门以北，居于紫禁城中轴线末端——它是庄严肃穆的禁宫之中难得的一处轻松活泼的所在。其面积仅1.2公顷，不足紫禁城面积的2%。园中建筑密度很高，依照轴线对称的格局来安排，园路布设也呈纵横交错的几何式，山池花木仅作为建筑群的陪衬和庭院的点缀——这与一般的中国古典园林大相径庭，但却极好地配合了紫禁城的气氛，没有因为园林的自然形态而破坏紫禁城中轴线一以贯之的威严氛围（图4-5-2）。

全园按中、东、西三路布置，中路偏北为主殿"钦安殿"，钦安殿前两株白皮松遮天蔽日，减弱了主殿中轴对称的呆板之感。东、西两路采取对称手法布局景观建筑物，其

中最妙的是处于东、西路轴线中点的万春、千秋二亭，平面皆为十字形，屋顶首层檐为十字形，顶部则变为圆形攒尖，台基四面出陛，周以白石栏杆，两亭造型玲珑曼妙，婷婷对立，为园内最优美别致的景色（图4-5-3）。此外，御花园北门承光门东侧，为太湖石堆叠的假山——"堆秀山"，山下有洞穴，洞内还在石板上雕出天花藻井；山间还藏有储水缸，可以注水从下面的龙头喷出；沿左右可登上山顶的"御景亭"，这是帝后重阳登高、眺望紫禁城的佳处（图4-5-4）。与之相呼应，西南端养性斋东北亦设大假山一座，山前建"鹿囿"石台，登台俯瞰园景也是赏心乐事。

虽然二十余处建筑在园中布置基本对称，但是工匠却极尽巧思，令其造型各异（共十几种不同类型），在严整中力求变化，加上假山、树木、水池、花卉的配合，足以令这座布局严谨的禁宫花园也趣味盎然。梁思成评价道:

"禁中千门万户，阁道连云，虽庄严崇闳，不无枯涩之感。独御花园幽深窅窱，与宁寿宫之乾隆花园及慈宁宫花园，并称胜境"。②

---

① 转引自邓云乡. 北京四合院　草木虫鱼. 石家庄:河北教育出版社，2004:16.
② 梁思成. 梁思成全集（第四卷）. 北京:中国建筑工业出版社，2001:151～152.

图4-5-4　御花园堆秀山及御景亭（来源：王南 摄）

图4-5-5　恭王府萃锦园图（来源：王南 绘）

图4-5-6　恭王府萃锦园正厅乐善堂及蝠河（来源：王南 摄）

图4-5-7　恭王府萃锦园滴翠岩假山（来源：王南 摄）

　　恭王府花园名"萃锦园"，也分为中、东、西三路。中路呈对称严整的布局，其南北中轴线与府邸的中轴线重合。东、西路布局比较自由灵活，东路以建筑为主体，西路以水池为中心（图4-5-5）。

　　中路包括园门及三进院落，其空间序列呈现出起承转合的韵律：入口曲径空间封闭，正厅及"蝠河"（图4-5-6）水面空间开阔，"滴翠岩"（图4-5-7）假山空间高敞，最后"蝠厅"前的空间曲折，沿园林中轴线游历，呈现为"闭－开－高－折"的空间变化，十分富有趣味。中路庭园之东南角小山北麓有亭翼然，曰"沁秋亭"，亭内有石刻流杯渠，取古人"曲水流觞"之意（图4-5-8）。

　　东路由三组不同形式的院落组成：南面靠西为一南北

长、东西窄的狭长院落，入口垂花门两侧衔接游廊，垂花门的比例匀称，造型极为精致，外院植翠竹千竿，堪称全院意境最幽处；内院正房前有老藤一株，此院东为另一狭长院落，分南北两进，南入口月洞门曰"吟香醉月"，南北两进院则由一座小巧玲珑的椭圆形门洞隔开；北部院落以大戏楼为主体；戏楼包括前厅、观众厅、舞台及扮戏房，内部装修极为华丽，可进行大型演出；大戏楼屋顶为三卷勾连搭形式，环以游廊，造型高低起伏，极为丰富（图4-5-9），戏楼东部又附有一座狭长院落，内置芭蕉海棠，红绿相映成趣，与戏楼东墙构成优美的画面（图4-5-10）。

西路主景为大水池及西面土山。水池略近长方形，池中小岛建敞厅"观鱼台"（图4-5-11），水池之东为一带

图4-5-9　恭王府花园大戏楼三卷勾连搭屋顶（来源：王南 摄）

图4-5-8　恭王府萃锦园沁秋亭及曲水流觞（来源：王南 摄）

图4-5-10　恭王府花园戏楼及庭院（来源：王南 摄）

图4-5-11　恭王府萃锦园西路水景（来源：王南 摄）

游廊与中路院落间隔，北面散置若干建筑物，西、南环以土
山，南部土山有"榆关"一景，为建于两山之间的一处城墙
关隘，象征山海关，隐喻恭亲王祖先由此入主中原，建立清
王朝基业。西路园林布局疏朗，与东部庭院形成鲜明对照。

　　综观恭王府花园，一方面充满了王府的庄严气派，尤其是
与府邸对应的中、东、西三路布局以及中路严整的轴线布置，
但西路与中路南端的山水格局以及东路的庭院花木又为园林增
添了颇多自然趣味——可谓"亦庄亦谐"的园林设计杰作。

　　白云观现存建筑大部分为清代重建之物，大体规模与明
代时相近，坐北朝南，分中、东、西三路及后院。后院即为后
花园，名为"云集园"，又称"小蓬莱"，位于建筑群最北
端，建于清光绪年间，为北京道观园林之代表（图4-5-12、
图4-5-13）。

　　园内主体建筑为中轴线上的云集山房及其南面的戒台，
戒台为道教全真派传授"三坛大戒"（即初真戒、中极戒和
天仙戒）的坛场，云集山房为全真道律师向受戒弟子讲经说
法之所（图4-5-14、图4-5-15）。山房北侧土石假山，古
时登临其上则近处有天宁寺塔在望，远可遥看西山，古人有
诗云："一丘长枕白云边，孤塔高悬紫陌前。"[1]

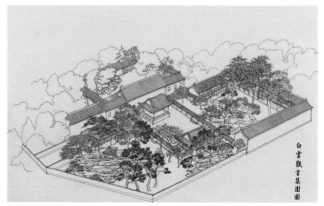

图4-5-13　白云观云集园图（来源：唐恒鲁 绘）

图4-5-14　白云观云集山房及戒台（来源：赵大海 摄）

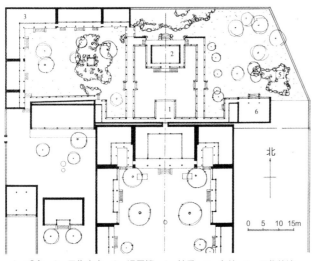

1. 戒台　2. 云集山房　3. 退居楼　4. 妙香　5. 有鹤　6. 云华仙馆

图4-5-12　白云观园林（来源：《中国古典园林史》）

图4-5-15　白云观戒台内部（来源：赵大海 摄）

---

① 周维权. 中国古典园林史（第二版）. 北京：清华大学出版社，1999：535.

山房两侧有游廊，可通往东西两侧院，两侧院中各有假山，山上有"有鹤"、"妙香"二亭东西相望（图4-5-16），此外，东侧院建云华仙馆，西侧院建曲尺形退居楼。

图4-5-16　白云观云集园妙香亭（来源：王南 摄）

第五章　建筑

以明清古建筑为主的北京古建筑，在单体设计方面所取得的成就虽然不及唐宋时期，却也有着丰富多彩的类型和一些突出的杰作。本章着重论述北京古建筑单体的平、立、剖面设计特点以及室内空间和色彩运用等。

明清北京单体建筑，尽管标准化、程式化的程度较高，但是由于类型无比丰富，因平面形状不同，立面造型尤其是屋顶形式不同，内部空间划分不同，而呈现极为丰富的造型与空间——单就紫禁城而论，就包含蔚为大观的、不下百种的单体建筑类型。而皇家苑囿（如北海、颐和园等）中更是充满花样繁多、小巧灵活的园林建筑单体类型。此外，北京历代佛塔十分难得地几乎囊括了中国古代佛塔的所有类型，是北京单体建筑中外观造型最丰富多样的一个大类。

另外，北京作为都城，其许多单体建筑都达到明清古建筑的最高技术与艺术造诣，典型者如明长陵祾恩殿，紫禁城午门、三大殿、角楼，太庙享殿，天坛祈年殿等，都可谓明清单体建筑中最杰出的代表。

北京古建筑的色彩具有十分突出的特点，不论是皇家建筑以红墙、黄瓦辅以蓝绿主色调彩画，还是民居的青瓦、灰墙对皇家建筑的烘托，都具有十分鲜明的地域特色。

第一节 严谨有序而类型丰富的平面布局

北京古建筑之平面形状类型颇为丰富，其木结构柱网布局严谨有序，开间尺寸之确定，大式以斗口、攒档为模数，小式以柱高或明间面阔为模数，具体设计时亦可因地制宜、随意增减。

一、丰富的平面形状

明清北京古建筑平面主要为长方形、正方形、圆形平面，其他如六角形、八角形、扇形（如颐和园扬仁风、醇亲王府花园扇形亭）乃至于特殊形状如曲尺形、"十"字形、"凸"字形、"凹"字形、"田"字形、"卍"形、双圆形等（图5-1-1）。

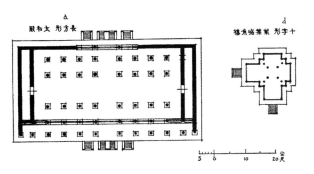

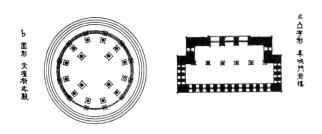

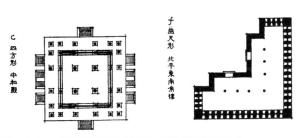

图5-1-1 各种平面比较图（来源：《清式营造则例》）

二、严谨有序的柱网

明代官式建筑柱网日趋一丝不苟，中规中矩，"四柱一间"是其基本格式，柱网严谨程度比之唐宋犹有过之，更不用说与元代大量使用的"减柱平面"相比了。明代建筑柱网布置的总体特点是规整严谨、纵横有序。

清工部《工程做法》规定的大木柱网布置愈发趋于规整，柱间净跨一般宫殿选用2丈，仓房、库房为1丈半，一般房屋为1丈2，廊深3~4尺，柱列整齐，呈无缺减的柱网地盘布置。自宋代厅堂构架变化用柱，至金元减柱结构，至明、清重又恢复规整的用柱制度。

三、面阔、进深之确定

清代建筑的面阔、进深，有斗栱者以斗口为模数，清式斗科攒距为11斗口，故面阔、进深均为11斗口的倍数。无斗栱的大式或小式建筑则按惯例确定其面阔、进深，一般宫廷建筑明间面阔1丈2尺至1丈4尺，民间建筑1丈，宫廷建筑进深1丈6尺至2丈，民间1丈2尺。垂花门、廊子等小型建筑面阔、进深适当减小，总之无斗栱建筑平面尺寸可随意而定。

第二节 程式化亦不乏多样化的立面造型

北京古建筑注重建筑群的整体性，故立面造型相对标准化、程式化，最主要的特征体现在屋顶造型之变化（屋顶在立面中的比例往往等于甚至大于总高的二分之一）。立柱、门窗、斗栱、额、枋之处理则相对而言高度标准化。一些高等级的建筑通过高大的汉白玉台基来突出外观气势。在所有建筑类型之中，佛塔之立面造型最为丰富多样。

一、多样的屋顶类型

北京古建筑的屋顶类型大致以庑殿、歇山、悬山、硬山和攒尖为基本类型，庑殿、歇山各有重檐样式，五种屋顶又皆有卷棚做法，此外又有十字脊、盝顶、盔顶、扇形顶等变体（图5-2-1）。

不同的屋顶类型体现了不同的建筑等级，以紫禁城中的建筑为例，太和殿上覆重檐庑殿顶，为中国古代建筑屋顶的最高等级（图5-2-2），中和殿单檐攒尖顶，上安鎏金宝顶（图5-2-3），保和殿为重檐歇山顶（图5-2-4）。这样的设计使三大殿的轮廓错落有致，富于变化，既庄严又带有韵律感。三殿四周都以廊庑环绕，形成一个封闭的院落，四

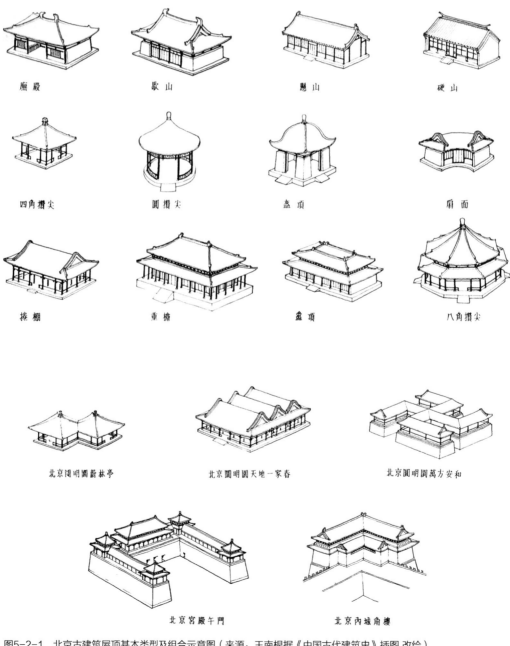

庑殿	歇山	悬山	硬山
四角攒尖	圆攒尖	盔顶	扇面
捲棚	重檐	盝顶	八角攒尖

北京圆明园蔚林亭　　北京圆明园天地一家春　　北京圆明园万方安和

北京宫殿午门　　　　北京内城角楼

图5-2-1　北京古建筑屋顶基本类型及组合示意图（来源：王南根据《中国古代建筑史》插图 改绘）

角设重檐歇山顶的崇楼，太和殿东西庑各三十二间，虽为库房，但是由于紧邻三大殿，因此形制也极高，皆为黄琉璃瓦庑殿顶（图5-2-5）。后三宫为后寝的主体建筑，可谓前三殿之"具体而微者"——除体量较小之外，乾清、交泰、坤

宁三殿分别与太和、中和、保和三殿一一对应，但坤宁宫与保和殿屋顶形式不同，为重檐庑殿顶（图5-2-6）。最后，紫禁城中轴线上唯一的纯宗教建筑钦安殿则是重檐黄琉璃盝顶，上有渗金宝瓶一座，造型极其特殊（图5-2-7），而东西六宫中的主要殿堂都以黄琉璃歇山顶为主。

在基本类型之上可以演变出更多复杂的组合式屋顶。以叠梁法建造的紫禁城角楼为北京古建筑屋顶之最，共有72条脊（图5-2-8）。其他复杂的组合式屋顶还有北海团城承光殿、紫禁城御花园千秋、万春二亭，颐和园文昌阁等。勾连搭式屋顶大量运用于园林建筑、戏楼建筑以及清真寺礼拜大殿等对进深要求高的建筑物中。

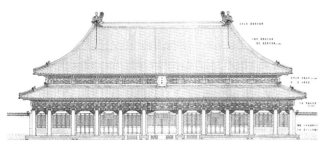

图5-2-2　太和殿立面图（来源：《东华图志》）

图5-2-3　中和殿（来源：王南 摄）

图5-2-4　保和殿（来源：王南 摄）

图5-2-5　三大殿夕照全景（来源：王南 摄）

图5-2-6 后三宫全景（来源：王南 摄）

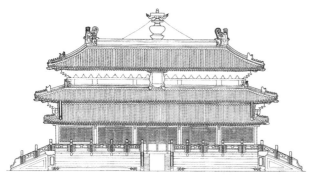

图5-2-7 钦安殿立面图（来源：《中国古代建筑史》第四卷：元、明建筑）

二、立面比例与细节

明清建筑在立面造型上的一个重要特点是屋顶在正立面构图中所占比例增大，同时也对应于斗栱高度在正立面比例的下降。造成这一变化的主要原因是从举折到举架的转变，这一重要转变发生在明代中晚期（在北方很可能是嘉靖朝以后才普遍使用举架法的），南北两地的建筑都发生了此种变化，有学者认为这是由于举架之法各步架椽的斜率为整数比（或整数加0.5之比），于是便于算料，最终取代了举折，[①]

图5-2-8 紫禁城角楼立面图（来源：《东华图志》）

---

① 潘谷西主编. 中国古代建筑史 第四卷：元明建筑（第二版）. 北京：中国建筑工业出版社，2009：457.

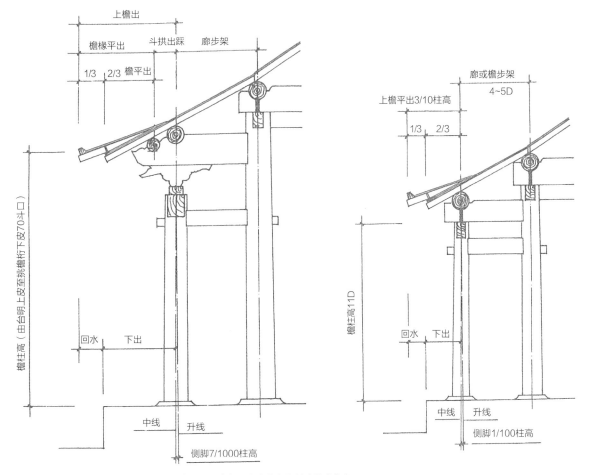

图5-2-9　清式檐柱侧脚与上出、下出示意图（来源：《中国古建筑木作营造技术》）

使得屋顶坡度变陡，柔和的线条轮廓消失，不如唐宋的浪漫柔和，反而建立严肃、拘谨而硬朗的基调，可能是要强调屋顶在建筑外观尤其是正立面外观中的重要性，而这或许与琉璃瓦的广泛运用息息相关。

另外，清代建筑生起与侧脚皆不明显：柱之收分与侧脚（掰升）值相等，大式为柱高的7/1000，小式为柱高的1/100（图5-2-9）。

柱不用梭柱卷杀，清代官式建筑的立柱径与高之比为一比十，柱身仅微微收分，而无卷杀，总体而言比之唐宋建筑少了细腻之美感。宋代大木作中檐柱角柱的生起、侧脚、梭柱、月梁等做法，施工都十分复杂，明代官式建筑逐渐取消这些做法（地方上尤其江南地区还有时保留），达到了施工简化的目的，不过也使建筑单体丧失了很多视觉上细腻的韵味。

三、台基的重要性

台基的运用是中国建筑的一个重要特征，既起到保护木结构主体部分的作用，同时又是中国古代建筑正立面"三段式"中的重要组成部分。北京古建筑中的台基包括素平台基、须弥座、柱顶石（柱础）。

重要建筑的台基之上或者石桥两侧还安有栏杆。栏杆主要包括地伏、望柱、栏板、吐水口（多为螭首状）等组成。明清石栏杆较之唐宋厚重得多，更加体现石结构的特征，尤其望柱林立，更多体现了垂直结构呈现的韵律（图5-2-10）。

紫禁城前朝的三大殿共同坐落在"干"字形布局的汉白玉台基之上（从皇位坐北朝南看则为"土"字形，代表五行中的"土"，象征中央最尊贵的方位）（图5-2-11），台

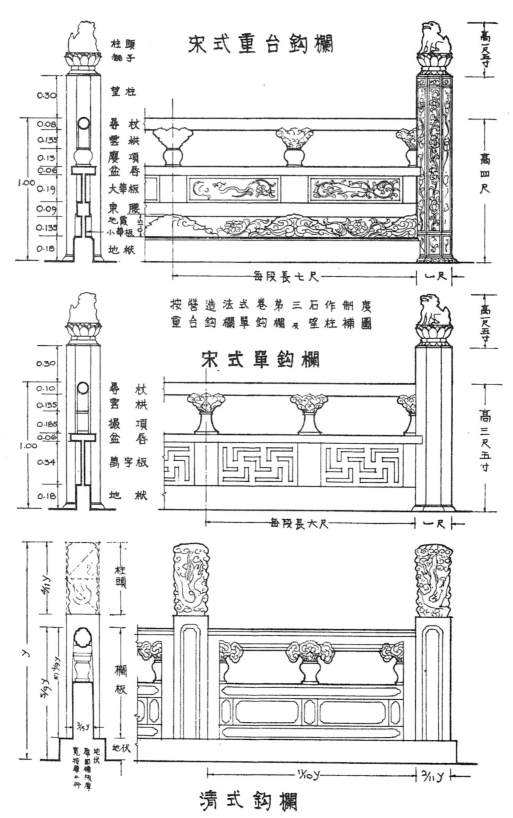

图5-2-10　宋式与清式栏杆（勾栏）比较图（来源：《梁思成全集》第六卷）

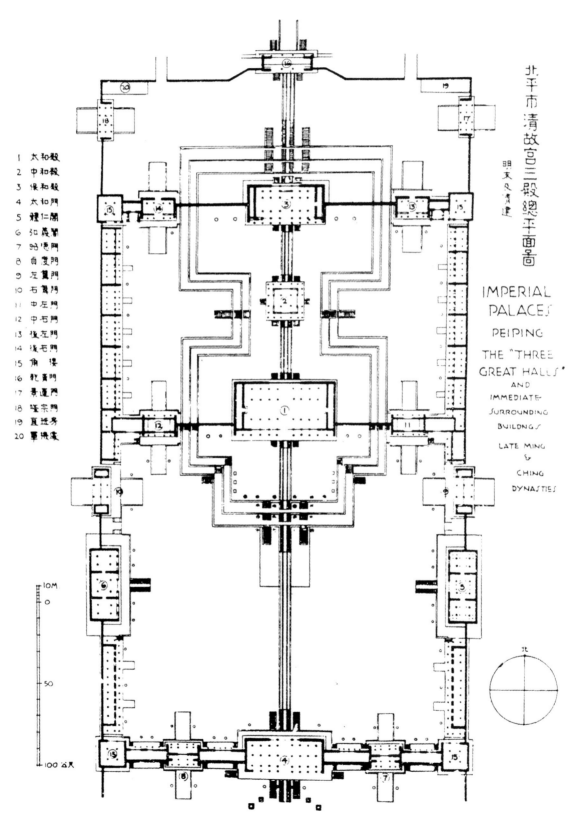

图5-2-11　紫禁城三大殿总平面图（来源：梁思成《中国建筑史》、《梁思成全集》第四卷）

图5-2-12　紫禁城三台（来源：王南 摄）

基总面积25000平方米，高8.13米（合2.56丈），分成三层，俗称"三台"（图5-2-12）。每层皆作须弥座形式，周以汉白玉栏杆，共有望柱1458根。每根望柱头上都雕有精美的云龙和云凤纹饰。每根望柱下的地栿外侧伸出一枚称作"螭首"的兽头吐水口，每到大雨天，三台上数以千计的螭首即呈现"千龙喷水"的壮观奇景，即所谓"小雨如注，大雨如瀑"。而后三宫除了乾清宫前半部用白石栏杆之外，后半部均用琉璃灯笼砖，更富于生活气息。

四、造型极其多样的佛塔

佛塔是北京古建筑立面造型最丰富的一个类型，无论是整体比例还是细部雕刻，都达到了一个顶峰。从佛塔形制来看，北京佛塔几乎涵盖了中国古代佛塔的所有类型，包括楼阁式塔（以良乡昊天塔、玉泉山玉峰塔、颐和园花承阁琉璃塔为代表）、单层密檐式塔（以天宁寺、银山塔林金代塔群、八里庄玲珑塔为代表）、单层塔（以云居寺无名小唐塔为代表）、喇嘛塔（以妙应寺白塔、北海白塔为代表）、金刚宝座塔（以真觉寺、碧云寺、西黄寺塔为代表）、花塔（以房山万佛堂塔、丰台镇岗塔为代表）、楼阁式与覆钵式混合样式塔（以云居寺北塔、白瀑寺塔为代表）、经幢式塔（以云居寺开山琬公塔、压经塔为代表）。如此丰富的佛塔类型集中在一座城市之中，足见北京佛教建筑文化之深厚底蕴，在全国应该是绝无仅有的。

第三节　基于木结构特性与空间形式的灵活的剖面设计

北京古建筑的剖面是木构架结构、构造设计的诚实而自然的结果。除了适应各类平面布局、屋顶造型形成的标准化木构架剖面之外，随着清真寺、戏楼等需要大型室内集会空间的建筑类型的发展，北京古建筑发展出利用勾连搭屋顶构架形成的纵深极大的剖面形式，此外，一些汉藏混合的藏传佛教寺庙建筑中，借鉴了藏式建筑的天窗采光剖面形式。

一、不同屋顶类型的剖面

北京古建筑的屋顶基本类型包括硬山、悬山、庑殿、歇山和攒尖，不同的屋顶造型对应着不同的剖面和空间效果。

硬山建筑是最普通的形式，在住宅、园林、寺庙中都有大量应用。清《工程做法则例》列举了最常见的硬山建筑的檩架分配，其中，七檩前后廊式建筑在小式民居中体量最大、地位最显赫，常用它来作主房，有时也用做过厅。六檩前出廊式建筑可用做带廊子的厢房、配房，也可用做有前廊后无廊的正房或后罩房。五檩无廊式建筑多用于无廊厢房、后罩房、倒座房等（图5-3-1）。

悬山建筑根据外形可分为大屋脊悬山和卷棚悬山两种。大屋脊悬山前后屋面相交处有一条正脊，将屋面分为两坡，常见有五檩悬山、七檩悬山以及五檩中柱式、七檩中柱式悬山（后两种多用作门庑）（图5-3-2）。卷棚悬山脊部置双檩，屋面无正脊，前后两坡屋面在脊部形成过陇脊，常见有四檩卷棚、六檩卷棚、八檩卷棚等，还有一种将两种悬山结合起来，勾连搭接，称为一殿一卷，这种

五檩无廊硬山　　　六檩前出廊硬山　　　七檩前后廊硬山

图5-3-1　常见硬山建筑的剖面形式（来源：《中国古建筑木作营造技术》）

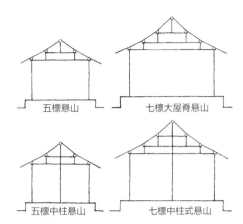

图5-3-2 常见大屋脊悬山的剖面形式（来源《中国古建筑木作营造技术》）

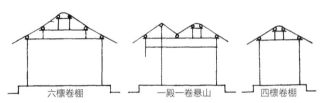

图5-3-3 常见卷棚悬山的剖面形式（来源：《中国古建筑木作营造技术》）

形式常用于垂花门（图5-3-3）。

庑殿建筑是中国古建筑中的最高形制。在等级森严的封建社会，这种建筑形式常用于宫殿、坛庙一类的皇家建筑，是中轴线上主要建筑最常用的形式。特殊的政治地位决定了它用材硕大、体量雄伟、装饰华贵富丽的特点，这些特点在它们的剖面中也体现得淋漓尽致。典型的庑殿建筑有故宫午门、太和殿、乾清宫，景山寿皇殿、寿皇门，太庙大戟门、享殿及其后殿，明长陵棱恩殿等等。

故宫太和殿（图5-3-4）重建于康熙三十四年（1695年），为中国现存面积最大的木结构殿宇，面阔11间，通面阔60.08米，进深5间，通进深33.33米，总面积2000余平方米，通进深与通面阔之比为5：9，寓意"九五之尊"。前后分为下檐柱、上檐柱和金柱三列，柱网布置十分规整。明间开间达8.44米，以便安排大殿中央宽大的皇帝宝座。而且明间室内六根金柱、檐柱皆为满金装饰的龙柱，壮丽辉煌。内金柱高12.63米，金柱间跨距达11.17米，结构总高为24.14米，为现存单层建筑中最高的。

图5-3-4 太和殿剖透视（来源：《穿墙透壁：剖视中国经典古建筑》）

图5-3-5 棱恩殿剖透视（来源：《穿墙透壁：剖视中国经典古建筑》）

明长陵棱恩殿（图5-3-5）创建于明永乐十四年（1416年），建成于明宣德二年（1427年），为北京现最古老的明代官式大木作遗存之一。面阔九间，通面阔66.56米，为现存中国古代建筑之最，进深五间，通进深29.12米。取明早期1丈＝3.173米计，通面阔21丈，通进深9.2丈。总面积近2000平方米，为中国现存面积第二大的古建筑单体。

歇山建筑屋面峻拔陡峭，四角轻盈翘起，既有庑殿建筑雄浑的气势又有攒尖建筑俏丽的风格。从禁城宫阙、坛壝庙学、王公府第乃至商埠铺面等各类建筑，都大量采用歇山形式。

　　从外形看，歇山建筑兼有悬山和庑殿建筑的部分特征。以建筑物的下金檩为界将屋面分为上下两段，上段具有悬山建筑的特征，如屋面分为前后两坡，稍间檩子向山面挑出等，下段则有庑殿建筑的特征，如屋面有四坡，山面两坡与檐面两坡相交形成四条脊等（图5-3-6、图5-3-7）。

　　以歇山为主要单元还可以组合出精巧复杂的剖面形式，比如故宫四角的角楼。角楼中央是三开间的方形亭楼，四面各出抱厦一座，整个平面呈"十"字形，从最顶部的十字脊镀金宝顶以下，共三檐、七十二脊，上下重叠，纵横交错，堪称鬼斧神工、美轮美奂（图5-3-8）。

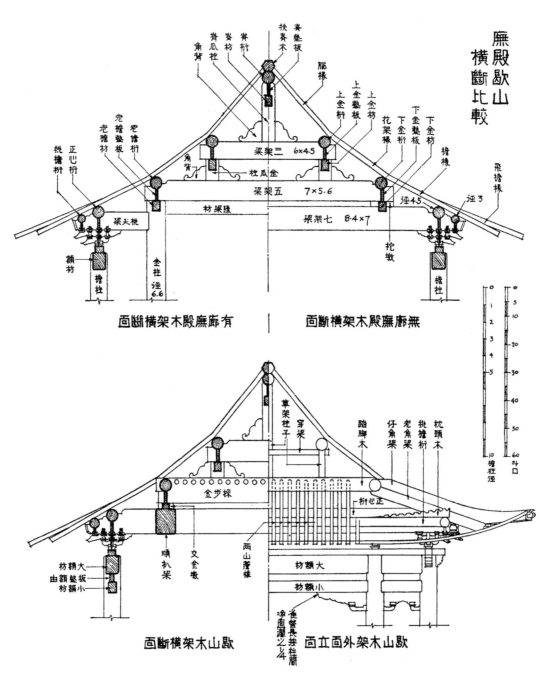

图5-3-6　庑殿、歇山横断面比较（来源：《清式营造则例》）

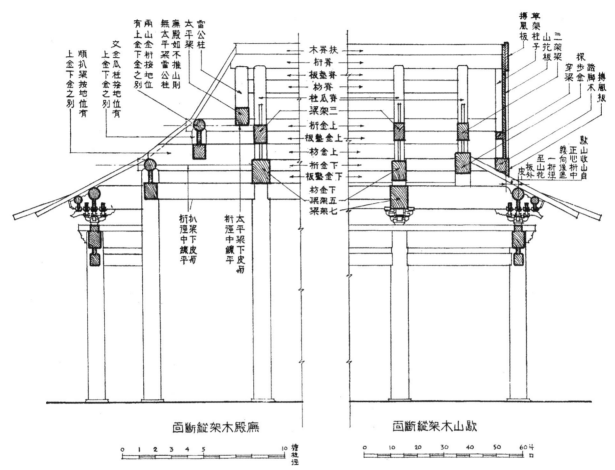

廡殿歇山縱斷比較

固斷縱架木殿廡

固斷縱架木山歇

图5-3-7　庑殿、歇山纵断面比较（来源:《清式营造则例》）

图5-3-8　故宫角楼剖透视（来源:《穿墙透壁:剖视中国经典古建筑》）

　　攒尖建筑也是古建筑中常见的类型。古典园林中各种不同形式的亭子,如三角、四角、五角、六角、八角、圆亭等都属于攒尖建筑（图5-3-9）。

　　在北京的宫殿、坛庙中也有大量的攒尖建筑,如故宫的中和殿、交泰殿,国子监的辟雍,北海小西天的观音殿,都是四角攒尖宫殿式建筑,而天坛祈年殿、皇穹宇则是典型的圆形攒尖坛庙建筑。

　　国子监辟雍（图5-3-10）为一座面阔三间、四周有双重回廊的黄琉璃瓦重檐攒尖顶正方形建筑,内回廊面阔五间,廊柱为圆柱;外回廊面阔同为五间,用方柱;主体建筑四面无墙,均装槅扇,以便讲学时敞开,即《日下旧闻考》

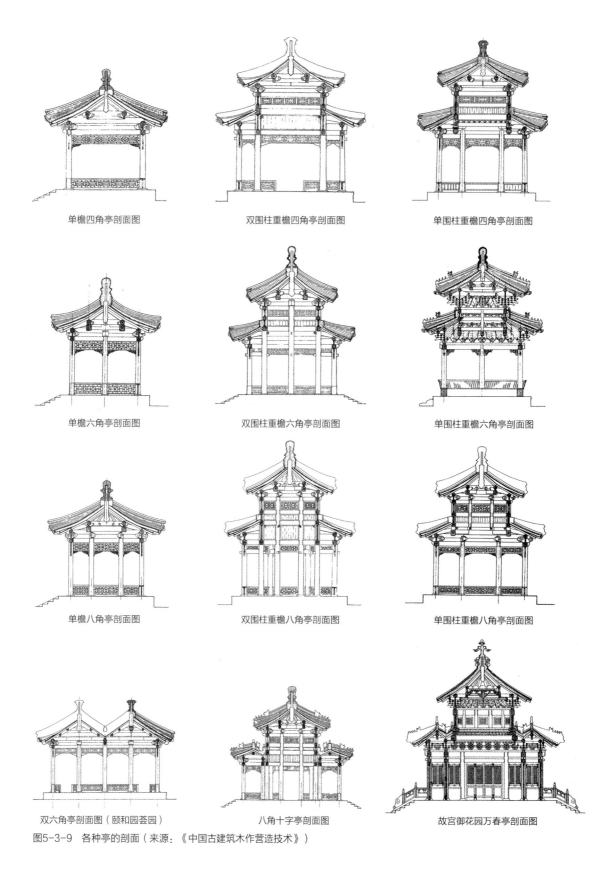

单檐四角亭剖面图   双围柱重檐四角亭剖面图   单围柱重檐四角亭剖面图

单檐六角亭剖面图   双围柱重檐六角亭剖面图   单围柱重檐六角亭剖面图

单檐八角亭剖面图   双围柱重檐八角亭剖面图   单围柱重檐八角亭剖面图

双六角亭剖面图（颐和园荟园）   八角十字亭剖面图   故宫御花园万春亭剖面图

图5-3-9 各种亭的剖面（来源：《中国古建筑木作营造技术》）

图5-3-10 国子监辟雍（来源：《穿墙透壁：剖视中国经典古建筑》）

图5-3-11 小西天剖透视（来源：《穿墙透壁：剖视中国经典古建筑》）

图5-3-12 祈年殿（来源：王南 摄）

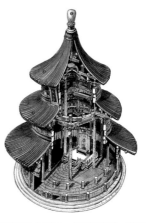

图5-3-13 祈年殿剖透视（来源：《穿墙透壁：剖视中国经典古建筑》）

中记载的"周阿重檐，户牖洞达，翼以崇廊"。[①]

北海小西天（图5-3-11）依照密宗"曼荼罗"（Mandala）形制建造：中央主殿为正方形，面阔、进深均为七间，殿四周环以水池，跨四座汉白玉石桥，周围一道矮墙，正对四座石桥为四座琉璃牌楼，均为三间四柱七楼样式，四角更建重檐歇山角亭。整组建筑群布局呈中心对称，神秘而庄严，体现了密宗的宇宙图示，为北海建筑群中形制最特殊者。

祈年殿明代称大享殿，亦称泰享殿，清乾隆十六年（1751年）改称祈年殿，为天坛中体量最大的建筑，也是北

京城形制最为独特的建筑，如今成为古都北京的重要象征之一（图5-3-12、图5-3-13）。祈年殿建筑采取了独特的内部结构（图5-3-14）：圆形大殿有内外三圈柱子，直接对应三重屋顶，最内圈是位于殿内中部的4棵最高的柱子，直接承托着上层屋顶，高19.2米（合6丈），直径1.2米，称"钻金柱"；在4棵钻金柱之外，用12棵高度适中的柱子来支撑第二层屋顶，称"金柱"；在金柱之外，又有一圈12棵较为矮小的柱子支撑第一层屋檐，称"檐柱"。此外，承托上檐的柱子除了4棵钻心柱之外，在钻金柱之间的横梁上，对

---

① ［清］于敏忠等编纂. 日下旧闻考[M]. 北京：北京古籍出版社，1983：1093.

图5-3-14　天坛祈年殿天花与藻井（来源：王琼 摄）

应中檐与下檐的12棵柱子的位置，另立了8棵短柱，称"童柱"，与4棵钻金柱共同组成了支撑上檐的12棵柱子。殿内屋顶天花施以九龙藻井，造型极其精美华丽，梁枋施龙凤和玺彩画。祈年殿室内一圈圈立柱和藻井共同营造了充满向心感的室内空间。

二、大型共享空间

清朝建筑在剖面设计上的一个突破在于大型共享空间的大量出现，这一点主要体现在戏楼和一些清真寺大殿中。

颐和园德和园大戏楼共有三层，总高度达到22米，上、中、下三层分别称福台、禄台、寿台。楼板中央设有天井，当演出神话大戏如《西游记》的时候，演员扮的天兵天将、神仙妖魔可以从天而降，还可以通过机关布景喷水、喷火、洒雪花、制造特殊音效，体现逼真的"特技效果"。戏楼背后为两层的扮戏楼，演员在此化妆、准备和退场。大戏楼正对面的颐和殿是看戏殿，面阔七间，台基比戏楼底层台基高出22厘米，保证三层戏台尽收眼底。

安徽会馆戏楼（图5-3-15）是安徽会馆的核心。戏楼坐南朝北，戏台在南面，后接扮戏房，其余三面为楼座，能

图5-3-15　安徽会馆戏楼剖面（来源：《宣南鸿雪图志》）

容纳三四百人看戏。戏楼上部采取双卷勾连搭悬山顶，东西两侧各展出重檐，形似歇山。清末徽班进京，三庆、四喜等四大徽班在京师立足，均曾借住在安徽会馆。著名的京剧表演艺术家谭鑫培也曾在此登台献艺。

湖广会馆戏楼（图5-3-16）建于清道光十年（1830年），1996年重修。戏楼位于会馆中路南部。戏楼面阔五间，当心间即舞台柱间宽度达5.68米（约合1.8丈），戏楼为抬梁式木结构建筑，双卷勾连搭重檐悬山顶。上檐双卷高跨为十檩，低跨为六檩，十一架大梁跨度达11.36米（约合3.6丈），在北京民间建筑中十分罕见。舞台为方形开放式，台沿有矮栏，坐南朝北，台前为露天平地（后改为室内戏楼），三面各有两层看台，可容千人。谭鑫培、余叔岩、梅兰芳、程砚秋等名伶均曾在此演出。

正乙祠戏楼（图5-3-17～图5-3-20）尺度不大，但布局紧凑，装饰讲究，罩棚只用一个大卷棚顶，在会馆戏楼中别具特色，是北京地区现存最早的戏楼之一。目前已修复一

图5-3-16　湖广会馆戏楼内景（来源：王南 摄）

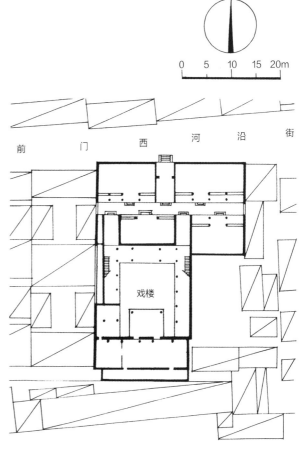

图5-3-17　正乙祠总平面图（来源：《宣南鸿雪图志》）

图5-3-18　正乙祠戏楼外观（来源：袁琳 摄）

图5-3-19　正乙祠戏楼全景（来源：王南 摄）

图5-3-20　正乙祠戏楼近景（来源：王南 摄）

新，每周末有固定演出。

　　礼拜大殿是牛街礼拜寺的中心建筑，坐西朝东，由三个勾连搭式屋顶及一座六角攒尖亭式建筑组成（图5-3-21、图5-3-22）。三个勾连搭顶的前两个为歇山式，后一个为庑殿式，前有月台。殿原有抱厦，五楹、三进、七层，共42间，总面积600平方米，可供千人同时做礼拜。梁柱间作伊斯兰风格的尖拱形木门，屋顶上有天窗。因避免用动物形象作装饰题材，建筑装饰多用植物、几何纹样等。殿内西北为七层梯阶的楠木宣讲台，为聚礼、会礼宣讲教义使用。大殿后端为"窑殿"，窑殿建筑外观为攒尖六角亭式（图5-3-23），内部设穹窿藻井，梁上有六幅彩色"博古"图。

三、天窗的设计

　　在宗教建筑中，也开始出现了天窗的设计，代表建筑是雍和宫法轮殿（图5-3-24、图5-3-25）。法轮殿为雍和宫内面积最大的殿宇，面阔七间，前后各出抱厦五间，呈"十"字形平面。屋顶为单檐歇山顶，于正脊中央及两侧开设一大四小共五座采光亭：中央大亭为歇山顶，其余四座小亭为悬山顶，各采光亭屋顶上又安放一座铜质鎏金宝顶（造型如藏式佛塔），四小一大，拱卫相待，犹如藏传佛教"坛城"的造型，象征着须弥四大部洲五行和供奉金刚界五方佛。特别值得一提的是，五座采光亭为大殿的室内空间营造出神秘莫测的气氛——尤其是位于大殿中央的宗喀巴神像，

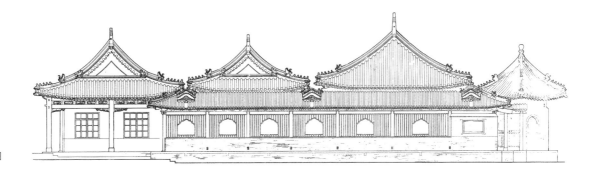

礼拜殿侧立面图

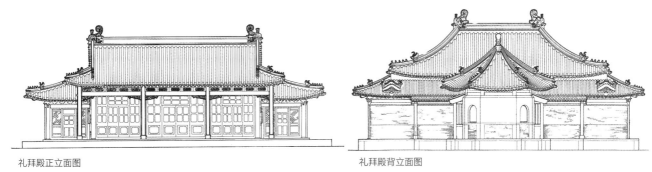

礼拜殿正立面图　　　　　　　　　　　　　礼拜殿背立面图

图5-3-21　牛街礼拜寺大殿立面图（来源：《宣南鸿雪图志》）

图5-3-22　牛街礼拜寺大殿内景（来源：《中国科学技术史》（建筑卷））

图5-3-23　牛街礼拜寺礼拜殿背面窑殿（来源：辛惠园 摄）

在中央大采光亭泻下的光线之中，显得格外庄严神圣（图5-3-26）。法轮殿在平面布局与屋顶采光亭设计等方面明显地受到藏传佛教建筑的影响，充分体现了汉藏佛寺建筑艺术的交融。

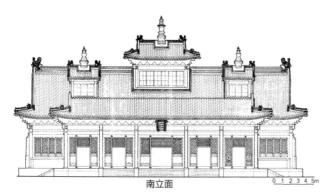

图5-3-24　雍和宫法轮殿立面（来源：《东华图志》）

图5-3-25　雍和宫法轮殿屋顶（来源：王南 摄）

图5-3-26　雍和宫法轮殿内宗喀巴像（来源：王南 摄）

第四节　基于小木作的灵活分隔的室内空间

相比于较为标准化、程式化的外观造型，北京古建筑的室内空间布局手法更加灵活多样，尤其是在居住、园林类建筑中，利用各类小木作装修手段，构成灵活分隔、复杂多变的室内空间，为一大特色。

一、天花

唐宋时天花有平棊、平闇等做法，清代则规格化为几等做法。

第一为井口天花（图5-4-1），为官式建筑天花的主要形式，花纹多彩画团花、龙凤（图5-4-2），有的高级殿堂的井口天花全为楠木雕刻，不施彩绘，典雅华贵（图5-4-3）。

第二为海墁天花，即用木条钉成方格网架，悬于顶上，架上钉板或糊花纸，或按井口天花样式绘制彩画裱糊其上。

第三为木顶格，是在木条网架上糊纸，用于一般宅第。普通住宅多改用高粱秆扎架、糊纸。

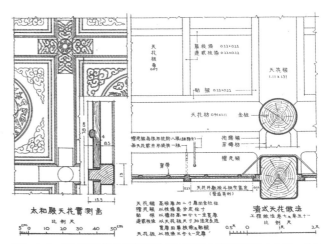

图5-4-1　清式天花做法及紫禁城太和殿井口天花测绘图（来源：《梁思成全集》第六卷）

图5-4-2 太庙戟门天花（来源：赵大海 摄）

图5-4-3 紫禁城宁寿宫乐寿堂楠木天花（来源：王南 摄）

图5-4-4 紫禁城养心殿藻井（来源：王南 摄）

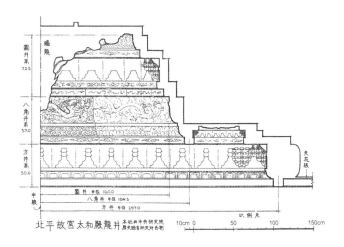

图5-4-5 紫禁城太和殿藻井剖面图（来源：《梁思成全集》第六卷）

二、藻井

藻井为宋《营造法式》名词，清式称"龙井"，古时亦称天井、绮井、圜泉、方井、斗四、斗八等等。北京古建筑中宫殿、坛庙、寺观的重要大殿中常用藻井（图5-4-4），其中紫禁城太和殿（图5-4-5）、天坛祈年殿（图5-4-6）、智化寺、隆福寺、法海寺、大觉寺藻井皆为精品。如隆福寺大殿藻井，外圆内方，如制钱状，圆井作三重天宫楼阁，自上下垂，中心方井上亦刻楼阁，穷极精巧（图5-4-7）。

智化寺藻井之精美程度在北京古建筑中可谓是数一数

二。主殿智化殿面阔三间，黑琉璃瓦歇山顶（图5-4-8）。内为彻上露明造，原明间有精美藻井一座：最外圈为天宫楼阁一周，上部用斗栱托起方形藻井，内含一正八角形，八角形内又包含一个正方形及与其呈九十度角的菱形，二者构成内层的又一正八角形，八面均雕云龙，中央为圆形井口，雕巨大团龙，整个藻井造型华美，雕刻精丽。民国时期该藻井被古董商盗卖给美国人，现藏在美国费城艺术博物馆（图5-4-9）。

智化殿之西配殿为转轮殿，面阔三间，黑琉璃瓦歇山顶，殿内明间设转轮藏。转轮藏下部为六角形汉白玉须弥座，上为木雕佛龛，亦为六角形，每个小佛龛中均有一尊小

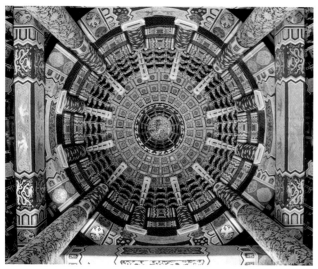

图5-4-6　天坛祈年殿藻井（来源：王琼 摄）

图5-4-7　先农坛古代建筑博物馆内陈列的隆福寺藻井（来源：李倩怡 摄）

图5-4-8　智化寺智化殿（来源：赵大海 摄）

图5-4-9 智化寺智化殿藻井（现藏美国费城艺术博物馆）（来源：王军 摄）

图5-4-11 智化寺万佛阁（来源：赵大海 摄）

图5-4-10 智化寺转轮藏殿经橱（来源：王南 摄）

图5-4-12 智化寺万佛阁藻井老照片（来源：清华大学建筑学院中国营造学社纪念馆）

佛像。藏柜上部雕有金翅鸟、龙众、摩羯鱼、神人、飞羊等各种纹饰，极为精美。轮藏顶上有一佛像，造型生动。上部藻井绘曼荼罗造型（图5-4-10）。

智化殿北为如来殿，亦称万佛阁（图5-4-11）。阁分上下二层，两层墙壁遍饰佛龛，供奉佛像九千余个，故称万佛阁。阁内也有一造型绚丽的藻井，造型与智化殿藻井大同小异，同样分三层，下层井口为正方形，中层井口为八角形，上层井口为圆形，顶部中央有一条俯首向下的团龙。八角井分别雕着八条腾云驾雾的游龙，簇拥着中间巨大的团龙，呈九龙雄姿。各斗之间刻有构图饱满、线条洗练而挺秀的法轮、宝瓶、海螺、宝伞、双鱼、宝花、吉祥结、万胜幢等八珍宝，此外还刻有八个体态丰腴、手托宝物的飞天，衣带飘逸，呼之欲出。这座藻井现藏于美国纳尔逊博物馆（图5-4-12）。

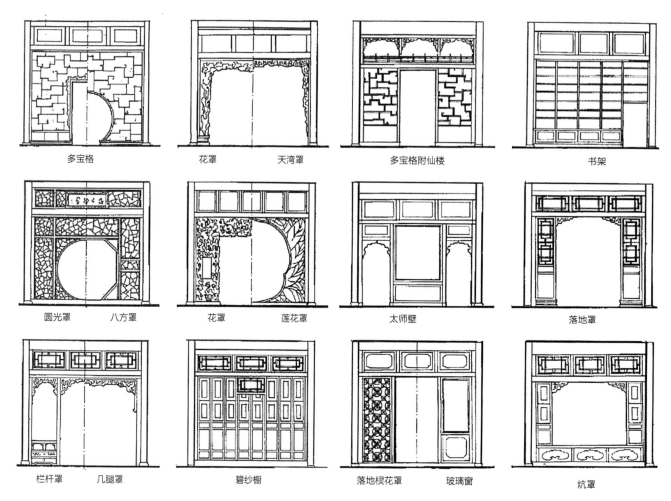

图5-4-13　清式内檐隔断种类示意图（来源：《中国古代建筑史》第五卷：清代建筑）

综观智化寺殿宇，虽规模较小，但殿内佛像、天花、轮藏尤其是藻井则雕镂精致，色彩富丽，极尽装饰之能事，诚如《明史·王振传》所言："建智化寺，穷极土木"。[①]

三、丰富多样的隔断形式

隔断指室内用于分隔空间的装修，包括完全隔绝空间的砖墙、板壁，可开合的隔扇门，及大量半隔断性质的装修如博古架、书架等，还有仅起划分空间作用的各类花罩（图5-4-13）。

（一）碧纱橱

碧纱橱即室内的隔扇门，满间安装，六扇、八扇至十余扇不等，除中央两扇可开启，其余大多为死扇。中央开启扇上方安设帘架，以悬珠帘。用于室内的碧纱橱多为硬木制作，如紫檀、红木、铁梨、黄花梨等，民居中亦可用楠木、松木制作。隔扇心往往做成双层，两面可看，棂格疏朗，以灯笼框式最常用，中间糊纸或纱（称夹堂或夹纱），并在纸上、纱上书写诗词，绘制图画，成为富有书卷气的装饰。

---

① 潘谷西主编. 中国古代建筑史 第四卷：元明建筑（第二版）. 北京：中国建筑工业出版社，2009：329.

（二）罩

罩为一种示意性的隔断物，隔而不断，有划分空间之意，而无分割阻隔之实，又可分为若干种类。

落地罩：即开间左右各立隔扇一道，上部设横批窗，转角处设花芽子，中间通透可行。

几腿罩：开间左右各有一短柱，不落地，上部悬以木制雕刻图案。

栏杆罩：开间两侧各立柱，柱间设木栏杆一段，中间部分上悬几腿罩。

花罩：即落地的几腿罩，整樘雕刻花板具有母题，如松鼠葡萄、子孙万代、岁寒三友、缠枝花卉等，为极昂贵之工艺品。有一种花罩在整个开间满雕装饰花纹，仅在同行处设八角形或圆形门洞，称八方罩、圆光罩。

炕罩：将落地罩置于北方民居的炕沿，冬天可在罩上挂帐。

（三）博古架

博古架亦称多宝格，为专门陈设古玩的多层庋架，皆硬木制作，分割成拐子纹式的小空格。

紫禁城宁寿宫乐寿堂装修，汇集了硬木雕刻、黄杨贴络、丝绸装裱、字画装裱、珐琅玉石镶嵌、螺钿嵌贴、竹丝镶嵌等各种工艺，可谓清代内檐装修的集大成之作（图5-4-14）。

四、灵活分隔

明清建筑室内空间的灵活丰富程度是为前朝所不及，重要的案例有紫禁城养心殿、宁寿宫乐寿堂和符望阁等等。

养心殿主体建筑平面为"工"字形，前殿三大间，分别为明间和东、西暖阁，跨度均极大，其中明间面阔3.75丈，东西暖阁各面阔3.15丈，通面阔10丈。三大间又各自分作三间，其中明间和西暖阁前出抱厦各三间，这种东西不对称的格局源于不同阶段陆续的改建。后殿五间，为皇后住所。中间以穿堂相连，亦为五间。后殿东西朵殿各三间。东西配殿

各五间。

前殿内明间为礼节性空间，设宝座，上有藻井天花（图5-4-15）。

图5-4-14　紫禁城宁寿宫乐寿堂内檐装修（来源：王南 摄）

图5-4-15　养心殿明间内景（来源：王南 摄）

图5-4-16　养心殿东暖阁内景（来源：《紫禁城宫殿》）

东暖阁为理政及斋居场所，清中期时南北方向分作前后室，前敞后抑，前室面西设宝座床，后室建有仙楼，有"寄所托"、"随安室"、"斋室"（即斋居时的寝宫），楼上供佛。东暖阁在同治以后改为召见大臣之所——慈安与慈禧"垂帘听政"即在此处（图5-4-16）。①

西暖阁是皇帝起居和召见亲近大臣的地方，为此还在室外抱厦的立柱之间安装了一人多高的板墙以防止窥视。西暖阁隔作三小间，东为走道，中为勤政亲贤殿，西为著名的"三希堂"，以乾隆珍藏的晋人王羲之《快雪时晴帖》、王献之《中秋帖》和王珣《伯远帖》得名，装饰极为精雅，南面装通体大玻璃窗，以利采光。勤政亲贤殿后为长春书屋（后改仙楼佛堂）、无倦斋和梅坞，空间极尽复杂丰富之能事，其中仙楼佛堂以无量寿宝塔为中心，宝塔为紫檀木七层八角楼阁式，象征无量圣界里诸佛、天人之居所。每层有八个玻璃欢门，内供无量寿铜佛，共计56尊。宝塔立于上下通高的共享空间之中，上层东、南、西三面设万字栏杆，北面为上下通体之大玻璃窗，为整个佛堂带来采光。楼上绕塔

南、东、西三面壁上供奉唐卡，绚烂华美之极，并设供桌。仙楼佛堂东走道通向养心殿明间及后寝，西走道通梅坞，南走道通三希堂。

养心殿既有明间的礼仪性大空间，又有东西暖阁复杂多变的小空间（包括仙楼佛堂的二层共享空间），还有穿堂连接后殿寝宫，可谓中国古代建筑中多功能综合空间的典范，充分体现出中国古代建筑灵活多变的室内空间意匠，并且在宁寿宫养性殿以及圆明园保合太和殿中被复制了两次。

宁寿宫的乐寿堂之规制则模仿圆明园中的长春园淳化轩，面阔七间带回廊，室内以装修将进深方向分作前后两部，东西又隔出暖阁，平面灵活自由，具有江南园林"鸳鸯厅"的风格，其内檐装修之碧纱橱、落地罩、仙楼等皆硬木制作，并以玉石、景泰蓝装饰，天花全部为楠木井口天花，天花板雕刻卷叶草，完全体现了乾隆时代的装饰风格，是清宫廷室内装修的经典（图5-4-17）。

符望阁为乾隆花园中最大的建筑，建于乾隆三十七年（1772年），仿建福宫延春阁修建，为两层方形楼阁，面阔进深各五间，周回廊，四角攒尖顶，覆以黄琉璃瓦蓝剪边，其室内空间颇为复杂，被称作"迷楼"。外观两层的楼阁内部三层，下层向北还有局部做成仙楼的两层空间。楼阁首

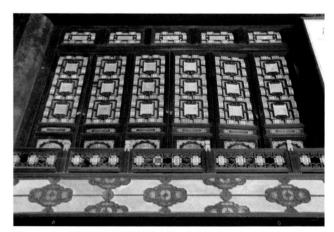

图5-4-17　宁寿宫乐寿堂仙楼（来源：王南 摄）

---

① 垂帘听政的场所在养心殿明间和东暖阁内，其中比较正式的引见，在明间进行；而皇帝有指示需要君臣对话，一般在东暖阁进行。垂帘的样式"帘用纱屏八扇，黄色。同治帝在帘前御榻坐"。参见刘畅. 北京紫禁城. 北京：清华大学出版社，2009：245.

图5-4-18 北京紫禁城宁寿宫符望阁剖面图（来源：《中国古代建筑史》第五卷：清代建筑）

层为中心发散式布局，犹如四座一字形殿宇背对背组织在一起，面向室外的院落，颇有古代明堂之意（图5-4-18）。

第五节 大胆而不失和谐的建筑色彩

从皇家建筑到民居建筑，都采用了大胆的色彩搭配，如紫禁城等皇家建筑采用大块面的黄、红、白三种纯色为主调，并以青（蓝）、绿色彩作为彩画的基本色（梁枋、斗栱的彩画一般处于檐下的阴影之中，尽管近观颜色艳丽，然而远观却是一片和谐的灰色效果），一些皇家重要建筑物甚至以闪闪发光的金箔作为重点装饰，产生出"金碧辉煌"的壮丽效果。总体观之，皇家建筑尽管用色至纯，对比强烈，但由于色彩搭配巧妙、精当，并充分考虑了光线、观赏距离等因素，取得了惊人的和谐之美。北京四合院民居则由大面积的灰色（砖墙、瓦顶和墁砖地面）为底，辅以木结构主体的红、绿油彩，配以少量的青（蓝）、绿为主的彩画，构成基本的色彩模式——有趣的是本来在色彩搭配中应当尽量避免的艳俗的"红配绿"，由于有了大面积灰色的调和和少量彩画的点缀，竟变得十分和谐悦目，以至成了北京城市色彩的一大"亮点"，甚至成为老北京文化不可或缺的一部分。

明、清建筑的彩画以青绿颜色为主，作为红墙与一片纯色瓦顶之间的过渡。青绿彩画的位置和幽冷的色调与檐下阴影的部分相映成趣，表现屋檐深远的造型效果。一个特例是紫禁城午门彩画，由于午门位于紫禁城南门，五行属火，所以午门彩画一反青绿为主的色调，而是采用以赤色为主的"吉祥草三宝珠"彩画。

北京皇家建筑的屋顶有大量镏金宝顶，藏传佛教建筑中则有大面积镏金铜瓦屋面、塔刹等，北京紫禁城颐和园等皇家建筑有大量镏金铜亭、铜狮、铜缸等。

第六章　建构

北京古建筑的辉煌成就离不开各个工种匠师的卓越技艺。本章依据古代匠作划分，分别从大木作、砖石瓦作、小木装修和各类建筑装饰等方面来探讨北京古建筑的建造技艺成就。

木结构技艺方面，北京的明清古建筑延续了前代的标准化、模数化的特点，表现出更强的程式化趋势。北京古建筑在单体大木结构方面取得了极高的成就。首先，中国现存面积最大的木结构单体建筑前两名分别为紫禁城太和殿与十三陵长陵裬恩殿；其次，颐和园佛香阁是中国现存木构建筑高度排行第三的杰作（构架全高约36.48米），前两位分别是应县木塔（67.3米）和承德普宁寺大乘阁（39.16米）；此外，紫禁城午门明间跨度达9.15米，天安门明间跨度8.52米，太和殿明间跨度8.44米，内金柱高达12.63米。一大批巍峨壮丽的木构建筑都充分展现了明清时期北京古建筑大木作达到的高超技艺。

明代以来，中国砖石建筑得以蓬勃发展，为此前任何时期所无法比拟。北京古建筑中绝大部分是木结构建筑，但是随着明代以来砖石技术的巨大进步，北京古建筑中砖石结构建筑（或者夯土与砖石结合的建筑）的类型也日益丰富，涵盖了长城、城墙、无梁殿、佛塔、牌楼、桥梁、华表、石碑等众多类型，并且取得了十分卓越的技艺成就，从而使砖石建筑成为北京古建筑中十分重要的组成部分。

第一节　高度标准化、模数化的大木结构

北京最主要的古建筑大都是明、清两代的官式建筑。[①] 以下略述明、清官式大木作的一些基本特点。

一、概述

（一）明代大木作

明代官式建筑是在南、北方木构建筑融合的基础上形成的，尤其是通过继承江浙宋元传统、摒弃元代北方官式建筑而产生的，是在江南建筑传统基础上进一步规范化、庄重化而形成的。[②]

明代官式建筑产生之前，元代大木结构比起宋代已经发生了很多重要的变化，这些变化可看作是由唐、宋向明、清过渡的重要过程。明初洪武年间大修南京宫室以及永乐年间大修北京宫室，均促成中国南北建筑文化的大交流与大融合，酝酿了明代官式建筑的产生。明代大木技术的发展主要表现在以下几个方面：①柱梁体系的简化与改进；②从举折到举架的转变；③斗栱的进一步变化；④翼角做法逐渐定型；⑤重檐和楼阁做法的简化与发展；⑥硬山式屋顶的大量普及，主要是砖技术的提高造成的；⑦精巧的榫卯技术。

一个显著的变化是随着宋代材分制的解体，斗口制逐渐在明代形成。

（二）清代大木作

清代官式大木制度是应用于宫廷或京畿华北一带民间的木构形制。官式大木分为大式及小式。大式指宫殿、庙宇、衙署、坛庙、王府等重要建筑，一般有斗栱及围廊，可采用单檐、重檐的庑殿、歇山等高级屋顶形式和琉璃瓦，不过也有不少不用斗栱的大式建筑。小式建筑都不用斗栱，用于次要房屋及民居，开间较小，面阔三间至五间，屋顶仅为硬山或悬山，布瓦屋面（图6-1-1、图6-1-2）。

《中国古代建筑史》第五卷"清代建筑"中归纳了清代大木作结构的一些特征：①柱网更加规格化、程式化，开间、柱距更为划一；②材分制名存实亡，虽然某些大型建筑中采用斗口模数制，但已不可能规范所有的建筑尺度，大量的建筑尺度是以惯用数据为则；③以顺梁、扒梁、抹角梁来解决角部构架及上檐上层柱位的方法成为通用构造方法；④斗栱退化为等级性的装饰名件，而代之以榫卯交接的穿梁，用来组织梁柱节点构造，尤其是内檐更为明显，除了平台部分选用的"品"字形斗科尚具结构意义之外，其他斗科仅徒具形式；⑤唐宋以来的檐柱侧脚、生起，逐渐减弱以至消失，为了加强构架整体稳定性，采用双重额枋，选用雀替，加设廊步的抱头梁及穿插枋，甚至柱间加用一部分剪力墙等办法用以代替侧脚；⑥为增强纵向构架承载力，普遍采用檩、垫、枋三件合一的组合件；⑦木构件的修饰，从对承重构件外形加工（如月梁、梭柱、卷杀、讹角等手法）转向构件表面的装饰，如重彩油饰表面；⑧内外檐分离设计，外檐以承重为主，内檐以创造空间环境为主，广泛使用天花吊顶。

二、梁架

大木结构中，柱网之上的梁架决定了建筑之三维空间及外部造型。北京明、清官式建筑的梁架为抬梁式结构，即在前后檐柱间搁置大梁，大梁上叠小梁，逐步缩减，形成山字形构架。根据各梁实际承托的桁（檩）数目分别称三架梁、五架梁、七架梁、九架梁等（卷棚式构架则出现四架梁、六架梁等）。各层梁端纵向安置桁（檩），以及拉扯用枋木，桁（檩）上搭椽，钉铺望板，承托屋面构造荷载。檐柱柱头

---

① 北京现存的元代木结构建筑单体仅有孔庙先师门、灵岳寺大殿等极少量实例。
② 傅熹年. 中国科学技术史·建筑卷. 北京：科学出版社，2008：675.

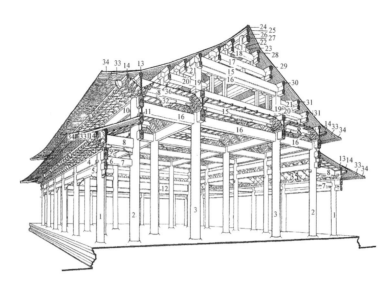

1．檐柱　2．老檐柱　3．金柱　4．大额枋　5．小额枋　6．由额垫板　7．桃尖随梁　8．桃尖梁
9．平板枋　10．上檐额枋　11．博脊枋　12．走马板　13．正心桁　14．桃檐桁　15．七架梁　16．随梁枋
17．五架梁　18．三架梁　19．童柱　20．双步梁　21．单步梁　22．雷公柱　23．脊角背　24．扶脊木
25．脊桁　26．脊垫板　27．脊枋　28．上金桁　29．中金桁　30．下金桁　31．金桁　32．隔架科
33．檐椽　34．飞檐椽　35．溜金斗科　36．井口天花

图6-1-1　清官式大型殿堂构架剖视图（来源：《中国古代建筑史》第五卷：清代建筑）

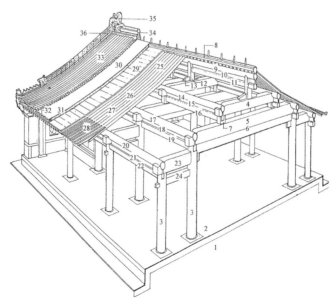

1．台基　2．柱础　3．柱　4．三架梁　5．五架梁　6．随梁枋　7．瓜柱　8．扶脊木　9．脊檩
10．脊垫板　11．脊枋　12．脊瓜柱　13．角背　14．上金檩　15．上金垫板　16．上金枋
17．老檐檩　18．老檐垫板　19．老檐枋　20．檐檩　21．檐垫板　22．檐枋　23．抱头梁
24．穿插枋　25．脑椽　26．花架椽　27．檐椽　28．飞椽　29．望板　30．苫背　31．连檐
32．瓦口　33．筒板瓦　34．正脊　35．吻兽　36．垂兽

图6-1-2　清官式一般房屋构架剖视图（来源：《中国古代建筑史》第五卷：清代建筑）

之间联以大小额枋及平板枋形成整体框架。

对于有前后檐廊的建筑，除内部主体仍保持抬梁式构架之外，前后廊则用穿梁法，即梁一端抬在檐柱上，另一端穿入金柱内，称作桃尖梁或抱头梁；若一些进深很大的建筑在穿梁上可再托梁，分别称作三穿梁、双步梁、单步梁等（图6-1-3）。在歇山、庑殿屋顶中还要使用顺梁、趴梁或者抹角梁等特殊做法（图6-1-4～图6-1-7），像天坛祈年殿这类特殊造型的木构架中还出现弧线优美的蛾眉穿插枋（图6-1-8）。

明代官式建筑的梁栿断面，既有承袭宋《营造法式》的

图6-1-3 文华门梁架（来源：王南 摄）

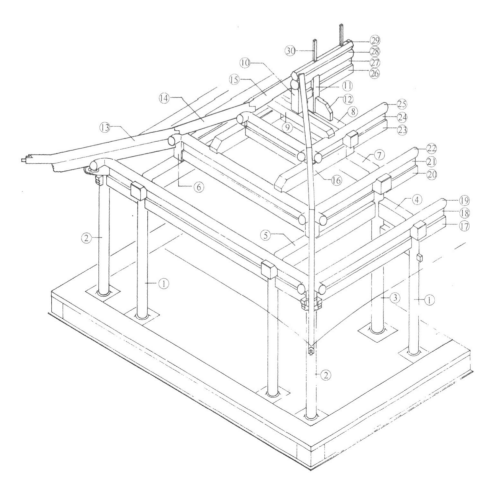

1. 檐柱 2. 角檐柱 3. 金柱 4. 抱头梁 5. 顺梁 6. 交金瓜柱 7. 五架梁 8. 三架梁
9. 太平梁 10. 雷公柱 11. 脊瓜柱 12. 角背 13. 角梁 14. 由戗 15. 脊由戗 16. 趴梁
17. 檐枋 18. 檐垫板 19. 檐檩 20. 下金枋 21. 下金垫板 22. 下金檩 23. 上金枋
24. 上金垫板 25. 上金檩 26. 脊枋 27. 脊垫板 28. 脊檩 29. 扶脊木 30. 脊桩

图6-1-4 清式庑殿构架示意图（来源：《中国古建筑木作营造技术》）

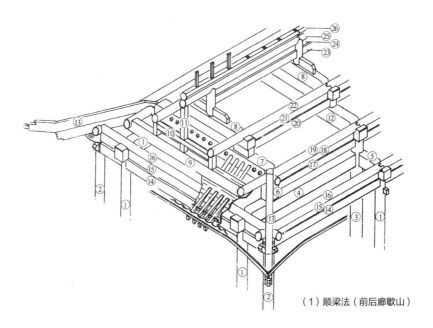

（1）顺梁法（前后廊歇山）

1. 檐柱   2. 角檐柱   3. 金柱   4. 顺梁   5. 抱头梁   6. 交金墩   7. 踩步金   8. 三架梁
9. 踏脚木   10. 穿   11. 草架柱   12. 五架梁   13. 角梁   14. 檐枋   15. 檐垫板   16. 檐檩
17. 下金枋   18. 下金垫板   19. 下金檩   20. 上金枋   21. 上金垫板   22. 上金檩   23. 脊枋
24. 脊垫板   25. 脊檩   26. 扶脊木

图6-1-5   清式歇山（顺梁法）构架示意图（来源：《中国古建筑木作营造技术》）

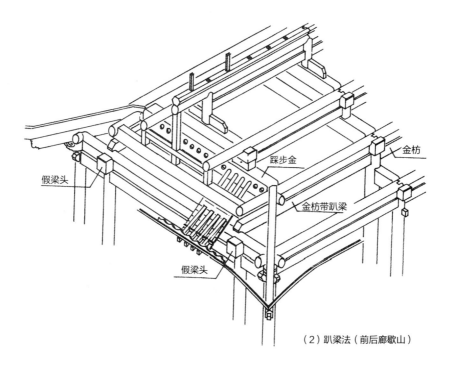

（2）趴梁法（前后廊歇山）

图6-1-6   清式歇山（趴梁法）构架示意图（来源：《中国古建筑木作营造技术》）

图6-1-7　社稷坛享殿歇山转角梁架（来源：赵大海 摄）

图6-1-8　天坛祈年殿蛾眉穿插枋（来源：包志禹 摄）

高宽比接近3∶2的，也有接近后来清代成为定制的高宽比为5∶4的，表现出承前启后的特点。清代则大多为肥梁即6∶5左右的梁断面。

阑额（额枋）和普拍枋（平板枋）之关系由宋元的"T"字形变为明清的"凸"字形（图6-1-9）。

另外，明代中晚期，中国南北两地建筑都发生了一个令人瞩目的变化，即屋顶的起坡方法由举折转变为举架。[1]由于举折之法是先定举高而后做折法，举架是先做折法而后得出举高，故举折之法的整个屋顶的高跨比常为整数比，而举架之法则反之，整个屋顶的高跨比不是整数，而各架椽的斜率为整数比或整数加0.5之比（表6-1-1）。这一变化大大改变了中国建筑的外观，最突出的就是屋顶坡度由舒缓变得陡峻。

清代官式建筑各步举高　　　　　表6-1-1

建筑进深	飞檐	檐步	下金步	中金步	上金步	脊步
五檩	三五举	五举				七举
七檩	三五举	五举		七举		九举
九檩	三五举	五举	六五举		七五举	九举
十一檩	四举	五举	六举	六五举	七五举	九举

三、斗栱与斗口模数制

（一）斗栱（斗科）

清官式建筑称斗栱为斗科，其基本组件包括斗、栱、翘、昂、升，不同位置有不同名称。整组斗科按在建筑中位置不同分为柱头科、平身科、角科（图6-1-10、图6-1-11）。清式斗科分为五大类：翘昂斗科（图6-1-12）、一斗二升交麻叶与一斗三升斗科（图6-1-13）、三滴水品字斗科、隔架科（图6-1-14、图6-1-15）、挑金镏金斗科（图6-1-16～图6-1-18）。

（二）斗口制

坐斗开十字口以承翘（昂）或者栱，其中承翘（昂）的开口称斗口。

---

① 潘谷西主编. 中国古代建筑史 第四卷：元明建筑（第二版）. 北京：中国建筑工业出版社，2009：457.

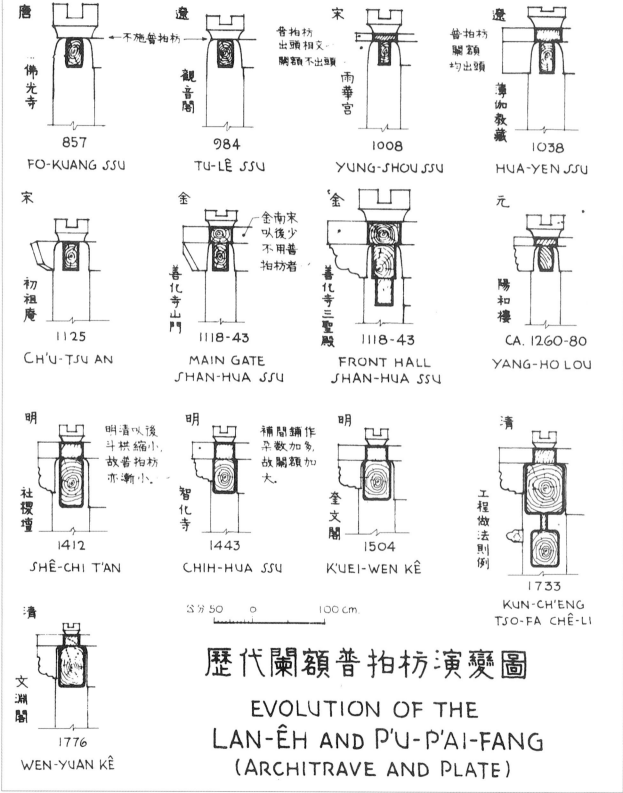

图6-1-9 历代阑额普拍枋演变图（来源：《梁思成全集》第四卷）

图6-1-10 太庙戟门斗栱：可见柱头科与平身科，为单翘重昂七踩斗科（来源：王南 摄）

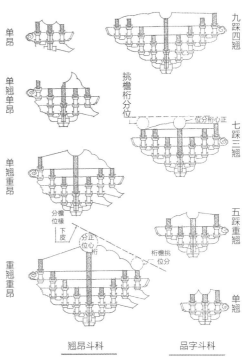

图6-1-12 翘昂斗科及品字斗科示意图（来源：《中国古代建筑史》第五卷：清代建筑）

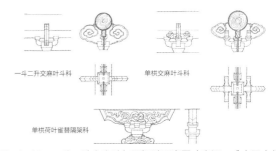

图6-1-13 一斗二升交麻叶与隔架科示意图（来源：《中国古代建筑史》第五卷：清代建筑）

图6-1-11 太庙戟门角科仰视，为单翘重昂七踩斗科（来源：王南 摄）

图6-1-14 太和门梁架及隔架科（来源：王南 摄）

图6-1-15　养心殿前廊卷棚梁架及隔架科（来源：王南 摄）

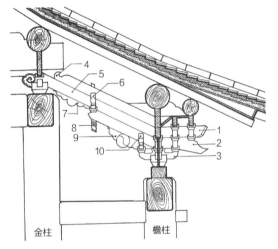

1. 蚂蚱头　2. 昂　3. 翘　4. 撑头后带夔龙尾　5. 蚂蚱头后起秤杆
6. 三福云　7. 菊花头　8. 覆莲梢　9. 菊花头带太极图　10. 三福云

图6-1-16　溜金斗科示意图（来源：《中国古代建筑史》第五卷：清代建筑）

图6-1-17　社稷坛享殿溜金斗科（来源：赵大海 摄）

带斗栱的清代官式建筑以"斗口"为基本模数，称"斗口制"。斗口，即平身科坐斗在面宽方向的刻口。一斗口又划分为十分，清代一足材为宽一斗口，高二斗口的断面（单材高十四分）。斗口的宽度是有斗栱的建筑各部分尺寸的基本单位，例如柱径6斗口，柱高60斗口，坐斗高2斗口，长宽各3斗口，每攒架3斗口，攒间距离11斗口等。

为控制建筑物的体量和规模，清代官式建筑将大式建筑用材标准划分为十一个等级。即斗口尺寸从6寸至1寸，每半寸一等，称为十一等材。但实际应用当中，大部分工程仅采用八、九等材的斗科。一、二、三等材未见使用过，文献

图6-1-18　太庙井亭镏金斗科（来源：赵大海 摄）

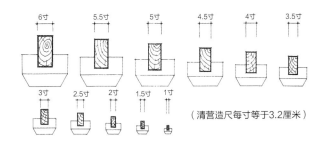

图6-1-19　清式斗口的十一个等级示意图（来源：《中国古建筑木作营造技术》）

（清营造尺每寸等于3.2厘米）

记载城楼等高大建筑最多用四等材，一般单层建筑多为七、八等材，如故宫太和殿才用七等材，而大部分建筑多用九等材，如承德外八庙等大型庙宇即用九等材，垂花门用十等材，十一等材或更小仅用在藻井等装修用材上。大量材等其实形同虚设，说明清代斗口制已不再如宋代材分制那样强调"以材为祖"，"材分八等"，"度屋之大小而用之"，仅仅留下了材等的部分象征意义（图6-1-19）。

　　与唐宋元的斗栱相比，明清斗栱在整座建筑中的比例骤然减小（斗栱之高在辽宋时为柱高之半，至明清仅为柱高的五分之一或六分之一），而补间铺作即平身科的数目骤然增加，除了柱头转角斗栱之外，数目众多的平身科完全不起结构作用而沦为装饰，这是中国古建筑外部特征的一个重要变化。

　　梁思成指出明清斗栱与宋元斗栱比较，除去比例大小不同之外，在用昂的方法及用材的方法上都有显著的区别。昂的杠杆作用在明初的建筑如祾恩殿、社稷坛享殿中尚存，到后世则慢慢成为装饰或者不必需的累赘……不唯是昂的力学性能变化了，昂的造型也由元代起几乎全部使用富于装饰性的琴面昂，再不使用简洁的批竹昂，明清更发展出象鼻昂、凤头昂等装饰性更强的造型（图6-1-20）。

四、重要技术成就

　　明、清官式大木作大规模使用拼合梁柱技术，使结构

体系灵活多变，创造了众多大体量大殿，如长陵祾恩殿、太庙享殿（图6-1-21）、紫禁城太和殿、北海小西天观音殿（图6-1-22），和多层楼阁结构，如颐和园佛香阁（图6-1-23）、雍和宫万福阁（图6-1-24）、颐和园德和园大戏楼（图6-1-25）。

第二节　多样化的砖石结构类型

一、概述

　　明代以来，中国砖石建筑得以蓬勃发展，为此前任何时期所无法比拟。北京古建筑中绝大部分是木结构建筑，但是随着明代以来砖石技术的巨大进步，北京古建筑中砖石结构建筑（或者夯土与砖石结合的建筑）的类型也日益丰富，涵盖了长城、城墙、无梁殿、佛塔、牌楼、桥梁、华表、石碑等众多类型，并且取得了十分卓越的技艺成就，从而使砖石建筑成为北京古建筑中十分重要的组成部分。[①]

（一）制砖技术

　　明代以来，制砖技术得以迅猛发展。紫禁城的用砖可以看作是明代制砖技术的最高代表作。首先是数量巨大，紫禁城庭院地面估计需用砖两千余万块，城墙、宫墙及三台用砖量更大，估计所用城砖数达八千万块以上；其次是品类丰富，从紫禁城用砖的规格和质量分，主要有城砖、澄浆砖、方砖、金砖几类。

（二）主要石料

　　北京古建筑中常用石料包括青白石、汉白玉、花岗石、青砂石、花斑石等。青白石又包含青石、白石、青石白碴、砖碴石、豆瓣绿、艾叶青等，质地较硬、质感细腻、不易风化，多用于宫殿建筑。北京古建筑所用石材大量采自西南房

---

① 明清木结构建筑中，砖的使用也大幅度增加，比如墙体；甚至大量使用山墙全部用砖砌筑的硬山式建筑，成为明清建筑的重要特征之一。

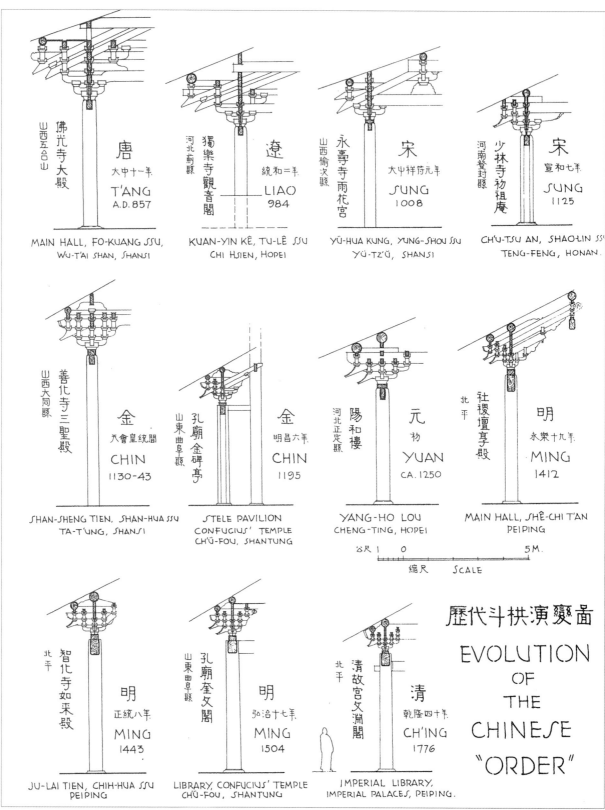

图6-1-20　历代斗拱演变图（来源：《梁思成全集》第四卷）

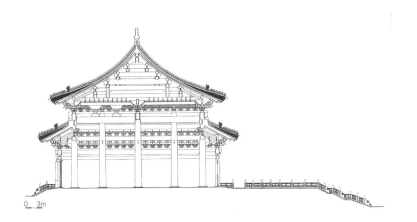

图6-1-21　太庙享殿剖面图（来源：天津大学建筑学院测绘）

图6-1-22　北海小西天大殿剖面图（来源：《中国古代建筑史》第五卷：清代建筑）

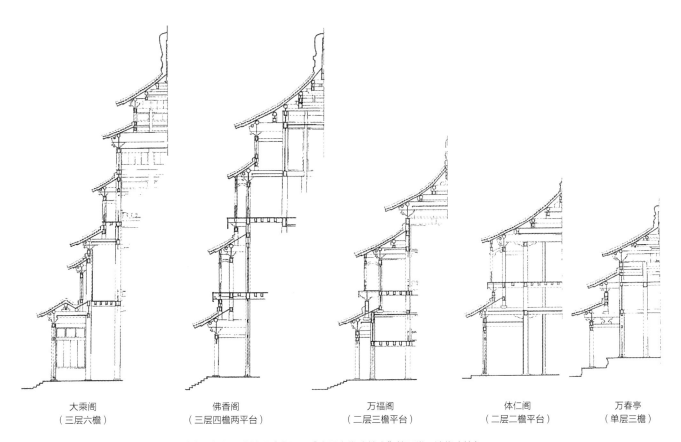

大乘阁	佛香阁	万福阁	体仁阁	万春亭
（三层六檐）	（三层四檐两平台）	（二层三檐平台）	（二层二檐平台）	（单层三檐）

图6-1-23　北京大型亭阁与承德普宁寺大乘阁剖面比较图（来源：《中国古代建筑史》第五卷：清代建筑）

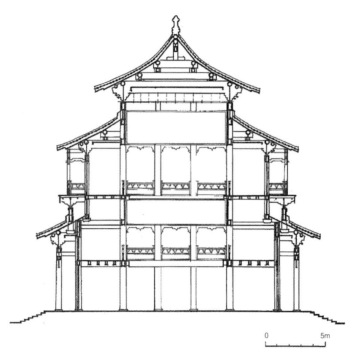

图6-1-24　雍和宫万福阁剖面图（来源：《中国古代建筑史》第五卷：清代建筑）

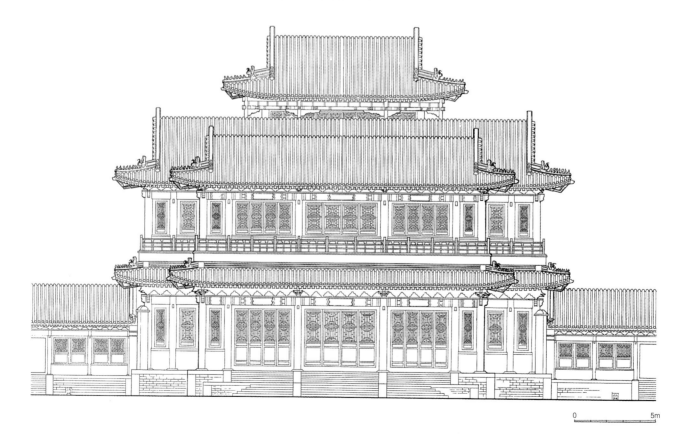

图6-1-25　北京颐和园德和园大戏楼南立面图（来源：《颐和园》）

山地区，附近的石材还有顺义牛栏山和门头沟马鞍山的青砂石、白虎洞的豆渣石和曲阳县的花岗石。

（三）拱券技术

元以前的拱券跨度很小，少有超过3米的。到元、明时期，已逐步采用支模施工技术，加上黏结材料（即灰浆，明代以后石灰作为灰浆中的黏结材料得到广泛运用）[①]与砖强度的提高，使拱券跨度得到了较大的突破，一般城门洞拱券跨度都要在4～5米，而一些无梁殿最大跨度可达11米。并且工匠们在营建活动中总结经验，终于形成了比较合乎科学受力的双心圆拱，即后来《营造算例》中规定的矢高与跨度之半的比为1.1：1的起拱曲线，并最终代替半圆拱成为主流，形成的拱券更显得高耸和饱满（图6-2-1）。

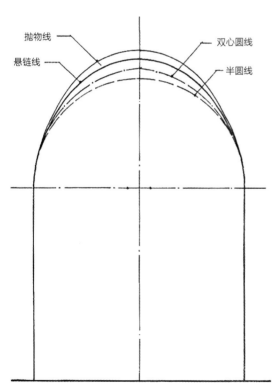

图6-2-1　各种起拱曲线及合理的受力线示意图（来源：《中国古代建筑史》第四卷：元、明建筑）

二、砖石建筑类型

（一）无梁殿阁

中国元代以前的砖石建筑较少使用穹窿或者筒拱的做法，即便偶尔为之也多用于墓葬、佛塔、桥梁及少部分地区（尤其是晋、陕、豫）的民居之中。自明中叶以后，以筒拱为基本结构方式的殿宇即所谓"无梁殿"之风骤盛，全国各地均有许多无梁殿的实例，北京现存无梁殿、阁皆为明清时期的遗存，包括天坛斋宫正殿、皇史宬大殿、定陵地宫、旭华之阁、北京钟楼、颐和园智慧海、北海大西天大琉璃宝殿、顺义无梁阁。

（二）砖拱门楼

主要实例有大明门、长安左门、长安右门，明十三陵大红门，坛庙大门以及大量寺观的山门。

（三）砖石碑亭

主要实例有明十三陵总神道碑亭和方城明楼，以及田义墓碑亭。

（四）砖拱牌楼（含琉璃牌楼）

明清北京建造了数量可观的一批砖拱牌楼，其中一些更是饰以精美的琉璃砖瓦，称"琉璃牌楼"，主要实例有东岳庙牌楼、北海大西天牌楼、北海小西天四座牌楼、国子监牌楼、卧佛寺牌楼、香山静宜园昭庙牌楼和颐和园智慧海"众香界"牌楼等。

（五）石牌楼、棂星门、华表

由于木牌楼耐久方面存在的问题，元末明初开始出现石牌楼，现存最早的石牌楼（或棂星门）实例是南京社稷坛石门及明孝陵下马坊，建于明初洪武年间。明中叶以后，石牌

---

① 北京著名的石灰窑有房山周口店和磁家务、顺义牛栏山、门头沟马鞍山等。

楼逐渐普及，北京最有代表性的石牌楼是明十三陵石牌楼，堪称中国古代石牌楼之最。

北京诸坛庙、陵墓皆广设棂星门，其基本形制皆为"乌头门"演化而来，主要实例有十三陵总神道龙凤门和田义墓棂星门。

天安门南北两侧各有一对华表，应是永乐时期原物，均以洁白无瑕的汉白玉雕成（图6-2-2）。

（六）墙垣

建筑中的墙垣按照使用部位分为山墙、檐墙、槛墙、廊心墙，室内的夹山墙（隔墙）、扇面墙等，室外的院墙、花墙、八字墙、影壁、挡土墙、金刚墙等。

图6-2-2　天安门华表（来源：王南 摄）

若按照砖墙砌筑工艺，可分作四大类：干摆、丝缝、淌白、糙砌，由精到粗。干摆又称磨砖对缝，即砌墙用砖皆经过砍磨加工，一般将砖的看面及四侧面砍直磨细，称为"五扒皮"（图6-2-3）。砌筑时外皮干摆砖与背里砖要拉接找平垫稳，灌桃花浆，最后表面打点、磨平，基本不露砖缝，为最高工艺，多用于最重要工程墙面、房屋下碱、影壁心等处。丝缝砌法与干摆类似，但露极细的灰缝，约2～4毫米，多用于山墙上身。淌白砌法用砖仅砍磨看面一个面，灰缝较宽，约4～6毫米。糙砌是用未经砍磨加工的砖直接砌筑，灰缝约10毫米，用于民居及简易房屋。

（七）地面

清官式房屋地面大部分为砖墁地，用方砖或条砖（图6-2-4）。方砖包括尺二方砖、尺四方砖、尺七方砖以及金砖等。条砖包括城砖、地趴砖、亭泥砖、四丁砖等，其中城砖和地趴砖可统称"大砖地"。亭泥砖和四丁砖可统称"小砖地"。

园林地面常用砖雕甬路，俗称"石子地"，指甬路两旁的散水墁带有花饰的方砖，或镶嵌由瓦片组成的图案，空当处镶嵌石子（图6-2-5），另外也常用冰裂纹、卵石地面。

仅此面不砍磨

"五扒皮"示意（以长身砖为例）

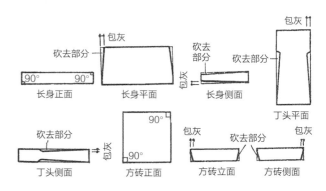

图6-2-3　用于干摆的"五扒皮"砖示意图（来源：《中国古建筑瓦石营法》）

图6-2-4 紫禁城太和殿前广场地砖（来源：王南 摄）

图6-2-5 紫禁城御花园石子地（来源：王南 摄）

图6-2-6 碧云寺天王殿石雕窗（来源：王南 摄）

图6-2-7 紫禁城钦安殿前石雕旗杆座（来源：王南 摄）

（八）杂样石作

　　杂样石作内容繁多，包括石门窗（图6-2-6）、挑头沟嘴（即吐水口）、水簸箕滴水石、沟门、沟漏、沟筒、沟盖、拴马石、上马石、下马碑、泰山石敢当、井口石、旗杆座（图6-2-7）、石五供等。

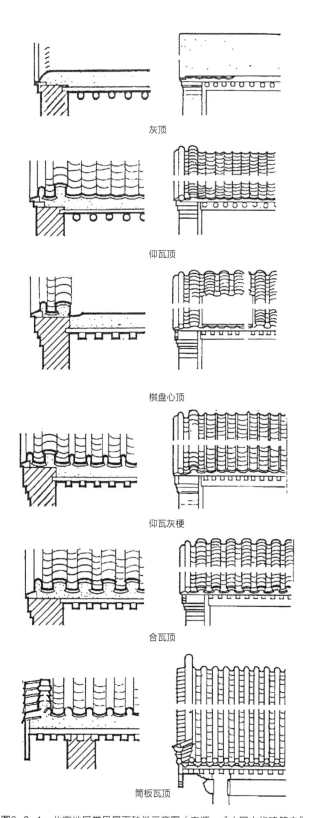

灰顶

仰瓦顶

棋盘心顶

仰瓦灰梗

合瓦顶

筒板瓦顶

图6-3-1　北京地区常见屋面种类示意图（来源：《中国古代建筑史》第五卷：清代建筑）

第三节　色彩材质丰富的屋面瓦作

一、概述

　　大木结构的屋架与屋面瓦作的结合造就了中国古建筑最引人瞩目的屋顶造型。

　　屋面瓦作分大式和小式，大式用筒瓦、脊瓦、吻兽等，材料有琉璃瓦和布瓦；小式无吻兽，多用板瓦（偶尔用筒瓦），材料仅用布瓦。无论大式、小式，瓦的铺法是一致的。从瓦材分，可分作阴阳板瓦屋面、筒板瓦屋面及琉璃瓦屋面三种主要类型，简易用房中还有仰瓦灰梗、干槎瓦及清灰顶屋面、石板瓦屋面等，也有交叉使用的现象，如棋盘心、布瓦琉璃剪边等（图6-3-1）。

　　北京地区常见屋脊类型包括调大脊、箍头脊、清水脊和皮条脊。调大脊多用于官式建筑，而箍头脊、清水脊和皮条脊多用于民居，与阴阳板瓦屋面结合使用（图6-3-2）。

　　屋脊包括正脊、垂脊、戗脊、博脊，重檐屋顶的下檐有水平方向的围脊和四角的角脊。正脊两端安有吻兽，称鸱吻（图6-3-3）；城楼或者某些府第建筑的正吻常改作"正脊兽"，也称"望兽"，其形象与垂兽相同，兽口朝外侧（图6-3-4）。重檐屋顶下层檐的围脊转角处安合角吻。垂脊

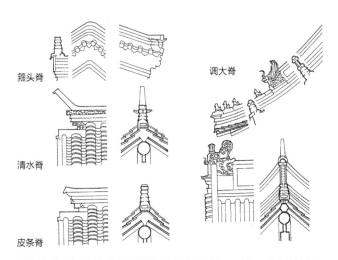

箍头脊

清水脊

皮条脊

调大脊

图6-3-2　北京地区常见屋脊类型示意图（来源：《中国古代建筑史》第五卷：清代建筑）

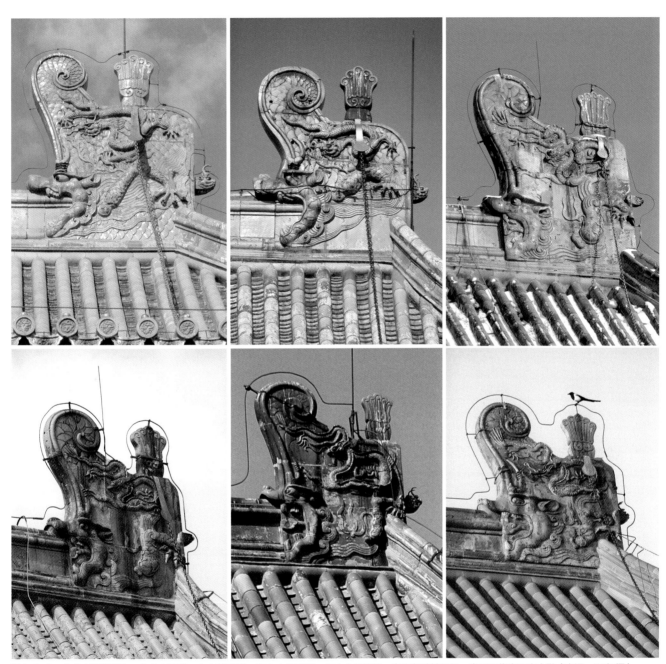

图6-3-3　北京古建筑鸱吻：左上太和殿，右上乾清宫，左中太庙享殿，右中太庙寝殿，左下长陵祾恩殿，右下历代帝王庙大殿（来源：王南 摄）

下端安垂兽。戗脊上安仙人及走兽若干，数目由建筑形制高低决定，其中紫禁城太和殿形制最高，戗脊由下而上依次为仙人、龙、凤、狮子、天马、海马、狻猊、押鱼、獬豸、斗牛、行什（图6-3-5）。小式建筑正脊两侧不安吻兽，多用清水脊，两端加翘起的鼻子（称"朝天笏"或"蝎子尾"）（图6-3-6），垂脊用一陇筒瓦。园林建筑中屋脊上常使用带花草或祥禽瑞兽图案的脊件，其中以龙的图案最常见，叫作"闹龙脊"（图6-3-7）。正脊中央上部也常常是装饰的重点（图6-3-8）。

檐部有瓦当（勾头）和滴水；硬山、悬山以及歇山山面的三角形部分垂脊外侧还有排山勾滴，即位于山面的瓦当（勾头）和滴水。

图6-3-4　钟楼正脊兽（望兽）（来源：王南 摄）

图6-3-6　原金融街某宅门（已拆除）清水脊（来源：王南 摄）

图6-3-5　戗脊走兽：由左至右、上至下分别为10、9、7、5、3、1枚走兽，分别为紫禁城太和殿、太庙寝殿、紫禁城文华殿、紫禁城西六宫某殿、紫禁城近光右门、紫禁城东六宫某宫门（来源：王南 摄）

图6-3-7　紫禁城文渊阁屋脊的龙纹和水纹（来源：赵大海 摄）

图6-3-8　三官阁过街楼正脊"太平有象"装饰（来源：王南 摄）

攒尖屋顶上有宝顶，宝顶造型大多为须弥座上加宝珠的形式，偶尔也可做成宝塔形、炼丹炉形、鼎形等（图6-3-9）。

二、琉璃瓦屋面

明代烧制琉璃瓦的地方在今琉璃厂一带。烧制黑瓦（即青瓦，亦称布瓦）的窑厂在黑窑厂，即今陶然亭一带。清康熙年间迁琉璃厂至门头沟琉璃渠，一方面接近原料产地，一方面更利于保持北京城空气清洁。

琉璃瓦屋面多用于宫殿、坛庙、苑囿、陵寝及皇家寺观之中。清代琉璃瓦依尺度可分为十种规格，称"十样"，但其中"一样"和"十样"无实物，使用的仅八种。每一规格皆有成套的配件，品种繁多（图6-3-10）。清代琉璃的色

图6-3-9 紫禁城御花园万春亭宝顶（来源：王南 摄）

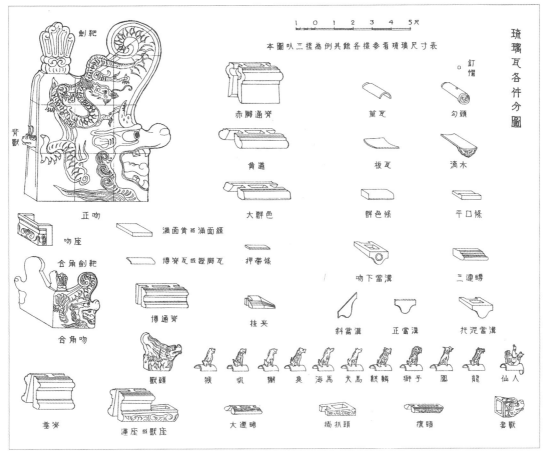

图6-3-10 琉璃瓦分件图（来源：《梁思成全集》第六卷）

图6-3-11 颐和园花承阁琉璃塔诸色琉璃（来源：王南 摄）

图6-3-12 天坛皇穹宇蓝琉璃瓦（来源：王南 摄）

图6-3-13 先农坛太岁殿拜殿黑琉璃瓦绿剪边（来源：王南 摄）

彩除了黄、绿、青、蓝、黑、白、孔雀蓝、葡萄紫以外，又增加桃红、宝石蓝、翡翠绿、天青、紫晶（图6-3-11）。皇家建筑专用的黄琉璃瓦则更细分出正黄、金黄、明黄等深浅不同的釉色。

颜色方面，以黄色最为尊贵，为帝王专用；绿色次之，用于王府、庙宇；蓝、黑、紫、白等色则各有专用，如蓝色用于天坛，黑色用于祭祀建筑等等（图6-3-12、图6-3-13）。

园林中色彩最为丰富，除了剪边做法之外，还有聚锦做法及以二色或多色琉璃瓦拼成图案的屋面做法，常见图案如方胜（菱形）、叠落方胜（双菱形）、囍字等（图6-3-14）。

图6-3-14 北海法轮殿五色琉璃瓦组成的方胜（菱形）图案（来源：王南 摄）

第四节　轻质灵活而多样的小木装修

装修是中国建筑一切门窗户牖等小木作的总称，其中室内称"内檐装修"，室外称"外檐装修"。外檐装修包括门、窗、栏杆等，内檐装修包括隔断、天花、藻井、龛橱之类。

一、隔扇（亦作槅扇）

自唐末五代出现隔扇门以后，因其美观、透光、可拆卸等优点，逐渐发展为全国通用的门型。隔扇又以边梃和抹头划分为上、中、下三段：隔心、绦环板和裙板。隔扇如果特别长也有在隔心之上或者裙板之下加绦环板的（图6-4-1）。隔扇之外有时还安有帘架、风门之类。

隔扇的窗棂花心和裙板雕刻是装饰的重点。窗棂纹样可分作平棂和菱花两类。平棂由简单的直棂、版棂、破子棂到方格眼、斜方格眼、步步紧，以上各种为直纹不弯；拐弯的纹样则有灯笼框、冰裂纹、正"卍"字、斜"卍"字、"亚"字、盘长、"回"字、"井"字等（图6-4-2）。菱花是雕刻而成的纹样，形制较高，常用于宫殿、庙宇中

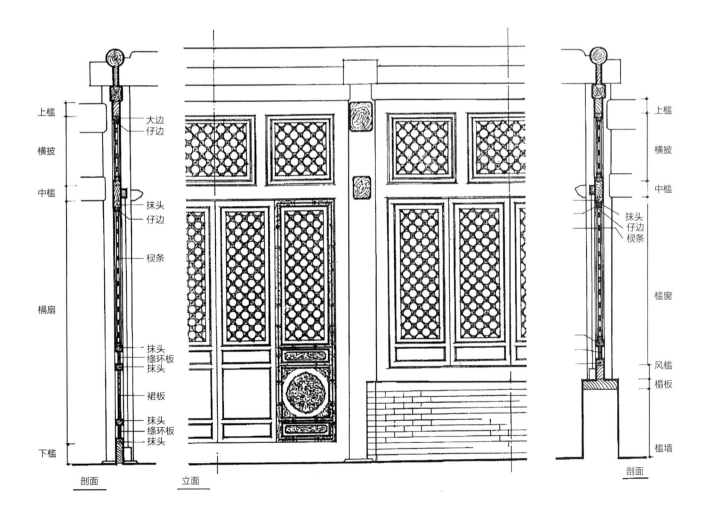

图6-4-1　清官式菱花隔扇门及槛窗构造图（来源：《中国古代建筑史》第五卷：清代建筑）

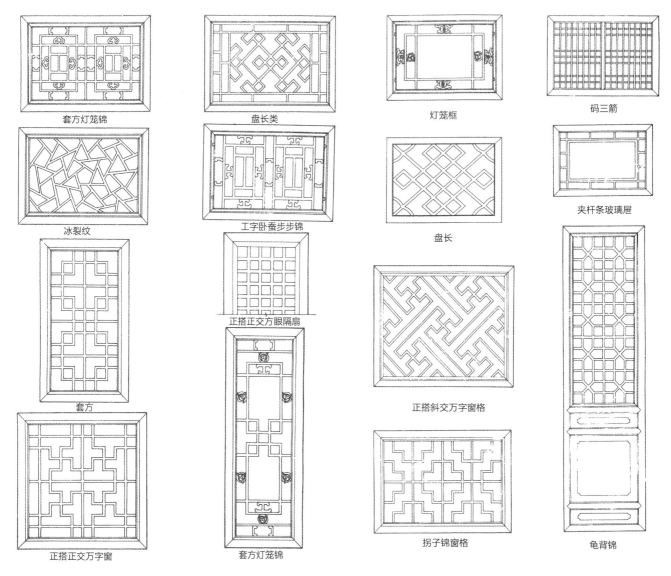

套方灯笼锦　　　　　盘长类　　　　　灯笼框　　　　　码三箭

冰裂纹　　　　工字卧蚕步步锦　　　　盘长　　　　夹杆条玻璃屉

套方　　　　正搭正交方眼隔扇

正搭斜交万字窗格

正搭正交万字窗　　　套方灯笼锦　　　　拐子锦窗格　　　　龟背锦

图6-4-2　隔扇平棂纹样类型示意图（来源：《中国古建筑木作营造技术》）

最重要的殿堂（图6-4-3）。建于明正统八年（1443年）的北京智化寺中已出现四直、四斜和更为复杂的三向60°角相交的簇六菱花格心的形式，这种菱花格心成为明清宫殿、坛庙、寺观等建筑中隔扇的最常见做法。宫廷中多用三交六椀、双交四椀或古老钱等样式（图6-4-4）。裙板、绦环板皆有雕饰，包括如意纹、夔龙纹、团花、五蝠（福）捧寿、云龙、云凤等（图6-4-5）。

二、板门

板门主要用于宫殿、庙宇、府第的大门及民居的外门，全为木板造成，根据构造做法又分为棋盘大门及实榻大门。棋盘大门门扇由框料组成，内部填板，外观显出框档（图6-4-6、图6-4-7）。而实榻大门是由数块厚料拼合而成，横向加设数根穿带木条，防卫作用更强。相比透空的

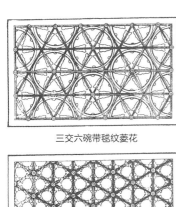

三交六碗带毯纹菱花

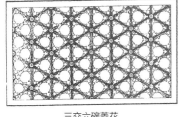

三交六碗菱花

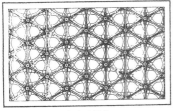

三交六碗菱花

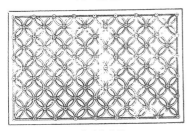

白毯纹菱花

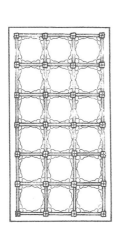

三交六碗菱花

正交四碗菱花

图6-4-3　隔扇菱花纹样类型示意图（来源：《中国古建筑木作营造技术》）

图6-4-4　紫禁城太和殿明间隔扇（来源：王南 摄）

图6-4-5　紫禁城翊坤宫大殿门裙板：五福捧寿图案（来源：王南 摄）

隔扇，板门更密实，除了门扇、门框之外，还有门簪^①、门钉、铺首和门枕石、抱鼓石等有趣的富于装饰性的构件（图6-4-8）。

　　尤其是宫殿大门，将门钉尺寸大大放大以突出装饰

① 梁思成《中国建筑史》称"唯唐及初宋门簪均为两个，北宋末叶以后则四个为通常做法。"梁思成. 梁思成全集（第四卷）. 北京：中国建筑工业出版社，2001：209.

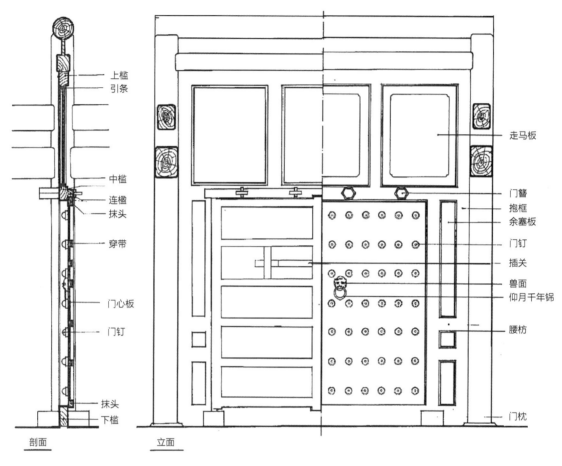

上槛
引条

中槛
连楹
抹头

穿带

门心板

门钉

抹头
下槛

剖面   立面

走马板

门簪
抱框
余塞板
门钉
插关
兽面
仰月千年锦

腰枋

门枕

图6-4-6   清官式棋盘大门构造图（来源：《中国古代建筑史》第五卷：清代建筑）

图6-4-7   太庙戟门棋盘式大门（来源：赵大海 摄）

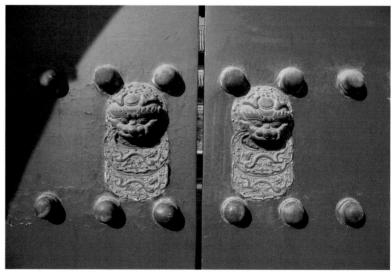

图6-4-8   紫禁城奉先殿大门铺首及门钉（来源：王南 摄）

图6-4-9　紫禁城午门实榻大门门扇（来源：赵大海 摄）

图6-4-11　宣南粉房琉璃街65号门环（来源：王南 摄）

作用并且区分等级，最高等级的大门可设九行九列八十一个门钉，金钉红门辅以金色的兽面门环，壮丽而堂皇（图6-4-9）。

民居大门则往往刻出"门对"作为装饰，如"忠孝传家、诗书继世"之类，黑门红对，色彩鲜明（图6-4-10、图6-4-11）。

三、屏门

北京四合院垂花门、月洞门等处往往采用类似隔扇式的板门，称作屏门，绿色油饰，红地金字斗方，四至六扇，小巧而雅致（图6-4-12）。

四、槛窗

明清建筑中窗的形式主要包括槛窗和支摘窗，后者多用于住宅。

槛窗做法同隔扇，只是将隔扇裙板以下部分做成槛墙、榻板及风槛（图6-4-13、图6-4-14）。槛窗或支摘窗的外面有时安固定纱屉一层，纱屉又名飞罩，可以糊纱。

图6-4-10　宣南粉房琉璃街65号大门：门对为"为善最乐，读书便佳"（来源：王南 摄）

图6-4-12　恭王府花园屏门（来源：王南 摄）

图6-4-14　天坛祈年殿隔扇槛窗及琉璃砖槛墙（来源：王南 摄）

五、支摘窗

支摘窗为北京、华北乃至西北常用的民居窗。此种窗型一般在槛墙上立柱分开间为两半，每半再分上下两段安装窗，上段可支起，内部附有纱扇或卷纸扇，以达到通风换气之目的；下段可将外部油纸扇摘下，内部另有纸扇或者玻璃扇，可用于照明——上段可支，下段可摘，故称支摘窗（图6-4-15），其棂窗图案大部为步步锦，也有灯笼框、盘肠、龟背锦等。

清式的支摘窗及槛窗为全新的创造，未见于宋元以前，而唐宋时期流行的直棂窗至明清已很少用，仅在库房、厨房等附属建筑中使用。

六、什锦窗

在园林或者四合院的廊庑之中，常常使用造型各异的花窗，称什锦窗（图6-4-16），其中颐和园水木自亲两侧的长串什锦窗为此特殊窗型之极致（图6-4-17）。

图6-4-13　紫禁城太和殿隔扇槛窗及琉璃砖槛墙（来源：王南 摄）

上槛
大边
仔边
帘架

榥子

绦环板
抹头

裙板

绦环板
抹头
下槛

支窗
纱屉
玻璃窗
摘窗
榻板
槛墙

剖面   立面   剖面

图6-4-15 清式隔扇门及支摘窗构造图（来源：《中国古代建筑史》第五卷：清代建筑）

图6-4-16 鲜明胡同四号四合院（已拆除）什锦窗（来源：王南 摄）

图6-4-17 颐和园水木自亲东侧什锦窗（来源：王南 摄）

第五节　建筑装饰

一、彩画

明、清建筑的彩画以青绿颜色为主，作为红墙与一片纯色瓦顶之间的过渡。青绿彩画的位置和幽冷的色调与檐下阴影的部分相映成趣，表现屋檐深远的造型效果。一个特例是紫禁城午门彩画，由于午门位于紫禁城南门，五行属火，所以午门彩画一反青绿为主的色调，而是采用以赤色为主的"吉祥草三宝珠"彩画（图6-5-1）。

（一）和玺彩画

和玺彩画为最高等级的彩画，大约形成于清代初年或者更早，目前尚无明代和玺彩画实例。和玺彩画构图华美，设色浓重，用金量大，专门用于宫殿朝寝或者坛庙正殿、重要的宫门或宫殿主轴线上的配殿、配楼等处。

和玺彩画构图将梁、枋、檩的正身分为找头、枋心、找头三大段，大约各占三分之一，称为"三分停"。纹饰题材一律用龙、凤、西番莲、吉祥草，尤以龙凤为主，而不采用花卉、锦纹、几何纹等。同时和玺彩画的布局框架线路一律为沥粉贴金，不用墨线，细部纹饰上也有大量采用沥粉贴金做法（图6-5-2）。和玺彩画又细分作金龙和玺（图6-5-3）、凤和玺（图6-5-4）、龙凤和玺（图6-5-5）、龙凤枋心西番莲灵芝找头和玺（图6-5-6）、龙草和玺（图6-5-7）几种。

（二）旋子彩画

旋子彩画中的旋子（旋花）产生于元代，可谓中国古代彩画与伊斯兰教艺术中的几何纹样、装饰纹样相交融的产

图6-5-1　紫禁城午门彩画运用大量红色（来源：王南 摄）

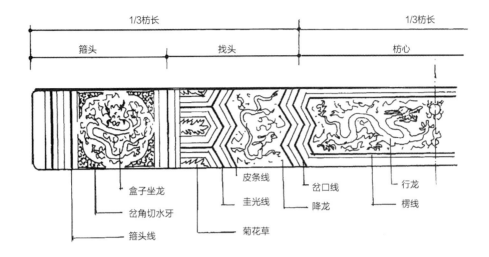

图6-5-2　和玺彩画构图示意（来源：《中国古代建筑史》第五卷：清代建筑）

图6-5-3　太和殿金龙和玺彩画（来源：王南 摄）

图6-5-4　地坛皇祇室彩画——凤和玺（来源：王南 摄）

图6-5-5　祈年殿龙凤和玺彩画（来源：王南 摄）

图6-5-6　紫禁城午门彩画——金龙枋心西番莲灵芝找头和玺彩画（来源：王南 摄）

图6-5-7　端门龙草和玺彩画（来源：王南 摄）

图6-5-8　明十三陵石牌楼石雕仿旋子彩画（来源：王南 摄）

图6-5-9　智化寺如来殿万佛阁旋子彩画（来源：王南 摄）

物。这种图案在明代建筑中十分盛行。北京现存明代旋子彩画实例包括：明十三陵石牌坊（用石雕仿彩画）、各陵琉璃门额枋、智化寺、法海寺、东四清真寺、紫禁城南薰殿等处的梁架上（图6-5-8、图6-5-9）。

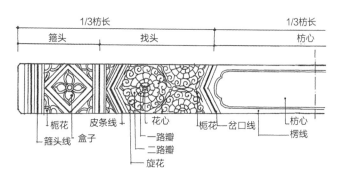

图6-5-10　旋子彩画构图示意（来源：《中国古代建筑史》第五卷：清代建筑）

　　清代旋子彩画基承明代宫廷旋子彩画进一步丰富演化而成，为宫殿、坛庙、寺观中大量运用的彩画图案，其基本构图仍是在整个梁枋长度上划分为找头、枋心、找头三段，各占三分之一，两端头加设箍头及盒子，各段之间以锦枋线划分开来。旋子彩画纹饰的主要特点是找头部分一律以旋花瓣组成的团花为母题，随找头的长短增减团花及线路的数量，而枋心及盒子的图案可以变化。旋子彩画之流行，因其花纹简单明晰，布局条理分明，构图伸缩性大，以"一整二破"为基础的旋花图案，或加一路花瓣，或加二路花瓣，或加"勾丝咬"，或加"喜相逢"，或成椭圆形，形成变化多端的布局（图6-5-10、图6-5-11）。

　　旋子彩画根据图案组成、用色、用金量可分为九个等级：浑金旋子彩画（图6-5-12）、金琢墨石碾玉、烟琢墨石碾玉（图6-5-13）、金线大点金、金线小点金、墨线大点金（图6-5-14）、墨线小点金（图6-5-15）、雅伍墨（图6-5-16）、雄黄玉。

（三）苏式彩画

　　苏式彩画为清初新创的彩画品类，大量运用于范囿建筑之中，自然活泼而富于生活气息。它源自江南苏州一带，目前所见最古老的苏式彩画为北海快雪堂彩画，绘于乾隆十一年（1746年）及四十四年（1779年）。

　　苏式彩画从构图可分作三种，即枋心式、包袱式（图

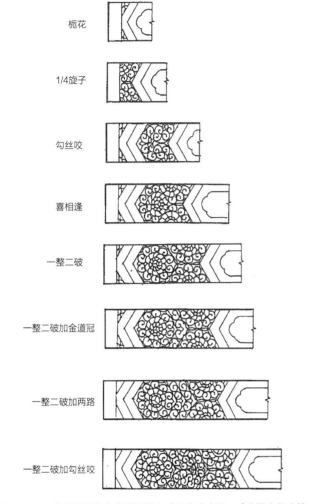

栀花

1/4旋子

勾丝咬

喜相逢

一整二破

一整二破加金道冠

一整二破加两路

一整二破加勾丝咬

图6-5-11　旋子彩画找头构图调整方式示意（来源：《中国古代建筑史》第五卷：清代建筑）

图6-5-12　太庙内檐彩画——浑金旋子彩画与烟琢墨石碾玉旋子彩画并用（来源：赵大海 摄）

图6-5-13　太庙明间彩画——烟琢墨石碾玉旋子彩画（来源：赵大海 摄）

图6-5-14　紫禁城协和门彩画——墨线大点金（来源：王南 摄）

图6-5-15　十三陵总神道碑亭彩画——墨线小点金（来源：王南 摄）

6-5-17）和海墁式（图6-5-18）。

　　以上主要是大木梁枋等部分的彩画，官式彩画讲究匹配关系，除大木彩画之外，尚有天花、斗栱、椽子、藻井、雀替等等，皆应绘制与大木彩画等级相应的图案。紫禁城的圆椽多画"龙眼宝珠"、"虎眼宝珠"或"圆寿字"等；方椽

图6-5-16　天坛东门彩画——雅五墨旋子彩画（来源：王南 摄）

图6-5-17　颐和园长廊包袱彩画，题材为"三顾茅庐"（来源：王南 摄）

图6-5-18　文渊阁彩画（来源：赵大海 摄）

图6-5-19　紫禁城太和殿斗栱及椽子彩画（来源：王南 摄）

图6-5-20　紫禁城太和殿翼角檐下彩画（来源：王南 摄）

多画"卍字"、"金井玉栏杆"或"栀子花"等。在重点建筑的椽肚上，做沥粉贴金的灵芝、卷草等纹饰，突出其金碧辉煌之效果（图6-5-19、图6-5-20）。

二、石雕

北京的石雕工艺尤其值得重视，从隋代的石经山雷音洞千佛柱，到唐辽塔幢雕刻，从金代卢沟桥石狮，到元代居庸关云台、明代正觉寺、清代碧云寺和西黄寺三座金刚宝座塔上密密麻麻的佛教雕刻，包括明代宫殿、坛庙、陵寝、苑囿中的大量台基栏杆御路、须弥座石雕等等，不一而足——北京实可谓是中国古代石雕杰作云集的地区。

北京古建筑中石雕运用的地方甚广，包括须弥座、栏杆、柱顶石、御路、牌楼、券脸、花台、石狮、抱鼓石、上马石等等。石雕手法基本沿袭宋《营造法式》总结的剔地起

图6-5-21 紫禁城养心殿木影壁抱鼓石一对（来源：王南 摄）

图6-5-22 南锣鼓巷黑芝麻胡同13号抱鼓石一对（来源：王南 摄）

突、压地隐起、减地平钑、素平四种，增加了透雕手法，当然也包括古已有之的圆雕。[①]

前文对皇家建筑台基及佛寺佛塔的石雕介绍较多，本节主要讨论各色各样的抱鼓石雕刻，尤其是民间有十分丰富多彩的此类作品。

抱鼓石是门枕石的放大，具有很强的装饰作用，有圆鼓子和方鼓子之分。圆鼓子的两侧图案以转角莲最常见，稍讲究者还有麒麟卧松、犀牛望月、蝶入兰山、松竹梅等；

正面雕刻一般为如意，也可做成宝相花、五世同居（五个狮子）等；上面一般为兽面形象（图6-5-21、图6-5-22）。方鼓子由于不受圆形限制，雕刻题材更加丰富多样（图6-5-23）。

三、砖雕

砖雕在明清时期随着制砖技术的发达而逐渐兴盛，此时出现了高质量的雕琢用砖，并形成了"凿花匠"这一专业工种。明清时期以砖雕装饰门庭不受礼法约束，没有僭越之嫌，于是在大量民居、会馆、祠堂之中得以采用，加之砖雕具有一定耐久性，材料成本低廉，故得以迅速发展。

北京为砖雕特别发达的地区之一，砖雕多用于墀头的戗檐砖及博缝头、清水脊的盘子、平草砖、攒尖宝顶、什锦窗边框、砖影壁及廊心墙的"中心四岔"雕花（图6-5-24、图6-5-25）、铺面房的挂檐板等处。北京四合院正房、厢房和门楼的墀头戗檐砖都是砖雕装饰的重点部位（图6-5-26），一些如意门楼门洞上部也是砖雕集中的所在（图6-5-27、图6-5-28）。

南锣鼓巷东侧的东棉花胡同15号二门为砖雕拱门，其上砖雕堪称北京古建筑砖雕之精品：金刚墙以上均为砖雕，上刻花卉走兽，顶部栏板雕有暗八仙图案。全部砖雕布局严谨，凹凸得当，其做工之细、刀法之精，实属罕见（图6-5-29、6-5-30）。

四、木雕

北京古建筑中木雕的最高代表作是紫禁城内的透雕花罩（图6-5-31），此外，乐寿堂的楠木天花、恭王府的内檐装修也是北京古建筑木雕之代表作。相比之下，北京民间建筑木雕反不及南方建筑中繁盛。

[①] 北京石匠亦将石雕分作平活、凿活、透活和圆身。参见：刘大可. 中国古建筑瓦石营法. 北京：中国建筑工业出版社，1993：273.

图6-5-23　方形抱鼓石四对：左上为北大吉巷47号，右上为西单齐白石故居，左下、右下均为宣南菜市口东侧宅院（来源：王南 摄）

图6-5-24　碧云寺影壁砖雕（来源：王南 摄）

五、镏金

镏金技法主要是将黄金热熔于水银中，涂于器件表面，经加热水银蒸发，而黄金形成镀膜留在表面。北京皇家建筑的屋顶有大量镏金宝顶（图6-5-32），藏传佛教建筑中则有大面积镏金铜瓦屋面、塔刹等（图6-5-33、图6-5-34）。北京紫禁城颐和园等皇家建筑有大量镏金铜亭（图6-5-35）、铜狮、铜缸等（图6-5-36）。

图6-5-25 翠花街5号四合院影壁砖雕（来源：王南 摄）

图6-5-27 三眼井胡同某门楼砖雕之一（来源：王南 摄）

图6-5-28 三眼井胡同某门楼砖雕之二（来源：王南 摄）

图6-5-26 北京四合院民居墀头砖雕八幅：左一为美术馆东街25号；右一、左二、右二为翠花街5号；左三为宣南菜市口东某宅；右三为粉房琉璃街124号；左四、右四为贾家胡同40号（来源：王南 摄）

图6-5-29 东城区东棉花胡同15号院及拱门砖雕细部之一（来源：王南 摄）

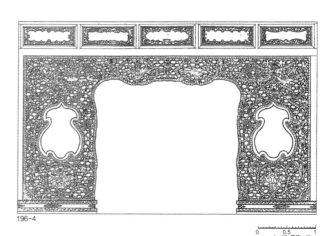

图6-5-31 紫禁城漱芳斋楠木落地罩（来源：《中国科学技术史》建筑卷）

图6-5-30 东城区东棉花胡同15号院及拱门砖雕细部之二（来源：袁琳 摄）

图6-5-32 天坛皇穹宇镏金宝顶（来源：王南 摄）

图6-5-33 紫禁城钦安殿顶部镏金小塔（来源：王南 摄）

图6-5-34　紫禁城雨花阁镏金铜瓦、脊龙及小塔（来源：王南 摄）

图6-5-35　紫禁城乾清宫侧镏金铜亭（来源：王南 摄）

图6-5-36　紫禁城镏金铜水缸（来源：王南 摄）

中篇：北京近代对传统建筑传承变革

第七章　总体特征

1840年鸦片战争后，中国被迫开放门户，来自外部力量的不断冲击，以及逐渐在中国社会内部形成的变革要求推动着中国迈入近代化的进程。北京，这座集中国古代封建都城之大成者的城市，其城市与建筑，也逐渐开始了近代化的变革。

在城市方面，封闭的帝都空间被逐步打破，在原本北京城的严整的规划布局基础上适应近代化发展的需要，城市在原有架构基础上，拓展了新的发展轴线，城市空间进一步开放。

在院落方面，一些新时代的功能需求，尝试融入北京传统的围合空间，部分新建的建筑群也借鉴传统的空间组合方式；面对新的生活模式与功能需求，一方面，部分传统四合院为适应时代的新要求进行了改造，另一方面，在近代化建设活跃的前门等地区，以四合院为基础，催生出具有新形式围合式空间的近代建筑。

在建筑方面，自清末新政开始北京开展了自上而下的近代化运动，官方建筑全面推行西化；与此同时，以市井建筑为代表的民间建筑，在西化的潮流中延续了本地建筑营造与文化传统的影响，形成杂糅了中西元素、丰富多彩的建筑形式。20世纪20年代以后，以西方教会本土化推动的"中国传统复兴式建筑"，以及由第一代中国建筑师推动的"传统主义新建筑"始终将北京建筑的近代化与传统建筑文化的传承联系在一起。

在建构方面，随着近代化的建筑材料与营建技术的引进，本土建筑从业者对这些建造技艺进行消化吸收，不断演化出具有本土特色的建构方式。

正是如此，在北京建筑不可逆转的近代化变革中，千百年来积淀的建筑文化传统作为一种基因，自然而然地在近代北京的城市与建筑建设中传承，并且努力焕发出新的生命力。

第一节　城市性质的转变

北京城市的近代化变革从1860年兴起的"自强运动"（洋务运动）开始萌动，到20世纪初的清末"新政"时期全面展开。清廷主导的变革最初围绕着推动"君主立宪"的政治改革展开，首先是表现新政体的资政院、外交部、大理院、陆军部等一系列较大体量的官厅建筑的规划、建设。它们模仿西洋建筑的式样，有的直接聘请外国建筑师设计。这些西式建筑的建设，某种程度上突破了帝都旧有的以紫禁城为单一中心的秩序。这种"西化"的变革还重点在近代交通与近代工、商业及市政的发展中体现：铁路建设打开了北京的门户，促进了北京的近代化发展，也使北京与全国近代化的发展更紧密地联系起来；北京的近代工业，随着洋务运动的推动得到发展，形成采矿、机械、纺织等产业，以及以电灯与自来水为代表的市政产业；近代商业，随着清末宫廷手工业被纳入商业市场并进入国际市场，得到迅速发展，进而随着交通、人口增长等因素，在王府井大街和大栅栏地区迅速形成商业中心；在市政方面，内务部着手整修了京师道路、沟渠等基础市政设施，民政部筹办地方自治，市政、捐税、商会等事务逐步发展。就此，尽管清末新政未能挽救君主制度，但已初步形成一种在中央政府领导下，官方与民间呼应的近代化潮流，推动北京的城市进步与民主自治进入一个新的阶段。

辛亥革命推翻清王朝的统治，近代民主共和政体取代数千年的帝制，其间，虽然政治逆流不时涌动（如1915年袁世凯独裁专制称帝，1917年张勋率兵入京复辟的短暂闹剧），但民主共和制度已成为浩浩荡荡的历史洪流。政治制度的变革，使北京的城市功能加速转型，古都北京向着作为政治中心、文化中心的市民城市嬗变。

北京的城市建设，部分延续了清末新政时期的思想，并且为适应民国首都功能，进行了更大胆的变革。1913年朱启钤任内务总长，主持起草了《京都市政条例》，完善城市管理法规，经国务会议同意设立京都市政公所，与京师警察厅一起分工负责北京的市政管理。开放旧京宫苑为公园游览区域，修整城垣，兴建道路，测绘市区，改良卫生，提倡产业等，这些都为北京开始迈入新型的近代大都市做了良好的开端。

明清时代北京城的宫城、园林、寺庙等城市空间的皇权意义鲜明，近代以来北京坛庙、祭祀等场所的公园化就是传统皇权空间市民化的过程，城市内部的优质空间资源开始为广大市民占有和享用。

在新的城市管理思想的努力下，城市数百条沟渠也得到清理和疏浚。1914年，京都市政公所择定香厂地段，提出了"香厂新市区"新辟近代化商业街区的规划设想。城市中过去蚊蝇滋生的破败区域，经过运用西方先进规划理念及推行近代的基础设施建设，变成初具规模的近代化街市。

民国初期在北京开始的公共工程运动，使北京城市近代化迈出了重要的一步。新型市政机构在改造旧城基础设施的同时，也挑战了北京都城存续数百年的封建旧秩序，将原来服务于帝王的城市空间改造成服务于市民的空间，从而强调了北京从王权至尊性的意识形态向市民生活重要性的意识形态的转变。

第二节　城市空间的开放

晚清时期，刚刚迈出近代化变革步伐的北京城，还是那座宫城、皇城、内城、外城多重城垣环环嵌套，拥有恢宏的城市轴线，并与自然水体相辅相成的帝国都城。

早先进入北京的外国教会的教堂建筑不断发展，它们在京的建设大多利用城内原有的旧府邸、寺庙用地等宽敞院落，在总体布局上并未对北京这座都城的封闭特征产生根本影响。

1860年以后，清廷被迫允许外国在京师设立使馆。1900年，八国联军侵入北京，炮火打开了封闭的城区，按《辛丑条约》的规定，西方列强在北京设立东交民巷使馆区，西方人的建造活动渐成规模。新建成的使馆区坐落在清代皇宫之侧，南至内城城墙，北逼皇城，东近天安门前千步廊，西抵朝廷衙门，高墙围合，门禁森严。使馆区内共有英、法、德、俄、日、美、意、奥、荷、比等10国使馆和各国的兵营，以及银行、洋行、俱乐部、医院、饭店等建筑，这处国中之国在北京城内形成非常独特的景观。它的出现，更多是从政治上动摇了清皇朝的根基，但空间上并不像欧美城市或中国开埠城市街区那样具有开放性与商业性，而还是被封闭的高墙环绕。

对封闭的帝都城市空间真正有所触动的是清末铁路的建设。铁路，不仅串联起北京与其他城市、厂矿的客货运输，也促进了北京城市的开放及近代化的发展。首先，1897年设在右安门地区的马家堡火车站动工，之后1901年，位于正阳门东侧的正阳门东车站开始动工，车站位于正阳门瓮城东侧城墙与护城河之间，不仅穿破了外城城墙，更将开放的态势直接带到内城城下。

辛亥革命后，在中国由专制帝国走向民主共和的时代大背景下，近代北京的城市空间真正由封闭走向开放。

首先是象征帝都坚实壁垒的城墙被打破。1915年，随着北京环城铁路的修建，北京的城墙就被拆出了七八个豁口，同年还改造了正阳门东车站附近的环境，拆除了正阳门瓮城，在正阳门到宣武门之间开辟一条南北向的新市街（现在和平门向南方向）。城墙的打破便利了交通，增强了城市与外部的联系，扩大了城市的辐射力与影响力，从而使北京与其他地区包括与国外的政治、社会、经济、文化交往得到发展，城市的开放性显现出来。

皇城是第二道禁区。民国以后十几年内，1913年打通了天街，同时打开了神武门后景山前街，开辟了南北长街、南北池子大街。天街打通后，不断向东西两侧延伸，形成贯穿东西的一条崭新轴线，这就打破了象征皇权威严秩序的南北中轴线的唯一性。

随后是传统皇权空间的开放。明清时代北京城的宫城、园林、寺庙等城市空间的皇权意义鲜明，打破这种皇权空间就意味着必须改变这些空间原有的服务对象。清末、民初北京坛庙、祭祀场所、皇家园囿、庭园改为公园、博物馆的过程就是传统皇权空间开放，逐渐市民化的过程。

以铁路的发展为开端，城市对外交通的大大改善导致了人口和资源的大量流通，城市原有的严格的空间和等级秩序被打破，城墙被打开，对外道路开通，各种服务于城市市民和近代工商业发展的建筑、市政设施不断出现，单纯政治性的城市转入近现代的工商业和文化教育事业发展轨道，以民主化、开放性为主要特征的城市空间秩序日益彰显，不同区位和档次的商业区、居住区、文化教育区以及公共活动空间等不断形成。

第三节　建筑的变革与传承

元、明、清帝制时代的北京城市的建筑在色彩、体量、样式上具有强烈的等级区分，1840年鸦片战争以前，虽有少量西式建筑在北京出现，但对北京建筑的整体秩序影响甚微。

北京最早出现西方人的营造活动，当属随基督教的传入而开始兴建的欧式教堂建筑。这种建设活动最早可追溯到13世纪，如明末清初（16世纪中期至17世纪初），西方传教士在宣武门及王府井建设的教堂，历经变迁，传承至今。欧式建筑群大规模引入北京乃至中国的最初尝试是圆明园西洋楼的建设。乾隆十二年（1747年）开始，乾隆皇帝授意西方传教士与中国工匠，在圆明园中筹划、设计、建造了西洋楼景区。这是一组不同于中国传统建筑的欧洲式样的园林、建筑，带有浓厚的猎奇色彩，体现出欧洲巴洛克样式或中西融合的风格，对后来北京建筑的发展产生了不小的影响。

随着鸦片战争后，洋务运动、八国联军的入侵、清末"新政"带来的冲击，北京城市近代化的发展，各种风格的近代建筑开始出现。最初近代建筑的发展是以西化为主流的。西式、洋风建筑等新类型的建筑，突破了原先北京城传统建筑的建筑体量、形式和色彩方面严格的等级及风格的局限。

1900年庚子事变中，东交民巷使馆区及西方的教会建筑受到冲击和破坏，事变之后，使馆区建筑大规模重建、扩建，全市遭破坏的教堂及其他教会建筑也进行了恢复、扩建。当时建设的使馆区建筑既有欧洲古典主义经典的柱式建筑，英国维多利亚风格的殖民地外廊式楼房，俄罗斯砖木结构铁皮屋顶平房，比利时、德国等中欧文艺复兴风格的带尖塔与梯形山墙的砖石楼房，带有哥特式尖塔的教堂，也有当时逐渐在欧洲风靡的"新艺术"风格建筑。重建的教堂均采用西式风格，比原有教堂规模更大更气派，1904年采用巴洛克风格重建了南堂，1905年采用罗马风重修了东堂，1906年重建了基督教亚斯立堂，1912年采用哥特式修建了西堂。而庚子事变中义和团运动及后续国内对西方教会的各种抵制与排斥，促进20世纪初开始的西方教会本土化进程，这种本土化在建筑方面也有体现。

清末"新政"以后，清政府结合政治、经济、教育等方面的改革，进行了许多政府主导及官督商办的建设项目。这些建设可分为三大类：第一类是与政权有关的大型公建，如大理院（1905年）、陆军部（1907年）、贵胄学堂（海军部，1909年）、外务部迎宾馆（1910年）、邮传部（1910年）、模范监狱（1910年）、大清银行（1908年）、资政院（后来的民国国会，1912年）等；第二类是交通、工业、商贸等公建，如京奉、京汉、京张铁路各站（1903—1908年）、电话总部（1910年）、电灯公司及电厂（1905年）、自来水公司及东郊水厂（1908年）、农事试验场（1906年）等；第三类主要是新式学校，光绪二十八年（1902年）正式成立京师大学堂、清华学堂（1911年）、五城中学堂（1908年）等。这些建筑有的由受过近代工程设计训练的中国建筑师设计，更多的是聘请外国建筑师、工程师设计。这些建筑的风格大多采用西方古典加以折衷的式样；也有些建筑，特别是中国本土设计师设计的建筑，受圆明园西洋楼建筑影响，采用带有北京传统地域施工做法及装饰特征的巴洛克风格，形成中西合璧的建筑，有学者称其为"西洋楼式"

建筑①。这些清末新政时期官方的西式建筑以及民间仿效官方的"西洋楼式"中西合璧风格的建筑在北京城成批建造，不仅在一定程度上改变了北京的面貌，而且在全国掀起了一股建筑西化的潮流。

辛亥革命以后，北洋政府继续全面向西方先进工业国学习，首都北京的建设继承了清末新政时期建筑西化的潮流。当时的国会议场（1913年）、北京饭店中楼（1917年）、清华学校建筑群（1916年~1920年）等，这些当时聘请外国建筑师或建筑设计洋行设计的建筑，都是西方古典样式或西方各种历史主义风格的折衷。国内设计师设计的建筑，如沈理源设计的开明戏院、真光剧场（1920年），基泰工程司担纲设计的大陆银行（1924年）等也都表现出西方古典为主的多种西式建筑风格的折衷。

在以西化为主流的北京建筑近代化的潮流中，20世纪初开始，本土化的尝试也不断出现。

首先值得一提的是北京传统四合院空间的近代演变。在前门地区等新建、改建活跃的新兴商业街区，建筑形式上，中西合璧的"西洋楼式"建筑在这里流行；建筑空间方面，受南方建筑影响，以及近代公共性复合功能的需求，以传统的四合院为蓝本，逐渐发展形成许多具有二层或多层带高窗及顶棚的室内中庭空间的新建筑。

另一方面，受西方教会本土化思想的影响，西方教会建筑设计中对中国传统复兴风格的建筑设计进行了探索，在近代基督教教会建筑中融合京城传统官式建筑元素。代表性的有1907年建成的基督教南沟沿救主堂及西方教会筹建的一系列文教设施，如1916年开始设计建设的协和医学院第一期建筑群，20世纪20年代的燕京大学建筑群，1928年设计的辅仁大学建筑。1931年建成的国家项目——北平图书馆，也延续了这种中国传统复兴的风格。

1927年，国民政府迁都南京，统一的中国确立了建设民族国家的目标，1929年制定颁布的《首都计划》，提及"要以采用中国固有之形式为最宜，而公署及公共建筑尤当尽量

---

① 参见张复合. 北京近代建筑史. 北京：清华大学出版社，2004（15）.

采用。"①开启了政府主导要求建筑采用中国固有之形式②（传统中华民族建筑形式，即以明清北方官式建筑为蓝本的形式），传承中国传统建筑文化的新时期。这种建筑思想，在国民政府控制的主要城市，如南京、上海、广州等城市推广开来，并将其影响扩展及全国。

此时的北京改为北平特别市，失去都城地位，但建筑上，本土建筑师的参与逐渐增多。他们在这个时期的建筑实践，除了受到政府主张之中国固有形式的影响，集中体现了对现代建筑创作的追求及对中国传统建筑文化传承的探索。这些建筑大多摒弃了西方古典或折衷主义的设计手法，转而使用更加简洁、鲜明、自由的装饰艺术风格及现代设计手法，如1929年建成的中国地质调查所办公楼由贝寿同设计，采用了简洁的建筑形式；又如梁思成设计、1935年建成的北京大学地质学馆和女生宿舍，均为去除装饰的现代风格；20世纪30年代初基泰工程司设计的清华大学化学馆等建筑，则采用当时流行的装饰艺术风格。以梁思成、杨廷宝为代表的中国建筑师，在建筑设计实践中也开始尝试以具有时代感的装饰艺术风格配合中国传统建筑装饰元素，进行所谓"传统主义新建筑"③的探索，北京交通银行、仁立地毯公司是当时这种新建筑风格的典范。这种建筑风格的探索对于后来中国近现代建筑的发展产生了较大影响。

近代北京出现的新建筑，除了上述介绍的追求西化、本土化或现代化的重要公共建筑，还有如联排合院式楼房、花园别墅、楼房式公寓建筑以及旅馆、会馆、交易所等中型中庭式商业、金融建筑。这些新建筑的多功能活动空间和开敞空间增多，功能齐全，设备先进，形态繁多，色彩多样，丰富了原有的城市物质空间结构。北京近代建筑在西化浪潮中，根植传统，展现出多样化的变革，体现了近现代社会提倡的多样和自由，与君主专制制度下帝都建筑束缚个性、强调规整统一的状况形成对比。

第四节　建筑营造的发展

北京近代建筑技术的发展，经历了技术体系的引入和技术的近代化两个阶段。

一开始的变革是引入西方砖（石）木混合结构体系。这种结构体系在以西化为特征的近代建筑营造中逐渐替代中国传统的木结构体系。在这个过程中，更多的是结构体系的简单替代。在北京，参与近代建筑营建的建筑从业者们在熟悉并采用西式砖木混合结构建筑营造体系的同时，青砖等地方性的建筑材料和磨砖对缝、砖雕等传统施工工艺还在这些建筑的营造中长期延续，形成地方特色的营造工艺。

第二个阶段，本地的建筑技术发展才逐渐被纳入西方建筑技术发展的轨迹，并开始真正全面的近代化历程。除了砖（石）木混合结构体系在北京建筑营造中应用的逐渐成熟，钢材和水泥等作为西方工业革命对于工程技术的贡献，逐步传入北京，钢构件、钢筋混凝土结构以及钢结构逐渐应用在北京的各项建设工程中。

与技术体系的转型相适应，北京也建立了部分新型建筑材料供应和生产体系，主要包括红砖、水泥等。

技术体系的转型同样导致建筑生产的近代化。传统营造体系向建筑师、工程师体系和营造厂体系的分化和转变使近代建筑生产由工匠主观向技术客观过渡。建筑规模的扩大、建造难度的增加不断促进施工设备、施工技术的发展使建筑生产呈现专业化、技术化的发展特点。

---

① 具体而言，"政治区之建筑物，宜尽量采用中国固有之形式，凡古代宫殿之优点，务当一一施用"，"至于商店之建筑，因需用之必要，不妨采用网形式，唯其外部仍须有中国之点缀"，住宅则"无需择取宫殿之形状，只于现有优良住宅式样，再加改良可耳"。参见国都设计技术专员办事处编. 首都计划. 南京：南京出版社，2006：60-63.
② 具体解释为"1. 具有中国传统特色的装饰细部；2. 吸取宫殿式建筑的建造特点；3. 鲜艳的建筑色彩；4. 鼓励式样阁楼而优于地窖。"
③ 参见北京近代建筑史. 北京：清华大学出版社，2004（288）. 另参见本书第十章第三节的内容。

第八章　城市

　　数百年来，北京这座城市都是在君主专制统治之下的都城，其城市的规划与建设主要都来自于政治的需要。近代以来，列强的侵入与国内的变革使君主专制制度被打破，西方文化与近代城市规划思想的传入及内部变革的实际要求，使得北京城市的规划与建设发生了翻天覆地的变化。

　　辛亥革命以后，1914年6月，"京都市政公所"在时任民国内务总长的朱启钤倡议下成立，负责颁布城市建设规章制度，并推动城市近代化建设。由此，北京城市近代化进程全面铺开，在其后的南京国民政府时期、日本侵占北京时期、抗战胜利后时期虽然城市发展思路及发展程度各有变化，但城市近代化一直是近代北京（北平）城市发展的主线。在科学和民主思想大潮流影响下，城市规划和建设在引进及消化外来城市规划建设思想的同时，开始了具有近代特征的实践和探索活动，如城市空间的演变、城市管理的革新、古都保护思想的萌动、城市规划与建设的市民化等。

　　本章主要从四个方面来阐述北京城市在近代以来所发生一系列的变化，即封闭帝都空间的逐渐开放、传统城市架构的继承与发展、城市空间及现代功能的扩展，以及城乡过渡地带及京郊村落的发展。

第一节　封建帝都空间的逐渐开放

近代北京的用地模式从以皇权为中心开始转向以市民社会为中心。

城市空间包括物质空间和社会空间两方面，北京城市空间的开放主要包括城市实体物质空间的开放，近现代的体现市民精神的文化空间的成长，以及传统皇权空间的市民化。本节主要阐述的是古代北京象征君主专制的空间在近代是如何逐渐成为开放性的城市空间的（图8-1-1）。

在君主专制社会中，北京城市精神文化空间服从并服务于皇权统治和专制政体的需求。近代帝制推翻以来，随着自由和民主风潮的逐渐兴起，城市传统精神文化空间被少数人垄断的局面被打破，其开放性、市民化的特征逐渐显现出来，市民享有的开放空间数量在扩大，质量在提高，主要表现在以下几个方面：

一、皇家权力空间的市民化

中国古代城市传统的公共空间着重体现的是政治和等级秩序，对于北京来说，城市空间格局被皇权为中心的政治秩序所控制，城市内所谓公共空间主要是为皇家和官僚服务，普通市民能够享受的公共空间只有市场、街道和部分宗教空间。

在20世纪初，清末"新政"以后，西方近代文化逐渐传入中国，中国开始效仿国外的规划建设思想，建设了一些公共设施。帝都北京最早的官办公园出现在1905年前后，清廷为"新政"派五大臣出国考察，考察结果是对万牲园、图书馆、博物馆等西方公共文化设施赞赏有加，因此1906年后以乐善园为基础改建农事试验场，建造了洋式建筑，使之成为近代化的自然博物馆，即后来的北京动物园的前身。

进入民国后又陆续开辟、建设了一批公园、博物馆，其中多数是利用原属于皇家的园囿、古坛庙或属于官吏的宅园开辟建设（图8-1-2）。

1913年负责民国初年前清资产善后工作的隆裕太后去

图8-1-1　民国初年的万牲园（来源：郑介初. 北京旧影——老明信片记录的历史. 中国书局，2008年，第84页）

世，时任交通总长的朱启钤负责巡视，进入社稷坛，萌生了开辟公园的想法。1914年，朱改任内务总长，经交涉，促成紫禁城南半部管理区归民国政府，京都市政公所以宫内乾清门以南的宫殿设立为博物馆，将皇家坛庙（太庙、社稷坛）开辟为公园，以供参观、游赏。以原有社稷坛址开辟的中央公园，是北京由皇家禁地改造成功的第一座城市公园。朱启钤热衷中国古典建筑与园林的研究，亲自主持修建公园事宜，确立"依坛造景"的建园方针，在保持园内原有建筑布局及古柏等古树的基础上，他利用天安门两侧已经损毁而拆下的千步廊木料建园，将原有的社稷坛、拜殿、庖厨等建筑保护下来，作为景观单元进行组织，因地制宜地重新设计游赏路线，建设新景点。1925年，孙中山逝世于北京，曾停灵于该公园拜殿内，数十万民众前来追悼。1928年，国民政府正式将这座拜殿更名为中山堂，中央公园也更名为中山公园（图8-1-3）。

社稷坛改建成中央公园是传统皇权空间市民化的开始。在此之后，朱启钤对北京城具有皇权意义的宫城、园林、寺庙等城市空间进行分析，分析将它们作为公共场所开放的可能性和现实性。1913年之后，清代的皇家禁苑中南海成为总统府办公地点，将宝月楼改为面临长安街的总统府正门新华门。1918年，在原来皇家禁苑香山静宜园设立西式慈善学校——香山慈幼院，在园林建筑的遗址上新建校舍，以及新式别墅等建筑，连喇嘛寺庙——昭庙内遗址上也建设了香山

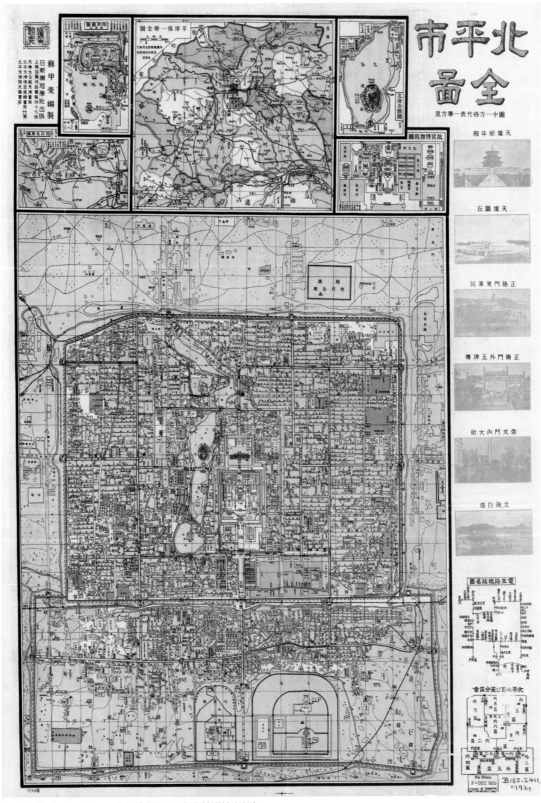

图8-1-2 1921年北平市全图（来源：日新舆地学社出版）

图8-1-3　中央公园南门（来源：中央公园委员会编印. 中央公园廿五周年纪念刊. 中央公园事务所发行，1939.）

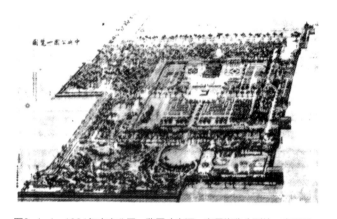

图8-1-4　1921年中央公园一览图（来源：乌景洛先生测绘，史明正. 走向近代化的北京城. 北京：北京大学出版社，1995.）

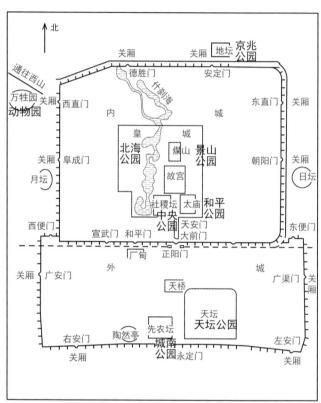

图8-1-5　北京市近代公园分布示意图（来源：闫峥根据赖德霖等. 中国近代建筑史（第二卷）. 北京：中国建筑工业出版社，2016，第19页图绘制）

体现了民国以来的进步。

二、封闭城墙的打破及废存话题

古代城市的城墙多以防御为主要功能，城市的空间发展一般也局限在城墙内。北京城自明代建成以后，逐渐形成内、外城，城门"内九外七"十六个的格局，这样的都城格局延续至清代。

19世纪末20世纪初，京汉铁路、京张铁路陆续通车后，北京成为真正的铁路枢纽。由于京张、京汉铁路在北京交汇，北京市内的交通问题，尤其是城墙对城市交通的干扰问题日益突出。为了改善城市的对外交通，民国初年起陆续在城墙上打开多个缺口来建设道路。1915年，内务总长朱启钤奉大总统之命改造正阳门，拆除瓮城，以疏通北京城市内部及对外交通（图8-1-6、图8-1-7）。

红十字会医院的西式近代建筑。1927年南京国民政府成立以后，颐和园等所有禁苑逐步收归民国政府，面向公众开放。除动物园、中央公园、城南公园、太庙公园等，开放颐和园、北海公园、景山公园、故宫博物院（图8-1-4）等。

这些原先代表皇权的园林、坛庙、祭祀等场所的公园化即是传统皇权空间市民化的过程。在1914—1929年期间，北京城内陆续开放了十几个私家园林，并将其改建成为公园或博物馆（图8-1-5）。公园的开放反映了民主启蒙意识下城市空间平民化的趋向。虽然这种公共空间的开发利用还是有限的，但是市民的休闲、娱乐、教育等精神文化活动在城市空间使用和分配上所占的比例远远高于君主专制时代，这

图8-1-6　拆除瓮城后的正阳门与箭楼，1958年（来源：《北京旧城》）

图8-1-7　1915年时任内务总长的朱启钤指挥正阳门改建工程（来源：《城记》）

20世纪20年代，拆除城墙利用城砖兴建其他工程的问题愈演愈烈，如1921年，东安门、西安门以南各一段城墙被拆除，拆除的城砖被利用改建明濠及沟渠，同年，市政府拆卖地安门东西全墙，以应各重要工程之用。针对城墙拆与不拆的问题，当时国民对此的争论非常激烈，许多学者对城墙的去留问题也纷纷发表了自己的观点。白敦庸先生对城墙的保护阐述了自己的观点，其主要观点载于《市政述要》，建议

"运用西方市政学的基本原理，对北京城墙的保护和利用提出了自己的规划设想"——《北京城墙改善计划》①。主要表现在以下几个方面：第一，认为城墙的防御功能弱化或者完全消失以后，作为历史遗存，它在考古、治安、卫生、抵御自然灾害等方面可以继续发挥作用；第二，认为拆除城墙的理由并不充分合理；第三，认为可多方面开拓对城墙改造的思路，如将城墙开放，作为公众游览的场所，改造成一座环绕古都的立体公园；第四，提出了具体的改造方案。

三、商业性空间的成长

在北京的君主专制时代传统商业街区对城市普通市民来说是最具吸引力的公共空间形式。然而清初，规定内城由旗人居住，并严禁经商，直到清乾隆嘉庆之后，这种禁令逐渐被打破，内城商业空间开始兴起。到了清末，北京近代工商业逐渐发展起来，特别是几处较为集中的商业区域逐渐兴起，这在北京城市近代化发展中具有举足轻重的地位。

其中最突出的是王府井大街与前门大栅栏等商业中心的

① 白敦庸. 市政述要. 上海：商务印书馆，1928.

发展。19世纪末20世纪初，东安门外、东单一带都形成长期聚集的摊贩，为东交民巷的外国人及附近市民服务（图8-1-8）。1902年慈禧修整内城道路，将原在东安门摆摊的商贩们驱赶到王府井东北面八旗兵神机营练兵场旧址，形成东安市场。后来民国时期整备王府井大街，逐渐形成北京近代的商业中心之一。而北京南城的商业文化从明代就已经有了一定的基础，明永乐迁都后在大栅栏地区专门开辟了廊坊头条等用作商铺。清代"内满外汉"的布局，外城集中着汉族士大夫，聚集大量会馆的"宣南"地区逐渐昌盛，宣南的商业逐渐繁荣。19世纪末20世纪初，铁路的开通更带动了城南地区，特别是大栅栏地区商业和服务业的发展（图8-1-9、图8-1-10）。

第二节　传统城市架构的继承与发展

古代北京城是严格按照中国传统营国思想、制度进行规划建设的，以南北中轴线为核心进行空间序列及对称布局，封闭城墙内棋盘式的城市道路格局是其显著的特点。

随着近代城市交通发展的需要，天安门前的东西轴线逐步打通，与南北中轴线共同构成近代北京城市的骨架；在继承传统城市街巷结构基础上，结合市政建设，梳理城市功能；通过公路、铁路等公共交通设施的建设，使城市结构向着环形加放射与轴线统帅下网格相间的结构布局方向发展。内城继承原有棋盘形街巷布局，并疏通道路，与城市外围各主要道路相继连接。

图8-1-8　东交民巷东端的东单集市（来源：郑介初. 北京旧影——老明信片记录的历史. 中国书局，2008年，第152页）

图8-1-9　1898年的前门大街（来源：郑介初. 北京旧影——老明信片记录的历史. 中国书局，2008年，第160页）

图8-1-10　20世纪初的前门大街（来源：郑介初. 北京旧影——老明信片记录的历史. 中国书局，2008年，第129页）

一、垂直相交轴线布局的创立

北京中轴线的形成是在元代，元大都是严格按照《周礼·考工记》建设的。中轴线的设计与皇权相关联，帝王的王座及起居都位于都城中轴线上，中轴线两侧左右对称分布官府、衙署等机构，体现皇权的至高无上。并以此中轴线为依据，由南向北，建设左右对称的空间院落，从而建立起尊卑分明的伦理空间，形成宏伟壮观的景象。自元大都开始，贯穿城市南北的中轴线就是北京城空间序列的重点，是皇权政治的象征，也是城市景观和重要建筑群集中之所在。到明清时期，中轴线的建设更加突出，南部外城的建设使中轴线得到了延伸。北京城南北走向的中轴线，贯穿全城，与都城和宫城的轴线重合在一起。北起钟鼓楼南至永定门，全长约7.8公里的南北中轴线将整个城市有机地组织在一起，形成了北京城秩序性的空间。

轴线的布局元素更推广至全城，宏观上城市以皇权的轴线为中轴，微观上大到皇宫、王府、官衙、寺观，小到百姓的四合院，又都有着严谨的中轴线，院内重要建筑，都串于轴线之上。

民国初期，封闭城墙被打破使北京城市的总体格局发生了变化，同时北京城内的街巷布局也开始发生变化，旧皇城天安门前拆除了天街左右二门，打通了天街（长安街）。1939年，在内城东西两端开辟启明（今建国门）、长安（今复兴门）两个豁口，形成延长线，城内天街可向东西延伸，使其成为一条横贯东西城市空间发展的新轴线（图8-2-1）。

随着时间的推移，原来帝都北京由南北中轴线统帅的空间序列的唯一性，在近代化北京对交通功能的需求下开始松动解体。中轴线两侧建筑的皇权意义开始淡化并逐渐消失，取而代之的是这些皇家禁地逐渐成为市民化的公共空间，原先的象征皇权的空间轴线转变为体现北京历史城市风貌的空

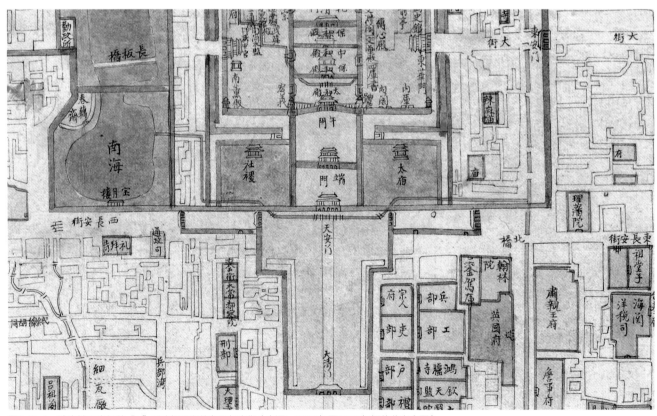

图8-2-1　清末被天安门前"T"形广场阻断的东西长安街（来源：1861年至1881年间的北京全图）

间轴线；另一方面，天安门前的东西轴线得到疏通，以长安街道路为轴，不同于南北轴线那样威严庄重，更多体现了其交通功能。

自此，北京城经过近代化过程中的改造，逐渐形成了南北历史性空间轴线及东西横向交通性轴线相垂直的两轴形态，这成了近现代北京城新的空间结构的重要特征。

19世纪末20世纪初，西式的轴线设计也被一些设计师引入[1]，西式轴线与北京传统的中轴线空间布局不同，它主要是利用道路，与道路两侧的建筑、植栽，道路上的门洞、广场形成空间序列，与道路尽端的重要建筑形成对景关系，如1915年美国建筑师墨菲（Henry K.Murphy）规划的清华学校，以大礼堂为统帅，采用西方古典主义的杰斐逊式的校园空间（Jeffersonian Campus Design）特征，大草坪确定了纵向的视觉轴线，轴线的端点是带有罗马穹顶的大礼堂。[2]20世纪上半叶北京新开辟的西郊新市区和香厂模范市区的建设也都没有采用传统中式礼制性的轴线，而采用了引自西方的近代功能性的轴线。

二、环路加放射交通格局的初现

清末民初以来，由于交通与政治、经济、文化生活的需要，北京旧城原有的封闭城市架构逐步开放。

在对外交通方面，自京汉铁路、京张铁路通车后，北京成为具有近代化特征的对外交通枢纽。为了解决京汉铁路通车给正阳门车站附近带来的交通压力，民国时期的北京政府将正阳门进行了改造，设为铁路总站，由此，北京的封闭城墙被打破。

1914年，为了提高正阳门铁路总站的使用率，朱启钤呈请展修京都环城铁路。1915年，中国第一条城市铁路——京师环城铁路开始建设，全长约12.6公里，当年竣工。由于外城居民较少，环城铁路选择环内城修建，自西直门起，经德

胜、安定、东直、朝阳四门，至通州岔道与京奉铁路接轨，直达正阳门。环城铁路的建设为后期北京城的环形空间结构布局奠定了基础，与新中国建设的二环道路部分吻合，为后期北京城环形道路的空间布局结构奠定了基础（图8-2-2、图8-2-3）。

图8-2-2　环城铁路东直门站旧影（来源：傅公钺. 北京旧影. 北京：人民美术出版社，1990.）

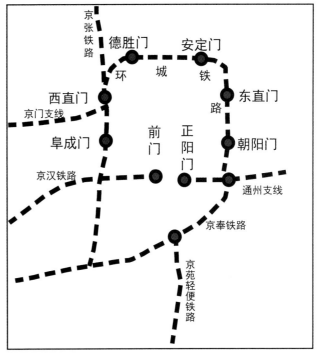

图8-2-3　京师环城铁路示意图（来源：根据《1900—1949年北京的城市规划与建设研究》第76页图，钱毅 改绘）

① 成规模的西式轴线设计最初引入北京可以追溯到圆明园西洋楼。
② 刘亦师，连彦青，王玉英. 近代清华校园建设之若干问题辨析. 中国建筑文化遗产（15）. 天津：天津大学出版社，2015.5，（97）.

图8-2-4　20世纪初中华门外新建的马路（来源：《走向近代化的北京城》）

图8-2-5　20世纪初御河改为暗沟后所修马路和路边公园（来源：《走向近代化的北京城》）

环城铁路结合京张、京门、京汉、京奉铁路，京苑轻便铁路，通州支线等，以及后期开辟的市区至郊区的公路及公交线路，形成环北京内、外城，并向郊区辐射的铁路、公路交通网络。

政府推动建设了环城铁路及通往郊区的铁路、公路。这些举措打破了北京城市原有的道路格局，在强化南北和东西两条城市发展轴线的同时，形成了初步的环城交通与通往郊区的放射形交通系统，完善了城市发展的结构。由此，北京的道路格局从棋盘式渐渐发展为方格网，外套环路加放射状，内城外围各主要道路相继连接，开始形成环路的基础，城市逐渐由单一核心区发展为多个核心区，行政核心区和商业核心区分别占据不同的区位。

三、既有街巷肌理的继承与发展

北京传统的城市空间，经过元、明、清三个朝代的建设，始终沿城市中轴线对称布局。城墙内，是以棋盘式道路、鱼骨式胡同为骨架，以四合院为细胞单元不断更新、发展、建设起来的，具有内在统一的规整和谐的秩序，其规划结构是大干路、大街坊与小胡同相结合的街巷体系，商业与居住有分有合的混合分区，体现了胡同与四合院住宅以特有形式紧密结合的城市系统。

由于人口的增加，城市公共生活及近代工商业的发展，北京旧有的以拱卫帝王空间为中心的空间结构不再适应近代城市发展的要求。皇城、坛庙阻隔了周边部分交通联系，周边交通显得不够通畅；多重的城墙开口不足，阻碍了城墙内

外的交通联系。

清末民初开始，城墙的拆除、皇城的开放，使得周边的街巷胡同得到了相应的延伸，结合市政的建设，形成了新的道路体系，使北京城原有的棋盘式方格网状道路骨架更加完整畅通。此外，在近代城市规划建设中增加了一些新的道路，使得交通更加通畅、便利（图8-2-4）。这些新建及改建的道路的规划布局考虑了传统的街坊结构，并没有对整体的街巷系统和胡同体系造成破坏，干道系统也没有对传统的以四合院为单元的街坊系统造成影响。它们的走向与原有的道路走向是相一致的，不仅方便了市民的出行，也丰富了棋盘式道路的格局。

另外，民国初年，朱启钤领导的市政公所也开始注意北京城市内街道景观的建设。在道路两旁种植槐树，在护城河两岸种植柳树，此外，还筹设了一批道旁公园。这些小公园力求就地规划和建设，可利用内外城不大的空地道路植树木花草，为市民提供休憩和交流空间，这很符合现代城市规划思想（图8-2-5）。

第三节　近代城市空间及功能的扩展

近代以来，北京传统封闭的城市结构逐渐被打破，城市空间逐渐开放。

随着资本主义性质的商行、银行、娱乐以及交通枢纽等新物质要素的不断出现和集聚，中央商务区的雏形初现，具有近代特征的新的商务中心改变了君主专制时代以官衙寺庙

为城市重心的历史；政府在西方规划思想基础上规划、建设了香厂市区，标志着北京具有现代特征的城市规划与街区建设的出现；随后，在近代化教育及市民休闲的要求下，西郊文教游览区逐渐形成；后来至日本侵占北京时期，为日伪政要机关服务，开始规划建设西郊新市街，也意图使北京旧城集聚的人口和功能开始有所疏解；同时也开始了东郊工业区及石景山地区钢铁厂的建设。由此，城市逐渐由单一核心区发展为多个核心区，行政核心区和商业核心区分别占据不同的区位，并使城市空间向外扩展。

一、市内商务核心区的雏形

　　明、清时期，商业区主要集中于外城前门一带。近代以后，这样的商业格局难以适应城市经济发展和市民生活的需求。待民国初建，皇家禁令被打破，国民经济得到全面发展，前门、王府井、西单先后成为北京城市的三大商业中心，聚集起来的商业、金融业、服务业也造就了城市商务核心区的雏形。

（一）王府井商业街的兴起

　　王府井商业街兴起的历史可追溯至清末时期。一方面，因内城道路整修，东安门摊贩到王府井东北八旗兵神机营训练场，以原习武厅为中心摆摊，1900年庚子事变前门大栅栏火灾后一批洋货、成衣店也陆续迁来，到1915年，商贩们集资建房，东安市场建筑形态逐渐形成。另一方面，各国列强在东交民巷纷纷建设自己国家的使馆，各列强为了使使馆区的基础服务设施能够满足他们的需求，将使馆区内的土地出租给洋商经营，为使馆和西方人服务的各国银行、洋行、邮电局等设施纷纷建立，之后，由于王府井大街靠近使馆区，王府井大街开始出现洋式店面。20世纪二三十年代中期，王府井商业街迅速发展起来（图8-3-1）。

（二）西单商业街的兴起

　　西单位于天安门以西长安街上，北面各有一处四座牌楼

图8-3-1　日本侵占北京时期王府井大街北段（来源：《北京旧影——老明信片记录的历史》）

的路口，称为西四牌楼（图8-3-2），简称西四。由于这里是通往京城西南广安门的主要路口，由广安门、经菜市口、过宣武门从外省陆路而来的商旅和货物，多经过此地进入内城各处，推动了这里的商业发展。民国以后，长安街逐步打通，内城经商的禁令被打破，西单一带的饭馆、酒店、百货商店、菜铺以及摊商、摊贩日益增多，促使西单大街成为西城的商业中心。

（三）前门、大栅栏商业街的发展

　　前门外"宣南"地区，明、清时期都是京城繁荣的商业中心，虽然1900年义和团运动中，老德记洋药房被烧，大栅栏商业街经受了火灾的洗礼，但20世纪初，火车站的建设，铁路的开通，使这里再次成了京城交通枢纽，南来北往的物流、人流汇聚之地，更带动了以前门大街、大栅栏商业街为中心的商业、金融业，服务业的发展。在随后的二三十年中，由于新时代的新需求，洋货、金融、新闻、娱乐、服务业等新的产业入驻前门、大栅栏，也有许多店铺进行了近代化改建（图8-3-3~图8-3-5）。

二、近代模范新市区的开辟

　　民国初期成立的市政公所，在学习西方市政思想的同时结合北京的实际情况，专注的是市区的近代化改造工作。鉴

图8-3-2　民国时期的西四牌楼（来源：《古都北京》）

图8-3-3　20世纪20年代的大栅栏街道（来源：《宣南鸿雪图志》）

图8-3-4　大栅栏的谦祥益绸布店前街道旧影（来源：《北京旧影——老明信片记录的历史》）

于京城地域大、遗留问题多，市政公所意欲找一个突破口，建设一个模范新区（图8-3-6）。

　　以朱启钤先生为首的市政官员，对市区现状进行调研，评估环境及发展前景等因素，进行了详细的分析，民国3年（1914年）确定在紧邻繁荣街区、卫生状况欠佳的香厂地区建设模范市区。当时的市政公所认为，建设新市街是追求商业发达、交通便利以及街道美化的需要。

　　这处民国初年开发的新市街——香厂新市区曾是北京近代城市建设史上第一次按照现代城市建设理念、建筑与管理理念建设的模范街区，其规划布局是在该地区原有的街巷肌

理基础之上改建的。规划建设主要包括道路规划建设、建筑规划建设、基础设施建设以及其他公共设施建设四个方面。

　　香厂街区道路的规划采用方格网道路，延续了旧城的棋盘式道路格局，几条街道是遵循原有街巷的走向规划建设的，共规划建设14条街道，道路规划整齐，经纬纵横，交通便利。街区规划注意功能分区，动静分离，交通主干道不经过居住区内部；主干道十字交叉形成环状广场，道旁注重绿化，沿街建筑注重风貌整齐协调形成了一定的区域特色，不同于北京传统的规划特色。在道路体系中，香厂片区内的空间格局是"两轴四区"，两轴即万明路和香厂路，形成主要的街道，香厂路宽

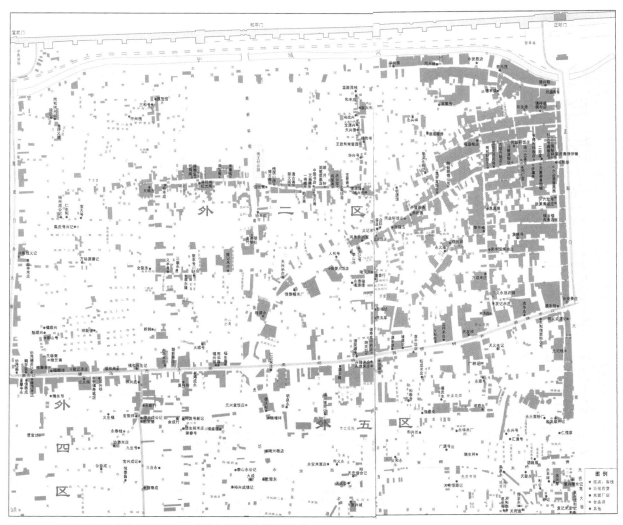

图8-3-5 大栅栏民国商业分布图（来源：《北京宣南历史地图集》）

图8-3-6 香厂新市区万明路东侧旧影（来源：《宣南鸿雪图志》）

9.5米、万明路宽8米，宽度在当时新兴商业街道中较为突出；四区就是两个轴线分成的四个片区，每个片区还有其相应的街巷，来满足人们的出行需求（图8-3-7）。

通过向社会进行土地投标招租，沿万明路、香厂路建起大量商住楼，其余街区也开发了新式商住或居住建筑群。除商住、居住建筑外，香厂地区还建设了东方饭店（1917年）、仁民医院（1916年）、新市界商场（1917年）等大型公共建筑（图8-3-8）。在规划中对于房屋建筑有详细的规定，要求建筑样式美观、建筑群整体协调，并且要与周边环境相协调，保证建筑的质量，还要有市政公所审核。

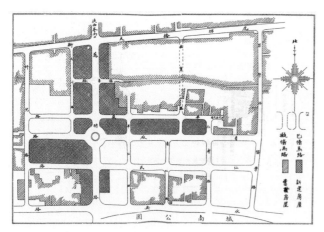

图8-3-7 《京都市政汇览》中的香厂新市区平面图（来源：《图说北京近代建筑史》）

图8-3-8 新世界商场旧影（来源：《中国近代建筑史 第二卷》）

对于基础设施、其他公共设施的建设，政府主要改善了香厂地区的卫生状况，重点修缮和整理了沟渠等排水设施，还安装了电话和交通设施，开辟了小型的公园广场，铺设绿地等公共设施。

三、西北郊文教游览区的形成

1911年在西郊清华园（原熙春园）园址创建了"清华学堂"（早期的游美肄业馆，之后在此基础上成立"清华学校"），1919年以西郊淑春园等遗址为校址创建了燕京大学，自此，以海淀为中心的文教区域开始在北京西郊逐渐形成。这带动了之后各大学以清华大学、燕京大学为中心建立的情形，也促进了北京西北部海淀文教区的形成。

自元、明、清以来，在京城西郊逐渐形成园林、寺庙等风景名胜。民国初年，西北郊的皇家园林——颐和园开放，辟为公园，香山静宜园也由清廷善后机构出借作为慈善教育机构用地，并辟出场所租与官绅兴建别墅，其所得费用用于支撑慈善机构运营。由此为起点，逐渐西郊更多园林、寺庙逐渐被开辟为公园供市民游览，西北郊风景游览地区开始形成（图8-3-9）。

1933年袁良任北平特别市市长之后，更将游览区的范围，扩大到"北平出发而到达之名胜古迹，皆应划入北平游览区之内"[①]，八达岭、明陵、汤山温泉、妙峰山、潭柘寺也纳入城市的游览区。

四、西郊新街市的建设

日本侵占北京时期，日本在北京做了详细的都市计划，即《北京都市计划大纲》。大纲规划中，在北京旧城内城的西、东郊建设新市区，东郊主要是工业区，而西郊以容纳枢要机关及与此相适应的住宅商业店为主要功能。

出于为自身服务的目的，日本侵占者在内城西郊开发建设新市区（图8-3-10）。西郊新市区以颐和园佛香阁为标志点重新画一条南北轴线，东距旧城西侧城墙约4公里，西至八宝山，南至现在京汉线附近，北至西郊机场。主要规划面积约30平方公里，其余为绿地。规划西部核心区域为日伪军事机关用地，以"容纳枢要机关及与此相适应的住宅商店"，在铁路沿线设置商店街，铁路线以南为特别商业地，居住地在商店后面，形成前店后宅的格局。此外，还包括学校、商店、医院、神社等。首先进行了道路及部分市政建

① 20世纪30年代北平市政建设规划史料. 北京市档案史料，1999-03.

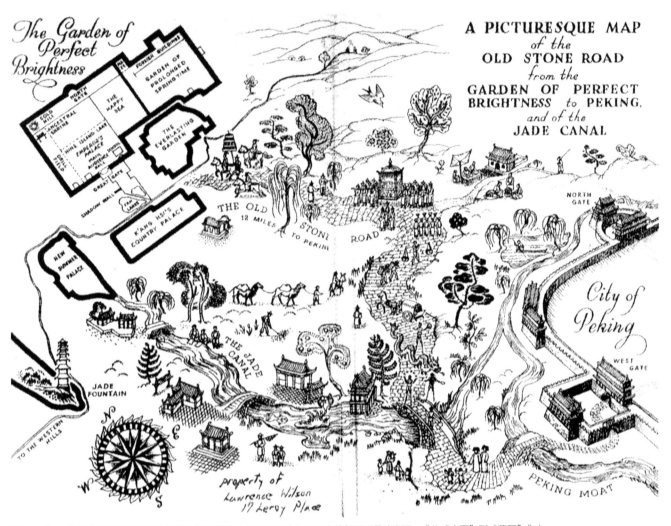

图8-3-9　《圆明园至西直门的旧石路和长河图解》中展示的西直门至西山的郊野风景（来源：《从"废园"到"燕园"》）

设，抗日战争胜利前，方格网道路骨架基本完成，建成自流井、净水厂、发电厂、变电场等市政设施、医院、运动场、公园等公共设施。从而根据该规划，东郊工厂区与西郊新市区及旧城区构成三个不同功能片区的发展格局。

五、东郊工业区及石景山炼铁厂的发展

民国以后，随着北京城市经济的发展，工商业逐渐发展起来，至日本侵占北京时期，发展形成成片的工厂区域。

根据日本侵占北京时期《北京都市计划大纲》，在北京内城西、东郊建设新市区，东郊是以工厂区为主要功能。在此规划基础上，政府积极在东郊征地约2.67平方公里，建成工厂九家、干线道路三条，还有许多土路，并且还为以后的发展预留空地。

1937年日本侵占北平后，日本南满铁路株式会社接管1919年成立的原官商合办龙烟铁矿股份有限公司石景山炼铁厂。1938年11月改组，兴建发电设施、炼铁高炉和蓄热式焦炉等设施、并投产。至1945年日本投降、国民政府正式接管石景山炼铁所之前，该所已具备初步的生产能力，特别是如铁路、供电设备的建设，给后来的发展奠定了一定的格局，厂区形成一定规模。这座工厂就是后来首钢的前身（图8-3-11）。

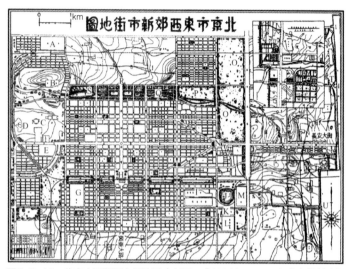

图8-3-10 北京市西郊新市街地图（来源：《1900年～1949年北京的城市规划与建设研究》）

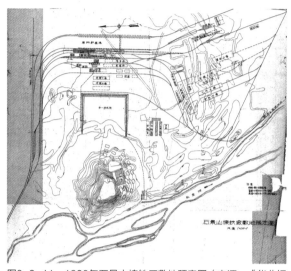

图8-3-11 1938年石景山炼铁厂敷地预定图（来源：《华北钢铁公司石景山炼铁厂概要（暂名）》）

第四节 城乡过渡地带及京郊乡镇的发展

近代的北京，城市土地利用情况发生了很大的变化，城市发展使得城市空间不断向周边蔓延，城乡过渡地带形成并且逐步扩大。资本主义的发展使得农村自给自足的小农经济受到冲击，再加之政治局势的持续动荡，北京郊区村落发展趋于缓慢并且逐渐萧条。

一、城乡过渡地带的扩展

近代的北京，由于国外城市规划思想的引入，北京城市由封闭走向开放，使得城市的总体结构布局发生了变化。随着城市的发展，城市空间不断向周边蔓延，郊区荒地被进入城市的外来人口和城市内部外迁人口开发利用，城乡界线截然分明的局面被打破，带动了周边商业区域的开发，对城市用地布局的调整和演变有重大影响。城市用地的扩展开始以交通线为轴向外辐射、蔓延，更多乡村用地变成城市用地，城乡过渡地带形成并且逐步扩大。就北京的城市核心区与郊区的关系来说，1913—1955年间，城市核心区平均每年向外扩展约0.2平方公里，而各时期城乡过渡带扩展的速度明显快于城市核心区的扩展。随着城市核心区向外扩展，城乡过渡带的内边界外移，城乡过渡带外边界也不断向乡村地域拓展，环带状的城乡过渡带不断向外迁移。由于城乡过渡带外边界的拓展速率明显比内边界快，因此，过渡带在向外移动的同时也不断展宽。同时，城市与乡村之间的景观、功能的差异依然明显，在城市与乡村的二元结构存在的同时，城市、城乡过渡带和乡村三重城乡空间景观开始形成，这也是区别于传统君主专制时代城乡空间格局的一个特征（图8-4-1）。

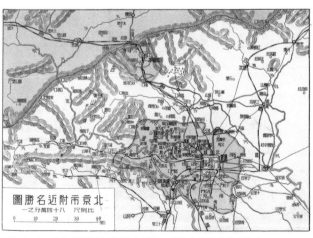

图8-4-1 北京市附近名胜图（来源：《北京市街道详图》）

二、京郊乡镇的发展

　　尽管清中后期人口的急剧膨胀和村落持续发展存在着巨大的扩张惯性，但清末民初，由于农耕生产的衰退、多发的战乱、政治中心南迁，以及交通、贸易方式等的变化，使得北京郊区村落总体上趋于萧条。之后的日本侵华战争和国内战争也对京郊村落产生了一定的破坏。

　　这一阶段的京郊村落大部分是延续了元、明、清的布局与规模，无论是在分布区域上还是个体规模上都有所收缩，整体呈发展放缓的态势。市郊由于土地使用变迁，如南苑的开放，工业及西郊教育事业的发展，部分乡镇适应新的功能而发生近代化改变，同时也产生了少量新增的村落。随着人口的迁徙，也在城市西郊、北郊的山区形成一些新村。

（一）既有乡镇的适应性转变

　　海淀镇原是随着清代西北郊三山五园建设，雍正、康熙、乾隆常年在圆明园临朝听政而兴起的。1860年及1900年先后遭英法联军及八国联军劫掠，海淀镇遭到严重破坏，之后便逐渐衰败，由于近代海淀附近燕京大学与清华大学的兴起，海淀镇的商业尚得以维持，20世纪初，商业街一些店铺得到更新，1933年，北京公理会在海淀建设了基督教礼拜堂，并先后创办小学、初中及女工工厂。

　　长辛店作为明、清时期的永定河以西交通重镇，除了商旅往返外，也是当时京城官员出京和外埠官员进京的歇脚之地。1897年开始修建卢保铁路，1901年铁路延伸到长辛店，并设置了长辛店火车站（之后成为京汉铁路的三等车站），带动了长辛店近代工商业及服务业的发展（图8-4-2）。除了许多商业、服务业店铺，镇上还建起天主教堂、清真寺，"邮传部卢保铁路工厂"这座为铁路配套服务的工厂也在这里设立。[①]

　　京城南郊的琉璃渠村是为京城历代皇家建筑烧制琉璃而兴起的乡镇，清光绪六年（1880年），朝廷委派官员在琉璃局村的永定河道修建了一条大灌渠，琉璃局村逐渐被称作"琉璃渠村"。到了民国17年（1928年），在《北平特别市区域略图》以"琉璃渠"标记出来。民国期间琉璃生产低落，琉璃渠村逐渐衰败，琉璃生产尚能持续，为南京中山陵等少数工程生产琉璃瓦。

图8-4-2　1901年修建的长辛店火车站站房（左）及日本侵占北京时期修建的水塔（右）（来源：钱毅 摄）

---

① 1918年李石曾、蔡元培在长辛店组织举办了留法勤工俭学预备班（留法勤工俭学预备学校高等法文专修馆长辛店分馆工业科）；1920年，李大钊派邓中夏到长辛店筹办劳动补习学校，并于1921年1月1日开学；1923年2月4日，长辛店爆发了由中国共产党领导的京汉铁路工人大罢工（即二七大罢工）。

（二）南苑等地新村的发展

清末八国联军入侵时，京郊园林、御园遭到全面破坏。清末民初，许多皇亲显贵、军阀巨商争抢建立私家庄园，涌现出数以百计的新村落。以南苑为例，宫苑在八国联军入侵的劫难中破坏殆尽，之后被破坏的御园土地被清廷拍卖给达官贵人，设立成私家庄园，围绕私家庄园由所雇长工聚居而逐渐形成数以百计的大小新村。民国初期，又对南苑村庄进行整顿。

（三）北郊、西郊山区村落的发展

清末以后部分满族人失去生活来源，逐渐在京郊形成了一些满族村落，如怀柔喇叭沟及七道河满族乡等，新辟了不少满族新村。另外，战乱导致部分逃荒的人家滞留京郊，也形成了一些新村，如房山史家营乡、霞云岭乡都有不少山西难民滞留形成的新村形成。

第九章　院落

自元代以来，适应北京的气候及北京城的城市结构的中国传统四合院民居在北京得到大规模建设。

在漫长的历史发展过程中，特别是在清末、民国以后，这种以四合院为基础的院落空间，被注入了新的内容。

一方面，外来新功能的建筑融入北京城通常也采用院落的形式，如明末、清初西方教会进入北京时大多将教堂建于院落中，特别是到19世纪下半叶开始，尤其是20世纪初，近代政治、外交、商贸、教育、产业的发展，对建筑空间有了新的需求。这些近代新功能的建筑一般利用北京城市内原有的大型院落空间，注入新功能。在这些院落中，或对旧建筑进行更新，或建设新建筑，以适应新功能要求。在这一过程中，根据新的功能需求，利用原有园林、府邸等用地，进行了许多新建设，适应了新功能的需求，如东交民巷的使馆建筑群的院落，如陆军部衙署建筑群的院落，又如那些城内新学堂的新院落。

另一方面，近代新的生活、经营方式对传统的四合院建筑空间催生出新的要求。根据这些要求，一类情况，在不改变院落空间格局的情况下应对近代化生活对传统的四合院进行了适应性改造，如1936年在北平特别市市长袁良推动下的对四合院、三合院的改良运动。北京市工务局公布的改良土木、砖瓦工程图样和详细说明中，对地面、墙基、墙壁、屋顶、装修、五金、排水等都有规定，方便市民采用，例如改传统窗户糊高丽纸为镶嵌玻璃；学习西式住宅，加装抽水马桶，落地窗，引入厨房、暖气、卫生间、餐厅等西式功能等。另一类情况，特别是在近代商业及近代城市建设活跃的前门地区，以四合院建筑为基础，催生出新的合院式、中庭式的近代建筑形式。

第一节　传统院落空间的新内容

北京近代院落空间的发展，一方面是利用旧城中原有衙署、祠庙、府邸、仓库等较大地块的用地拆旧建新，注入适应近代化功能的新内容，但仍旧延续院落的形式；另一方面是利用郊区原有皇家园林、园囿用地，建设以燕京大学、清华大学为代表的新院落组群。

一、帝都原有院落空间的利用与更新

由19世纪下半叶开始，特别是20世纪初，北京产生了部分新功能的建筑组群，这些建筑组群大多利用旧城中原有衙署、祠庙、府邸、仓库用地拆旧建新，如当时各处部院拆旧建新，又如东交民巷使馆区的建设，北京城市中原有的大小围合院落组成的城市空间结构在这一更新过程中得到延续和发展。

（一）院落布局的北京教会建筑

北京最早随基督教的传入而开始兴建的欧式教堂建筑可上溯到元代意大利传教士孟特·高维奴（Giovanni di Monte Covino，1237—1328）等人13世纪末开始在北京建立的教堂。明末清初（16世纪中期至17世纪初），一些传教士，经皇帝批准，来北京传教，兴建教堂，作为他们传教的场所。意大利传教士利玛窦（Matteo Ricci，1552—1610）等最初来华的西方传教士以学识渊博者和哲学家的儒者面目来到北京。1605年利玛窦在北京宣武门创设了宣武门南堂，采用的是中国传统的建筑风格。在这里尊儒排佛，将基督教以近似儒教的教理并与科学知识的传授结合，为一些知识分子所接受，从而达到传教的目的。[①]1662年利类思（Ludovic Bugli，1606—1682）与安文思（Gabrielde Magalhes）

在原先利用民宅设立的教堂基础上改建的西洋风格的王府井东堂。1685年，经康熙皇帝许可，雅克萨战役中被俘俄军利用东直门内胡家园胡同一座关帝庙设立了东正教的临时祈祷所，被后来的北京人称为"罗刹庙"，或俄罗斯"北馆"。这些教堂，历经灾祸毁坏，不断更新扩建，但直至今日，它们一直保留着建设于围合状的院落当中的特点[②]。这种院落布局的形成一方面应该与最初教堂建设用地的获取有关，由于元、明、清以来，北京城内用地功能的更替大多通过回收原有其他功能的院落赋予新功能这种方式进行，因此这些教会最初也多是入乡随俗地在原有院落中兴建教堂、修道院、教会学校等建筑，这种方式一直延续下来；另一方面这些教堂最初采用中国书院般的布局，也是与利玛窦等早期的西方传教士，为获得中国上层社会的认可，采用的权宜之计有关（图9-1-1~图9-1-4）。

（二）利用旧府院群改建外国使馆区——东交民巷使馆群

东交民巷是清末在皇城门口东南区域形成的外国使馆区[③]。

第二次鸦片战争以后，19世纪下半叶，西方各国逐渐在这里建起公使馆等设施，这些设施大多占用这一区域原有的

图9-1-1　清代绘制的早期俄罗斯北馆版画（来源：《东正教会在中国》）

① 赖德霖等. 中国近代建筑史（第一卷）. 北京：中国建筑工业出版社，2016年，（319-320）.
② 王府井东堂的院落因1999年王府井步行街的建设而拆除，之后教堂前形成城市广场。
③ 这一区域本是朝廷"五府六部"所在区域，遍布衙署、祠庙、府邸。明永乐五年（1407年）设立"四夷馆"，主管与少数民族的往来及贸易；清初改设"四译馆"，后在礼部下设"会同四译馆"，负责接待外国及各民族来朝使节及语言文书的翻译；清顺治十二年（1655年）后，中俄商贸交往逐渐密切，在这里建起俄国商馆与教堂。

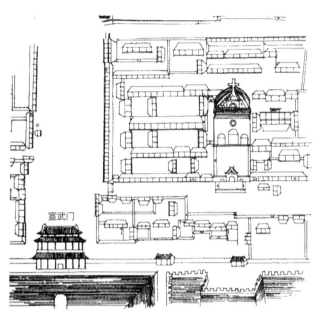

图9-1-2 清乾隆时期北京城内外国教堂式样之局部：宣武门内天主堂
（来源：《加摩乾隆京城全图》）

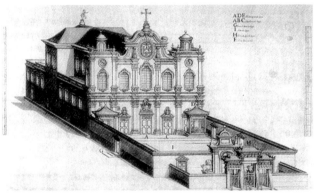

图9-1-4 18世纪下半叶第五代南堂院落，堂前两座牌坊，一座为中式，一座为西式（来源：《图说北京近代建筑史》）

图9-1-3 描绘17世纪下半叶宣武门教堂盛大仪式的绢画，尽管大门和教堂中部立面采用了西式设计，但整座教堂主体是院落式的中式建筑群（来源：《中国近代建筑史（第一卷）》）

设施、院落进行改建。如日本公使馆——1884年日本政府购买东交民巷中国人的宅院改建使馆，派遣日本著名建筑技师片山东熊主持设计与施工。实施方案保持了原有四合院式的围合空间，借鉴殖民地外廊式样重建南房，但脱不开北京明清建筑的传统做法，首先建筑用传统的灰砖建造，入口拱门及上部三角山花用中国传统的砖雕工艺进行装饰。

1900年庚子事变期间，东交民巷各国公使馆遭义和团围攻，以安全保障为借口，东交民巷使馆区画界封闭，中国人不准在界内居住，各国派兵驻守。事变之后，部分被毁使馆重建，部分使馆占用过去中国人的府邸、祠庙等扩建了新的设施，这时候的建设大体保留了原有的大院地块格局，建筑则多为西方的建筑样式（图9-1-5）。

（三）延续府院布局旧址建西式建筑群——清末陆军部衙署建筑群

清光绪三十三年（1907年）利用原"承公府"地块兴建陆军部衙署，整组建筑带有明显的西洋风格，是北京清末官方建筑中规模最大、等级最高的一组西式建筑群，其南楼由

图9-1-5　东交民巷东部历史照片（来源：《Old Peking–The City and Its People》）

中国建筑工程师沈琪设计，是该建筑群的主楼，平面呈横躺的"王"字形，采用中西合璧风格，是当时清末官厅建筑的重要代表。

　　该建筑群总体布局明显承袭旧制，按照清《嘉庆会典》规定，各省文武公廨依官职大小而有不同，但一般都设辕门、仪门、大门和大堂、二堂。陆军部衙署建筑群从南至北沿轴线分别设大门、门内两侧东西裙房、二门，二门后面是作为主楼的南楼，其后是围合着中间花园对称布置的东、西楼，在院落中轴线的后部是与南楼遥遥相对的北楼。据档案记载也有大影壁与辕门。两者相对比，陆军部衙署只是用二门代替了仪门，南、北楼代替了大堂、二堂（图9-1-6）。

　　陆军部衙署建筑群东侧是陆军贵胄学堂建筑群，该建筑群1909年竣工，与陆军部建筑群相似，这处四合院布局，带有殖民地外廊风格的西式建筑群，也是沿袭旧制利用原有大型院落布置。

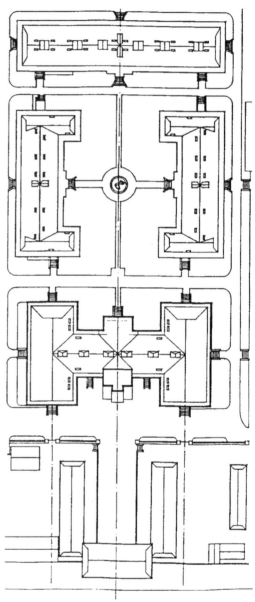

图9-1-6　清末陆军部衙署主体建筑群总平面图（来源：《图说北京近代建筑史》）

（四）利用旧府院并扩建的京师大学堂

　　清光绪帝执政期间，推行教育改革，一方面下令于1903—1905年逐步废除了科举制，另一方面筹办新式学堂及改革教育体制。光绪二十四年（1898年）清政府下令开办建设京师大学堂，奏准将地安门内马神庙地方空闲府邸作为大学堂用地，其后又购入其周边用地，建设西斋、藏书楼（数学楼）、工字楼等新式建筑，形成新的院落（图9-1-7～图

9-1-9）。西斋为学堂及教习宿舍，采用院落布局，入口是传统金柱大门，内部由南至北十四排房屋；藏书楼为殖民地外廊式建筑，两层高的建筑四面为连续拱券的外廊；工字楼高两层，采用折坡式屋顶，屋顶设有老虎窗。

　　另外，值得一提的是，在京师大学堂建设同时，就开始筹建分科大学，因内城、外城找不到合适的用地，便奏请划拨了德胜门外一处旧有操场作为分科大学建设用地。1909

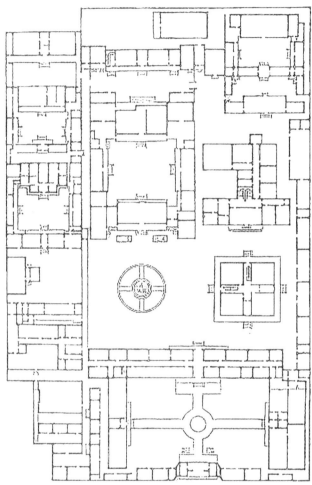

图9-1-7　1901年复办后京师大学堂平面图（来源：中国近代建筑史第一卷）

图9-1-8　景山鸟瞰京师大学堂（来源：中国近代建筑史第一卷）

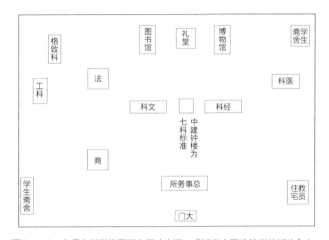

图9-1-9　京师大学堂的平面布局（来源：《近代中国建筑学的诞生》）

年，日本建筑师真水英夫担任建筑技师，进行了设计规划，从规划图来看，虽然还是院落围合的场地，已经采用了西式的规划（图9-1-10）。

二、近代利用西郊园林形成的学堂院落组群

清华校园与燕京大学校园，是北京近代形成的新院落组群的代表。

（一）清华校园的早期建设

1908年，美国国会通过议案，将因1900年庚子事变而要求中国赔偿的款项退还，用于中国兴办教育并派遣留学生

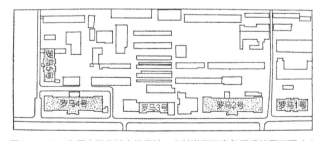

图9-1-10　京师大学分科大学经科、文科讲堂及事务所现状平面图（来源：《近代中国建筑学的诞生》）

赴美学习。1909年内务部将西郊清华园（原熙春园）划拨游美肄业馆（即清华学堂）使用。建校初期，校园利用清华园工字殿（现工字厅）、古月堂、怡春院三组建筑，占地共450亩。1909年进行了校园一期建设，建设了一院（即后

来的清华学堂西半部）、二院、三院、同方部、北院、校医院等建筑，并建设了围墙及校门（后来校园扩大，该校门改名二校门），建成后的1911年这座近代学校正式开学（图9-1-11）。随后在1914年，学校进行扩建，请来美国茂旦洋行建筑师（Murphy & Dana, Architects）制定校园规划，规划了八年制的留美预备学校和四年制的综合大学两个学校共用的校园。预备学校以原有工字厅为中心，新设大学以新建1500人大礼堂、科学馆、清华学堂等建筑围合的大草坪为中心，按照典型的19世纪美国校园规划构图建设（图9-1-12）。这座以清代故园为基础建成的大学校园就形成了中式园林建筑与西式校园并置的独特景观。

图9-1-11　清华学校的校门及院墙（来源：《Old Peking-The City and Its People》）

图9-1-12　清华学校旧址建筑群（钱毅 摄）

（二）燕京大学的建设

20世纪20年代由美国人墨菲规划设计，利用废弃的传统园林淑春园旧址进行规划，校园面积780余亩。遵照校长司徒雷登（John Leighton Stuart）"希望新校园融中式的外部结构和现代的内部装修于一体，成为中国文化和现代知识精华的象征"[①]的想法进行设计。

墨菲最初的规划实际是带有浓重的西方古典主义的规划色彩的，由于建设经费、场地条件等因素的影响，特别是具有中国传统造园经验匠人的介入，最终中西合璧的、具有中国传统园林意境的近代校园规划得以形成。

最后形成的男校区自西向东是以贝公楼为中心的教学区及以人工湖（后来命名为未名湖）为中心的生活区。贝公楼坐东朝西，与两侧建筑形成半围合的空间，向西的轴线越过传统风格的石桥，到达模仿王府形制的校门。这个区域即符合西方古典主义的平面设计原则，也暗合中国的空间序列、建筑群围合的传统，只是朝西的轴线，以及中央建筑用歇山顶，两侧附属建筑用更高形制的庑殿顶异于中国传统。人工湖区域最后因规划的更改及校景委员会的介入等因素，保留了原来废园的地形，形成不对称的中国传统园林式布局。挖湖之土堆叠形成山岳土岗，地势高低起伏蜿蜒曲折；钢筋混凝土造密檐塔，庑殿屋顶的体育馆，成组形成围合空间的男生宿舍楼群分散布置于湖泊周围，并通过轴线关系有机联系，形成园林包围建筑、建筑掩映于园林的环境。女校区，以六组三合院构成的女生宿舍群及其他教学建筑与体育馆又形成空间围合关系。燕京大学的男、女两校分别形成相邻的两座校园院落。1926年，校园基本建成并投入使用。之后又陆续将周边"朗润园"、"静春园"、"蔚秀园"等纳入校园，作为教职员工的宿舍区。燕京大学，西式的校园规划及近代化的校园设施，配合古典园林式的校园景观；西式的建筑结构加上中国式的建筑屋顶及装修风格，是中国近代最典型的体现中西交融的校园规划与建筑设计，其大院式的校园也是后来中国近现代大学校园常见的模式（图9-1-13、图9-1-14）。

① 张黎明. 从宗教传播到文化融合的历史转型——对司徒雷登与燕京大学的考察. 云梦学刊, 2008, Vol. 29（2）.

图9-1-13　1926年燕京大学规划效果图（来源：《从"废园"到"燕园"》）

图9-1-14　燕京大学女生宿舍与体育馆旧址（来源：钱毅 摄）

第二节　从四合院到室内中庭建筑

　　1900年，义和团运动中，大栅栏地区遭遇火灾，经历了短暂的萧条，但到20世纪初，随着火车站等交通、市政设施的建设，前门大栅栏等地区商贸活动日益活跃，该地区的建设活动中，出现了许多新式的建筑。

　　在外观方面，这些建筑都带有一定的西式特征；在建筑技术方面，它们或多或少地尝试引入砖、石、木混结构等近代的结构体系或建筑工艺，钢与玻璃、瓷砖等新材料。

　　这些新建筑，最突出的特征在于其空间方面。无论是规模很小的旅馆、批发商号、茶室（娼馆），还是像证券交易所、镖局、酒楼、茶社、绸缎庄这样的中、小型商业、金融、服务业建筑，或是新型联排住宅，它们都体现出一个共同的特征，就是以传统的四（三）面围合的合院为蓝本，局部或整体层数增加至二层或多层，其中一些合院空间加高形成江南院落似的天井式空间，有的在天井顶部加上带有高侧窗的顶棚，就形成了室内的中庭空间（图9-2-1、图9-2-2）。

一、四合院到天井式楼房建筑

　　清末及民国初年，前门大栅栏、鲜鱼口等地区开始出现在四合院内局部加建或改建楼房的热潮，究其原因，推测

图9-2-1　泰丰楼饭庄旧址院落内的近代外廊式楼房（来源：钱毅 摄）

有三方面，一方面是在原有的有限用地中增加建筑面积的需求；另一方面是时代风尚的驱使；当然还有越来越多样、复合的新功能的需要。

　　近代对四合院的改建主要有以下两种情况。

　　一是在原有院落的局部改建楼房,近代加建、改建的楼房在原有北京民居形式基础上,使用了受国外及南方建筑影响的外廊形式,外廊联通各个房间(图9-2-3、图9-2-4)。

　　二是在原有建筑用地上全面改建二、三层的合院建筑,加高后的庭院更像南方建筑的天井,周围由跑马廊串联各个房间,这一点也较北京传统合院有所变化,原来四合院遵从传统礼制的尊卑秩序被打破,趋近均质化排布的房间表现出注重功能性的趋向(图9-2-5)。

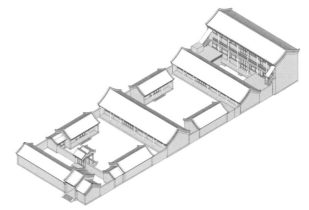

图9-2-3　排子胡同36号四合院格局示意(后罩房改建近代楼房建筑)(来源:段晓婷 绘制)

图9-2-2　前门粮食店街第三旅馆中庭空间(来源:钱毅 摄)

图9-2-4　排子胡同36号四合院后罩房改建近代楼房建筑(来源:钱毅 摄)

图9-2-5　东南园南巷10号两层的近代合院空间(来源:钱毅 摄)

（一）陕西巷52号

陕西巷52号楼房，建于清末民初，建筑用地狭长，两个"凹"字形二层楼房建筑并列形成两个朝南的三合内庭院，庭院高两层、狭小，类似江南民居的天井。沿街立面朝东，传统青砖砌就门脸，三开间，由壁柱、腰檐划分。南面一间设入口拱门，沿南墙过道、穿庭院可一直通向内院。前院于东北角设楼梯，后院楼梯沿南墙设置，二层屋顶前檐接平顶跑马廊，饰以洋风栏杆及挂檐板（图9-2-6～图9-2-8）。

（二）泰安里联排中庭式住宅

民国3年（1914年），市政公所提出了"香厂新市区"

图9-2-6 陕西巷52号院剖透视图（来源：闫峥 绘制）

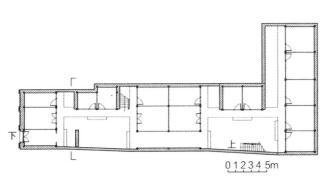

0 1 2 3 4 5m

图9-2-7 陕西巷52号院首层平面测绘图（来源：《增订宣南鸿雪图志》）

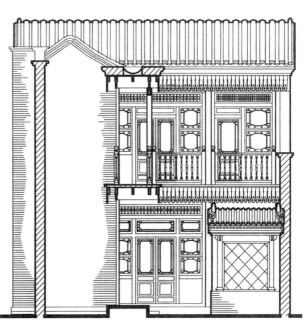

图9-2-8 陕西巷52号院南北剖面测绘图（来源：《增订宣南鸿雪图志》）

规划设想，泰康里住宅便是在这一背景下建成的。泰康里住宅的设计借鉴了上海的里弄建筑，整组建筑由两排三座并联的二层中庭式住宅建筑组合而成，两排住宅直接形成狭窄的巷弄。可以说是源自英国的联排小住宅建筑与我国传统的四合院空间的结合（图9-2-9～图9-2-11）。

二、室内中庭式建筑

除了在传统四合院基础上改建楼房，20世纪初的北京，尤其是在前门、大栅栏等商业、服务业活跃的南城地区，出现了一批具有室内中庭的建筑。

图9-2-9 原香厂新市区泰安里住宅（来源：陈凯 摄）

这种具有近代特征的室内中庭空间的形成，大致能追溯到这样几个源头：

①近代功能的需求

室内中庭空间的形成，主要还是源自于功能的需求。由于近代商业、服务业的发展，公共社会生活的进一步丰富，对建筑功能提出了新的需求，传统的建筑面临着变革。

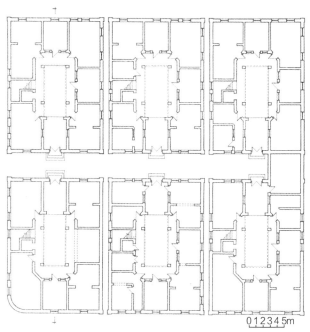

图9-2-10 泰安里住宅平面测绘图（来源：《宣南鸿雪图志》）

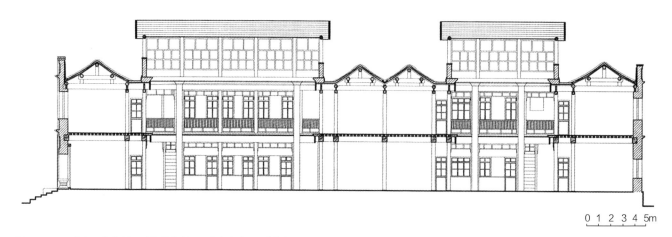

图9-2-11 泰安里住宅剖面测绘图（来源：《宣南鸿雪图志》）

近代的商业、金融业、服务业都需要交通通畅、流线清晰、光线明亮、环境舒适的空间，这促成室内中庭空间在北京的出现。

比较早的变革如北京的戏场建筑。清初北京戏园子中戏台还是在院落中单独的建筑，到清末，包括恭王府、前门外几家会馆中开始出现位于室内的厅堂式戏场，如恭王府戏楼、湖广会馆戏楼、正乙祠（浙江银号会馆）戏楼、安徽会馆戏楼，将原先位于庭院内的观演功能全部集中于一座室内的共享空间内（图9-2-12）。

20世纪初，大栅栏地区前店后宅（厂）的商铺在火灾后重建，即引入了室内中庭空间，通过中庭，解决了大

进深的二层或多层店铺（及后部作坊）采光与交通组织的问题，从而使商业空间获得扩大，商业环境得到改善（图9-2-13）。

②北京传统四合院建筑的影响

一方面，如前文所述，由于新的功能，以及对更多使用面积的需求，近代北京前门、大栅栏地区出现了对四合院局部及整体改建的情况，这种改建仍继承原有的四合院形式；另一方面，值得注意的是，在四合院庭院上空遮阳、避雨的棚架空间在近代之前就已经出现。起初，这种棚架是临时的，木杆支撑的布棚，逐渐就变成固定的、木杆支撑的木屋架顶棚或铁皮顶棚，部分棚架采用了外来的三角桁架（图9-2-14）。这种带遮蔽棚架的多层楼房围合的内庭院，距离室内中庭空间只有一步之遥了。

③南方近代建筑的影响

鸦片战争后，上海开埠，19世纪50年代大量中国居民涌入租界后，促进了上海租界房地产的发展。19世纪70年代，里弄住宅这种新型的居住建筑形式在上海出现，很快推广开来。里弄住宅来源于以徽派天井式民居为代表的南方民居，又受到英国联排城市住宅的影响，以及近代建筑技术的影响。里弄住宅建筑在武汉、青岛、天津、济南等开埠城市都产生了广泛的影响，在前门附近香厂新市街的建设中，民国市政公所也推广了受里弄式建筑影响的联排合院式民居。

图9-2-12　正乙祠戏楼观演空间（来源：钱毅 摄）

图9-2-13　德寿堂药店前部就诊区的中庭空间（左）及后部药房的顶部采光（右）（来源：钱毅 摄）

图9-2-14　韩家胡同20号院内庭院上空的木棚架（来源：钱毅 摄）

另一方面在杭州等地，也出现了以徽派天井式传统建筑为原型的近代商业建筑，它们在从前的天井上部支起顶棚，顶棚下四面开高窗，获得宽敞、明亮的共享空间，这种建筑以安徽籍红顶商人胡雪岩在杭州的"胡庆余堂"为代表。随着南北贸易，包括胡雪岩在内的许多南方的商人入驻前门地区，由此，南方的近代建筑形式也得以对北京的室内中庭建筑给予影响。

④近代技术与西方文化的影响

铸铁、玻璃、工字钢、钢筋混凝土结构等近代建筑材料和技术客观上帮助实现大跨度的中庭顶棚及天窗的普及，而对西方的百货公司、证券公司建筑的模仿又推动了建筑中共享空间的使用。

（一）瑞蚨祥绸布店

瑞蚨祥绸布店是北京著名的商业老字号，与大栅栏其他7家带有"祥"的绸布店合称"八大祥"。该店前身1893年在前门大栅栏购地建设，后在1900年义和团运动中毁于火灾，20世纪初重建。重建的瑞蚨祥绸布店采用了当时北京商业建筑中非常流行的中西合璧风格。南北向矩形的平面，建筑的南面临街，为两层高的立面，立面做仿巴洛克的非常世俗化的装饰，既有中间门额传统书法"瑞蚨祥"牌匾，匾额上面"松鹤延年"题材及两侧"八"字墙面牡丹及荷花图案的大理石雕饰，也有大门门柱的西洋古典爱奥尼涡卷柱头及屋顶镂花装饰西式铁艺的铁硼。立面后面是该绸缎铺狭长的建筑空间。进入入口首先是一座大堂，传统院落天井风格，上覆桁架支撑的铁皮罩棚。这座大堂一方面作为客人进入店铺的缓冲，另一方面也可避免临街失火殃及后面店铺。过大堂后进入建筑店铺区，面阔五开间，前面两间上覆两卷勾连搭的卷棚式屋顶带前廊，之后在建筑中部形成一个上下贯通的中庭空间，顶部高架顶棚形成高出周围屋面的侧高窗采光，中庭空间后部还有一进卷棚屋顶店铺。建筑天井和天窗侧墙能看出历史上增建的痕迹，就此可以推测，中庭及天窗有可能是1900年火灾后在原先"前殿后宅"式的传统商铺建筑基础上增建的，通过近代特征中庭空间的引入，使该建筑获得了更大的营业面积（图9-2-15～图9-2-18）。

（二）粮食店街第十旅馆旧址

这是一座约建于清末民初的建筑，据说原为镖局，后来为粮食店街第十旅馆。

建筑立面简洁，中西合璧风格，采用北京传统的石基座，上面是青砖清水墙面，用西式壁柱划分开间，檐口线脚划分各层，腰檐下设小垂头雕饰。门头设匾额，窗外设窗套，窗楣为平拱砖券，券脚略做雕饰。女儿墙各开间做传统式样砖芯池子。

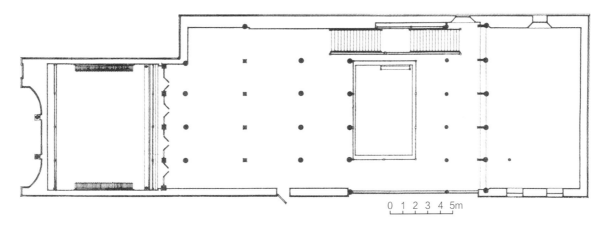

图9-2-15   北京瑞蚨祥绸布店首层平面测绘图（来源：《宣南鸿雪图志》）

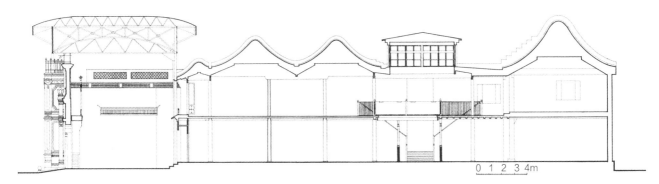

图9-2-16   北京瑞蚨祥绸布店剖面测绘图（来源：《宣南鸿雪图志》）

图9-2-17   北京瑞蚨祥绸布店门面（来源：钱毅 摄）

图9-2-18   北京瑞蚨祥绸布店室内中庭（来源：钱毅 摄）

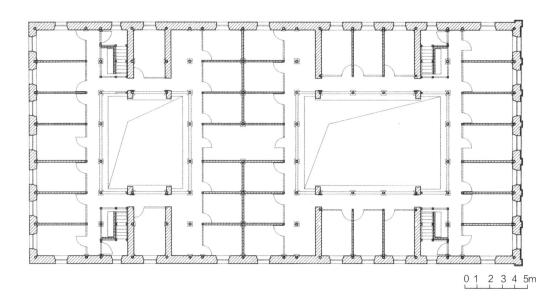

图9-2-19　粮食店街第十旅馆旧址二层平面测绘图（来源：《增订宣南鸿雪图志》）

图9-2-20　粮食店街第十旅馆旧址剖面测绘图（来源：《增订宣南鸿雪图志》）

图9-2-21　粮食店街第十旅馆旧址前中庭及跑马廊（来源：钱毅 摄）

建筑平面呈"日"字形，有前后两个天井，中庭空间具有近代特征，实为传统砖木结构抬梁式楼房四面围合而成，各楼前廊之间加平顶围廊连接，形成跑马廊，中庭木装修也沿袭传统的工艺和形式（图9-2-19~图9-2-21）。

（三）中原证券交易所旧址

中原证券交易所建于1917年①，1918年正式开业。该建筑平面呈长方形，建筑高两层，临街的北立面清水灰砖墙，由洋风的壁柱分割成五开间，入口居中，入口上面檐口作洋风山

---

① 上海股票商业工会成立于1914年，为我国商人自办证券交易所的雏形。

花装饰，带有西式建筑的特征（图9-2-22）。建筑内部空间分为前中后三部分。前后两部分均为两坡硬山屋顶的两层楼房，正中部分为两层通高的大中庭空间，中庭的首层为略微下沉的大厅，二层环绕中庭设环廊，木柱间设铸铁花式扶栏，柱廊上面有传统特色花格的木挂落。环廊两侧是一间间小房间，二层往上，由环廊的立柱高高架起顶部人字形棚顶，高出屋面很多，下设高窗。这种大中庭空间的设计，适应了该建筑近代化证券交易所的功能需要（图9-2-23、图9-2-24）。

图9-2-22 中原证券交易所旧址外观（钱毅 摄）

图9-2-23 中原证券交易所旧址中庭空间（来源：陈凯 摄）

图9-2-24 中原证券交易所旧址剖面透视图（来源：闫峥 绘制）

（四）北京劝业场

北京劝业场的前身是1906年清政府仿效法国设立陈列和推销商品的百货商场而创设的"京师劝工陈列所"，1908年遭火灾，1914年重建新楼，改名"劝业场"[①]，1918年又遭火灾，再次重建，设计者为建筑设计师沈理源，图纸向当时京都市政公所备案。其后1920年前后曾经大规模重建，样式是否依1914年原样重建不得而知。1927年及1931年又经历火灾，之后是否重建现不明确。

现存建筑为西洋折衷主义风格，明显受"巴洛克"风格影响。建筑地上四层、地下一层，钢筋混凝土与砖石混合结构。建筑位于廊房头条与前门西河沿街两条东西走向胡同之间，平面布局在地段中狭长伸展并向北略弯折，以前后三个共享空间组织人流集散，每个大厅均设三层回廊，围绕大厅布置商店（图9-2-25、图9-2-26）。大厅利用天窗

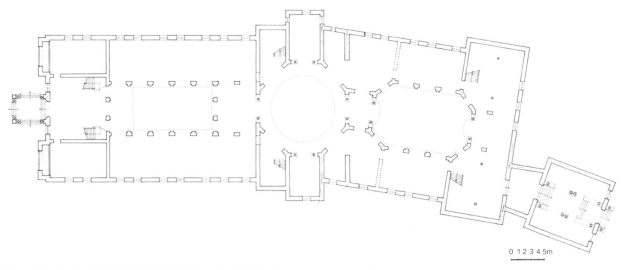

图9-2-25　北京劝业场首层平面测绘图（来源：《宣南鸿雪图志》）

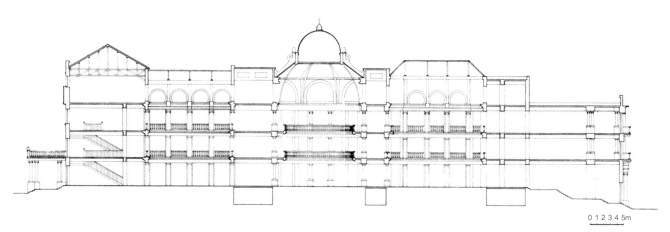

图9-2-26　北京劝业场剖面测绘图（来源：《宣南鸿雪图志》）

① "劝业场"意为"劝人勉力，振兴实业，提倡国货"。

采光,与前述瑞蚨祥、中原证券交易所一样具备现代大型商场的雏形,其中庭相比当时京城其他建筑规模更大,空间中心作用也更显著,可以说已经脱离了传统四合院的血缘关系,更多体现出现代共享大厅的空间观念(图9-2-27、图9-2-28)。

图9-2-27 北京劝业场旧址中庭空间(来源:钱毅 摄)

图9-2-28 北京劝业场旧址中庭空间(来源:钱毅 摄)

第十章　建筑

19世纪中期到20世纪中期的百年间，北京近代建筑在西方外来建筑文化与本土传统建筑文化的碰撞、交叉、融合中发展，近代建筑的材料、构造与结构体系逐渐更新，建筑的形制与风格不断地发展变化，营造模式与制度也随社会发展而进行着变革。

在北京近代建筑发展过程中，传统建筑文化并未在近代化发展中被西化的进程完全淹没，而是以某些方式得到传承，这主要体现为三个方面。

一方面，在19世纪下半叶，清廷统治者在少量西式建筑的营建尝试中，以及在20世纪初，清政府及民国北洋政府推动的以西化为主要内容的建筑近代化变革中，由于本地营造传统及建筑文化传统的影响，传统建筑的形制、风格、建造、装饰特征在许多方面得以延续，从而与新的西化建筑相结合，创造出中西合璧的新建筑风格。

第二方面，20世纪前期，特别是20世纪20年代以后，由于基督教及天主教的本土化思想的影响，以及南京国民政府成立初期高涨的民族主义思潮等影响下，当时北京（北平）的业主（主要是西方教会以及官方机构）及建筑师借用"中体西用"的思想，运用近代建筑技术及设计手法，而在形式上模仿中国宫殿、寺庙等传统风格，进行了"中国传统复兴式建筑"的探索与实践。

第三方面，20世纪20年代，中国学者开始投入对中国古代建筑传统进行系统研究并取得初步成果，同时世界范围的现代建筑浪潮影响到国内。在此背景下，逐渐成长起来的中国建筑师将中国传统建筑装饰元素融入现代建筑设计，创造出"传统主义新建筑"。

第一节 清末民初的中西合璧建筑

圆明园"西洋楼",是因乾隆皇帝的西洋趣味而建,也是西洋建筑第一次以较大规模在中国内地[①](国都)出现,建造在中国皇家园林之中,其风格是在巴洛克风格基础上杂糅了包括中国传统文化元素的许多装饰风格。

19世纪60年代,第二次鸦片战争以后,越来越多的西式建筑开始在北京出现,它们主要是基督教建筑及少数领事馆建筑。20世纪初,在义和团运动中,许多西方人所建建筑被损毁。义和团运动失败后,被损毁的西方人教会建筑及使领馆建筑大多得到重建、扩建,除此之外,银行、商社等更多类型的西方建筑也出现在北京。在北京建造的西式建筑,除了采用各种西方建筑风格,它们也受到地方传统营建技艺与传统文化影响,反映出许多本土化特征。这方面的案例,如殖民地外廊风格的日本公使馆旧馆(1886年建成)、京师大学堂藏书楼(1902年建成),都在外墙上采用了地方传统工艺与装饰题材的砖雕(图10-1-1),而哥特式的西什库教堂(北堂)(重建于1888年),正门两侧建有中式月台及两座重檐歇山中式碑亭(图10-1-2);京奉铁路正阳门东车站(1906年建成),建筑采用19世纪欧洲火车站常用的拱形大跨度设计,并带有英国维多利亚时期建筑的装饰特征,而在其拱形山墙的拱脚位置,装饰有中国传统的弓形蟠龙图案雕饰(图10-1-3)[②]。

另一方面,19世纪中叶以后,中国文化屡次屈辱于西方坚船利炮之下,清政府在19世纪60年代及20世纪初分别推动"自强运动"及"新政",建设了承载新功能的新建筑,这些建筑以形式上的西化来体现学习西方的态度。特别是20世纪初清廷的"新政"运动中,圆明园"西洋楼"的建筑风格作为北京朝野上下学习西洋建筑便利的范本,从皇

图10-1-1 京师大学堂藏书楼旧址"鹿鹤同春"砖雕(来源:陈凯 摄)

图10-1-2 西什库教堂(北堂)前两侧的中式碑亭(来源:钱毅 摄)

---

① 西洋建筑随东西方早期文化交流进入中国的历史较早,意大利天主教传教士14世纪初在元大都建设的教堂是现在可考中国最早出现的西洋建筑,而后,16世纪中叶葡萄牙人在澳门,17世纪上半叶荷兰、西班牙人在台湾开始建设西式殖民建筑;与圆明园西洋楼同时代,1748年火灾之后,广州十三行的外国商馆开始建为半西洋式建筑风格。

② 该图案也见于1896年大清国邮政正式开办以后发行的首套邮票(现在称大龙邮票)。1906年清政府设立邮传部总管邮政、船政、电政和路政。弓形蟠龙图案或许是邮传部的一个象征。《中国近代建筑史第一卷》(517)。

图10-1-3　京奉铁路正阳门东车站旧址复原的立面拱脚的蟠龙雕饰
（来源：陈凯 摄）

家苑囿、新式衙署，到大街门面，"洋式楼房"、"洋式门面"，如雨后春笋在北京出现，影响波及全国。

一、官方的"西洋"风格中西合璧建筑实践

（一）圆明园"西洋楼"（1747年~1783年）

乾隆十二年（1747年）在圆明三园之一的长春园北部，开始建造"西洋楼"建筑群。

"西洋楼"建筑群由意大利教士郎世宁（Joseph Castiglione，1688—1766）、法国教士蒋友仁（Michel Benoist，1715—1774）、王致诚（Jean Denis Attiret，1702—1768）等绘制图样（设计），圆明园如意馆的中国

画师沈源、孙祜等人也参与绘图。

这座景区是欧式建筑群大规模引入中国的最初尝试，具有浓厚的猎奇色彩。它的建设满足了乾隆皇帝本人对包括西方的喷泉技术（中国称为水法）和欧式建筑在内的西洋文化的浓厚兴趣。

西洋楼景区位于圆明园内长春园北侧几乎独立的区域，东西长800米，南北深70米，总平面为"丁"字形，采用西方园林的西式轴线及几何形状设计，包括谐奇趣、蓄水楼、万花阵、海晏堂、大水法、观水法、远瀛观等建筑。建筑群主要采用18世纪欧洲流行的巴洛克风格，以砖石结构为主，多用汉白玉外墙，墙上镶嵌各色琉璃砖，或抹粉红色石灰。建筑平面布置、立面柱式、门窗及栏杆扶手等多是西式的设计。建筑的细部装饰做法也多使用欧式手法，但是也加入了许多中国元素，例如许多细部装饰纹样保持了浓郁的中式特征。园林植物配置模仿欧洲的人工修剪手法，形成了整齐划一的几何形植物格局。建筑群以巴洛克风格为基调，也受到洛可可风格影响，各建筑屋顶又多为仿中式琉璃瓦殿式屋顶（与中国传统建筑不同，这些坡屋顶均采用直檐口，不起翘也不出挑），建筑的细部装饰大多是为西洋装饰中夹杂着中国民族花饰，可以说是中西合璧的巴洛克建筑（图10-1-4、图10-1-5）。

这组为满足满清皇帝西洋趣味而兴建的建筑，中西合璧的特征十分突出，对中国后世的建筑产生了巨大的影响。西洋楼建筑首先影响了"自强运动"及清末"新政"时期官方推行的新建筑风格，进而对北京民间建筑的商业及住宅建筑有广泛的影响。

（二）农事试验场大门

光绪三十二年（1906年），商部获准在原三贝子花园基础上并入广善寺与慧安寺，兴办农事试验。东为动物园（又称万牲园）、植物园。大门建于1906年，为典型的中西合璧的牌楼造型，下部为三座拱门，配合带西式装饰的壁柱，上部做半圆形砖雕装饰，有繁复的龙形图案，具典型的"西洋楼式"特征（图10-1-6）。

图10-1-4 铜版图圆明园海晏堂西面（来源：《图说北京近代建筑史》）

图10-1-5 圆明园西洋楼遗址（来源：钱毅 摄）

（三）清末陆军部衙署主楼

光绪三十三年（1907年）建成的陆军部衙署由陆军部军需司建造科沈琪①设计，是已知明确为中国工程师设计的最重要的早期近代建筑。

该建筑位于陆军部衙署院落南面，又称南楼，横躺的"王"字形平面。东西向伸展的主楼高两层，中央部分向南北向略凸出，高三层，中间形成中塔，主楼两端有南北向的翼楼。建筑采用砖墙承重的砖木石混合结构，木屋架采用西式的三角木屋架。受当时西方人在华建造的殖民地外廊式建筑影响，建筑四周由外廊围绕。为了表现建筑的时代性（模仿当时西方建筑的现代性风格），建筑入口的木结构雨棚模仿了19世纪欧洲流行的铁艺风格。尽管该建筑采用许多西洋建筑风格元素，但是该建筑还是较多地保留了中国传统建筑的元素，比如，该建筑采用北京传统的青砖砌筑，券柱等部位布满传统题材的砖雕装饰等，同当时西方人设计、多采用输入的机制红砖墙体的西式风格建筑相比，在样式上还是有很大区别的，倒是与圆明园西洋楼中西合璧的设计有异曲同工之妙。这些繁复的砖雕花饰大量采用"寿"字、"万"字、卷草等中国传统题材，为这座官厅建筑增添了浓重的世俗色彩（图10-1-7~图10-1-9）。

图10-1-6 农事试验场大门旧址（现北京动物园南门）（来源：钱毅 摄）

图10-1-7 清末陆军部衙署南楼（来源：《东方杂志》1912年第4期）

① 沈琪（1871~1930年），毕业于北洋武备学堂铁路科。在负责陆军部衙署工程之前，曾任胶州铁路技士，天津市政工程局技师，京奉铁路技师。

二、民间的中西合璧建筑

20世纪初，北京的中西合璧"西洋楼式"建筑在民间市井流行，特别是在1900年遭焚毁的前门大栅栏地区，重建中更多建筑换上"西洋楼式"的门面。

这些"西洋楼式"的民间建筑，大都由旧房改装，也有少量为新建，主要对宅院的沿街楼房和店铺的店面进行处理。

当时北京的宅园，特别是内城宅园基本上仍沿袭着北京传统四合院的形式，只在细部处理出现了一些仿洋式装饰，也有少量宅园建起"西洋楼式"的洋式门。

图10-1-8 清末陆军部衙署主楼旧址局部（来源：钱毅 摄）

"西洋楼式"的门面建筑20世纪初在以前门大街、大栅栏地区为中心的商业铺面建筑中流行，并影响到北京其他商业区。这些店铺采用"西洋楼式"替代传统的牌楼式、拍子式、重楼式等铺面建筑形式，例如著名的大型店铺"瑞蚨祥"等商业建筑，采用了中国传统题材融入西方巴洛克风格的西式牌楼入口，门面上罩着受19世纪欧洲铸铁建筑风尚影响的大铁艺罩棚。

商业建筑中兴起这一潮流的原因有两方面：一是建筑功能的改变，近代商业要求较多人流的出入以及用广告来招揽顾客，促使店面入口扩大，并设置橱窗、招牌、广告突出、醒目和标新立异；二是受官方清末新政以来的西化潮流影响，以追求西式建筑风格表达其经营近代化商品，并提供近代式服务。

20世纪初，前门大栅栏商业区的"西洋楼式"中西合璧的门面建筑基本上有以下几种处理：

①门面采用受殖民地外廊风格影响的灰砖砌筑的券廊，仿西方柱式装饰，柱头、拱券、墙面采用传统砖雕工艺雕饰，有的在柱墩顶上做狮子、花篮等装饰；

②在建筑正面的山墙或另筑假山墙，仿西式巴洛克建筑山花做成半圆或其他复杂形式，上面做雕刻烦琐纹样的砖雕，纹样主题多采用中国传统的题材；

③在大进深的商业、服务业、金融业的建筑中部，常常设置带采光天棚的中庭。

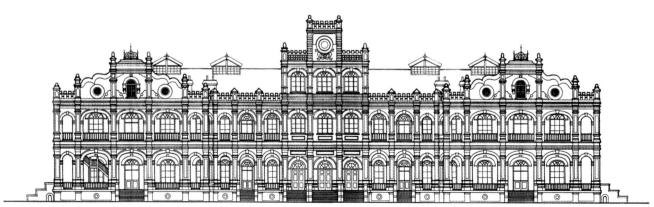

图10-1-9 清末陆军部衙署主楼旧址南立面测绘图（来源：《图说北京近代建筑史》）

（一）德寿堂药店

德寿堂药店位于珠市口西大街，高二层，平面狭长。纵深方向，前面是对外问诊、买药空间，设有高窗采光的室内中庭，后部是"抓药"的药房，其立面朝南，传统的灰砖清水砖墙，西洋式的总体布局与中国传统式的装饰题材相结合。建筑三开间，一层中间是大门，门扇上有镶拼的图案，两侧开间开低窗，门窗皆设平券砖拱，券上面是砖砌花心中题字，中间是"德寿堂"，两侧是"同臻寿域"、"共跻春台"。一、二层之间挂檐板上刻精英项目。二层退后，是砖柱外廊，铁艺栏杆，外廊封玻璃窗，砖砌廊柱上方贴药店招幌浮雕，廊檐额枋作中式彩画。屋顶为白色抹灰高女儿墙，中间开间设一面一层高高墙，饰中国传统梧桐图案浮雕，上面有三角山花，高墙后是一座穹顶。

由于建筑东面也临街，因此东南转角处做斜角，下部镶浮雕匾额题写点名，上部为松鹤图案浮雕（图10-1-10、图10-1-11）。

（二）瑞蚨祥西鸿记

瑞蚨祥为大栅栏"八大祥"绸布店之首，1900年义和团运动中毁于火灾后，一年后恢复营业，1903年又在本店西侧建分号"鸿记"，经营绸缎、洋布、皮货、茶叶等。建筑格局与本店相似，店堂为两层，门脸之后为一座大堂，内部还有天井。目前只保留原南立面，其余均重建。南立面为中西合璧的"西洋楼式"，横向三开间由壁柱分为五段，正中用科林斯柱式划分出入口部分，两边做八字影壁处理，以较小柱式划分，镶四块汉白玉石板，石板上用中英文镌刻经营项目及商品的广告，周围有精细的花草纹理雕饰。二层略微挑出，做成阳台，有石制花瓶栏杆。门前设两座铸铁灯柱，更具有时代感（图10-1-12、图10-1-13）。

图10-1-11　德寿堂药店外观（来源：钱毅 摄）

图10-1-10　德寿堂药店立面（来源：《宣南鸿雪图志》）

图10-1-12　瑞蚨祥西鸿记立面（来源：《宣南鸿雪图志》）

图10-1-13　瑞蚨祥西鸿记外观（来源：钱毅 摄）

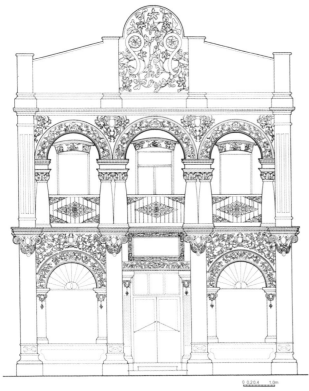

图10-1-14　廊房头条19号店铺立面图（来源：《宣南鸿雪图志》）

（三）廊房头条19号商店

廊房头条19号商店是座面阔不足9米、进深很长的建筑。建筑主立面三开间，主体为外廊风格，配中西合璧的繁复装饰，满墙的砖雕在商业街上显得十分突出，是典型的"西洋楼式"建筑。建筑一层中间是入口，两侧两间设券廊，柱子均为方壁柱，仿爱奥尼柱式造型变化而成，柱头无卷草式涡卷，代之以花环及盾牌，柱身无竖向凹线，柱脚简洁。中间大门两侧又设尺度缩小的壁柱，门上平拱券及梁枋上装饰有繁复的花草雕饰。二层在两侧的方壁柱之间做连续券廊，廊柱为夸张鼓肚的双柱，柱头仿科林斯柱式。券廊的铁艺栏杆以花草装饰成菱形花芯及岔角。立面顶部是高高的梯形女儿墙，中部设半圆山花，中部雕刻着传统的象征吉祥的花草纹样。立面券廊的砖拱券及拱券间墙面以及廊内墙面的砖拱券上均装饰着细密的花草砖雕（图10-1-14）。

第二节　中体西用思想下中国传统复兴式建筑

清末的教育改革中，管学大臣张百熙于光绪二十八年（1902年）拟定了京师大学堂暨各省高等学、中学、小学、蒙学章程，即《钦定学堂章程》，章程的制定着重参考了维新变革比较成功的日本的经验。次年，张之洞会同张百熙、荣庆修订了该章程，即《重订学堂章程》（亦即后来的《奏订学堂章程》），经光绪帝御批，在全国颁布实施。该章程除借鉴日本近代教育的体系以外，也强调中国传统经学的作用，体现了"中体西用"的思想。其中，《奏订学堂章程》中的《大学堂章程附通儒院章程》中，设置了"建筑学门"，这是中国参考日本，首次将"建筑学"的概念引入中国的教育体系，但相比日本当时的建筑教育中设置"日本建筑"课程，中国的建筑教育中尚未设置"中国建筑"相关课程。

20世纪初，在基督教的"本色运动"①与天主教"中国化"运动的推动下，许多在华建设的教会大学，设计上采用西方历史主义的设计手法及功能主义的理念，运用当时西方近代化的工程技术和建筑材料，而在外观造型及内部装修设计中模仿中国宫殿、寺庙等建筑的元素并与西方历史主义风格相糅合，意图反映中国传统建筑的复兴精神。在此背景下，西方建筑师在北京完成了几处中国传统建筑复兴样式的重要建筑实践，这些实践具有深刻的文化意义及社会影响。接下来，在20世纪20年代末南京国民政府成立初期，着力建设民族国家，追寻中国传统文化包括传统建筑文化的复兴，这与西方教会进行的建筑中国化努力不谋而合，两者逐渐合流。

一、近代建筑本土化的早期实践

基督教进入北京的早期，教堂主体往往采用中国传统形制，如明万历三十三年（1605年）在北京宣武门附近建设的礼拜堂。随后，到18世纪以后，特别是到1840年鸦片战争以后，西方的传教士们普遍抱有西方本位的文化优越感，特别是1860年第二次鸦片战争，北京被英法联军攻破、蹂躏之后，西方人在北京所建教堂建筑主要采用西式。19世纪后期开始，鉴于历次教案的教训，有的西方传教士开始教堂建筑本土化的尝试。

（一）中华圣公会教堂

该教堂原名北京圣公会救主堂，又名南沟沿救主堂、安立甘（Anglican）教堂，是北京目前留存较早体现"中国本土化"的教堂建筑。该建筑建于1907年，由英国圣公会（Church of England）主教史嘉乐（Charles Perry Scott）请人画蓝图建造。1912年，中华圣公会成立后，原"北京圣公会救主堂"名称改为"中华圣公会救主堂"。

建筑为西方基督教堂典型的空间形式与建筑结构，双拉丁十字式平面，巴西利卡空间，砖木承重，西式的屋架，但建筑的外观完全模仿北京传统建筑进行设计。

建筑入口南立面山墙设计为北京明清民居建筑常见的传统硬山式，入口上部设垂花门式门头，三角山墙上是圆洞形的玫瑰窗。顺应内部巴西利卡的空间，中间与侧廊礼拜空间在屋顶设计为两重屋顶的效果，由于内部用西式三角屋架辅以英国锤式屋架的圆弧形斜撑（Collar brace），屋顶并无传统举折屋架所形成的曲线效果。配合浸礼池与拉丁十字平面，建筑北部设置横向的空间，与主礼拜空间"十"字相交，在屋顶形成相交屋脊，上面压三重檐八角采光阁，作为钟亭，亭子内部结构并未采用中式亭子结构，而设计了一组复杂的类似西式哥特建筑的木构架。建筑入口附近也设短的横向空间，顶部形成相交屋脊及重檐六角采光亭。建筑材料选取本地的建筑材料，外墙全部采用本地青砖，屋顶用筒瓦铺砌。

该建筑一方面继承了英国传统的哥特教堂经典空间形式，另一方面融入了北京建筑的材料及外观元素，尽管显得有些不伦不类，但形成了有趣的中西合璧建筑（图10-2-1～图10-2-4）。

图10-2-1　南沟沿救主堂东南面旧影（来源：《中国近代建筑史》第三卷）

① 为应对"非基督教运动"、"收回教育主权"运动，以及中国愈发高涨的民族觉醒浪潮，美国基督教会1922年于上海召开"中国基督教大会"，决议倡导"本色教会运动"，即使在华基督教会成为中国本色的教会。

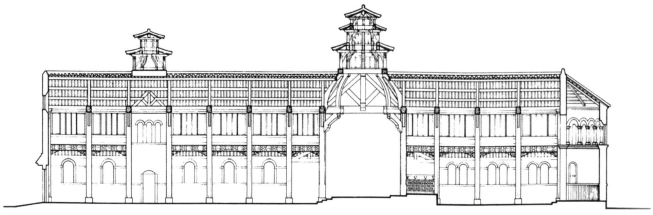

图10-2-2 南沟沿救主堂剖面测绘图（来源：《图说北京近代建筑史》）

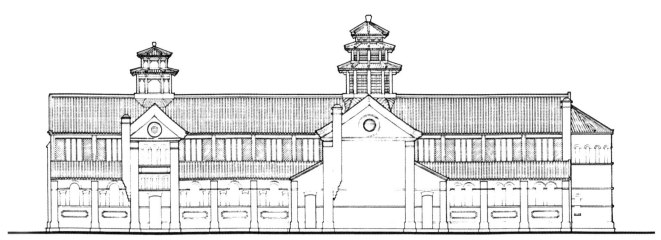

图10-2-3 南沟沿救主堂东立面测绘图（来源：《图说北京近代建筑史》）

图10-2-4 南沟沿救主堂西侧外观（来源：钱毅 摄）

（二）协和医学院建筑

20世纪初建设的北京协和医学院是洛克菲勒基金会在中国的慈善项目。1917年北京协和医学院利用北京东单三条胡同郁王府用地建新校舍，一期工程由美国沙特克—何士建筑师事务所（Shattuck.&.Hussey Architects）设计，1919年至1921年建成，是北京西方建筑师设计的"宫殿式"（体现中国北方传统官式建筑风格的传统复兴式）建筑的第一个成熟作品。

建筑师何士此前曾担任北京中央医院建筑师，对中国文化及中国传统建筑非常喜爱，致力于在协和医学院的设计中努力保护北京城市建筑的文脉。在协和医院的设计过程中，他在中国传统建筑知识方面也得到当时的内务部长、后来中国营造学社创始人朱启钤先生的帮助。[①]

主体建筑群沿南北中轴线对称展开，南部为礼堂与教学楼群，中部为医院，东西分别是其他用房，另外，以门诊楼为中心，又形成向西的轴线与主轴线垂直相交。

建筑群体组合融合了中国传统院落布局，在西大门和南大门及建筑群中部各形成一组三合院。教学建筑群围合成向南的一组三合院，三座西式楼房建筑，采用北京传统的灰砖磨砖对缝工艺建造，建于汉白玉台基之上，顶部覆盖绿色琉璃瓦庑殿大屋顶，三座建筑以弧形的连廊相连，形成合院，面对南面大门。其后面沿主轴线是围合着门诊部的狭长三合院，这座合院的特点是建造了一座连接南、北内科病房与外科、妇产病房的位于二层的天桥，使人联想到天坛的丹陛桥，[②]这座桥同时也连通了医院区与南部的教学区。医院区朝西的主入口之内是另一座三合院，正面是妇科、儿科病房，护士楼居北，医院行政及住院医生宿舍楼居南，建筑也均位于汉白玉台基之上，灰砖楼房顶部覆盖琉璃瓦庑殿屋顶，为了掩盖屋顶下灰砖楼房的简单粗陋，在楼房一层窗檐上部加一条贯通的琉璃瓦小披檐，每座建筑门口出一座作为门廊的卷棚歇山顶抱厦。三座建筑围合的庭院中央是石子甬路及圆形平面的露台，露台之外地坪下沉，使建筑地下层得以采光。建筑师由于对中国传统建筑的形制及构造缺乏更深的了解，一方面将建筑的传统表现集中于"大屋顶"，并把几乎所有建筑都覆盖了最高形制的庑殿屋顶，另一方面中国传统建筑的结构特征，包括柱、梁、枋及斗栱体系在这些建筑的设计中完全未得到体现（图10-2-5～图10-2-8）。

图10-2-5　北京协和医学院西门建筑群（来源：陈凯 摄）

图10-2-6　北京协和医学院南门建筑群旧影（来源：中国协和医科大学档案室藏）

图10-2-7　北京协和医院入口庭院旧影（来源：《北京旧影——老明信片记录的历史》）

① 赖德霖等. 中国近代建筑史（第三卷）. 北京：中国建筑工业出版社，2016（048）.
② 李路珂等. 北京古建筑地图（上册）. 北京：清华大学出版社，2009（164）.

图10-2-8　北京协和医院单间病房室内旧影（来源：《The Far Eastern Review.Manila》）

二、中国传统复兴式建筑实践

在西方教会本土化运动的推动下，在辅仁大学、燕京大学等北京大型教会建筑群的设计、建造中，代表中国化理念的中国传统复兴式建筑逐渐成为业主、投资者与建筑师的唯一选择。

（一）辅仁大学建筑

20世纪20年代前后，罗马教皇要求进一步推广天主教的本土化，即要以本地的文化，改变一般人对天主教会帝国主义色彩的认知。1922年担任驻华宗座代表的刚恒毅（Celso Constantini）创办天主教辅仁大学，请比利时传教士格里森（Dom Adelbert Gresnigt）设计，创办辅仁大学的美国天主教本笃会提出，"建筑方案应体现天主教的"大公精神"，做到新旧融合，宜采用中国传统建筑形式并使其适应现代学校的功能要求"。格里森此前对中国中原地区庙宇祠堂建筑比较熟悉，设计过开封神学院、宣化天主堂、海门天主堂、安庆天主堂等。1928年接受辅仁大学设计委托之后，他查寻了北方宫殿建筑的大量资料，并对北京

地区古典建筑进行实地考察。经过反复研究和思考后，格里森精心设计的辅仁大学建筑于1930年建成。这座利用涛贝勒府花园南侧空地及马厩建设的校园建筑，采用西方古典主义建筑的经典横"日"字形平面，具有西方修道院的气质。立面设计中也运用了西方古典主义的构图原则。在体现中国化方面，建筑师格里森认为"以经济的观点和基地环境及交通条件来说，都需要在中国古典建筑传统中寻找另外一种结构方式，可以从中国皇宫的城墙、城门和城楼的造型中得到某种启发，这些造型显示出中国皇宫的那种与众不同的某些特征。"[1]于是他以紫禁城为原型，将辅仁大学设计为一座封闭的城。建筑中轴线以北海为依据确定，采用封闭的院落布局。建筑墙身厚重，窗洞深凹，檐口则设计为城墙箭垛形，形象地模仿了城墙。主入口设计借鉴了城楼，下面是仿皇宫城楼的汉白玉大拱门，上面是绿琉璃瓦歇山顶的门楼，入口正上方做三开间的出挑楼阁，也做歇山顶。此外，在建筑四角模仿紫禁城设计了耸立的角楼，也做歇山顶。这些手法既带有中国皇宫幽闭神秘的气质，又体现了西方天主教修道院建筑的遁世脱俗精神（图10-2-9、图10-2-10）。

（二）墨菲及其燕京大学建筑的实践

燕京大学校园规划草创的阶段，正值在华基督教遭遇全国性的"非基督教运动"的挑战而兴起所谓"本色运动"时期。参与创建并命名燕京大学的中国基督教领袖诚静怡提倡，需要"一方面求使中国信徒担负责任，一方面发扬东方固有的文明，使基督教消除洋教的丑号。"[2]作为筹办中的燕京大学的校长，司徒雷登（John L. Stuart）表示应该"尽量在学校建筑方面中国化"[3]。

在这种背景下，在经多次购买得到的数块废弃的清代旧园林不规则基地上，燕京大学聘请的建筑师墨菲确定了以

① Dom Sylvester Healy. The Plans of New University Building. Bulletin of the Catholic University of Beijing, 1929(6). 参见：赖德霖等. 中国近代建筑史（第三卷）. 北京：中国建筑工业出版社，2016（37）.
② 协进会对于教会之贡献. 真光杂志. 二十五周年纪念特刊. 参见：赖德霖等. 中国近代建筑史（第三卷）. 北京：中国建筑工业出版社，2016（057）.
③ 董黎. 中国近代教会大学建筑史研究. 北京：科学出版社，2010（154）.

图10-2-9 北京辅仁大学门楼及角楼立面设计图（来源：《中国近代教会大学建筑史研究》）

图10-2-10 北京辅仁大学旧址南面入口部（来源：钱毅 摄）

东西轴线为核心的行政区及男校区与以南北轴线为核心的女校区的设计，其中，位于东西轴线正中面向玉泉山的燕京大学贝公楼是学校核心的行政建筑，以"宫殿式"大屋顶为蓝本，按照西方古典及折衷主义构图原理进行了演绎，形成了以歇山顶为主体庑殿顶为两翼的主从三段式构图，这种有悖于中国传统建筑屋顶等级规律的设计手法可以追溯到他早先设计的南京金陵女子大学校舍（1923年）。建筑底层是办公区，二层正中是大礼堂，这也是形式上采用歇山式屋顶的一个原因。贝公楼集中体现着墨菲总结的中国建筑特征，坐落在高台基之上，采用青灰色琉璃瓦屋顶，立面白墙红柱，红色传统窗扇木窗，檐下仿额枋、雀替及斗栱造型，施以鲜艳油漆及梁枋彩画。贝公楼的设计手法在整个燕大校园公共建筑中得到推广。

贝公楼两侧的穆楼和民主楼采用九开间的庑殿顶，显然也是中国古代顶级的形制，三座建筑围合的三合院面向石狮拱卫的西门，西门内有一道与大门平行的狭长湖面，正中是三孔石拱桥，形成非常类似于清代宫殿的形制（图10-2-11、图10-2-12）。

校园南部的女生宿舍区设计成三座联排，隔草坪相对的六组二层三合院建筑，均为比较地道的北方硬山顶建筑。

图10-2-11 燕京大学贝公楼建筑群旧址（来源：钱毅 摄）

图10-2-12　燕京大学贝公楼旧址局部（来源：钱毅 摄）

图10-2-13　燕京大学图书馆渲染图（来源：《中国近代建筑史第三卷》）

图10-2-14　燕京大学图书馆室内（来源：《中国近代建筑史第三卷》）

北部湖畔的德、才、兼、备四座男生宿舍则沿袭金陵女子大学宿舍模样，南北向为七开间歇山顶宿舍，南端山墙下为外廊，建筑檐下省去斗栱。两座建筑北段用连廊连一座服务性建筑，形成三组三合院。

墨菲在燕京大学的设计中实践了自己中国建筑文艺复兴的理想，相比在金陵女子大学建筑设计中，柱头斗栱没有置于柱顶的拙劣手法，墨菲设计的燕大建筑更加形似中国北方官式古典建筑。燕京大学建筑是当时西方建筑师在中国传统复兴式建筑实践中比较优秀的作品，因此他的建筑实践后来得到中国当权者的赏识，也对后来南京国民政府成立初期本土建筑师进行中国传统复兴式建筑的设计实践有着较为深刻的影响（图10-2-13、图10-2-14）。

三、体现保存国粹宗旨的国立北平图书馆

国立北平图书馆前身为京师图书馆，1909年，张之洞奏请设立京师图书馆，清学部奏订《京师图书馆及各省图书馆通行章程》，以保存国粹为办馆宗旨。[1] 1925年，民国教育部与中行教育文化基金董事会合作，推动该图书馆的现代化，于新址筹建国立北平图书馆。1926年组建建筑委员会，举办设计竞赛，"议决建筑决取宫殿式，庶与环境调和"，聘请协和医院建筑师安那（C.W.Anner）担任竞赛名誉顾问，并委托美国建筑学会审查。1927年8月24日竞赛揭晓，最终赢得设计竞赛的是莫律兰（V.Leth-Moller）。新馆于1929年动工，1931年建成。图书馆空间以绿瓦红墙围绕，主楼为高二层大型宫殿式重檐庑殿顶建筑，两侧、后部带有配楼，均为庑殿顶设计，与主楼联系，形成错落的群组关系。主楼建筑较为忠实地模仿了中国传统宫殿式建筑——

① 赖德霖等. 中国近代建筑史（第四卷）. 北京：中国建筑工业出版社，2016（第212、227页）.

图10-2-15 国立北平图书馆旧址外观（陈凯 摄）

故宫文渊阁，建筑坐落在带有汉白玉须弥座及栏杆的台基之上，周围设外廊，支撑上部的重檐屋顶，柱子漆绿色，与绿色琉璃瓦屋顶形成建筑的主色调。建筑内部按照中国传统木构架设计成钢筋混凝土框架结构，内部空间可以灵活布置，很好地适应了图书馆的建筑功能（图10-1-15）。

国立北平图书馆的建筑设计总体权衡与细部做法基本合乎清代建筑则例，比例尺度适当，色调典雅，摒弃了早期西方建筑师在西方近代楼房上直接加盖中国宫殿式屋顶的做法，被日后的中国建筑界学者认为是当时的中国传统复兴式建筑中比较成功的一例。梁思成先生对其评价，"……其图案，却明显表示对于中国建筑方法的认识已较前进步；所设计梁柱的分配，均按近代最新材料所取方式，而又适应于与近代最新原则相同的中国原来构架……"①。

国立北平图书馆所采用的"中国宫殿式"，符合京师图书馆最初"保存国粹"的宗旨，同时作为南京国民政府成立前夕的国家工程，也着力表现传承正统建筑文化的态度。

四、西方建筑师对中国风格新建筑的探索

20世纪初到20年代，西方建筑师在北平设计的"中国式"、"宫殿式"、"中国传统复兴式"建筑，大部分以西方教会为主导，也有像国立北平图书馆，堪称南京国民政府成立前夕的国家工程。这些建筑实践，均是以西方的设计方法，在西式结构和功能基础上体现中国传统建筑形式的探索。西方建筑师进行了"宫殿式"大屋顶与西洋古典、折衷建筑构图相结合，以及总体布局运用传统院落与园林等多元化的尝试。

19世纪末到20世纪10年代，这类探索更多是出于文化偏好或各类文化冲突的教训，尚属于个案。所用手法类似将西方建筑风格中各个建筑语汇用中国风格的建筑语汇进行比较简单的替换，例如北京中华圣公会教堂的设计。

而在1919年"五四运动"之后，顺应中国民族觉醒的潮流，在基督教的"本色运动"与天主教"中国化"运动的推动下，西方教会建筑的设计几乎毫无例外地采用了以宫殿式为代表的中国传统建筑形式。西方教会内部也曾遭遇19世纪20年代已经兴起的现代主义运动的挑战，进行了"风格"与"意义"的"礼仪之争"，但最终这种"礼仪之争"让位给中国民族意识觉醒背景下、西方教会需顺应这种时代潮流的需求。

作为罗马天主教廷的驻华使节，刚恒毅始终致力于将自己的传教事业与推动中国传统建筑艺术的应用结合，在辅仁大学的实践中，他聘请建筑师格里森实践自己的理想，在学校奠基仪式是，刚恒毅发表演说，"辅仁大学整个建筑采用中国古典艺术式，象征着对中国传统文化的尊重与信仰，我们很悲痛地看到中国举世无双的古老艺术坍塌、拆毁或弃而不修，我们要在新文化运动中保留中国古老的文化艺术，但是建筑的形式不是一座无生气的复制品，而是象征着中国文化复兴与时代之需求"②

作为中国传统复兴式建筑来自西方的另一位重要实践者——墨菲，他受雇完成了多处在华基督教会建筑的设计，他也提出了他的"中国建筑文艺复兴"（Renaissance of Chinese architecture）的口号。通过多年在中国的建筑实践及对中国古典建筑的考察，他总结了中国建筑的五个基本特征：1. 曲线屋顶攒集在屋角，壮观的走势不为老虎窗所中断；2. 严整的建筑组合——沿着巨大四合院落的严整群组——标定

① 梁思成全集第六卷（梁思成. 建筑设计参考图集序）. 北京：中国建筑工业出版社，2001（235）.
② 辅仁大学的建校目的（刚恒毅枢机主教的演说词）：辅仁大学五十年. 台北辅仁大学出版社，1979（40）.

的轴线；3. 营造上的坦率性——主要的结构组建都暴露在外，它们是"装饰性的建构"，而非"建造的装饰"；4. 不管是内部还是外部都有华丽的彩饰；5.（特定的）方法论——由中国式的建筑观念开始，为达到特定的实际目的，再引入外来的修正（只有如此）——才最终带来纯正的中国建筑。[①]建筑各构件间的完美比例。其中，从第三条"构造的直率"可以看出现代建筑结构理性主义思想的影子。墨菲认为，在认识这五要素的基础上，可以实践"具有适应性的中国建筑复兴"（the adaptive renaissance of Chinese architecture）。

客观地讲，这一时期西方建筑师在大量实践中探索了中国传统建筑文化在近代建筑中传承的方式，在当时的中国社会形成了巨大且广泛的影响。然而，由于这一时期中国古代建筑历史研究尚未起步，这些作品对传统建筑的模仿不合法式，显得幼稚和不成熟。墨菲19世纪末毕业于耶鲁大学建筑系，其所受建筑教育受欧洲保守的巴黎美术学院（Beaux-Arts）教育的影响，重视建筑的立面形象，而不重视建筑空间与结构的自身逻辑，或深层次的地方文化渊源。另外，墨菲的设计经常无法调和中国传统建筑形式与使用功能间的矛盾。即使是其中得到好评最多的国立北平图书馆，梁思成先生也评价其"对于中国建筑各详部缺乏研究，所以这座建筑物，亦只宜远观了。"[②]但是，这种潮流毕竟是创造传承中国文化新建筑的可贵尝试。

西方教会及西方建筑师在特殊的历史文化背景下倡导的中西合璧式近代建筑新样式，拉开了中国传统建筑艺术复兴的序幕，他们的设计手法也影响了后来中国建筑师的"中国固有形式"[③]探索。吕彦直、董大酉的作品都可以看到墨菲设计的影响。范文照日后把中国古代建筑风格的突出特征概括为"规划的正规性，构造的真挚性，屋顶曲线及曲面的微妙性，比例的协调感，艺术装饰性。"与墨菲归纳之规律相比，只是条目顺序不同而已，内容基本相同。

第三节　本土建筑师的中国风格新建筑探索

19世纪末到20世纪初，由于西方工业国家工业大发展与城市规模的扩大，建筑需求量增大，对建筑功能的要求日新月异，建筑材料与技术得到飞跃式的发展，现代建筑产业逐渐形成。西方建筑出现了新的变革，新艺术运动、装饰艺术风格、现代主义运动在这样的背景下先后产生，也随着西方文化的传播进入北京。20世纪初建成的京师自来水公司厂房和"来水亭"（1908年），以及第一代北京饭店（1907年）都体现出新艺术风格的影响。北京大学地质学馆、北京大学女生宿舍分别是梁思成1934年及1935年设计的，两座建筑均为砖混结构建筑，立面采用了传统灰砖砌筑清水砖墙，建筑设计注意经济适用，外形服从于其内部功能，摒弃了刻意的装饰，体现出一定的现代主义建筑的特征。

1930年，朱启钤在当时的北平创办研究中国传统营造学的学术团体——中国营造学社。从美国、日本留学归国的建筑学者梁思成、刘敦桢分别担任法式、文献组的主任。学社通过对中国古代建筑实例的调查、实测，以及文献资料搜集、整理，对中国古代建筑及其历史进行研究，其成果通过《中国营造学社汇刊》向社会推广。在这种背景下，新一代的中国建筑师对中国的建筑传统有了更深刻的认识。

梁思成为其所著《建筑设计参考图集》作的序中指出，当时世界建筑到了一个新时期，由科学结构形成其合理外表的"国际式"建筑开始风靡，而这个时期的中国新建筑师，需要为中国创造新建筑。[④]

从20世纪30年代初开始，立足于西方古典主义的构图和比例，借鉴了早期现代的装饰艺术风格，并在装饰母题和细部加入中国传统形式的造型手法逐渐形成，与当时中国建筑

① Henry K. Murphy the adaptation of Chinese architecture. Journal of the Association of Chinese and American Engineers，1926，7(3)：37，参见赖德霖等. 中国近代建筑史（第三卷）. 唐克扬译. 北京：中国建筑工业出版社，2016（063）.
② 梁思成全集第六卷（梁思成. 建筑设计参考图集序）. 北京：中国建造工业出版社，2001（235）.
③ "中国固有式"一词最早见于《首度计划》，《首都计划》第六章"建筑形式之选择"称，"以采用中国固有之形式为最宜"，对"中国固有之形式"解释为：①具有中国传统特色的装饰细部；②吸取宫殿式建筑的建造特点；③鲜艳的建筑色彩.
④ 梁思成全集第六卷（梁思成. 建筑设计参考图集序）. 北京：中国建造工业出版社，2001（233-236）.

师群体倡导的被称为"简朴实用式略带中国色彩"①的设计思想相吻合。这种建筑形式可以称之为"中国折衷式",中国近代建筑史界有专家称之为"传统主义新建筑"。②

杨廷宝设计的北京的交通银行、国立清华大学生物馆,梁思成设计的仁立地毯公司铺面是这个时期中国风格新建筑实践的代表作品,也反映了两位中国近代建筑巨匠探索中国建筑近代化的不同的思路。杨廷宝致力于利用西方古典建筑构图原理,依据现实需求实现中国风格现代建筑设计的法则化,创作中西造型折中的建筑;梁思成则在研究中国古代建筑的基础上,强调结构理性主义,试图建构中国风格新建筑的"文法"③与"语汇",实现中国建筑的复兴。

（一）北京交通银行

杨廷宝1930年设计的交通银行,大楼沿街四层,其余三层,钢筋混凝土混合结构。外墙为水刷石饰面,基座用花岗石贴面,正面以外为红砖墙面,女儿墙水刷石装饰,点缀中国式花纹。

该建筑为当时国内外流行的装饰艺术风格（Art Deco）、西方古典主义风格及中国传统建筑元素装饰化的折中。建筑三段式的立面构图及对立面比例的精心推敲是西方古典主义的,立面装饰手法是装饰艺术风格的。进一步分析其立面比例关系,该建筑的壁柱高宽比、壁柱间距,都是典型的西方古典多立克柱式的比例,而柱楣梁高度与柱高,柱径与柱间距和柱轴线间距之比例关系等符合西方文艺复兴经典作品——帕拉第奥的圆厅别墅门廊所采用的爱奥尼柱式的比例关系。由此可见杨廷宝在探索中国风格新建筑过程中,对西方古典形式原型的运用及对比例原则的恪守。

建筑正立面装饰要素中,整体构图隐含传统石牌坊形式,顶部设有斗栱和琉璃瓦檐口,主入口运用垂花门罩,门窗上加琉璃楣檐、雀替等。立面石牌坊的石柱高起的两侧山墙按照装饰艺术风格进行处理,用中国传统望柱的云纹花饰代替装饰艺术的几何形式折线。这些立面装饰中运用的要素均来自中国明清官式建筑（图10-3-1～图10-3-3）。建筑室内也着重强调了中国传统特色。营业大厅内部作天花藻井、隔扇栏杆,绘有彩画（图10-3-4）。

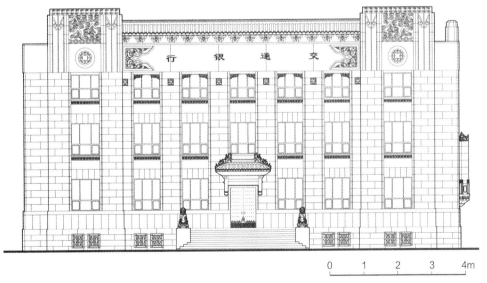

图10-3-1 交通银行立面图（来源：《增订宣南鸿雪图志》）

① "简朴实用式略带中国色彩"一词最早见于中央医院设计经过. 中国建筑, 1933, 2（4）.
② 张复合认为,与20世纪30年代南京为中心的"传统复兴式"潮流相对应,当时的北京近代建筑表现出来的是现代主义潮流的影响,出现了"传统主义新建筑",参见：张复合. 北京近代建筑史. 北京：清华大学出版社, 2004（288）.
③ 梁思成对"清式营造则例"和"营造法式"的研究即为了寻找中国建筑的文法,而与刘致平合编的《建筑设计参考图集》就是对中国建筑构成"要素"的整理和汇编. 参见：赖德霖等. 中国近代建筑史（第三卷）. 北京：中国建筑工业出版社, 2016（466-467）.

图10-3-2　北京交通银行外观（来源：钱毅 摄）

图10-3-3　北京交通银行装饰细部（来源：钱毅 摄）

图10-3-4　北京交通银行营业厅内景（来源：钱毅 摄）

杨廷宝的这种中西合璧的设计手法对后来中国建筑师的建筑创作有较大影响。

（二）国立清华大学生物馆

1930年由基泰工程公司编制了新的清华大学校园规划。杨廷宝先生主持了规划的制定及部分个体建筑的实施，包括图书馆、体育馆扩建以及新设计建造的生物馆和气象台等建筑。当时另一位著名建筑师沈理源则设计了化学馆。这一系列建筑均借鉴了当时在世界范围流行的装饰艺术风格进行设计创作。

清华大学生物馆建筑，坐南朝北，总建筑面积4000余平方米。建筑采用西方古典建筑的三段式设计，并严格遵循比例原则，入口所在的中部采用装饰艺术风格的设计，强调竖向线条及几何形体感。北侧入口设置大台阶，直达二楼，大门口设粗犷的立柱横梁，横梁下两角设仿中国传统建筑雀替构件的装饰，体现建筑师在现代建筑实践中对中国传统建筑意匠传承的匠心试验（图10-3-5～图10-3-7）。

（三）仁立地毯公司

仁立地毯公司王府井铺面，1932年由梁思成设计，是宽不足20米的三层临街店面建筑，现已不存。此座建筑铺面设计由"梁思成建筑事务所"技师关颂坚主持，卫华营造厂承建。

图10-3-5　清华大学生物馆渲染图（来源：《杨廷宝建筑设计作品选》）

该建筑整体采用现代装饰艺术风格的设计构图。建筑主入口位于立面右侧开间，这一开间入口上面两层开竖向窄条窗，形成向前略为突出的较为封闭的建筑体块，强调了建筑具有现代感的不对称性。建筑中间三个开间，底层为橱窗，用八角柱分隔，三面橱窗上面设横向装饰带，用仿自天龙山隋代石窟的一斗三升及人字拱装饰，其上面压仿椽头的装饰带，一直延伸到立面左侧开间的次入口上面；中间开间从二层窗边壁柱顶端伸出石制的拱，三层是石头麻叶，三层窗下用青砖砌出勾片栏杆，其式样来自于南京栖霞寺舍利塔及蓟县独乐寺观音阁。建筑左侧开间为垂直交通空间，门窗、设计简洁，无装饰，悬挑招牌的"夔龙挑头"可见于梁思成所编《建筑设计参考图集》。整个立面用假石饰面，立面顶部的女儿墙顶部用琉璃瓦包边，安装琉璃七祥吻和合角吻。建筑内外设计风格统一，室内方盒子空间有仿传统柱、梁、枋装饰，柱头出挑插拱，额枋上绘宋式彩画（图10-3-8、图10-3-9）。

图10-3-6　清华化学馆入口处外观（来源：钱毅 摄）

图10-3-8　仁立地毯公司历史照片（来源：《梁思成全集第九卷》）

图10-3-7　清华化学馆北立面外观（来源：钱毅 摄）

图10-3-9　仁立地毯公司室内历史照片（来源：《梁思成全集第九卷》）

　　这座建筑的设计，表现出梁思成纯熟的西方古典构图技巧和对中国古建筑的研究，以及对如何将中国古建筑研究成果运用于中国风格新建筑的探索。设计较为成功地将中国传统建筑的各种要素运用于一个符合西方古典建筑比例原则的装饰艺术风格的建筑立面中，反映出建筑的时代性和民族性（图10-3-10）。

图10-3-10　仁立地毯公司立面图（来源：《梁思成全集第九卷》）

第十一章 建构

近代的工业文明在全世界范围带动建构领域的现代化，对于逐步开放的近代北京，随着近代化的建筑技术与营造技艺的不断深入，这些技术与技艺经过外来建筑师、技师的传播，本土设计、施工参与者的消化吸收，逐渐结合北京的建筑传统，不断演化出具有本土特色的建构技艺与形式。

在结构体系方面，早期砖（石）木混合结构随着西式建筑的建造而引入，改变了中国传统建筑长久以来木构架建筑承重体系，进而随着建筑材料、工程技术的发展，钢筋混凝土及大跨度结构带来建筑领域更深刻的现代化。

在建筑材料与工艺方面，一方面是新材料、新工艺的引进，另一方面是传统工艺、技术在近代化过程中的传承与发展。

在形式与装饰方面，一方面受建筑西化的影响，许多建筑在装饰方面也着力表现西式的风格或中西合璧的风格，具体常采用传统建筑工艺对西式建筑进行模仿。另一方面，随着中国传统复兴式建筑、中国风格新建筑的兴起，也有许多建筑采用近代化的建筑工艺对中国传统建筑形式进行仿写，为此中国营造学社整理出版了中国传统建筑形式与装饰的相关成果，为设计中国风格新建筑服务。

第一节　结构体系的变革

在中国传统建筑中，梁柱木构架体系为结构主体。砖墙，在北京地区的传统建筑中除起到建筑的围护、保温、隔热等作用外，在结构方面起到的是辅助作用。

19世纪60年代，第二次鸦片战争之后，随着西方建筑成规模的传入，西方建筑结构体系也传入北京，并影响当时北京建筑的建造方式。特别到20世纪初，在建筑承重体系中更多发挥砖（石）砌体承重作用的砖（石）木混合结构建筑物在北京不断增多，逐步成为一种较为普遍的建造方式。

另外，随着西方近代建筑文化影响的不断扩大，北京逐步出现了使用钢骨混凝土、钢筋混凝土、钢结构、大跨结构等近代化结构体系的建筑。外来的建筑结构体系不断被北京匠人、设计师、建筑工人吸收，融入北京近代建筑的建设之中。

一、砖（石）木混合结构的发展

其实至少在18世纪圆明园长春园西洋楼建筑中，外来的砖（石）木混合结构的建筑已经大规模出现在北京。西洋楼设计的主持人虽然是意大利画家郎世宁等西方人，但配合其工作的设计者以及参与施工的基本都是中国工匠，因此其结构与构造都掺入许多本地的传统做法，如夯土基础、琉璃瓦的使用，以及传统灰砖的砌筑工艺等。

另一方面，西方人在北京的建设也将砖（石）木混合结构带入，如教堂建筑的建设，值得注意的是，北京早期的教堂建筑，也基本采用本地易于获取的青砖。因需满足教堂大空间的使用需求，故屋顶结构多引入较大跨度的三角木桁架，屋面则使用中国传统的小青瓦或琉璃瓦。

19世纪末20世纪初，砖（石）木混合结构开始在北京推广开来，逐渐成为非常普遍的建造方式。

1898年为慈禧在去颐和园的途中能在"乐善园"下榻休息而建的西式楼房建筑——畅观楼，是清末官方建筑中，比较完整地采用外来的砖木混合结构体系的较早实例，砖柱、砖墙、砖拱券代替了木柱、木梁承重，支撑屋顶的是外来的人字形木桁架（图11-1-1）。

但是由于当时外来结构体系的使用还并不成熟，通常

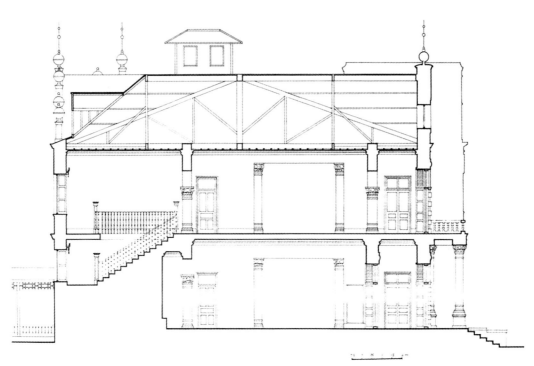

图11-1-1　建于1898年的乐善园畅观楼南北剖面图，可见其砖木结构及西式的三角屋架（来源：《图说北京近代建筑史》）

体现出与北京传统的常用建筑结构做法混搭的特征，如光绪三十年（1904年）十月在中海竣工的皇家建筑海晏堂，其结构体系是中国传统的木构架梁柱体系与外来砖墙承重的砖木混合结构体系的折中，由留存的样式雷图档显示，其屋顶作法仍为传统的抬梁式大木构架，但屋面没有举折，檐口也无起翘（图11-1-2）。

　　1907年建造的南沟沿救主堂，由木框架、木桁架、砖墙混合承重，其巴西利卡式的礼拜空间中间高起部分由十一榀三角木桁架支撑木檩、木椽及传统筒瓦。三角木桁架由八角形截面木柱支撑，并落到砖石柱础之上。这样形成的各榀木框架间由上、中两层横向木梁连接，增强结构的整体性，两侧木梁间填充木板及高窗，下部木梁下设传统木挂落。在木柱外侧较低处向外是直角三角形木桁架，其锐角端直接搁置在外侧砖墙突出的砖剁处，界定出两侧低矮的柱廊空间（图11-1-3）。

　　祭坛上方八角形三重檐采光亭及八角形基座，采用逐层内挑的木结构，应该同时受到来自中国传统木构技术与西方木构技术的影响（图11-1-4）。

二、铸铁结构

　　铸铁结构作为一种工业革命后的新结构形式，最初在18世纪末19世纪初，在英国的工厂建筑中替代木结构发挥作用。19世纪逐渐在西欧工业国家被广泛采用，并逐步推广到殖民地国家。铸铁框架建筑引进中国，一方面是在西方殖民者的建设活动中引入的，另一方面是本土官方与民间将铸铁结构看作时髦风尚加以模仿与追捧。

　　宣统元年（1909年）建于紫禁城延禧宫的灵沼轩是北京近代最重要的铸铁结构建筑。灵沼轩是一座由铸铁结构与砖石混合承重，辅以玻璃建造的建筑，功能可能是皇室成员观赏水生动植物的一处休闲场所，同时也有防火储水功能（因延禧宫于道光二十五年曾遭火灾）。[①]这座水晶宫似的铸铁建筑为洋

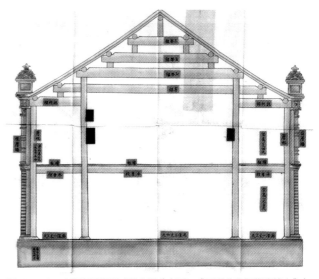

图11-1-2　中海海晏堂样式雷立样（来源：《图说北京近代建筑史》）

图11-1-3　南沟沿救主堂内部结构（来源：钱毅 摄）

图11-1-4　南沟沿救主堂采光亭内部结构（来源：钱毅 摄）

① 张剑葳. 中国古代金属建筑研究. 南京：东南大学出版社，2005（218）.

商设计[1]，由于建设过程中清王朝遭遇危机并直至覆灭，该建筑并未完工。建筑铸铁构件上面有英文款识，应该是由外商制造的，上面的花纹有花卉植物等东方样式的纹样，与布满中国传统浮雕装饰的汉白玉基座及建筑一层，组合成一组带五座亭子的带有维多利亚风格的铸铁建筑，建筑整体中西合璧的风格应该也属于"西洋楼式"的范畴（图11-1-5）。

三、砖（石）墙钢筋混凝土结构的引入和发展

在钢筋混凝土结构传入中国并广泛应用之前，经历了短暂使用钢骨混凝土结构的过渡时期。钢骨混凝土结构通常与砖（石）承重墙混合使用，楼面结构用密肋排布的工字钢（也有直接用钢轨的），替代传统用木材做大梁或木制密肋梁的做法，以达到加大楼面荷载及跨度的目的。密肋钢骨之上，通常承托拱形铁板或砌弧形或平拱砖拱，上面铺混凝土，再做木地板等面层。

很快，钢筋混凝土梁被引入，替代了钢骨混凝土结构的工字钢梁，出现了钢筋混凝土混合结构建筑。通常做法是由砖（石）构筑墙体，承托钢筋混凝土浇筑的楼层圈梁，在木密肋梁上铺木楼板作为楼面，或承托钢筋混凝土梁、楼板作为楼层结构。

20世纪初以来，以上海、天津等开埠城市为中心西方建筑师、工程师大量参与新建筑的建设，现代建筑结构理论及技术也在国内迅速地扩散、发展。

钢筋混凝土框架结构也开始在工业及多层建筑中得到应用。1920年在北京宣南商业繁华街区建造的京华印书局是现在已知北京第一座采用钢筋混凝土框架结构的建筑（图11-1-6、图11-1-7）。

1917年建设的北京饭店中楼为典型的钢筋混凝土结构，共七层，为当时北京最高的楼房。

很快，钢筋混凝土框架结构就被应用到中国传统复兴式建筑中，用来完成对中国传统木构梁柱框架的仿写。1924年在燕京大学的建设中，建筑师与工程师引入钢筋混凝土壁柱、梁架配合砖墙、木梁，模仿中国传统建筑的形式，如当时燕京大学穆楼[2]（丙楼）的建设中，为仿造出中国传统官式

图11-1-6　京华印书局旧址（来源：钱毅 摄）

图11-1-5　紫禁城延禧宫的灵沼轩遗构（来源：王峥英 摄）

图11-1-7　京华印书局旧址的钢筋混凝土框架（来源：钱毅 摄）

---

① 朱启钤. 营造论. 暨朱启钤纪念文选. 天津：天津大学出版社，2009（245）.
② 位于燕京大学核心建筑贝公楼北侧，由穆先生（Mr. McBrier）所捐，因此被称为穆楼。

庑殿式屋顶，创造出钢筋混凝土的仿抬梁式框架与木屋架相结合的特殊结构（图11-1-8）。1931年建成的国立北平图书馆主楼建筑，较为忠实地用钢筋混凝土框架结构模仿了中国传统木构架设计（图11-1-9、图11-1-10）。

四、大跨度结构

北京传统建筑中为获得大跨度空间，以清宫廷室内戏园为例，多采取多卷勾连搭的抬梁结构，如建于1830年的湖广会馆戏楼，采用抬梁式木结构建筑，双卷勾连搭重檐悬山屋顶，舞台所在的当心间的柱间宽度达5.68米，戏楼上面十一架大梁跨度达11.36米。

外来的近代大跨度建筑结构技术最初引进国内多应用于工业建筑领域，之后才逐渐被引入民用建筑的建造，最普遍的结构类型为桁架。1898年清廷在"乐善园"畅观楼中即应用了桁架结构。20世纪初，随着商业、金融业建筑对共享空间的需求，在大栅栏的商业、娱乐、金融建筑中，桁架结构被广泛应用于中庭空间的建造中。在正乙祠戏楼建筑中，大跨度的屋顶结构在传统抬梁结构基础上加入了斜向支撑，应该也是来自近代西式桁架结构的影响（图11-1-11）。

随着桁架、壳体等新技术的应用，北京新建筑空间的跨度不断被刷新。1917年，在北京清华大学大礼堂的工程中

图11-1-8 燕京大学穆楼旧址修缮中展露的钢筋混凝土框架与木屋架结合的屋顶结构（来源：钱毅 摄）

图11-1-9 国立北平图书馆旧址室内钢筋混凝土框架结构（来源：陈凯 摄）

图11-1-10 国立北平图书馆旧址室内钢筋混凝土框架结构（来源：陈凯 摄）

图11-1-11 正乙祠戏楼屋顶传统抬梁结构与近代三角桁架的折中（来源：钱毅 摄）

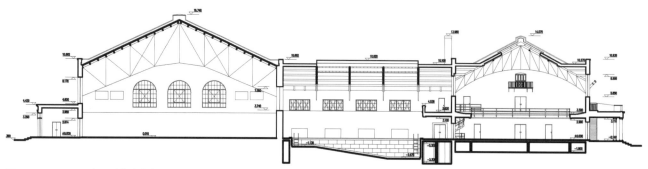

图11-1-12　1931年设计的清华大学体育馆剖面测绘图（来源：《图说北京近代建筑史》）

采用了19.5米的现浇钢筋混凝土半圆拱（图11-1-12）；1917年兴建的北京饭店中楼，首层西部舞厅采用钢筋混凝土拱壳结构；1919年采用六榀钢桁架屋盖的清华大学体育馆，室内篮球场净宽达到18.5米；　1931年设计的清华大学体育馆扩建工程采用跨度27.4米的尖拱形钢桁架；1936年建成的北平真光剧场（今首都电影院）中使用了跨度24米的钢桁架。

第二节　材料与工艺的传承和发展

近代建筑转型的主要途径之一为外来建筑技术直接引入。除此之外，国内工匠、建筑师等也对传统的建筑技术进行了主动的改变、演化。工匠在建造活动中，常将新的材料和建造工艺和传统建造技术进行本土化的再次处理，以满足当时建筑的使用要求及人们的建筑审美。伴随着西方建筑体系的全方位引入，各种新的材料及建造工艺得到了更广泛的使用。

一、新材料新工艺的引进

随着各种新的结构形式的不断发展，各种新型建筑材料进入北京建筑市场，被应用于建筑营造中，如早期铸铁（图11-2-1）、钢与玻璃的引进，以及后来钢材、水泥、机制瓦等的使用。

防水、防潮、隔热、保温等技术在西方建筑技术的影

图11-2-1　中原证券公司旧址铁艺栏杆（来源：钱毅 摄）

响下也有了新的发展，钢材门窗也开始出现。中国工匠掌握了各种人造石工艺并将其广泛运用在建筑中，其中最为常见的为水刷石，水磨石，斩假石。外墙装修中开始广泛使用水刷石等仿石工艺，墙面的也开始使用油漆饰面。在高层建筑施工中开始应用搭建脚手架的方式，钢筋混凝土构件大量使用。

二、传统工艺、技术的传承和发展

近代，西方营建技术随着西式建筑的建造也在北京传播开来，但是，相对于一些沿海开放城市，北京近代的建造活动中，传统工艺与技术的延续更普遍，其中一些工艺与技术，也融合了外来的近代技术，发展出一些兼具传统与地方特色的工艺与技术做法。

以砌砖工艺与技术为例，近代，西式的机制红砖以及以一顺一丁的英式砌法为代表的砌砖工艺对中国建筑产生了深刻的影响，但是，北京的多数近代建筑，却坚持采用北京传统官式建筑中常用的青砖材料，传统的三顺一丁砌法以及传统的磨砖对缝工艺。

如在1907年建造的南沟沿救主堂建筑中，清水砖墙都采用青砖以传统的三顺一丁法砌筑，在局部窗洞口采用了砖砌半圆形或弧形拱券。主次入口两侧墙面砌厚砖扶壁，应该是借鉴了西方哥特教堂的飞扶壁形式。[1]

如在1902年重建的北京宣武门南堂中，中国工匠清水砖墙面及墙面的砖浮雕也大部分采用传统的工艺砌就。教堂立面上各种西式线脚等装饰，中国工匠也用青砖或红砖砌成。[2]与传统做法不同之处，是墙体的开洞大量使用拱券、平券等形式，这里的拱券与中国同样悠久的砖拱券技术不同，借鉴了外来的做法，加入了拱心石。

近代北京的青砖工艺，开始沿用传统的砍砖、磨砖技艺，后来改进了技术，引入了砖刨、水银平尺、搅拌板等工具，施工效率与质量都更为提高（图11-2-2）。

1907年建成的陆军部建筑群是清末官方等级最高、规模最大的一组西式建筑群，由中国建筑师设计，并由中国营造厂施工，集中反映20世纪初中国官方近代建筑营建水平。陆军部南楼是整组建筑中最重要的一座。这座建筑采用的是传

图11-2-2　宣武门南堂的砖墙及中西合璧的砖雕装饰（来源：陈凯 摄）

统的青砖[3]，按一顺一丁的砌法丝缝砌筑[4]。南楼建筑的砖木结构体系有以下主要特点：砖柱砌成三段式，略区别于西方砖柱的三段式，尤其是二层柱础明显由清式须弥座变化而来；受当时西方人在华建设的殖民地外廊式建筑影响，设置砖拱外廊，外廊砖券与中国传统砖券不同，模仿西式拱券设置了砖雕的拱心石；砖叠涩应用广泛，代替斗栱与梁头作出挑，部分叠涩类似于西方建筑中的"帽托"，而部分叠涩类似中国古建筑的椽头、斗栱的效果[5]（图11-2-3、图11-2-4）。

---

① 李海清. 中国建筑现代转型. 南京：东南大学出版社，2004（48）.
② 李海清. 中国建筑现代转型. 南京：东南大学出版社，2004（222）.
③ 陆军部南楼采用停泥砖，清代用于高级房屋墙壁砌筑的上等砖，规格为约275×135×60（毫米）。
④ 中国传统外墙磨砖对缝砌砖的高级砌法，要求精细程度略低于干摆砖，砌筑前需要按墙体要求对砖进行截断、磨光、砍削等，需要检查砖的棱角是否完好，砌筑成品砖面平整、紧密，砖缝横平竖直，深浅一致，如丝缝一样，留一丝青灰浆。
⑤ 赖德霖. 中国近代建筑研究. 北京：清华大学出版社，2007（110）.

图11-2-3　陆军部南楼旧址南北剖面测绘图（来源：《图说北京近代建筑史》）

图11-2-4　陆军部南楼旧址局部（来源：钱毅 摄）

第三节　形式与装饰的模仿和创新

北京近代建筑在建筑细部装饰方面采用传统的装饰主题、装饰元素、装饰纹样，以及装饰工艺也是北京近代建筑传承北京建筑文化传统的实践中重要的一部分，甚至中国营造学社还专门整理了相关资料出版，方便建筑师在实践中加以运用。

一、中西合璧的建筑装饰

北京近代建筑中中西合璧的建筑装饰源自圆明园西洋楼建筑群。在西洋楼建筑中，设计者摒弃了欧洲巴洛克与洛可可装饰纹样中人物与动物的叙事主题，转而将其辅助、烘托作用的植物与贝壳等饰纹提升为装饰主题，甚至夸大，还将诸如雀替、望柱、卷草、三幅云、垂莲、云纹、万字纹、寿字纹等大量中国传统建筑的细部纹饰糅入巴洛克雕饰中。[1]

列强侵入北京，并在东交民巷兴建多处折衷主义式的洋风建筑，各种西方古典建筑装饰元素开始应用于新建建筑中。

受圆明园西洋楼建筑风格影响的"西洋楼式"中西合璧

---

① 赖德霖等. 中国近代建筑史（第一卷）. 北京：中国建筑工业出版社，2016（049）.

的建筑，最初零星建于皇家苑囿及王府之中，到清末逐步在北京城如雨后春笋般风靡开来（图11-3-1）。

这一时期的建筑营造中，工匠对圆明园西洋楼建筑的装饰手法进行模仿，并加入北京地区传统的建筑装饰。这一时期，西方柱式出现在建筑营造中，砖雕花饰、山花、拱券等也作为建筑物的主要装饰。

20世纪初东交民巷使馆区原有建筑多被毁坏后重建，折衷主义的洋风建筑的大范围兴建由此拉开序幕。洋风建筑的风格形式多样，西方的三段式立面分隔，柱式、拱券、拱窗、铁艺栏杆、山花等装饰元素均在这一时期的建筑中体现。

二、传统建筑工艺对西洋建筑形式的仿写

早在圆明园西洋楼的建设中，中国传统的夯土基础、砖石砌筑、屋面瓦件的铺砌工艺都得到广泛的使用，抬梁结构体系等也得到广泛的应用，用以构筑西洋化建筑的形式。此外在清代皇家建筑中普遍采用的汉白玉、青砖、五色琉璃瓦等建筑材料也被广泛使用。

陆军部衙署主楼，主入口前设雨棚，用铁皮覆盖，其支撑木柱、梁架采用木构模仿铸铁工艺，体现对铸铁材料所代表的欧洲新建筑的时代特征的追求（图11-3-2）。类似的

模仿还见于北京宣南地区榆树巷1号建筑（传说中的清末名妓赛金花怡香园旧址）（图11-3-3），其外廊及外廊外部延伸的板条吊顶具有典型的殖民建筑特征，廊前复杂截面的木柱，洋风的柱头都仿写了铸铁的工艺，木挂落与雀替是北京传统的形式与工艺，出挑顶棚的前檐是仿铁艺的带有哥特复兴（Gothic Revival）与维多利亚时代风格的挂檐板，这种挂檐板在当年北京的新建筑中颇为流行。

图11-3-2 陆军部衙署主楼旧址用木构模仿铸铁工艺的门廊（来源：李海霞 摄）

图11-3-1 王府井东堂的中西合璧装饰（来源：陈凯 摄）

图11-3-3 榆树巷1号建筑外廊前檐局部（来源：钱毅 摄）

三、近代建筑工艺对中国传统建筑形式的模仿

20世纪初，西方建筑师在北京教会建筑中不断实践"中国传统复兴式"建筑，以北京古建筑为仿照对象，与近代化的建筑功能与技术结合，探索折中的新建筑形式。这些建筑屋顶多使用中国传统的形式，立面上使用中国传统的处理手法，如汉白玉须弥座、封檐板、木斗栱等。

如燕京大学建筑，对中国传统建筑更多是形式上的模仿，将中国宫殿式的大屋顶及传统装饰元素加在近代化的楼房之上，其大屋顶的建造最初想采用钢架结构建造，后来因成本过高放弃，改用木屋架，在木椽上铺瓦，最后在檐部包上混凝土的假椽及假斗栱（图11-3-4、图11-3-5）。燕京大学的博雅塔，功能是提升水位为校园供水的水塔，以通州的辽塔燃灯塔为摹写的原型。塔身采用钢筋混凝土结构建造，用混凝土预制构件来模仿密檐宝塔的斗栱等木构件，由

于考虑到预制构件的标准化，塔身并未像传统的中国塔那样呈现下大上小的收分（图11-3-6）。

如国立北平图书馆，采用钢筋混凝土框架结构，模仿中国传统官式建筑的木构架。

随着中国建筑师成长，在20世纪30年代，北京地区开始出现"传统主义新建筑"，多受现代主义潮流的影响。这一时期的建筑遵从内部的使用功能，立面处理较为简洁，体量组合协调，十分注重整体的比例关系。

四、中国营造学社对中国传统建筑形式和装饰的研究整理

1930年，朱启钤组织创办的中国营造学社，汇集了一批有志学者，通过对中国古代建筑实例的调查、实测，以及文献资料搜集、整理，对中国古代建筑进行研究。除了将

图11-3-4　燕京大学图书馆旧址外檐用近代化的材料、工艺对中国官式传统建筑的模仿（来源：钱毅 摄）

图11-3-5　施工中的燕京大学男生宿舍（来源：《从"废园"到"燕园"》）

图11-3-6 原燕京大学博雅塔用近代化的材料、工艺对中国传统密檐塔的模仿（来源：钱毅 摄）

其对所调查的中国古建筑，进行分析解释，陆续通过《中国营造学社汇刊》向社会推广，另外，1935年至1936年，梁思成、刘致平先生还借助西方学院派式的方法按照造型要素解析中国建筑，编写了《建筑设计参考图集》，由中国营造学社出版（图11-3-7）。该书共出版10册，分别是1.台基（图11-3-8）、2.石栏杆、3.店面、4.斗栱（唐、宋）、5.斗栱（元、明、清）、6.琉璃瓦、7.柱础、8.外檐装修、9.雀替、驼峰、隔架、10.藻井。每辑冠以简略说明，再配以必要的插图，案例主要是北方传统建筑形式及装饰特征。梁思成希望借助该图集对中国建筑构成"要素"进行整理与汇编，专供需要传承中国建筑文化传统的建筑设计参考。

图11-3-7 《建筑设计参考图集.第五集：斗栱》封面（来源：《梁思成全集第六卷》）

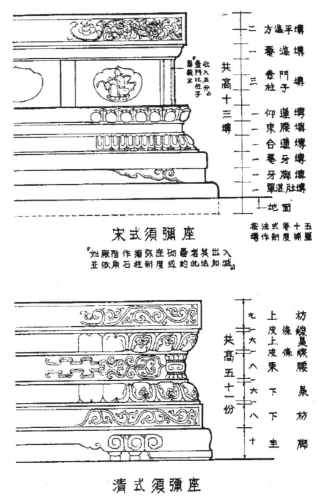

图11-3-8 《建筑设计参考图集.第一集：台基》图版壹：宋式须弥座、清式须弥座（来源：《梁思成全集第六卷》）

下篇：北京现代对传统建筑传承创新

第十二章　总体特征

1948年10月北平和平解放，众多文物古迹得以完整保留，1949年10月1日中华人民共和国中央人民政府在天安门广场宣告成立，北京的建筑历史终于翻开新的一页。在作为新中国首都的七十年中，政治、经济、文化都对建筑传承产生过深远影响。

新中国成立初期北京城市发展很大程度上受到苏联的影响，国家对现代工业文明的向往，使得所有维系传统格局的思维面临挑战，但总体上新建筑还是努力与传统建筑产生着某种呼应和对话，民族形式也一度作为创作标准得以确立。

以新中国成立十周年为契机的十大建筑在复杂的时代背景中集中涌现，这里既有对古建筑的直接学习模仿，也有引入西方建筑形式的融合产物，同时还有传统建筑与新功能、新材料相结合的创新典范，使新中国现代与传统建筑的融合经历了一个短暂繁荣期。

改革开放后中国社会的基本国策转向"以经济建设为中心"，建筑领域也随着国家经济建设的再次启动进入到全新历史进程，那个时候很多建筑师都默默无闻地从事着中国建筑文化的修补、整理与开拓工作。

时至今日，北京传统建筑的现代传承见证了变迁，也经受过最严峻的洗礼。从改革初期向西方学习到新世纪初传统文化的逐步自省与回归，我们越来越意识到中国建筑的未来需要重新认识传统建筑的文化和情感内涵，并以此探索当代建筑真正适合的发展道路。

第一节　城市在传统与现代的交织中演变

北京既是中国最重要的历史文化名城之一，保留着完好的传统城市格局和珍贵的历代建筑，具有极其重要的文物价值，同时又是中华人民共和国的首都，具有彰显中国社会现代化发展的重要作用。在七十年的发展进程中，传统的城市格局不断与新出现的城市形态在冲突中相互融合，并逐步于一些区域实现了和谐共生的状态，呈现出以下几个特征：

北京现代城市发展中，始终萦绕着新城建设与旧城保护关系的世纪课题。新中国成立初期，北京无论从历史传统、政治象征、经济实力还是文化脉络，完全没有基础把整个都城当作历史古迹保留下来。1949年—1979年的三十年间，北京建筑经受了历次政治思想的洗礼；1979年—2009年的三十年间，北京建筑又在势不可挡的经济浪潮中来不及深思，于是很多古建筑消失了，历史悠久的胡同减少了，原有成片的历史古迹逐渐收缩，以公园、庙宇、文物保护单位等形式吃力地保留着。即使这样城市规划也一直小心翼翼地试图保护历史文物，比如北京曾经推出过严格的限高法规，确保在紫禁城内看不见外围的现代建筑。不过，随着时代的推移，城市的发展很难亦步亦趋地跟随着历史，保留古代的视野和天空似乎已经力不从心。

北京现代城市发展中，交织着历史街区格局与当代规划理念的融合实践。北京城市自建都以来就有其明确的中轴线和横向主街（长安街）轴线，与其平行展开的主要街道，将方正的北京城划分为九经九纬的棋盘式格局。与此同时，京城又被大到紫禁城、天坛，中到官府、寺庙，小到四合院、小集市等各级院子划分为各个围合空间。这一相互交织的城市形态延续了数百年。20世纪50年代，苏联城市专家的规划理念给当时新北京的发展设定了新的规则，并通过中央的支持迅速主导了学术界和城市规划的各个领域，其中最典型的两个特征就是围绕中心地带的多重城市环路与四面八方的放射道路交织成的网状交通体系，以及依据城市气候、风向等环境特点，采用不同污染程度的机构分区规划的原则，例如西北上风向为文教区，东南下风向为工厂区等。这种同质区

域过于集中的方式，导致北京的资源分配十分不均衡，相互之间的交流也增加了交通负担。改革开放后世界各种城市规划思想不断涌入，欧美的CBD+郊野居住区实践广为人知；带型城市与分区域中心的思想已在新兴区域的发展中得以实现；城市绿化隔离带的思想试图解决城市的热岛效应；新陈代谢与可持续发展社区理念在老街区更新模式上起到了很好的示范性作用，这些全新的理论被外国建筑师逐步带到国内，深刻影响了原有的北京城市肌理。

北京现代城市发展中，大量国际建筑设计作品的涌现，对原有城市的格局、基调产生了不小的影响。经过改革开放三十年的发展，中国的综合国力获得了提升，终于有能力建造更复杂、造价更高的建筑。国家大剧院、国家体育场、国家游泳中心、首都国际机场T3航站楼、CCTV中央电视台新台址、北京南站、望京SOHO等一批有影响力的国际建筑大师作品落户北京，颠覆和丰富着人们的建筑观念。2008年北京成功地举办了第29届奥运会，高水平的奥运场馆和众多国际水准的新建筑提升了北京城市形象的国际化水平。与此同时，一大批外国建筑师终于进入中国建筑设计市场。给中国的建筑师们带来了艰巨的挑战。建筑形式千奇百怪，理论基础多种多样，在西方后现代主义思潮的影响下传统建筑传承成为挂在外国建筑师嘴边的时髦词语，于是抽象、夸张的现代中式建筑层出不穷，中西建筑风格混搭的案例比比皆是，但真正有质量、有品位的中式建筑凤毛麟角。这个时期关于传统建筑传承与解析的研究和实践都显得沉寂不少。

北京当前及未来城市发展将受到《北京市总体规划（2016年—2035年）》与建筑文化复兴趋势的重大影响。京津冀协同发展战略、北京城市副中心建设，雄安新区设立，北京大兴国际机场区域发展，北京南城更新计划，北京首钢传统工业区改造和中关村科学城建设，体现了北京城市发展的方向——"坚持以人为本、坚持可持续发展，坚持一切从实际出发，贯通历史现状未来，统筹人口资源环境，让历史文化与自然生态永续利用、与现代化建设交相辉映"。这些战略与规划恰逢传承和弘扬中华优秀传统文化的关键时刻，意义深远，同时这也会逐步缓解高房价对于城市可持续

发展和传统建筑保护的巨大压力，未来北京城市将有机会重新回到建筑传承与发展较为和谐的状态。但是，其中城市新区建设基本上是从无到有，少有建筑文化传承的脉络，因此必须谨慎对待，避免成为一般新建筑的实验场。

第二节　院落空间的多元发展

中国古代建筑讲究院落式布局，建筑沿水平方向延展，比如紫禁城全部通过院落、廊桥相连，又如民居四合院，建筑也是讲究沿着中心院落展开，自然和谐。这种天人合一的建造思想影响了中国建筑几千年，舒缓的生活方式一直延续到新中国成立，并没有发生实质性改变。北京的城市规划与城市发展均是以紫禁城为中心依次展开的，这种一脉相承的城市格局和建筑文化，正是古都北京的价值核心。但是今天北京的城市规模大、人口密度高、交通拥堵、房价居高不下等一系列情况，使得围绕院落展开的传统的居住方式很难再延续，传统院落空间的发展呈现出以下趋势：

传统院落空间的郊区化。在高密度的都市环境中院落空间已经成为城市中心的稀缺资源。新建建筑很难再采用水平展开的设计理念。然而中国人对于土地、庭院的迷恋并未减少，因此在土地资源相对宽松的远郊区，院落式格局仍然是人们努力追求的目标，此外，这些郊野区域也同时拥有很好的自然山水环境，与庭院建筑相映成趣，从而在远离城市的地方继承并创造出新的宜人的院落式建筑和空间。

传统院落空间的室内化。现代高大的建筑尺度与传统的庭院环境很不相同，无法再运用原有的院落设计手法来简单适应现代建筑空间，但是在这些建筑内部，仍然可以利用自然采光营造一些尺度宜人的传统规模共享区域，并通过景观营造和植物栽培获得局部尺度亲和生态友好的类院落空间。近些年建筑的室内绿化和垂直绿化科技有着突破发展，传统造园思想融入现代空间的方式被更广泛运用，将使传统院落在现代建筑中重生。

传统院落空间的屋面化。利用现代建筑的屋面进行二次开发设计，借鉴传统院落空间的精妙，使原先被忽略的建筑空间获得重生。现代城市的高容积率以及地面环境的高度拥挤，使得传统院落营造方式无法延续，与此同时现代建筑中大量屋面设计粗糙、简单，单一的作为建筑的维护结构或仅作为机电设备的安置空间形成严重浪费。当今建筑师越来越重视屋面空间的设计：营造景观绿化环境、优化机电设备空间，完成了一批高低错落的"空中庭院"使建筑的第五立面成为城市与建筑中最新的共享空间。

传统院落空间的精致化。在很多传统形式建筑中不乏庭院空间的存在，但大多老旧衰败或是仅适合植物观赏和少数人停留。近年由于创意型餐饮形式和精品酒店的蓬勃发展，这些院落空间经过精心保护，引入新材料、新陈设，丰富的景观设计、灯光设计，创造出很多精致的中庭院落空间，成为现代都市环境中珍贵的传承场所。此外，院落空间立体化也是传统院落传承的一个重要课题，建筑师将一些中小型建筑中的过渡和交通空间等公共空间与地面庭园产生关联，构建连续的院落空间，甚至一直延续到屋面，呈现出丰富、精致且创新的院落体系。

第三节　传统建筑形式的继承和创新

新中国成立初期，一批海外归来的建筑学者尝试把中国古代的建筑思想和建筑形式与西方现代主义的建筑理论相结合，满足现代的生活使用需要。这些建筑由于采用钢筋混凝土结构，从而轻易地超越了紫禁城的高度与体量。它们在与重要古建筑保持相当的空间距离的同时，通过附以古典建筑的坡屋顶来表达对古代城市和建筑的尊重。在随后的一段时间，在经济迅速发展的过程中，我们缺少了对中国传统建筑的敬重和珍惜之心，对中国传统建筑艺术的创新和欣赏之力，对中国传统建筑文化的自省和传承能力。从总体上观察，北京很多重要的传统建筑经历了时代的变迁，作为各级文物保护单位留存，得以在新时期保护、修复和研究，还有一些传统建筑在作为文物保护建筑保护的同时也被赋予了新功能，营造出新的使用空间，焕发出新的活力。很多重要的新建筑也都选择以不同形式尝试与中国传统建筑对话，只是在不同历史时期建筑师所采用的方式方法、思路模式不尽相同。今天的北京社会环境更加开放，经济实力显著增长，文化需求日益强烈，对传统建筑的认知更加理性和多元。主要呈现出以下几个趋势：

传统建筑形式的直接继承。这些建筑采取传统建筑的形式或是将传统建筑语言运用到现代建筑上，其装饰通常与内部功能并无紧密关联，传承手法上也不会拘泥于传统建筑营造则例，采用现代材料模仿而成，最突出的形式就是传统大屋顶的采用，以及用砖石金属材料塑造传统建筑檐下的构件、图案或格扇，建筑的主体结构还是现代建筑。继承传统的建筑通常出现在一些特定的文物保护区、重建区，或者特别需要传递和表达传统建筑文化与国家品牌的地方。传统建筑是一个传承千年形制完整的建筑体系，如果模仿不专业，很容易造成粗制滥造或是文不对题的情况，因此采用这种传承方式必须特别重视建筑形制、材料、比例、色彩之间的相互关系，通过预制构件和现场装配的方式提高现场工艺水平，同时特别注意古典部分和现代部分的造型比例。

传统建筑形式的逐步演化。传统建筑的演化主要是指这些传承建筑已经不再拘泥于传统建筑的固有形势和格局，而是根据当代建筑的使用功能，对传统建筑的形式内容进行全新诠释，采用新材料表达古典建筑理念，并充分发挥当代的建筑工艺水平，完成建筑传统构造向当代构造的过渡。有些建筑对传统部分加以改造利用，并与现代加建部分融合共生，既可以是现代建筑中引入一部分传统风格的建筑，使两者在相互冲突中产生戏剧感甚至是更高层次的和谐感，也可以是在已有古建筑的环境中植入局部的新建筑元素，让新老两部分在对比中谋求总体意境的统一，相得益彰。

传统建筑形式的创新。传统建筑形式的创新是指在现代建筑中，利用现代艺术的造型方式对传统建筑的屋顶、梁椽、斗栱、格扇、材料、色彩、装饰等语素进行大胆的抽象、夸张、变异和衍生，力求在现代造型中抽象传统建筑之美。这种设计手法必须同时具备深厚的传统知识并精通现代

艺术和材料特征，经过完美的融合和创新，才可能出现一流的设计作品，因此建筑师的艺术品位和驾驭能力成为作品成功的关键。近年来一些造型独特的现代建筑，在其设计理念中并未直接模仿中式建筑形象，而是转向于抽象表现中国古代的文化符号、器物、字画、纹样的隐喻，形成了独特的中国文化表现方式。

传统建筑意境的延续。传统建筑意境延续是指有些现代建筑从外部观察并未体现传统建筑特征，但是在其室内由于与传统建筑的空间尺度更为接近，采用了很好的中式风格和空间元素，或者通过传统建筑中常用的材料和空间展开方式，展现出传统建筑文化在内部空间的延续和再生。

随着城市化进程不断提升，新建筑的规模、尺度不断扩大，依据营造法式进行设计已经不合时宜，但中华民族承袭千年的生活居住方式还是更青睐温和舒适的中小尺度环境，因此，在室内空间中延续传统建筑的形态和意境，是非常适合的传承方式。一面简洁的白墙黛瓦、一组淡雅的木质隔扇、几套朴素的家具陈设，都会使现代建筑内再现和谐宜人的传统建筑空间。

第四节　传统建筑技艺的现代表现

建构可以被看作是抽象结构与具体材料相结合而呈现出的诗意表现，现代建构传承是指通过采用当代材料还原传统的建构逻辑，以及传统建筑材料的重新组合使用，并使现代建筑既满足现代功能要求又具备传统建筑的精神内涵。传统的建材虽然因为生态环保原因或者手工工艺水平无法持续大规模生产，但是这些材料将在新的建筑中发挥其不可替代的文脉延续作用，恰如其分的使用，将给现代建筑赋予传统的意境。同时钢材、铝材在木构件建筑的传承中明显优于混凝土材料，可以完成所有木材构造的做法，并且有利于工厂化、标准化生产，是优质的木材替代材料。

传统建构形式的再现。传统建构形式的再现是指通过当代建筑材料置换传统木材，真实反应传统建构形式的做法，

展现出古建筑迷人的魅力，或者通过抽象提取的方式，对原有建构形式做适当的简化和演变，隐喻的表达传统意蕴。中国传统木构架经过长时间的积累推敲，除去精妙的结构作用还呈现出一种质朴和谐的力学之美，现代建筑的结构体系虽然发生了巨大变化，但从梁柱体系的本质上是一致的，因此利用现代金属材料优越的抗拉抗压性能和防火防腐优势，可以更好地诠释传统结构的建造之美，在传统建筑与现代建筑之间建构起一道桥梁。

传统建构逻辑的重生。建构逻辑是指将整个建筑作为一个系统来考虑，运用基本模数建构，使建筑最终呈现为一个有逻辑的整体。中国传统的建构逻辑自唐宋逐渐稳定基本成型后，呈现一体两面，严谨统一而又变幻无穷。中国传统建筑建构的这一特征与当今数字化时代的设计和建造十分匹配，当代最新的建筑理念正是通过模数化、参数化的设计原理，将具有逻辑关系的建筑构件进行有机组合或嵌套，使其适应丰富的自然环境变化和使用功能需求，呈现出既一脉相承又丰富多彩的建筑效果。如何使现代建构逻辑能够兼收传统建筑积累千年的灿烂文化，又充分体现当代建筑设计的时代精神，建筑师应该从更深层次挖掘建构逻辑传承的当代策略。

传统建构材料的运用。在传统建筑中石、木、砖、瓦、土是比较常见的材料，互相搭配、融合营造了丰富的建筑形态。在现代建筑传承中，科学技术突飞猛进，建筑技艺获得长足发展，传统建筑材料快速地更新换代为其现代建构提出了新的方式与策略。在现代建筑的形式和格局中，采用传统的建筑材料作为内外墙面、屋面、地面的建筑语言，以谋求使用者对新建筑中传统空间意境的联想和心理认同，是一种有效而可行的传承手法。

传统建构元素的提取。将传统建构元素作为文化认同的感情寄托，使新建筑在时空中与历史产生联系，摒弃不合比例的无谓装饰，使其应用更恰如其分的诠释传统。这些建构元素通常都是建筑主体结构之上，传接结构的一部分，由于承担的结构压力相对较小，有机会兼顾构造和美观之间的均衡，通常都是现代建筑传承过程中提取和模仿的对象，此外，清式建筑虽然留存最多，但是其构件的装饰日趋繁复，色彩过于艳丽，并非建构形式的最佳时期，因此要表现最好的建构元素，还需要研究唐宋时期的建构形式。

综上所述，经过了四十年的经济高速发展和对外开放，中国的文化自信开始觉醒，建筑领域在传承优秀传统文化社会土壤的浸润下开始反思过去快速城市化建设对城市、建筑和人民生活带来的伤害，重拾中国传统建筑文化中蕴含的宝贵文化遗产。中国的城市与建筑的发展理念正在转变，和谐宜居渐渐成为城市与建筑发展的新目标，文化自尊自信的思考和实践探索已经迎来了最好的时期。

第十三章　城市

北京传统建筑的传承，不仅包括单体建筑，而且涵括整个北京城的空间格局和街巷肌理等"城市营建要素"，这些都是设计文化的重要组成部分。

北京既是中华人民共和国的首都，又曾是元明清的都城，是我国第一批国家级历史文化名城，城市建设极具特色。现代北京在演变和传承中逐渐调整为适合时代的发展方式，保持了古城格局和风貌特色，延续了文化传统、弘扬了人文精神，使现代化建设与保留下来的文物建筑、历史地段及其环境相映衬，形成了独特的首都风貌。

北京城市传统形态特征在当代的传承与创新表现为多个方面，是现代北京城市格局形成的物质呈现，具有重要研究价值。

第一节　城市形态

城市形态是指城市实体所表现出来的具体空间的物质形态。[1]具体反映在：城市和居民点分布的组合形式、城市本身的平面形式和内部组织、城市建筑和建筑群的布局特征等方面。[2]现代北京的城市形态建立在旧城的基础上，空间格局平缓开阔，中轴线纵贯南北，并且保留着棋盘式的城市格局和大量珍贵的文物建筑，具有极其重要的研究价值。

一、城市形态的演变历程

从1949年到2004年，现代北京经历了6次总体规划，逐渐建立起有序的规划体系，开始了规划引领城市发展的新阶段。

首都的第一次总体规划自1949年5月开始筹划，主要承担了由古代都城到现代化城市转变的任务，初步确立了现代北京"控制城市规模、消除城乡差别"的发展目标和"分散集团式"的布局形式[3]；1981年11月，市政府成立了北京市城市规划委员会并开始了第二轮总规的制定，在之前的基础上确定了"全国的政治中心和文化中心"的城市性质，同时也充分肯定了规划引领城市发展的必要性；中国的经济体制自进入改革开放以后，1993年的总规编制中关注到城市性质与经济发展的关系，确定了建设国际城市的目标，此次规划起到了承前启后的作用；进入21世纪之后，新的机遇期需要创新的城市发展思路，因此北京在2004年版的总体规划中，注重新技术和新规划理念，在城市空间结构上将前三次规划延续下来的"分散集团式"调整为"两轴两带多中心"，并对卫星城的数量加以调整；从项目建设转向发展管理，从控制人口规模转向控制土地资源。它对市场经济体制下城市规划改革进行了有益的试验和探索。[4]卫星城建设初具成效，但是中心城功能集聚现象依然存在。[5]为了改善此种情况，一方面，从2006年"十一五规划"到2014年政府工作报告，逐渐明晰了"京津冀一体化"，从城市群建设的角度，有序疏解北京的非首都功能，调整经济结构和空间结构，控增量、疏存量，促进区域协调发展，形成新增长极[6]；另一方面，北京市推进通州城市副中心建设，结合顺义、昌平等新城的持续建设，强化基础设施和产业支撑，推动职住平衡，逐步疏解中心城功能和人口，形成多点支撑、均衡协调的城市形态[7]。

二、城市规划的新理念

2017年，《北京城市总体规划（2016年—2035年）》中明确，为改变单中心聚集、城市"摊大饼"的发展模式，新总规构建"一核一主一副、两轴多点一区"的城市空间结构。在城市空间布局上，保护约7.8公里长的明清北京城中轴线的传统风貌；重塑旧城平缓开阔的空间形态，以故宫、皇城、六海为中心，按原貌保护区、低层、多层、中高层限制区四个分区；重现银锭观山、景山万春亭、北海白塔等地标建筑之间的景观视廊；恢复历史河湖水系，凸显明清北京城廓。加强"首都风范、古都风韵、时代风貌"的城市特色与城市设计，塑造传统文化与现代文明交相辉映的城市风貌。

随着规划体系的形成，国民经济发展经历了由恢复到腾飞的过程，城市规划思想也随着政治、经济等影响因素的变化，在探索中找到了最优解——有序疏解非首都功能，优化提升首都功能，为传统城市形态的传承创造了条件。

① 吕拉昌，黄茹. 新中国成立后北京城市形态与功能演变. 广州：华南理工大学出版社，2016.
② 中国大百科全书总编委会. 中国大百科全书（第二版）. 北京：中国大百科全书出版社，2009.
③ 刘欣葵. 首都体制下的北京规划建设管理. 北京：中国建筑工业出版社，2009.
④ 李东泉，韩光辉. 1949年以来北京城市规划与城市发展的关系探析——以1949-2004年间的北京城市总体规划为例[J]. 北京社会科学. 2013（05）.
⑤ 王凯，徐辉. 新时期北京城市规划对策研究[J]. 城市与区域规划研究. 2015（03）.
⑥ http://money.163.com/15/0727/09/AVH57BR100254TI5.html京津冀协同发展哪些非首都功能将疏解？
⑦ 百度百科——通州副中心.

三、城市结构特点的传承

新中国成立以来，历次规划均有表达传承、延续城市结构特点的内容，其中强调了空间秩序与山水意境，以近两次城市总体规划中的内容为例。

在《北京城市总体规划（2004年—2020年）》中，在北京市域范围内，构建"两轴－两带－多中心"的城市空间结构；中心城规划分为三个层次——中心地区、边缘集团及绿化隔离地区；以旧城为核心，继承发展传统中轴线和长安街轴线延伸的十字空间构架；进一步加强旧城的整体保护，重点保护传统空间格局与风貌。

保持和延续旧城传统的街道、胡同绿化和院落绿化；保护历史河湖水系，部分恢复具有重要历史价值的河湖，形成一个完整的系统；绿化隔离地区以绿化和生态环境建设为前提，第一道绿化隔离带建设成为具有游憩功能的景观绿化带和生态保护带。

在《北京城市总体规划（2016年—2035年）》中，在北京市域范围内形成"一核一主一副、两轴多点一区"的城市空间结构；突出两轴政治、文化功能；加强老城整体保护——明清北京城"凸"字形城郭、棋盘式道路网骨架和街巷胡同格局、胡同—四合院传统建筑形态；打造沿二环路的文化景观环线，推动二环路外多片地区优化发展，重塑首都独有的壮美空间秩序。

保护和修复自然生态系统，优化生态空间格局，加强生态修复和环境整治，构建历史文脉与生态环境交融的整体空间结构；保护和恢复重要历史水系，形成六海映日月、八水绕京华的宜人景观；在三山五园地区形成公园成群、绿树成荫、历史环境与绿水青山交融的景观风貌。

（一）空间秩序

传统的北京城市空间有着突出的整体性和秩序性，其平面上的秩序最为突出，在三维空间上同样注重秩序的创造。

从平面秩序上看，建筑单体虽多，但无论是色彩还是体量，都与全局相统一，成组、成片，形成整齐划一、等级分明的北京城市风貌。梁思成先生曾表示："各个或各组的建筑物的全部配合；它们与北京的全盘计划整个布局的关系；它们的位置和街道系统如何相辅相成……北京是在全盘的处理上才完整的表现出伟大的中华民族建筑的传统手法和在都市计划方面的智慧与气魄。"

从三维秩序上看，主题建筑的空间形态雍容大度，平缓开阔，从容不迫，从属建筑收放有致，体现出悠闲的市井情态。旧时的北京在广大四合院民居的衬托下，凸显以故宫为中心，沿钟鼓楼、景山万春亭、正阳门展开的城市中轴线，高的亭、塔（图13-1-1）和低的庙坛建筑、旧城墙、城楼

图13-1-1 旧城内的高点：景山万春亭上观中轴线（来源：田燕国 摄）

一起，构成了参差起伏的城市轮廓，形成了平缓开阔、起伏有致的城市天际线。因此有的学者评价说："旧北京城是一个整体……就城市形态看，最突出并令人自豪的是它严格的整体秩序。北京城的城市设计艺术重大的成就之一，就是建筑群的三度空间的有机秩序。"

（二）山水意境

北京的城市布局十分注重构图的意境，尤其是在城市建造与自然条件这一方面，追求城市与环境、人工与自然的有机结合设计。中国古代山水文化积累深厚，作为中国传统文化的重要组成部分，对北京的城市规划和特色风貌产生了重要影响。从古代到近现代的变迁过程中，北京城市的自然山水意境有着兴盛、逐渐衰落到当代复兴的特点。现代北京对于生态文明的要求恰好与传统山水文化的理念不谋而合，也因此使许多规划建设项目以自然及现有环境为依据，以和谐为目标传承了山水意境。[①]

北京中轴线与自然山水从古至今都存在着密切的联系。到了现代，北京规划建设了一个城市中的重要的节点——奥林匹克公园，其位于北京中轴线最北端的地理位置，与京郊山脉呼应的叠山，无一不显示出规划者对自然山水文化传承的意图。

相似于元大都规划的"临水而居"，现代北京居住区的规划中也有以良好的自然山水环境为依托的实践，运用中国传统建筑语言，打造形态古典、功能现代的高档住宅，例如坐落于密云云佛山畔，白河河畔的观唐·云鼎别墅区，以及位于百望山东侧，京密引水渠河畔的万科西山庭院，此外，在大范围的北京城市发展与规划中，将统筹推进运河文化带、西山永定河文化带建设，成片连线整体保护，以延续历史文脉，传承山水意境，提升传统文化的影响力。

第二节　两轴格局

中轴线及其延长线为传统中轴线及其南北向延伸，传统中轴线北起钟鼓楼，南至永定门全长约7.8公里，向北延伸至燕山山脉，向南延伸至北京大兴国际机场、永定河水系。

长安街及其延长线以天安门广场为中心东西向延伸，其中复兴门到建国门之间长约7公里，向西延伸至首钢地区、永定河水系、西山山脉，向东延伸至北京城市副中心和北运河、潮白河水系。[②]

未来，北京将以两轴为统领，完善城市空间和功能组织秩序。

一、两轴交汇

新中国建立后，中轴线上的部分建筑单元根据时代的需要进行了更替，从内容到形式上有了发展和变化。在新与旧的交融中，北京中轴线延续了历史，蜕变出了新的格局。

天安门广场（图13-2-1）作为首都的中心，位于城市横纵轴线的交叉点上，占地面积约44公顷，北起天安门，南至正阳门，东起国家博物馆，西至人民大会堂。天安门广场的改造从民国时期开始，主要的改造内容集中在1949年以后的50年代完成。历经三次整修，由原来的宫廷广场转变为当今人民政治集会和重大节日庆祝活动的场所，其规模明显扩大，并增建了人民大会堂等大型公共建筑。

改造后的天安门虽然在使用功能和空间形态上都发生了变化，但它仍然是北京城中轴线不可或缺的重要组成部分，对于中轴线以及北京传统建筑的主要特征有着多方面的传承和呼应（图13-2-2）。

天安门广场的空间布局采取了近似于北京宫城的对称十字轴线形式，并且通过控制新建筑的高度和与旧建筑的距离

①　乔永学. 北京城市设计史纲（1949—1978）[J]. 清华大学. 2003（02）.
②　《北京城市总体规划（2016年—2035年）》.

图13-2-1　当代的天安门广场（来源：田燕国 摄）

图13-2-2　天安门与长安街（来源：田燕国 摄）

保证了广场开阔明朗的视线、覆盖率较低及宏大尺度的建筑观感。广场东西宽约500米，南北长约800米，天安门、中央广场区、人民英雄纪念碑、毛主席纪念堂、正阳门由北到南依次展开，形成约1.1公里长的南北轴线。在广场东西轴线上，人民大会堂和国家博物馆相距约500米，基本对称，体形相近而又有所不同，与人民英雄纪念碑、天安门、正阳门相呼应，组成规模宏大、气势磅礴的天安门广场轮廓。

为保证广场上新旧建筑的和谐统一，新建建筑与旧建筑之间有着约200米以上的距离，以天安门和正阳门为基准控制建筑高度，形成平缓开阔、尺度宏大的视觉观感。与此同时，通过人民大会堂、国家博物馆等建筑与东、西交民巷的建筑尺度上的对比，突显了广场中每一座建筑的非凡气势。

新老建筑以立面风格的统一性与形态的多样性，共同构成了天安门广场这个新北京平面布局的中心。

二、南北轴线

北京作为中国古代最重要的都城之一，存在南北方向的中轴线可以说是一种必然。轴线所代表"居北"与"面南"的方位思想，这与彰显君主权力紧密相连。北京中轴线从起点到终点，既有实体的地理轴线，也有延伸的心理轴线。在空间形态上，它是由若干个建筑单元组成的连续整体，这些建筑单元的功能与其在轴线上的位置分布有很严格的讲究。

根据《北京城市总体规划（2004年—2020年）》中的要求，中轴线北部地区要形成体育功能区，再结合中轴线本身的文化意蕴，在北端设置一个尺度适宜、景观优美的公园是最为恰当的。北京奥林匹克公园地处北京城中轴线北端，北至清河南岸，南至北土城路，东至安立路，西至林翠路，总占地面积约11.59平方公里。

奥林匹克公园中轴线的空间布局，是对原来北京传统中轴线的发展，是在继承古都文脉的基础上，注入全新设计理念的成果。"借鉴明代挖掘紫禁城护城河并以其土堆景山的方式设计中轴线末端"[①]，把中轴线末端融汇于湖光山色中，呼应了中国传统的造城理念。

从某种程度上看，奥林匹克公园坐落在北中轴线上，有着必然性。自古以来，北京中轴线在"面南而王"的指导思想下一直是向南发展，直到20世纪80年代末，亚运会场馆第一次建在轴线北延长线上，才"重写"了北京中轴线的发展方向。但亚运场馆尚不足以体现中轴线风貌，这就促成了更有价值的奥林匹克公园的兴建。

中轴线的文化特征决定了它"天人合一"的规划原则，轴线上最重要的节点莫过于起点、中点和终点，老中轴线的中点是以故宫为主的古建筑群，而能够有资格与故宫占据同等分量的，只能是自然山水。公园南区里，以398万立方米的土方在大片的森林间堆起约48米高的龙山，与北京西北屏障——燕山山脉遥相呼应。一条南北两三公里长的景观步道延续中轴线轨迹穿过湖泊没入远方绿岭，形成一个以自然绿化为主的中轴线结尾，再现了旧城内景山与故宫的空间特色，体现了历史的传承与发展。

三、东西轴线

北京不仅有着传统意义上的南北向轴线，而且在东西方向上也有重要的轴线——长安街（图13-2-3）。

长安街是20世纪中国城市中最重要的公共空间之一，体现了中国现代化的进程，其沿线的公共空间和建筑形式不仅是重要的文化与政治活动的载体，而且折射出现代中国历史发展的轨迹。相对于世界各国礼仪性的城市公共空间，长安街尺度宏大、沿线立面严整庄重、机动车道宽阔，使其独树一帜。与传统南北中轴线作为虚轴相比较，长安街借鉴了西方城市实轴的做法，公共与交通空间合并，横穿城市，改变了北京城历史上东西连通较弱的格局，其象征性体现在沿街各自对称或排比的建筑立面之上，并根植于城市不同时期的

---

① 北京历史地理研究的权威学者、北京大学教授侯仁之在接受新华社记者采访时提出。

图13-2-3 东长安街（来源：《首都城市建设60年成就巡礼》）

风貌建设需求，体现了古与今、政治与文化、国家尊严与商业实力、历史传承与未来创新之间的对话交流，抒写了新中国发展的宏伟篇章。①

长安街始建于明永乐十八年（1420年），最初称"天街"。长安街的发展与建设主要集中在新中国成立和改革开放以后，改建、扩建、整修渐趋频繁，空间范围也在持续扩大。1953年为改善京城日趋拥挤的交通状况，市政部门将长安街东西延长到东单牌楼和西单牌楼，长度增加到约3.8公里，宽约15米。虚数称"十里"，故有"十里长街"之说。

此后数十年间，长安街曾多次向东、西延伸。改革开放时期，长安街向东延至大北窑，西至公主坟。2000年以后，长安街逐渐东至通州潞河广场，西至首都钢铁公司东门，总长度达47公里。2015年11月，长安街建设规划提出将西起门头沟三石路，东至通州宋梁路，全长将达55公里划定为长安街，总里程达到"百里长街"的标准。

长安街道路红线约为100米左右，沿线建筑和景观不断增加，其中多为近现代建筑，其功能主要集中在商业与金融，充分体现了近代及新中国成立后北京的发展历程。进入21世纪后，长安街的建设仍在继续，既有国家大剧院、公安部办公大楼等政治文化类建筑，也有信远、光彩等商业金融类建筑。由于规划控制的力度加大，以及人们对城市建设的认识逐步提高，这些建筑基本上能够按照规划的要求去建设，同时在设计阶段就充分考虑与周围的环境进行结合，保证了长安街统一的形象面貌。

① 于水山. 长安街与中国建筑的现代化[M]. 北京：生活·读书·新知 三联书店，2016.

作为"神州第一街"，长安街承担了国庆阅兵重要任务，具备了特殊的功能，沿线分布着众多的党政机关、重要金融机构、大型公共建筑和历史文物。随着东西轴线的地位和影响日益凸显，今后的规划会进一步强化其政治、经济、文化纽带的作用，同时强化现有的交通优势，发展支路以及两旁的公共空间，提升轴线的活力，与北京首都功能和国际化大都市的目标相契合，使东西轴线成为现代北京的符号。

第三节　环路嵌套

北京城具有规则的几何结构，尤其以皇城、城墙为基础的层叠嵌套的格局为特点。现代北京从二环到六环的建设（图13-3-1），采取环套环的做法，从根本上决定了北京的物质空间形态（图13-3-2）。

一、环路格局

"城市路网的环路即道路等级在主干道以上，形状上是全环或者半环，与射路相配合，通过为交通提供较快行驶速度绕行以避免其直接穿越其间的道路体系。"[1]

北京老城原有道路较为狭窄，交通密集，为适应首都职能，建立起区域间快速交通网络，北京建设了环路加放射状路的格局（图13-3-3），二环路内的老城中心区街巷肌理

图13-3-2　在方格网肌理上"环套环"的北京空间格局（来源：《空间句法：基于空间形态的城市规划管理》）

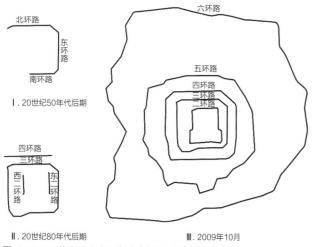

图13-3-1　北京环路路网生成（来源：田燕国 绘）

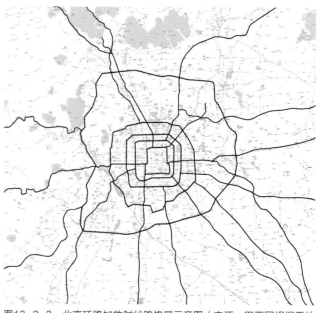

图13-3-3　北京环路加放射状路格局示意图（来源：田燕国根据天地图·北京市地图 改绘）

① 《城市道路交通规划设计规范》GB 50220—95。

也得以保存。

建设从1952开始，北京外城城墙被陆续拆除，到1992年9月，中国大陆第一条全封闭、全立交的城市快速环路——北京二环路全线建成。北半环从西便门起，往北经复兴门至西北城角往东，到东北城角再往南，过建国门后到东便门止，全长约17公里，与前三门大街形成一个环线；南半环沿护城河外侧布置，从东便门往南，往西再往北至西便门以东，全长约16公里。

二环路吸引了内外交通，减轻了老城历史文化保护区内交通压力，其围合的旧城内部形态成为保护的对象，环路沿线成为区分和保护的界线。环路内外逐渐成为两种截然不同的道路肌理，内部的老城棋盘式路网还保留着原有的方正规整，外部转变为环路加放射路的现代城市道路体系。北京以二环路为原点，逐渐向外拓展形成单中心圈层式的发展格局。

总的来看，二环路可以算是北京城池的演替产物，环路上多个立交桥和路口代替了旧城体系中的城墙和城门，历经多年，二环路自身已经以一种新的形态实现对古城文化特质的传承，它代表了新时代的文化品质，形成了一种新老北京交织融合的城市形态。

延续这一规律，几经调整最终形成了串联北京各个重要节点的环路格局。

二环路（全长约32.7公里）：原城墙的位置上修建的城市快速环路；

三环路（全长约48.3公里）：全立交城市快速路；

四环路（全长约65.3公里）：平均距离北京市中心点约8公里；

五环路（全长约98.58公里）：北京市区最外围；

六环路（全长约187.6公里）：联系北京市郊区卫星城镇的重要高速公路，穿越首都九个区，连接顺义、通州等七个新城。

首都地区环线高速公路，规划总里程约940公里：途径北京市大兴区、通州区和平谷区，以及河北省张家口、涿州、廊坊、承德等地。

北京环路的建设逐层扩大了城市的范围，将城市中重要的节点都串联起来，并且逐渐扩展到京津冀城市群范围，建立起区域间的便捷交通网络，增强了对城市和经济社会发展的支持能力。

二、环状绿隔规划

绿隔这一概念最早出现在《明日的田园城市》中，在城市周围设置环形绿带以限制城市盲目扩张。对于正处在快速城市化阶段的北京，绿隔兼具着限制空间扩展、提供开放空间、保护自然环境，甚至引导经济活动空间分布的作用。

在新中国成立之初，北京确立了以环状绿化隔离带限制城市规模无序扩张的目标。随着环路的拓展、城市规模的增大，为了控制城市格局，改善生态环境，北京坚持了绿带政策，在总体规划中明确了绿隔的布局模式，将"绿隔"作为防止城市蔓延的关键措施之一。

北京市规划绿化隔离地区包括两部分：第一道绿化隔离地区规划面积约244平方公里，位于中心城的中心地区与边缘集团之间；第二道绿化隔离地区（图13-3-4）规划范围为一绿和市区边缘集团外界至规划六环路外侧1000米绿化带，规划面积约1650平方公里，是控制中心城向外蔓延以及新城之间连片发展的生态屏障。"两道绿化隔离地区在北京的城市发展中担负着控制城市蔓延、引导空间发展方向、保护基本农田、构成生态屏障以及提供景观休闲场所等多种重要职能。"[1]

两道绿隔随着北京城市的扩张，在空间上发生了一定的转化。一道绿隔在城市建成区内，成为具有游憩功能的绿色"内环"，自2007年开始，规划建设了绿道与郊野公园结合的"公园环"系统；二道绿隔作为生态功能区，主要起到维护城市空间格局，防止建设用地无限扩张，形成生态平衡圈的作用。这两道绿隔共同构成了北京未来城市可持续发展战略的重要部分。

① 《北京城市总体规划（2004年—2020年）》。

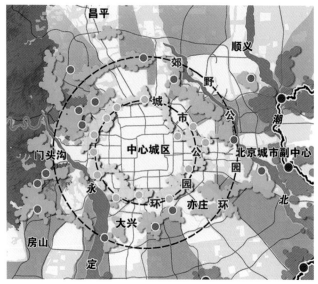

图13-3-4 北京市第二道绿化隔离地区（郊野公园环）（来源：北京城市总体规划（2016—2035））

三、城墙遗址绿化

古都北京独具特色的"凸"字形轮廓，由城墙围合而成，城墙全长约39.75公里，设16座城门。从1952年开始，北京外城城墙被陆续拆除，到1992年9月，北京二环路全线建成。由于旧城保护观念的加强，二环路规划成为围绕旧城区的主干道环路，保护内城的棋盘式道路格局[①]。环路成了北京城市记录两个发展时代印迹的空间载体。

《北京城市总体规划（1991—2010年）》中首次提出要体现明清北京城市"凸"字形的城郭形象，要求沿旧城城墙原址保留相当宽度的绿化带，并在原城门位置安排适当的标志性建筑，以一种受到民众认可的方式，借用建设绿地的形式加以保护和强化北京城市的历史格局（图13-3-5）。

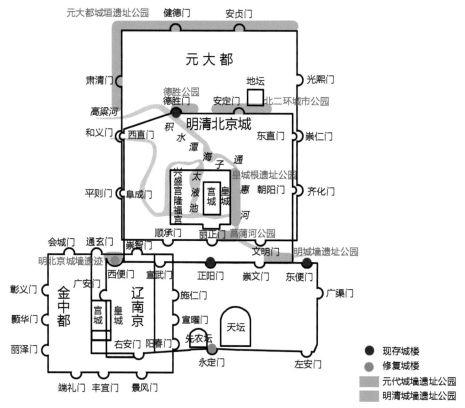

图13-3-5 北京现存城墙建筑遗址及城墙遗址公园分布（来源：田燕国根据《北京城墙遗址公园建设研究》改绘）

---

① 《北京历史文化名城保护规划》。

《北京城市总体规划（2016年—2035年）》延续了这一思想，在空间布局优化上，"打造沿二环路的文化景观环线"；在老城整体保护中，"优化完善城墙旧址沿线绿地系统，凸显由宫城、皇城、内城、外城四重城郭构成的独特城市格局。采取遗址保护、标识或意象性展示等多种方式，保护和展现重要历史文化节点。"

第四节 街巷肌理

"作为历史文化名城，不仅要看城市的历史及其保存的文物古迹，还要看其现状格局和风貌是否保留着历史特色，并具有一定的代表城市传统风貌的街区。"[①] 因此，北京的街巷肌理与众多的文物建筑单体同样是中国传统风貌的传承代表，反映了城市文化和建筑技艺的历史过程，是城市历史文化的重要表征。

北京城市格局的形成与道路交通构架的关系非常紧密，道路系统作为城市的"骨架"，始终贯彻在城市的形成与发展中，影响着城市的用地布局、发展方向等，这种影响能够持续相当长的时间，这也是明清北京旧城的街巷肌理一直延续至今的原因。

"城市只有保持适当的尺度，才能在永恒的变化中协调保存自己的特色。"[②] 尺度作为城市形态的内在控制要素，时刻影响着人们对城市的认知与感受。北京老城的街巷空间尺度往往比较小，街巷中的建筑也基本以一层的高度为主，尺度宜人；即便是皇家建筑群，也采用增加重复的、符合人体尺度与比例的单体单位的方式表达体量和气势，细部依然具有比较人性化的尺度。老城的宜人尺度，是形成城市自身特色与风格，保持城市活力与兴盛要素之一，需要传承与发展。不仅在历史城市的保护中，也应在城市新建与改造的空间和建筑中，掌握旧城尺度的特征与实质，控制城市与建筑的尺度，延续旧城原有的尺度风格。[③]

一、传统街巷保护

传统街巷是北京城市的重要标签，旧城内的街道系统，目前仍然基本保持着始于元代的"大干路与大街坊"的特点：南北向与东西向各有几条大道从城市中心通向各个城门，之间通过宽度较窄的小街联系。而宽度更小的胡同则列于大道与小街的两旁，枝干分明，秩序井然。

北京街巷从诞生至今，历经漫长的发展过程，积累了大量的具有产业价值和历史价值的文化资源，其独特的建筑风格和丰富的文化内涵在某种程度上代表着北京的形象。加强传统街巷的综合改造修缮，既可保护北京旧城风貌，又能融入首都现代化格局，将传统文化积淀赋予新的时代内容。

（一）大栅栏地区

大栅栏是延续时间最长的街巷肌理，从元初至现代约740年间基本没有变化，街巷格局和尺度几乎全部保存现状，历史建筑保有量约有70%～75%，其中四条斜街记录着元代城市北移的进程。[④]

在明清北京城区范围内，大栅栏街道中部保留了元代以来的斜街肌理，主要街巷胡同以南北经与东西纬相交，而形成纵横网状格局，这保留了历史延续最长的城市肌理及街区风貌。

大栅栏街区斜街肌理的核心，是以煤市街北段、铁树斜街——大栅栏西街、樱桃斜街为主体的东北——西南走向的街巷胡同群。这些街巷胡同所呈现东西走向的斜线，呈现出元大都建设之前原有地形遗存至今的痕印。这样的斜街肌理及其传统建筑遗存的分布（图13-4-1），与"大栅栏历史

---

① 国务院批转建设部、文化部关于请公布第二批国家历史文化名城名单报告的通知1986-12-08。
② 张在元. 不见城市. 中国互联网新闻中心.
③ 北京旧城尺度的分析与有机更新研究[D]. 郝鹏. 北京工业大学. 2007.
④ 王世仁. 创造历史与现代谐调共存的环境——对大栅栏地区保护、整治与发展规划的基本认识[J]. 北京规划建设. 2004（01）.

文化保护区"的范围，基本吻合，成了大栅栏街区历史传统风貌保护规划的重要依据。

2003年，《北京大栅栏地区保护、整治与发展规划》编制和审定通过，考虑到大栅栏地区历史文化内涵的丰富性和商业市场的灵活性，土地功能规划侧重于特色功能的区域划分，以保持一定的弹性容量。区内干线路网体系兼顾传统风貌保护与现代城市交通功能的需求，形成"三纵四横"与环线系统相结合的路网体系。道路与传统街巷肌理、尺度相协调，避让了重要历史遗存建筑，最大限度保持了历史风貌（图13-4-2）。

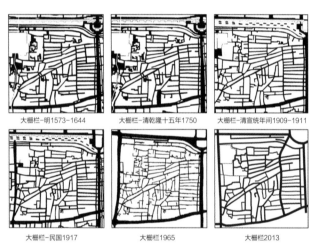

大栅栏-明1573-1644　　大栅栏-清乾隆十五年1750　　大栅栏-清宣统年间1909-1911

大栅栏-民国1917　　　　大栅栏1965　　　　　　　大栅栏2013

图13-4-1　大栅栏地区不同时期肌理图（来源：《北京杨梅竹斜街城市更新案例研究[J]》）

（二）王府井街

王府井大街最初形成于元代，距今已有730多年的历史，它是北京老城内著名的商业街，具有悠久的历史和享誉全国的经营特色，同时也是集中体现历史传统风貌、现代城市发展以及人文环境融合的重要场所。

1993年北京市政府对王府井商业区进行了大规模的建设改造。1998年，北京市规划院提出了王府井大街整治城市设计。

规划强调了步行系统与城市老城区、城市空间特征的关系，把王府井商业中心区按"王府井金十字"步行系统划分为四个交通区，除局部地段可通行内部公交外，禁止其他交通通行，把王府井大街改造为步行街（图13-4-3）。"王府井金十字"有机地配合北京老城传统的以故宫为中心、从钟鼓楼至永定门的城市中轴线，在形式和气氛上与六海园林水系形成了阴阳互补的关系，并在空间上与天、地、日、月坛构成关系。

根据道路的功能划分，四条街分别承担了各自不同的功能：主街，以商业为主；北街作为主街的延伸段，以商业和文化旅游为主；西部东安门大街利用靠近故宫和已形成规模的东华门小吃夜市，形成旅游、餐饮一条街；东部金鱼胡同根据星级饭店密集的特点，形成饭店一条街。

王府井大街两侧建筑建成年代不一、风格形式多样、

图13-4-2　大栅栏改造后（来源：田燕国 摄）

图13-4-3　王府井大街街景图（来源：田燕国 摄）

体量对比悬殊，为商业街提供了丰富的背景。设计中，对建筑外形进行一些有秩序的拼贴，形成不同时期、不同风格、不同材质的效果。对于有历史标志性的建筑立面予以重点保护，使整条商业街在长期的发展中保持其历史延续性。

朴，尺度体量宜人，店面不宽，街面宽窄不一。规划中着意保留这一特色，各建筑后退红线距离不等，根据顺其自然形成的轮廓来修筑房屋。沿街建筑一般为两层，少量为一层，形成高低错落、跌宕起伏的丰富的天际线。

（三）琉璃厂街

琉璃厂是北京传统的文化街市，起源于清代，位于现在北京和平门外，西至南北柳巷，东至延寿街，全长约800米。当年各地来京参加科举考试的举人大多集中住在这一带，形成了较浓的文化氛围，以经营书籍、古玩、字画、碑帖、文具等驰名于世。

琉璃厂地处繁华街区，人、车流稠密，为解决人流与车流的矛盾，保护历史建筑，1978年琉璃厂开始进行改建规划设计并于次年开始施工，改建后的琉璃厂街市古雅端秀，再现了昔日文化街的典雅丰姿（图13-4-4）。

在总体布局上，按步行街规划，街道南北面各修一条辅助道路，与南北柳巷、延寿寺街形成回路，将车辆交通从琉璃厂引到外围，以创造清静安全的环境。对于将琉璃厂街截为两段的南新华街，为了实现琉璃厂一条街的连贯和完整性，在东西两段的路口间设置一过街桥，既解决了行人过街问题，又连贯了两边的建筑。

由摊贩、小商贩发展演变而来的琉璃厂街，建筑风格简

二、方格网肌理延续

道路网的结构在很大程度上决定了城市肌理的空间形态。方格网道路是最常见的肌理形式，适用于地形平坦的城市。用这种路网划分的街坊形状方正，利于布置建筑，道路十字交错，交通分散灵活，划分出工整而均质的城市空间。

中国传统都城很多都运用了这种肌理形式，北京城市也从历史中继承了方格网的街巷肌理（图13-4-5）。里坊制度对北京旧城的方格网具有深刻的影响，其结构并不完全是棋盘格，而是可达性较高的道路围绕大街坊块，而那些大街坊块内部的道路具有较低的可达性。总体表现为规则严谨的几何构图形态：方城和方格形路网骨架；宫城居中布置，中

图13-4-4 琉璃厂街街景（来源：田燕国 摄）

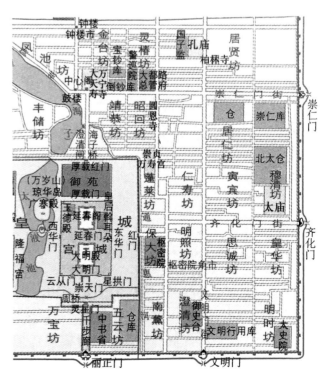

图13-4-5 元大都城中的里坊（来源：北京市测绘设计研究院 提供）

轴对称；规整的街巷体系。它便于城市的快速建造和土地划分，并能够反映北京独有的文化特点。

（一）海运仓危改小区D区

海运仓地区位于古都风貌保护区范围内，历史上"海运仓"是皇城漕粮的集散中心、京杭大运河漕运的终点，在漕运史上有重要的地位。2002年完成的海运仓改造体现了该地区的传统历史文化，保留了"胡同风情"、"四合院风貌"和方格网街巷肌理，以老北京为大背景，以"海运仓"独特的人文历史为表现主题，展现了京杭大运河及漕运的历史文化。

海运仓小区（图13-4-6）是典型的北京大街区，长方形用地被道路分为A、B、C、D四个片区。其中D区西临东直门南小街，南侧为东四十条，北侧为海运仓胡同。建筑组团以四合院的基本格局——院落为形式，保留现有的古树，

结合实际情况有所变化，形成富于韵律的组团布局。其中11个院落布置在小区中部，3个板式商住楼在西及南两侧沿街布置，此外还有2个塔楼布置其间。建筑色彩沿用老北京的灰色系、穿插白色线条，既保证了小区环境的历史延续，又避免了大面积灰色系的呆板。

在各组团之间保留原有的路网骨架，并沿用原有的胡同名称，路网之间相互连通，形成小区完整的道路系统。在小区干道两侧，组团院落之间设置了机动车停车位，在方便居民使用的同时，保证了庭院空间的安全与安静。

中心花园由南至北轴线，通过地被植物、缓坡驳岸、下沉广场、柱廊、壁画浮雕墙等分割成几个大小不同的空间，以体现"京腔京味"以及传统文化的风采。利用保留树木较多的区域设置中心绿地，与周围庭院绿地相互贯通，形成层次丰富的绿化空间。

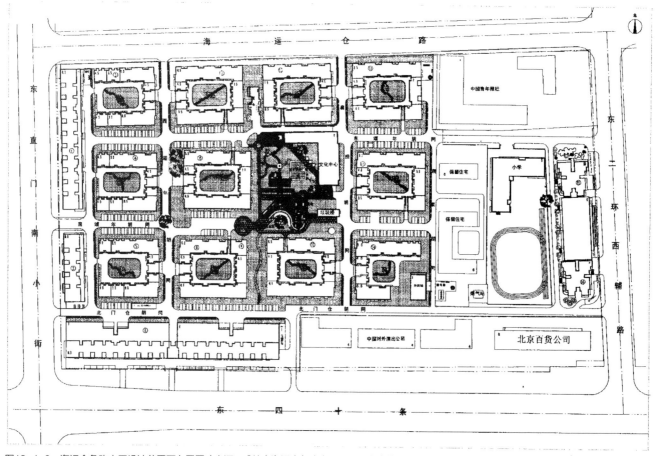

图13-4-6　海运仓危改小区设计总平面布置图（来源：《结合海运仓危改小区D区设计谈北京旧城区危房改造》）

（二）南池子历史文化保护试点区

南池子位于紫禁城之东，至今已有近600年的历史。辛亥革命后南池子改为民居，又经过大火，库区和大量民房被烧毁，使历史传统风貌受到一定影响。2000年，南池子历史文化保护区保护规划正式获得批准，规划注重对于这一地区历史风貌的保护和延续，以保护历史街区的传统肌理为目标，采用了小规模渐进式有机更新的改造方式。

道路规划上，在满足机动车交通和消防要求的基础上，延续和保护了城市的历史街巷肌理，道路的走向、位置及名称基本与现状街巷一致，必须拓宽的道路，宽度增加量不超过40%。区内保护街巷9条，占地面积0.84公顷，保护比例90%。

在院落肌理上，注重与传统的融合，沿南池子大街以保留、整治的传统四合院为主（图13-4-7），院落空间形态和建筑尺度基本不变，规划整合四合院空间31个，规划两层住宅院落式空间49个。建筑体量基本维持传统尺度，传统一院一户的模式变成了多户连排，每户一楼一底。以围墙划分院落，每院5~7户，很好地延续了传统的邻里空间模式。传统风貌院落建筑占地（含保护建筑）5.1公顷，保护比例96%。这种布局既延续了该地区原有的功能分布，又形成了较好的空间层次关系。

在建筑布局上，采取了内高外低、东高西低的格局，向

内是两层院落式建筑，沿东华门大街为配套商业建筑。整个小区层次丰富，高低错落，新旧穿插。两层建筑满足了危改回迁户数量的基本要求，同时为不破坏传统景观，协调与故宫的空间关系，仅仅只是作为背景和过渡元素。

综上所述，南池子街区改造全面保留了原有重要胡同的肌理和整体格局，恢复了历史传统风貌，延续了方格网肌理。

（三）百万庄小区

与前两个案例有所不同，百万庄小区是在1949年初的城市建设计划中为配合行政办公区的需要，建造的符合完整"邻里单位"模式的住宅区，它并非是历史遗留产物，却在规划中吸收了我国的传统文化理念，整体布局采用了方格网的道路肌理（图13-4-8）。

百万庄小区以地支"子、丑、寅、卯、辰、巳、午、未、申"划分各个组团，占地面积约21公顷。以中心绿地为轴线，西侧为子、丑、寅、卯，东侧为辰、巳、午、未，沿逆时针排列于中心绿地两侧，均为三层红砖坡顶多层建筑，对称均质富有仪式感。

组团呈开放式设计，并无明显围墙，只以车行道路做自然划分。建筑沿道路布置，围合成一个个尺度适宜的内部庭院（图13-4-9），规划结合北京地区的特点优化了仿苏联

图13-4-7　南池子历史文化保护区（来源：田燕国 摄）

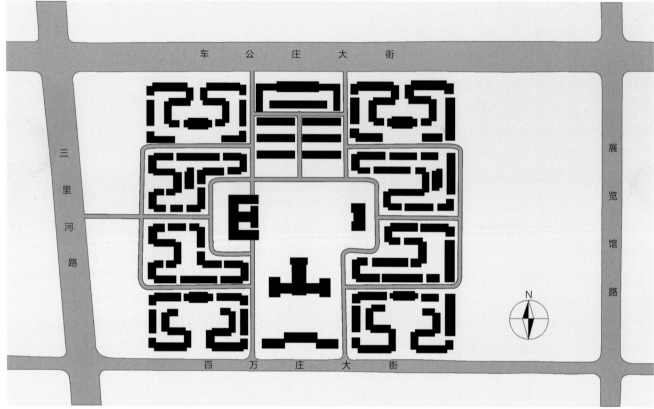

图13-4-8　百万庄小区双周边式居住建筑布置形式（来源：田燕国根据《百万庄住宅区和国棉一厂生活区调查》改绘）

图13-4-9　百万庄小区内部庭院与建筑入口（来源：何淼淼 摄）

式的周边式布局，增加南北向，减少东西向，以单周边改为双周边，使之具有了中国特色。单元入口朝向组团外侧的公共道路，继而在内侧形成相对安静私密的院落。与四合院独立封闭的私宅庭院不同，百万庄小区的组团模式为人们提供了一种群居式的新院落模式，并由这些院落构成了方格网的城市肌理。

现代社会发展中形成了一些内向的、自成一体的组团形功能区，这其中有内容全面完整、功能独特鲜明的单位大院，也有便于集中管理、传承邻里街坊的住宅小区。这些功能区顺应了新中国首都职能的发展，具备时代特征，并且在空间形态与文化属性上传承了中国传统建筑的基因。

三、单位大院

单位大院是1949年以后北京城新出现的城市空间形态，它是传统城市院落空间的新发展，是城市空间的基本组成单元。单位大院基于北京王府衙署林立的特色，传承了北京特有的文化精神。作为首都，北京是单位制的发源地和集中体现，作为中国古代都城典范，北京是"大院"空间的典型代表。

单位大院不仅围合了空间更是围合出了一个小型的社会，具有完整的社会生态。大院的空间尺度、高大的院墙，内部规整的建筑排列，有士兵或门卫看守的交通性的大门，体现了传统的王府衙署大院的传承性，但同时，由于生活在"院"中的人的需求变化，单位大院在营造手法上趋向于程式化、空间感受上较为单一了。

1949年以后，新北京人的大量涌入促成了大院的产生，从仅作为宿舍区的首批大院到后来功能齐全的"小社会"大院，及时缓解了新移民带来的住房紧张问题。到1980年代末，北京的大院数量已达2.5万个，形成了北京区别于中国其他大城市的独特的大院文化。

因此，由"单位"和"院"结合，演变产生的"北京单位大院"构成了新中国成立以后北京城市空间的重要特征，它的发展演变一直伴随着北京城的发展变化，至今在北京城市空间中依然占据着重要的地位，对现代北京城市空间的发展影响尤为突出。

（一）北京国棉厂

1949年纺织业作为北京市经济起步的先导产业得到了重点发展，城市东郊的八里庄地区被确立为纺织工业区。1953—1957年间，从东郊十里堡到慈云寺东，自东向西先后建设了京棉一厂（图13-4-10）、二厂和三厂，即北京国

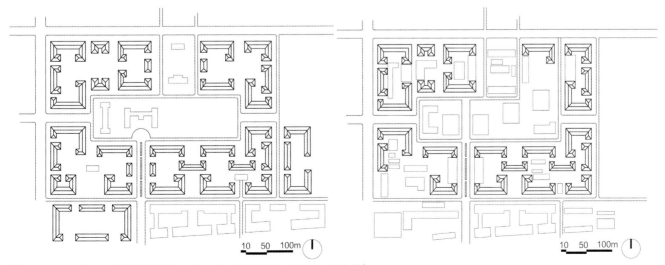

图13-4-10　京棉一厂生活区的规划布局与2017年测绘现状布局（来源：邵帅 绘）

棉厂，占地总面积达93万多平方米，建筑总面积37万多平方米。当时，整个国棉厂进行了整体的规划布局：以朝阳路为界，路北被规划为生活区，路南为生产区。

京棉二厂大院的空间布局由一条明显的中轴线引领着，生产区的大门、入口广场、办公楼和厂房，以及生活区的主要入口、景观大道、礼堂等标志性建筑均分布在中轴线上，而其他厂房和住宅建筑沿中轴线两旁对称分布。同时，京棉二厂内部还配套规划了一些生产和生活服务设施，如位于生产区内的托儿所、公共浴室以及生活区的礼堂，以方便职工的日常生活。

从20世纪50年代到70年代末期，京棉二厂生活区增加了学校、球场、合作社等配套设施；到20世纪80年代末至90年代初，生活区新增部分住宅建筑；到20世纪90年代中后期，在生活区中心礼堂原址上新建两栋高层，在生产区新建了职工医院。现代空间布局与20世纪90年代后期无明显变化，但建筑使用功能逐渐社会化了。

（二）北京交通大学

现在的高等学校校园在唐玄宗开元年间（公元713年~741年），被称为"书院"，其表现形式的基本特征是院墙加建筑单体，可比作"小城"。内部由多道院墙继续围合，形成"讲学、藏书、祭祀"等基本功能区，如著名的岳麓书院，天一阁书院等，这一基本形制延续千年之久。新中国成立后，高等院校虽然在教学规模和体制上发生翻天覆地的变化，但在空间模式上依旧延续书院"围墙造院"的形式。

我国的大学校园是院落式，具有明确的实体边界，本身是一个独立的，完整的有机体，可以比作一个微缩的城市，不仅对周边城市空间有辐射作用，甚至对城市格局产生重要影响。

北京交通大学（简称交大）是北京市高校中占地面积较小的一个，校园位于海淀区西直门外上园村3号院，1951年10月由府右街搬迁至此，经历了几十年的发展变化，形成了今天的校园格局。校区占地66.8公顷，东临交大东路，西临高梁桥斜街，北面紧抵铁道科学研究院住宅区，南侧是嘉园住宅小区。交大校园占地小，与清华校园的扩张式不同，交大的校园边界已基本被外部限定（铁道科学研究院、交通大学路、高梁桥斜街、交大东路），因此校园格局的变动主要集中在内部的重组。特别是近10年来，校园边界及内部格局发生了显著变化（图13-4-11）。

2002年前，校园受苏联风格影响，大院内的制高点是主楼。主楼和楼前大广场是大院的核心。大院周边低矮住宅尚有较多保留。从竖向维度看，院外低矮，院内高大，向心性突出。

2002—2005年，交大嘉园塔式住宅区的建设将交大校园面向城市的界面异化，8个塔楼"联手"形成校园大院的"院墙"，院外空间低矮的特征被打破，院内的封闭性"被"增强。

2005—2008年，由于北京奥运会，校园拆除大量周边低矮平房，西门拟建设交大的学生活动中心，成为校园面向城市的窗口。交大学生活动中心于2007年面向社会招标，投标方案无一例外地在面向道路的一侧全部采用高达10层以上的板楼，"院墙"依然在被继承和发展。

2008—2013年，交大西门的学生活动中心建成，面向社会的实体界面完全形成。校园东侧的教学区也进行了改扩建，重新构建围合院落。"大院"内建筑密度继续增加，楼内各学院分治现象开始普遍，"院套院"模式竖向发展明显。内院是中央景观区（图13-4-12）、中院是教学区、外

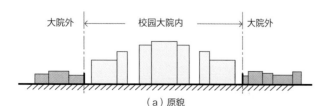
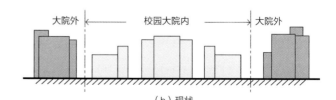

（a）原貌   （b）现状

图13-4-11   北京交通大学校园内外空间变化示意图（来源：田燕国根据《高校校园"大院"的空间模式——以北京交通大学为例》改绘）

图13-4-12 北京交通大学主校区内的明湖（来源：田燕国 摄）

院是学生宿舍区，形成类似于"同心圆"的结构。学校大院"小城市"的景象愈加明显。

四、内向型居住区

改革开放以来，北京的住宅与居住环境建设得到了空前发展，现代居住区的建设呈现出多元化、多层次的趋势。大部分居住空间组织原型来自邻里单位模式，居住空间被机械地分解为住宅、道路、服务设施、绿地等一系列子系统，这些功能化的产物往往忽视了居住生活的多样性需求，缺乏对中国传统建筑文化的继承。

北京城有着悠久的历史文化传统和完整、清晰的传统聚落居住形态，具体体现为街坊——街巷（胡同）——院落（四合院）——住宅四个分明的层次。它们不仅具有宜人的空间尺度，并且在建筑高度和立面处理上也在统一中寻求变化，为居住其中的人提供一个外向相对封闭、内向开放的交往空间。

因此，在居住区建设中，如若能够传承北京传统聚落的空间特质，结合现代化的建筑技艺，考虑自然环境、城市文脉关系和社区邻里关系，必将产生经典的居住建筑作品。

（一）万科西山庭院

万科西山庭院位于北京市海淀区京密引水渠畔。这个建筑作品充满传统居住的内涵精神和特殊情结，能够使人联想到记忆中具有北京特色四合院的院落与街坊居住精神。

小区的规划承袭了中国人对传统宅院生活的情感需求，社区由13个"大院"组成（图13-4-13），庭院、园林是分隔居所、商业街等各个功能空间的核心，以空间的递延实现不同功能分区的置换，并以具有街巷式环境特征的道路空间相接。社区的建筑容积率控制在1.1，每一所宅院堪称建筑艺术精品，住宅庭院内的六大主题景观"风与日"、"风与月"、"山"、"水"、"叶"、"松与梅"隐含了对现实景观中重峦叠嶂、清泉泊泪、漫山红叶、明月清风等情境的寓意，营造出文人雅居、世外桃源的家居情调，是老北京文化生活的缩影，对延续历史文脉、塑造地方特色有着积极的意义。

一条伸向西山景观的绿化休闲地带穿越宅院之间街区，打破传统宅院的封闭感，使人在社区里能充分感受近在咫尺的天然山水（图13-4-14）；庭园内的假山与视线远处的山峦遥相呼应，强化了山的意象。各个空间的转换不是依靠围墙、栏杆等符号化道具，而是以园林、水系等实现空间的划分，同时，空间的转换实现了各个特色景区间的衔接，产生了不同的空间层次。

（二）观唐云鼎别墅区

观唐别墅区坐落于密云云佛山畔，总建筑面积17.1707万平方米，建设了185套独栋院落别墅（图13-4-15），容积率0.4。设计目的在于营造传统的诗意氛围，塑造一个可游、可居的环境。

设计以人的尺度控制街道胡同的尺度感，保证院墙内生活的私密性并且减少院墙对街道空间的压迫；用不同的单体组合方式，构成多样的沿街立面形式，做到街道、公共空间的丰富性和趣味性（图13-4-16）；利用多重院落式与自然园林式单体的均衡分布，衍生出的不同的变化。庭院与建筑虚实相映，互为因借。前院、二院与后院构成的多重院落，不仅满足了现代生活的多样需求，也暗合了北京四合院的院落构成模式。

小区结构采用双向轴对称布置，辅以环形道路划分

地块。按用地内景观资源分布情况，将户型分为"宅"与"园"两种类型。同时将若干套型按组团处理，透过层层的院落，展现深刻的中国意境和传统形式美。

交通具有易达性且等级分明，根据所负担户数比例分配全区的大环路和各等级的小环路，环环相套，尽量避免了穿

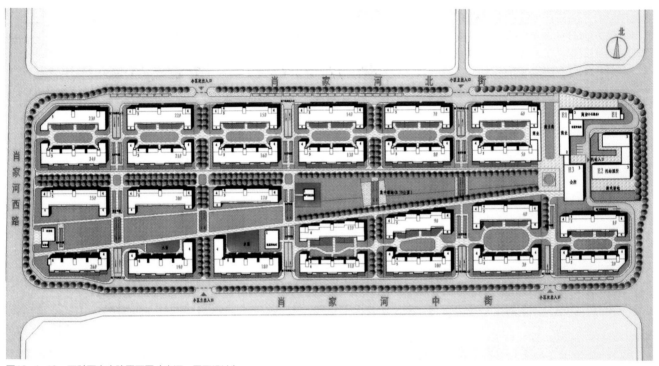

图13-4-13　万科西山庭院平面图（来源：墨臣设计）

图13-4-14　万科西山庭院（来源：墨臣设计）

图13-4-15 观唐别墅区部分轴测图（来源：北京市建筑设计研究院有限公司第五建筑设计院 提供）

图13-4-16 观唐别墅区（来源：北京市建筑设计研究院有限公司第五建筑设计院 提供）

行路和尽端路。区内的道路等级分为6米宽双向行驶的大环路和4米宽单向行驶的宅间路，合适的街道尺度不仅满足了通行和消防要求，并且也承载了京城里坊、胡同的意向。

观唐别墅区在设计中强调了层次与功能，功能与意境的匹配方式，利用中式空间解决现代建筑设计中强调的动与静、公共与私密、干扰与互动的矛盾，使现代生活与传统空间重叠，让现代构筑方式具有了传统形式。

第五节　公共园林

公共园林是指"具有优美的自然风貌，经世代逐渐开发建设而成的拥有大量著名的旅游点，并带有公共性质的游憩场所"[①]。

北京的园林特色来源于独特的自然环境和社会环境，包括地形地貌、历史沿革、城市水系等方面。作为古都的北京，名园古迹众多，包括皇家园林、私宅苑囿、坛庙寺观等。虽然在民国时期，一部分皇家园林或私园就已经完成开放的过程，但真正的现代园林和城市绿化是在新中国成立以后才开始快速发展的。

总体而言，现代的北京园林延续了古代园林的传统特征、丰富了近代传统皇权空间市民化的过程，并且在保存园林公共性的同时，注重园林特色的塑造、园林环境的可持续维护、游园者体验感的培养，是具有时代特征的解析与传承。

一、借用历史遗存遗迹

新中国成立以来，北京大力开展了建设公共园林的工作，对北京的河湖水系（护城河、北运河等）及周边环境进行过多次整治，并引永定河水和潮白河水入城，大大地改善了北京城市水系景观环境。充分借用历史遗存遗迹，整修了颐和园、北海及团城、圆明园遗址等古典园林，保持了其风

貌特点，扩建了动物园（前身是西郊公园），使之成为文化娱乐与科研科普教育的好去处。

2001年，北京城墙公园开始建设，在昔日城墙位置上修建公园或广场，包括皇城根遗址公园、明城墙遗址公园、菖蒲河公园、元大都城垣遗址公园（朝阳区段）、元土城遗址公园（海淀区段）、北二环城市公园、德胜公园、金中都公园、永定门城楼及周边绿地、德胜门箭楼广场、正阳门城楼广场、建国门古观象台、西便门遗址及周边绿地和西二环的顺城公园等。

（一）皇城根遗址公园

北京老城城池由宫城、皇城、内城、外城组成，内、外城由城墙围合，城墙全长39.75公里，下石上砖，设16座城门。其中东皇城在1924—1927年拆除，只留下"东皇城根""东安门大街"等地名。

2001年3月，皇城根遗址公园在明清北京皇城东墙的原位置上开工建设，北起地安门东大街，南至东长安街，全长2800米，宽29米。

公园分为南、北两段，突出的关键地段作为重要节点。一级节点4个：地安门东大街节点、五四大街节点、东安门节点、南入口节点；二级节点3个：中法大学节点、东黄城根南街32号四合院节点；补充节点1个：保留老房子（公园中唯一保留的建筑）。

地安门东大街节点位于皇城遗址公园的北入口。为了强调皇城遗址公园的历史文化内涵，延续文脉，复建了一段约30米长的皇城墙，砌城墙的砖是"就地取材"，在东黄城根的拆迁中，有两个用城砖建造的院子，用精心拆卸的墙砖复建成现在的皇城墙。

四合院节点位于遗址公园东侧，是一组属东城区文物保护单位的大宅门（东黄城根南街32号院），内边有多套四合院以及假山、绣楼等。设计上为突出遗址公园的历史内涵和文化氛围，采用借景方式给四合院配建了花园。

东安门节点是集中体现皇城遗址遗存的关键地段。采用

① 赵兴华. 北京园林史话. 北京：中国林业出版社，2000.

的设计构想是依据文物部门挖掘整理的明代城门基础作为展示，西望故宫东华门，东望王府井大街，成为历史与现代的交汇处（图13-5-1、图13-5-2）。目前两处露天皇城墙遗址展示的下沉广场，设计简洁大方，让人们在这里可以感受

和触摸到历史。

皇城根遗址公园是以一条绿化线和八个不同功能的景区、景点构成的带状公园，传统精神加上现代造园手法，强调了历史、文脉、皇家特色。

（二）金中都公园

金中都是金朝都城，参照北宋都城汴京的规划和建筑式样建造，皇城基址位于今天广安门南滨河路一带。贞祐三年（1215年），金中都被蒙古军队攻破，城池完全被毁，遗址在北京市老城外城的西南部，尚保存有南垣和西垣的夯土残壁。

金中都公园选址正处在当年金中都中轴线上的皇城南门至宣阳门故址之间，这一位置具有特殊性和文化唯一性，是最适宜反映金中都建城历史的场所。园区占地面积约5公顷，形状狭长，南北长约700米，东西最宽处约为120米。

公园内部的建筑装饰均以金代风格为特色，体现"唐风宋制"的营建法式。设计者由南到北分别设置了城台掠影、营城建都、金人游牧、主入口广场、宣阳驿站（图13-5-3）五处景点，串起金文化中的诸多历史节点，其中，"营城建都"一景的雕塑主体，由金代宫殿建筑一角演变而来，台基、柱础造型和榫卯框架结构借鉴金代传统建筑特点，其间金中都地图跃然于清代地图之上，寓意历史沿革。人物雕塑伫立在前，还原的是当时左丞相张浩与工匠研究营造法式的情形。

公园设计充分考虑了南北狭长的特点，本着利用和保护原有的植物资源及地形地貌的原则，随高就低、随弯就势，形成多个自然有序、开合变化的绿色空间。园中分别沿绿色山谷和滨水景观形成两条不同的游览线路，构成公园环线，沿线布置各具特色、大小不同的文化空间，步移景异，相互渗透，仿佛游走于历史文化的长河之中，吸引市民驻足游赏、休闲健身。

金中都公园是西城整个营城建都滨水绿道的核心景区，周边绿植遍布，亭台、步道等设施齐备，是市民休闲上佳去处。北京800多年的建都史自金中都肇始，因此金中都公园对于追溯都城建设历史有重要意义。

图13-5-1 皇城根遗址公园（来源：田燕国 摄）

图13-5-2 皇城墙遗址（来源：田燕国 摄）

图13-5-3 金中都公园（来源：田燕国 摄）

二、运用传统理念建造

基于自然山水格局，结合传统功能特征，《北京城市总体规划（2016年—2035年）》提出了"一屏、三环、五河、九楔"的思路，从城市总体层面传承、发展了绿色生态的公共空间，其中以五河——永定河、潮白河、北运河、拒马河、泃河——为主构成的河湖水系，是对北京城市形态有重要影响的大尺度设计要素，更是重要的公共空间，今后通过水体、滨水绿化廊道、滨水城市空间等设计能承担更多的公共职能。

在《北京城市总体规划（2016—2035年）》第四章"加强历史文化名城保护，强化首都风范、古都风韵、时代风貌的城市特色"中，还强调了保护三山五园①的内容。修建了陶然亭公园、龙潭公园、紫竹院公园等现代园林和街头绿地，为人们提供了良好的休憩环境；为公共建筑庭院和居住区配建园林绿化，创造了丰富的城市景观环境。②

北京园博园为第九届中国国际园林博览会的举办地，位于北京市丰台区永定河以西地区，园博园面积267公顷，与

园博湖（246公顷）共占地513公顷。规划布局为"一轴、两点、五园"："一轴"即园博轴，是贯穿主展区的景观轴线；"两点"即永定塔和锦绣谷，永定塔为辽金风格的仿古塔，高69.7米，是园博园的标志性建筑；"五园"即传统展园、现代展园、创意展园、国际展园和湿地展园。

被称为万园之园的北京园，占地1.3公顷，与锦绣谷融为一体，是128个展园中面积最大、最具经典的一座皇家园林。它首次复建了被英法联军烧毁、圆明园四十景之一的"茹古涵今"阁——北京园的主要建筑万象昭辉。

万象昭辉是北京园的最高点，拾阶而上，登上高处，园内的方池、书楼、廊榭、亭台、石桥，尽收眼底；放眼园外，可看见京石铁路上的高铁列车飞驰而过，仿佛预示着繁荣的过去与快速发展的今天。

北京园（图13-5-4）依山而建，由三进庭院组成，融汇了皇家园林的精华，包括幽雅的宫廷园、富丽大气的山水园、含蓄内敛的山地园，处处彰显了皇家园林富丽典雅的气质。

北京园的第一进院，是个四合院式的宫廷园林，依景种植松石、翠竹，还有以白色花卉为主的牡丹、玉兰、海棠，

---

① 三山：香山、玉泉山、万寿山；五园：静宜园、玉泉山净明园、万寿山颐和园、圆明园、畅春园。
② 北京建设史书编辑委员会．建国以来的北京城市建设资料——城市环境．北京：北京建设史书编辑委员会，1988.03．

体现了幽静、典雅的宫廷氛围；第二进院是自然与人工交汇的山水园，突显堂皇大气，是全园景观的经典；第三进院则是一处既含蓄又内敛的皇家山地园（图13-5-5）。[1]

图13-5-4　园博园北京园（来源：张立全 摄）

图13-5-5　园博园北京园——万泉润泽（来源：张立全 摄）

第六节　城郊村落

2014年，《政协北京市第十二届委员会常务委员会关于加强北京市传统村落保护的建议案》及调研报告中显示，当前北京共有行政村3938个，经过普查符合或基本符合国家关于传统村落认定条件的村落仅有52个，占全市村落总数的1.3%。从调研组实地考察的12个村落看，除个别村落依靠旅游业得到发展以外，多数村落的现状堪忧，劳动力外流导致村落空心化严重，一些民居外观残破，有的建筑已经濒临倒塌。

为了加强传统村落保护，市农委会同市规划国土委、市住房城乡建设委等部门共同开展了有关工作，包括北京市级传统村落评审、传统村落保护发展规划编制和报批、编制传统村落保护修缮设计实施方案等。第一批选取了房山区南窖乡水峪村、门头沟区斋堂镇灵水村作为传统村落修缮改造试点村，此后每年在已经编制完成村庄保护修缮设计实施方案的村庄中，选择一些村推广试点经验。

北京郊区的传统村落在这一阶段，有着多样化的发展模式，主要分为传承和再生两大类。

一、传统村落空间格局的传承

传统村落的空间传承包括原貌保存、整体或部分修缮等，有种现象是传统风貌保存较完整的村落大多分布在距离市中心较远、交通不便的地区，这里的建筑保持着原有的样貌，年代久远、历史深厚，作为遗迹它们保存着时代记忆，作为民居尚需妥善修缮；整体或部分修缮的村落针对各自遗存情况采取不同的手法来保护，保有了年代遗存的文化价值，并且呈现出整体风貌完整、街巷肌理清晰、生态环境良好的特征。

（一）水峪村

水峪村位于大房山山脉围合成的盆地中，由山岭和沟谷

---

① http://blog.sina.com.cn/s/blog_4a8f74030102e7sh.html.

划分两边，西侧地势平缓、布局相对规整，但较多古建在抗日战争时期被日军损毁，只保留基本格局；东侧坡度较大，一条"S"形主街并行水沟贯穿整个村，民居沿主街两侧排布（图13-6-1），且大部分坐落于坡度相对较小的街北。在明末清初及近代水峪村曾因为丰富的煤炭资源发展兴盛，目前尚有100余座明清时代的四合院民居坐落在该村东侧缓坡之上，村中收集、修复、安装了128盘石碾，大都是道光、光绪年间所造。

村落大致呈圆形，面南朝北，依山而建，建筑风格传统古朴，最具代表性的建筑物有杨家大院、王家大院、瓮门、娘娘庙等，其中瓮门指的是村内东翁桥的桥洞，其上雕有一块白石，石上有"宁水"二字，意在翁桥有拂水安洪之用，纱帽山高耸挺拔，与东翁桥形成对景。贯穿水峪村的主路是南岭古商道的其中一段，曾经带动了水峪村的兴盛，也影响了村落的整体格局。

2011年，水峪村被公布为第六批中国历史文化名村，2012年被公布为第一批中国传统村落，之后又入选了北京市第一批传统村落修缮改造试点村。悠久的历史、保存完整的整体风貌、留存较多的传统建筑使水峪村具备传统建筑文化传承的基础，只待部分破损坍塌的历史建筑进行修缮后，便可将完整的村落历史形态和整体格局长久的传承下去。

（二）灵水村

灵水村，原称"冷水"、"凌水"，水源丰沛，传言村中曾有水井72口，并因水得名。古村位于斋堂镇域西北部，形成于辽金时代，古民居众多，体现民间信仰的古寺庙也多。自明清科举制度盛行以来，村中考取功名的人层出不穷，曾有刘懋恒、刘增广等众多举人出现，因此灵水被当地人冠以"举人村"的美名。

灵水村（图13-6-2）三面环山，地势西高东低，整个村落略呈长方形，被河道及沿河街道自然地分成了三大部分，两街道中间的部分地势相对平缓、面积最大，为村落的主体部分，自东向西逐渐升高的台地凸显了其核心地位，由四周的围墙或宅院外墙形成的界面形成了连贯的防御屏障。村北可与古"西山大道"连通，促进了其在明清时代的发展，至今村内仍保留有大量明清时期的寺庙和民居院落，例如"举人宅院"，以刘懋桓、刘增广、谭瑞龙、刘明飞等举人的宅院最为典雅精致，建筑为砖瓦结构，用材规整、装饰精美、布局合理、文化内涵深厚。

历代对文化的认同，让灵水村在历史变迁中一直传承了儒雅之风，在现代发展旅游较为成熟的村落中，灵水村的环境安静和谐。作为首批北京传统村落修缮改造试点村之一，其修缮、改造的标准严格，正在进行和已经完成的建筑也与

图13-6-1　水峪村主街及两侧建筑（来源：李艾桦 摄）

图13-6-2　灵水村入口广场（来源：李艾桦 摄）

原有格局相协调，传统风貌得到了整体保护和传承。

二、传统村落风格特征的再生

传统村落的空间再生包括整体或部分规划更新、郊区新建传统建筑或建筑群等，典型案例如密云区司马台村的整体搬迁改造、大兴区梨花村部分民宅翻建等。

悠久的都城历史和适宜的山形水系促成了京郊村落群的形成，但是随时代的发展和村民生活改善需求的增加，村落的传统风貌保护面临着挑战。当前保护工作建立了较为完善的标准和机制，期望能够切实做好传统村落修缮与保护，改善村落环境、传承传统风貌。

（一）梨花村

梨花村位于北京西南郊永定河东岸，起源于庞各庄的古梨树群落，现保存百年以上古梨树3万棵，成为全国罕见的平原古梨林群落。随着新农村建设和旅游业的发展，梨花村已发展成为市级民俗旅游村，是北京市唯一的果树专业村。

村中共有横纵18条街道，在2006年新农村建设中形成了"一路六街通南北，九道二巷穿东西"的棋盘式格局。在

民居建造中，曾推行过两次传统建筑改造，其一是由庞各庄镇政府主导，建筑师王辉设计的新型生态社区示范建筑（图13-6-3），位于村主街的南北两端，现作为出租给个人作为旅游接待功能使用；另一组是在村落内部，由村委会主导，村民自筹资金的翻建工程（图13-6-4），农宅的厨房、卫生间、卧室以及房子的外观都有统一的设计，现作为村民自有的、整村统一经营管理的旅游接待功能使用。目前该村首批27户民宅翻建工程已经完工，由于村民经济能力的限制，这组建筑最终只有部分完全按照图纸建设。

（二）司马台村

司马台村位于密云县城东北部，地处司马台长城脚下，拥有较为优越的旅游资源。2010年，密云古北水镇度假区项目入驻该地区，顺应此契机，司马台村在政府的引导和企业的帮扶下开展了旧村搬迁和新村建设，提升了基础设施，形成了统一化管理、规范化经营的民俗旅游村。

司马台村的整体搬迁改造在2010年7月实施。新村总用地面积23.7公顷，总建筑面积约9.43万平方米，民居按照北方传统民居建筑风格、参照城镇居民小区配套标准进行统一设计，以2层庭院式联排别墅为主、多层住宅为辅

（图13-6-5），共3种类型、7种户型供村民选择。共建住宅楼119栋592套，其中2层住宅105栋312套，每户可安排3～5间酒店式标准间用于住宿接待。新民居建筑材料全部采用新型节能砖体、玻璃钢窗建设，外墙贴保温板，采用空气源热泵进行供暖，抗震水平达到8级。2012年11月，司马台村完成整体回迁，此次整体改造极大地改善了农民居住条件，整齐的规划、统一的风格、舒适的客房也为发展高标准民俗旅游打下了基础，良好的产业模式建立也有利于村落持续良好的发展。

图13-6-3 梨花村新型生态社区（来源：李艾桦 摄）

图13-6-4 梨花村民宅翻建工程（来源：李艾桦 摄）

图13-6-5 司马台新村整体风貌图（来源：刘玉奎 摄）

第十四章　院落

　　院落[1]空间是中国传统建筑最为典型的语言法则之一。"四栋之屋"是为院。院落空间在古代北京街巷制的城市格局中是很重要的单体细胞。合院建筑群以多栋单体建筑组合而成，其组合方式以"院"为中心，单栋建筑按东、西、南、北四个方位围合布置组成。[2]以"院"重复组合形成"进"，以"进"扩展成"路"，构建不同规格、不同规模的多院组合体。[3]院落空间复制、扩展、变形最终形成了北京古代城市的基本格局。整合北京传统四合院、园林空间、京郊民居的基本特征，以院落空间为原型，分析发现其在院落围合、空间层次、中庭设计、景观自然这几个方面具有重要的特征。自新中国成立后，这些特征在面对新时代的建筑要求时，不断调整、扩展、优化，实现了中国优秀传统建筑文化的现代传承。

---

①　《辞源》里对"院"的解释为"周垣也"、"宫室有墙垣者曰院"、四周围墙以内的空地可谓"院"。单独的"院"字常与"庭"字相连。《辞源》里"庭"指"堂阶前也"，即为建筑阶前的空地，亦指"院"。"落"则有定居的意思，如聚落……李允鉌在对院落构成法则的研究中认为，院落是由其四面房屋要素围合而成的无盖的露天空间。中国古文字里的"亚"的字形也暗示了院为四面围合的空间特征。老北京人称四合院为四合房，也更好地体现了院落四面围合的特征。因此在本书中更能体现院落这种特征的概念为：四栋之屋。
②　业祖润. 北京民居. 北京：中国建筑工业出版社，2009，P63.
③　业祖润. 北京民居. 北京：中国建筑工业出版社，2009，P77.

第一节　院落围合

中国传统的院落空间通常由房屋、院墙、廊等实体要素围合而成。以北京标准形制四合院为例，其由单体建筑、院墙、廊围合形成完整的院落空间。这种围合可追溯至原始人类聚居地的营造，基于防御与庇护的需求形成相对完整、独立、内向的空间。围合包含着两个方面的空间元素：一是由围合实体界定出的中心的虚空间——院落主体——这个虚空间体现了一种内向的空间组织方式，也预示着中国传统院落空间内向的文化诉求；二是形成围合的实体本身——院落界面——通过界面的营造可以展示院落主体不同的性格，院落界面还隐含着围合实体的虚实关系、实体内部界面与外部界面这三个要素。

自新中国成立以来社会面貌发生了翻天覆地的变化，政治、文化、经济等方方面面都获得了极大发展。社会性质、社会功能、社会形态的现代化，极大地影响了建筑设计。社会功能的现代化，导致人们对建筑的要求、使用发生巨大转变，科学技术的革新也打破了传统建筑设计中的很多壁垒。在这样的大环境下，院落——极具中国特色的传统空间也在不断探索尝试新的可能与发展。

一、内向的空间组织方式

内向的空间组织方式有利于规避场地外相对不利的设计条件与现状，可以选择性地与场地互动，在一定程度下保证了城市界面的连续与完整，创造相对独立稳定的内向性场所，便于中国传统内敛的文化精神的营造，因此，此种空间营造的手法在现代建筑设计中获得了较多采用。

（一）北京友谊宾馆

北京友谊宾馆[①]建于1954年9月，前身是国务院西郊招待所，主要用于接待在京的苏联专家。整个建筑群落以贵宾楼和友谊宫为中心，呈对称的扇面形分布（图14-1-1、图14-1-2）。宾馆四周有公寓式单元楼34栋，围合为4个相对独立的小区，分别冠名为"苏园"、"乡园"、"颐园"和"雅园"。四处园林风格各异："苏园"为苏州园林的再造；"乡园"是中国北方农家院落的缩影；"颐园"是仿造颐和园景观特点的园区；"雅园"是为居住在这里的外国儿童设计的游艺乐园。友谊宾馆是较早将现代建筑功能与院落围合巧妙结合的典型建筑（图14-1-3）。

图14-1-1　友谊宾馆鸟瞰（来源：北京市建筑设计研究院有限公司 提供）

---

① 龙渊. "亚洲最大花园式宾馆"——北京友谊宾馆. 饭店现代化[J]，2004（4）.

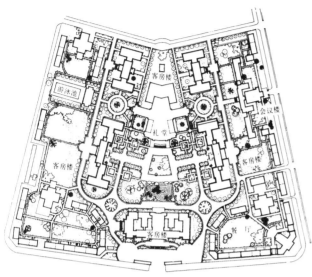

图14-1-2　友谊宾馆总平面图（来源：北京市建筑设计研究院有限公司提供）

（二）中信国安会议中心客房

　　北京中信国安会议中心庭院式客房[①]坐落在一个从东南向西北方向跌落的谷地里，谷地的中部是一片优美的杨树林。设计保留了杨树林。十二幢点式的庭院式客房分成两组布置在杨树林的东西两侧，杨树林的北侧预留了两幢独立式别墅的基地，南侧为区内主要道路。每幢庭院式客房的位置和方向依据山地的坡度和道路的走向自由安排，形成了丰富的室外空间（图14-1-4～图14-1-6）。

　　庭院式客房的内部围绕着一个内庭院成U型布置；由于地势不同，庭院的入口有时在地下层，有时在一层。在平面布置上，主要空间——门厅、起居室、餐厅、客房，全部面向内庭院；辅助空间——楼梯、阳台、走廊、卫生间、厨房，全部面向山谷（图14-1-7）。

图14-1-3　友谊宾馆院落（来源：北京市建筑设计研究院有限公司 提供，杨超英 摄）

① 吴钢，张瑛，陈凌. 佳作奖：中信国安会议中心庭院式客房. 世界建筑[J]，2009（2）.

图14-1-4　中信国安会议中心客房鸟瞰1（来源：维思平建筑设计 提供）

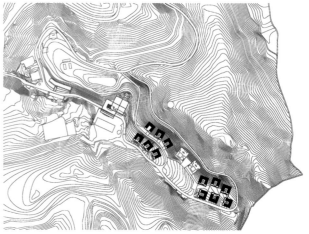

图14-1-5　中信国安会议中心客房总平面图（来源：维思平建筑设计 提供）

图14-1-6　中信国安会议中心客房鸟瞰2（来源：维思平建筑设计 提供）

图14-1-7 中信国安会议中心院落（来源：维思平建筑设计 提供）

二、模糊的内部界面

中国传统的院落外部相对封闭，内部较为开敞。在四合院（园林）的原型中，院落空间与建筑实体之间通常设有檐廊、游廊等，连接建筑单体与单体、院落与单体的同时，也营造了边界模糊的空间意向。实体空间面向院落的界面相对开敞，伴随门窗开合程度变化使空间具有更加丰富的灵活性与延续性。这样内部界面的处理方式，使虚实空间可以相互转化，内外空间互相渗透，营造了良好的亦内亦外的空间氛围，在现代建筑中获得了较好的传承。

（一）"秀"吧

中国传统建筑的价值就在于将空间置于不同的层次之中，随着逐渐展开的环境会触动我们的内心，使你获得新鲜的感觉。"秀"吧的设计巧妙地运用中国传统建筑序列空间的轴线布局方法，将宜人的酒吧建筑与周围三栋超高层建筑完美地统一起来。利用居中的南北向的轴线和东西向的轴线，将酒吧各功能按照轴线空间的对位与转合进行重新布置，从而在平面和空间格局上确立与环境的对话关系[①]（图14-1-8）。

为使传统的建筑形式与酒吧功能需求相协调，避免北方传统建筑墙体多、封闭感强，突出酒吧建筑的开放与通

图14-1-8 "秀吧"鸟瞰（来源：北京市建筑设计研究院有限公司 提供，傅兴 摄）

---

① 朱小地. 设计真相——关于银泰中心裙楼屋顶花园酒吧的创作笔记. 建筑学报[J]，2009.11.

图14-1-9　"秀吧"模糊内边界（来源：北京市建筑设计研究院有限公司 提供，傅兴 摄）

图14-1-10　"秀吧"模糊内边界细部（来源：北京市建筑设计研究院有限公司 提供，傅兴 摄）

透的特点，建筑师为此进行了专门的研究并认真听取了古建筑专家傅熹年先生的意见，采用宋式建筑的标准形式，将墙面完全解放出来，通过玻璃以及钢隔扇形成围合空间，多重通透的围合材料表达了中国传统文化的含蓄韵味（图14-1-9、图14-1-10），促进了内外空间互相渗透。"秀"吧设计中不同功能的场所与建筑体量的组合搭配非常得当，为不同的需求提供了多样的选择的可能。（图14-1-11）

图14-1-11　"秀吧"院落（来源：北京市建筑设计研究院有限公司 提供，傅兴 摄）

（二）四分院

四分院是一个北京旧城改造项目，位于白塔寺历史保护区（图14-1-12）。项目面积仅有10米×10米，是面向周边年轻人的合租公寓（图14-1-13、图14-1-14）。四分院之所以叫四分院，是因为它与传统的四合院正好相反。四合院对应的是传统的、向心式的家庭生活，但是

图14-1-12 四分院鸟瞰（来源：迹·建筑事务所 提供，苏圣亮 摄）

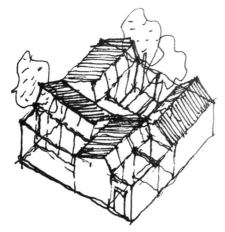

图14-1-13 华黎设计草图（来源：迹·建筑事务所 提供）

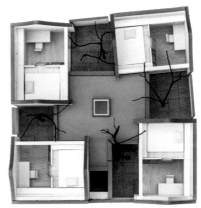

图14-1-14 四分院模型照片（来源：迹·建筑事务所 提供）

四分院面对的是当代的、分离式的个人生活。从"合"到"分"的变化揭示出社会结构和生活模式在住宅中的转变（图14-1-15、图14-1-16）。在非常有限的面积里，建筑被划分成了4个小居住单元，并且每个单元都有卧室、工作区、卫生间和一个独立小院，可以提供一种麻雀虽小、五脏俱全的完整生活体验（图14-1-17）。而且在4个单元之间，还有一个共享的客厅将它们相互连接在一起。[①]四分院利用共享空间将相对独立的个人生活空间、独立的庭院整合起来，模糊独立空间的内部边界，弱化分离感，增强空间连续性。

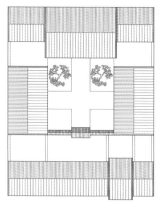

图14-1-15　四合院与四分院尺度比较（来源：迹·建筑事务所 提供）

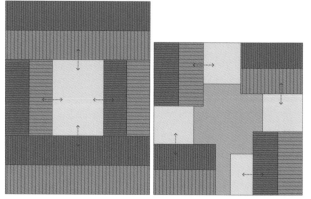

图14-1-16　四合院与四分院空间顺序比较（来源：迹·建筑事务所 提供）

图14-1-17　院落照片（来源：迹·建筑事务所 提供，苏圣亮 摄）

---

① http://www.gooood.hk/split-courtyard-house-beijing-china-by-tao.htm?

图14-1-18 中国国家科学图书馆建筑外景1（来源：中科院建筑设计研究院有限公司 提供）

三、逐渐开放的外部界面

传统的院落空间过于封闭独立，无法适应新的、开放的社会需求，需要改变。作为院落空间围合是保证其基本属性的重要元素，因此如何将围合与开放结合是院落空间在现代建筑传承中力求解决好的新问题。从三合院开始，到小街区，开放边界，在一代代建筑师不断探索中获得实践体现了时代的特色，也获得了社会的肯定。

（一）中国国家科学图书馆

中国国家科学图书馆创作中，在功能性与前瞻性并重、传统文化与现代技术相融的基础上，传承科学院的场所精神，强调高科技文化品质，体现开放的图书馆的公众性，表现国家级图书馆的庄严和气势（图14-1-18）。

建筑整体围绕着一个向西南开放的内院展开，内院的逻辑源于对传统四合院背后意义的新解释，它带给建筑能量：阳光、空气、景观，这便是方案所追求的新模式：集中式的

便捷，分散式的环境优雅，被融汇在一个理性的平面中，从而确保阅览空间的采光通风（图14-1-19）。

进入图书馆的序列被有意设计成阅览建筑的过程，在此传承了中国传统空间的叙述性，使"走建筑"、"读建筑"成为可能，一系列重要事件的连续发生犹如传统空间序列，其中内院正对的庙宇已成为知识的殿堂，而这一过程并没有神的意味，更多的是开放的图书馆显示的文化品质（图14-1-20）。

（二）奥林匹克中心区下沉花园2号院

奥林匹克中心区下沉花园2号院[①]的主题是表达传统文化背景下市民生活的意境（图14-1-21）。院落的核心是一组北京民居中具有代表性的三进制四合院，除了完整的屋面以及支撑屋面的传统做法体系之外，非承重构件全部被去掉了，代之以开放的室外空间。加入镂空瓦墙、倒影水池、立瓦铺地等元素，给传统空间注入新的表达语言（图14-1-22）。所有的建筑围绕着中心院落这一向心主题展开，内敛、聚

---

① 祁斌，邹晓霞. 下沉花园2号院古木花厅———一个积极的城市外部空间. 世界建筑[J]，2008（6）.

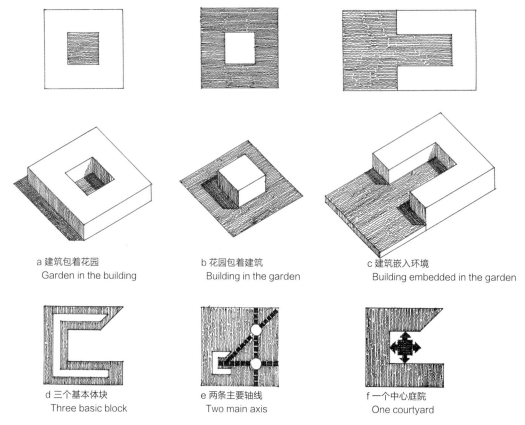

a 建筑包着花园
Garden in the building

b 花园包着建筑
Building in the garden

c 建筑嵌入环境
Building embedded in the garden

d 三个基本体块
Three basic block

e 两条主要轴线
Two main axis

f 一个中心庭院
One courtyard

图14-1-19　中国国家科学图书馆设计构思（来源：中科院建筑设计研究院有限公司 提供）

图14-1-20　中国国家科学图书馆建筑外景2（来源：中科院建筑设计研究院有限公司 提供）

图14-1-21 奥林匹克中心区下沉花园2号院1（来源：清华大学建筑设计研究院有限公司 提供）

图14-1-22 奥林匹克中心区下沉花园2号院2（来源：清华大学建筑设计研究院有限公司 提供）

合、互动，展现给人以自然舒展的"城市客厅"的空间交往性，在尺度巨大的奥林匹克公园给公众一个开放的、可以自由出入的惬意城市休闲空间。

（三）德胜尚城

德胜尚城[①]位于德胜门箭楼的西北方，与箭楼相距仅200米，用地南北长200米，东西长80米，限高18米。设计作品地上部分成独立的7栋单体建筑，一条斜街将它们串联起来，楼与楼之间形成新的胡同空间与基地原来的肌理古今对话（图14-1-23、图14-1-24）。每栋建筑都拥有属于自己的庭院，形成符合该地段特有气质的多层高密度的写字楼群。斜街与远处的箭楼遥相辉映。

本项目通过庭院、街巷的营造再现了原址老城的结构肌理，通过平面布局保证了适度的围合，同时又结合新的城市功能与需求营造了相对开放的城市空间，保证使用的同时唤起了历史的记忆。当现代与历史相遇，总有些东西需要我们传达、铭记（图14-1-25）。

图14-1-24　德胜尚城首层平面图（来源：中国建筑设计研究院有限公司 提供）

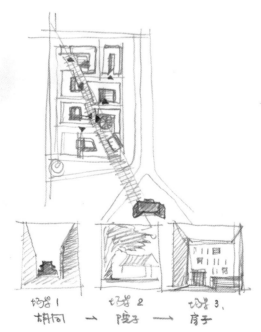

图14-1-23　德胜尚城概念草图（来源：崔愷 绘）

图14-1-25　德胜尚城入口院落（来源：中国建筑设计研究院有限公司 提供，张广源 摄）

---

① 崔愷，逄国伟，张广源. 德胜尚城. 世界建筑[J]，2013（10）.

（四）北京坊

北京坊[1]自2006年规划之初，创西城区历史文化街区建筑集群设计之先河，邀请吴良镛院士领衔出任总顾问，按照"和而不同"的原则，在延续大栅栏地区胡同肌理、恢复历史风貌的基础上，邀请7位在城市规划、建筑设计、文物保护等方面颇有造诣的建筑师参与设计。北京坊整体建筑风格延续民国建筑特色，在恢复了排子胡同等原有胡同肌理的前提下，依托谦祥益、盐业银行旧址、交通银行旧址等文保和历史建筑，特别是以百年劝业场为中心，将7位著名建筑师设计的沿街的8栋单体建筑铺陈展开，在街区内形成丰富的院落空间，形成了独特的历史与现实交相融合的文化韵味（图14-1-26～图14-1-28）。

图14-1-26 北京坊西立面全景（来源：北京市建筑设计研究院有限公司 提供，王祥东 摄）

图14-1-27 北京坊C2-05西立面室外（来源：北京市建筑设计研究院有限公司 提供，王祥东 摄）

图14-1-28 北京坊C2-07南立面室外（来源：北京市建筑设计研究院有限公司 提供，王祥东 摄）

① http://www.bj.xinhuanet.com/bjyw/2017-01/17/c_1120325244.htm.

第二节　空间层次

　　北京传统典型四合院的基本单位讲求的是"进"与"跨"："进"体现了垂直方向的递进关系，"跨"体现了水平方向的延展关系，"进"与"跨"的叠加最终形成了四合院丰富的空间。中国古典园林中在"进"与"跨"的基础上更强调了时间的概念——步移景异、一时四季。相对片面的类比，四合院是中国传统礼制的物化体现，园林则是中国传统人生观、价值观中人文情怀的浓缩。层次部分浓缩、整合了这三个方面的特征。层的逻辑、次的秩序，在现代建筑中充分地体现了院落空间体系的传承与变化。

一、空间递进

　　空间递进，体现院落空间的垂直延伸，每进院落都不是简单的空间复制，而是一种空间脉络的强调，体现了院落空间中沿轴线递进的层次属性。以传统的中轴规制与手法，控制院的发展和群体合院的空间层次与秩序，构建了主次分明、前后有序、协调和谐的空间序列，更体现了中国传统社会中"择中而居"、"尊卑有序"的伦理秩序。[1]

（一）北京菊儿胡同

　　菊儿胡同总体规划占地面积8.28公顷，建筑面积11.2万平方米，分两期建设完成。一期工程1989年10月动工、1990年8月完成，并较快投入使用。一期工程占地2090平方米，共拆除7个老院落，新建住宅46套，建筑面积2760平方米。二期工程于1991年动工、1994年上半年全部竣工，基本上保持了一期的建筑风格。二期工程占地1.027公顷，建筑面积1.6万平方米，涉及32个院落，新建住宅204套（图14-2-1、图14-2-2）。

　　重新修建的菊儿胡同按照"新四合院"的模式进行设

图14-2-1　北京菊儿胡同鸟瞰（来源：清华大学建筑设计研究院有限公司 提供）

图14-2-2　北京菊儿胡同内庭院（来源：清华大学建筑设计研究院有限公司 提供）

计，"新四合院"抽取了传统空间形态的原型。在维持原有胡同的院落体系的同时，兼纳了单元楼与四合院的优点。用新材料、新理念创造更合适的人居环境。

　　在改建中，设计师采取了更多的进深数来强调庭院中"进"的概念，而且在院的形态上又不断出新。胡同吸取了南方住宅"里弄"和北京"鱼骨式"胡同体系的特点，以信道为骨架进行组织，向南北发展形成若干"进院"，向东西扩展出不同"跨院"，有的在传统厢房的位置用过街楼联系两个庭院，使整个建筑群交通方便，由此突破了北京传统四

① 业祖润，北京民居. 北京：中国建筑工业出版社，2009.12：79-80.

合院的全封闭结构。两条南北信道和东西开口，显得更四通八达，解决了院落群间的交通问题。①

（二）奥林匹克下沉花园景观设计

奥林匹克下沉花园以下沉庭院为核心，强化城市空间的立体处理，丰富层次，配合地下商业开发项目，为赛后城市公众和游客提供交通、休息、娱乐、餐饮、购物等功能。休闲花园作为奥运中心区向森林公园过渡的地带，以人工和自然混合的景观设计为主，向市民提供了开敞的景观空间，同时满足公众集中的文化活动的需求。

下沉花园位于中心区中部的中轴线与水系之间，由3条东西方向的城市道路分割成两部分。为方便东西方向的步行联系，在南部下沉庭院之上设置了3个步行廊桥，在北部下沉庭院之上设置了2个步行廊桥，与中轴线形成棋盘格局的交通体系。3条城市机动车道路和5条步行廊桥将下沉庭院分割成7个近似的院落，有南至北形成层次递进的空间，如同北京传统住宅院落的纵向发展的结构，体现出中国传统文化的意象②（图14-2-3～图14-2-5）。

图14-2-3 奥林匹克景观设计下沉花园鸟瞰（来源：北京市建筑设计研究院有限公司 提供，傅兴 摄）

---

① 陈蝶. 菊儿胡同，摇曳在传统与现代之间——吴良镛整治北京胡同的成功范例. 中国建设信息[J]，2004（11X）：28-31.
② 朱小地、张果、任军军. 奥林匹克公园中心区景观设计. 世界建筑[J]，2008（6）.

图14-2-4　奥林匹克景观设计下沉花园模型示意图（来源：北京市建筑设计研究院有限公司 提供）

二、空间延展

空间延展，体现院落空间的水平复制，应用"重复"、"扩展"的方法对多元空间加以组合与重构，构建多功能、多元化的合院型空间体系，以提高空间效应，创造不同类型、等级、规格、规模的建筑空间。[①]传统合院建筑中每路院落不仅有主次之分，更可以用来区别功能等设计要素，在功能安排、主题划分等方面有很大的扩展与转译空间。

（一）香山饭店

香山饭店[②]位于北京西北部的香山风景区中，占地3万平方米，在一个小山丘半围绕的近山脚的小斜坡上，共有客房325间（图14-2-6）。香山饭店根据使用要求和由西南向东北逐渐降低的地形变化，共分五组，将建筑围成的院落空间作为布局的基本要素（14-2-7）。香山饭店的空间布局充分地体现了四合院中的轴线扩展的韵律。建筑主要入口前是一个横向展开的三合院，与三合院垂直轴线相呼应的是中庭"四季庭院"和旅馆中空间尺度最大、包含内容最多的中心庭院。客房成组地沿中心轴线水平扩展，并围合出一系列尺

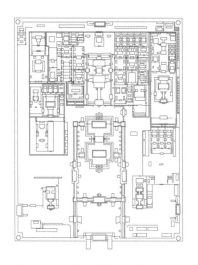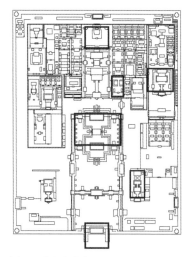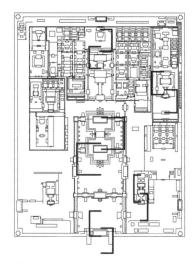

图14-2-5　奥林匹克景观设计下沉花园空间分析（来源：北京市建筑设计研究院有限公司 提供）

① 业祖润. 北京民居. 北京：中国建筑工业出版社，2009. 12P80.
② 王天锡. 香山饭店设计对中国建筑创作民族化的探讨[J]. 建筑学报1981. 6.

图14-2-6 香山饭店鸟瞰（来源：李艾桦 摄）

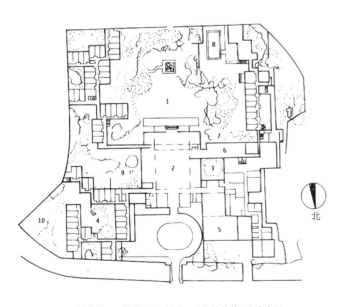

1 流华池　2 溢香厅　3 浮翠　4 云岭芙蓉　5 宴会厅
6 西餐厅　7 海棠花坞　8 游泳池　9 松竹碧透
图14-2-7 香山饭店平面布局（来源：《北京建筑志设计资料汇编》）

度不同、空间丰富的院落。曲折迂回的单面走廊令人如置身园林之中，巧于因借、步移景异营造出传统中国传统园林韵味的空间氛围。

（二）大观园酒店

北京大观园酒店[①]位于北京西城区大观园公园的西北角，总用地面积1.65公顷，南北长150米，东西宽100～120米。规划红线只限定了西、北两个方向，东面和南面与大观园接壤，没有明确的红线条件。根据设计条件限制，大观园酒店采用了集中式体量与园林式布局相结合的设计策略，在平面布局方面：将公共部分尽量集中在一起放在中路，客房部分以中路为轴线向两侧水平延展，并通过庭院空间的设置解决了客房采光、通风、视线干扰等问题；在庭院景观营造方面：将"红楼梦"的人文意境引入，以"红楼梦"人物的

① 何玉如. 传统亦风流. 建筑学报[J]，1994（6）.

图14-2-8　大观园酒店鸟瞰（来源：北京市建筑设计研究院有限公司 提供，杨超英 摄）

图14-2-9　大观园酒店入口（来源：北京市建筑设计研究院有限公司
提供，杨超英 摄）

四季活动为主题分别设计了"春困发幽情"的春季院，"醉眠芍药裀"的夏季院，"海棠诗社"的秋季院和"白雪红梅"的冬季院，这样的意境构思不落窠臼，与建筑设计的整体构思合拍（图14-2-8、图14-2-9）。

（三）中国园林博物馆

中国园林博物馆[①]是中国第一座以园林为主题的国家级博物馆，位于北京市丰台区鹰山脚下、永定河畔，设计在新的建筑中巧借自然山水之势，展示中国传统园林艺术之精华，以小尺度群体组合整合功能形成富有传统特色的新中式园林风格的博览建筑（图14-2-10～图14-2-12）。

---

① 北京市建筑设计研究院有限公司EA4设计所编. 中国园林博物馆. 天津：天津大学出版社，2015.10.

图14-2-10 中国园林博物馆鸟瞰（来源：北京市建筑设计研究院有限公司EA4设计所 提供，冯畅 摄）

图14-2-11 中国园林博物馆室内空间序列（来源：北京市建筑设计研究院有限公司EA4设计所 提供，陈鹤 摄）

图14-2-12　中国园林博物馆室内公共空间（来源：北京市建筑设计研究院有限公司EA4设计所 提供，张耕 摄）

主体博物馆用轴线控制总体布局，在分散的园林式布局下建立整体空间形态。院落作为室内展园与景观空间，穿插于建筑整体之间，形成丰富的叠合空间。园林博物馆中的院落分为两类：一类是以北方皇家园林为基调的院落，沿入口庭院至大厅后方的四季厅一线逐级分布，引领游人层层深入；另一类则是室内实景展厅，包括苏州的寄畅园、扬州的片石山房和岭南的余荫山房。三个典型的南方园林与逐级递进、体现北方皇家园林气韵的轴线上的五个主题区域整合，在严谨的空间秩序中营造了开合变化，在贯穿纵向的轴线统领下营造出恢宏大气的空间感受。

（四）北京时间博物馆

时间博物馆[1]位于北京钟鼓楼东南侧，占地面积5847平方米，总建筑面积约1.472万平方米，其中地上2674平方米，地下约1.2万平方米。除钟鼓楼外，整个片区以1~2层传统四合院为主，是北京重点的历史风貌保护区。

基于其地域上的显著特点，新建筑在规划设计时呼应了钟鼓楼周边的街道格局和建筑的尺度与肌理，采用合院式布局，呼应了清朝时期东南角肌理的三座合院和三条主要轴线，沿东西向水平展开，并且在钟鼓楼周围形成了方形绿地与清朝时期鼓楼周围开阔的场地相呼应（图14-2-13）。建筑体量和肌理严格与钟鼓楼地区风貌一致。布局形式、空间尺度采用北京传统四合院形式，都为地上一层小体量合院建筑。

三、空间时序

"虚"与"实"相结合是中国传统哲学的宇宙观。"实是需之躯，虚是实之魂"辩证的哲学思想是中国建筑空间创造、园林艺术和造园创作的指导思想。[2]空间时序，从空间路径入手，体现了虚实结合、时间与空间交织的氛围，充分展示"游"的特性，努力营造丰富的空间体验。

（一）旬会所

旬会所[3]位于北京东四环百子湾路口，由于场地条件限制会所的主要出入口，只能设置在东侧且开口位于南侧和中部建筑之间，若客人直接进入院落会将院落中的主要空间和建筑尽收眼底，缺乏神秘感和吸引力，所以，设计师借用了北京四合院中进入垂花门之后由"仪门"遮挡引导客人从两侧的"游廊"进入庭院各个房间的手法，在主入口前设计了一道钢框玻璃门，玻璃采用竖线条磨砂处理，两层玻璃错位安装，阻隔正面视线。在大门两侧的甬道外侧采用金属幕帘作为轻隔断，部分阻隔客人视线，维持神秘的感受。由此，将客人引导到北侧的接待空间或南侧的展览空间。在接待空间和展览空间的入口处，设计了"喇叭口"状的半室外通道与南北方向的甬道相接。一方面，考虑从城市到此的客人在进入会所室内之前从空间和心理上有一个过渡；另一方面，也是由于建筑的尺度较小，无法与门廊、甬道在高度和开门方式等方面正常连接的原因。

主入口的门廊从"仪门"直接延伸到东侧前院的围墙处，以正方形的水池结束，池水中的磐石之上涓涌的清泉，映着阳光，标志着会所高雅的格调。门廊上随风飘曳的装饰织物在夜晚灯光的照耀下，发出变幻的光芒，迎接着都市客人的到来（图14-2-14~图14-2-16）。

① http://www.gooood.hk/beijing-drum-tower-time-museum-by-bidg.htm.
② 业祖润. 北京民居. 北京：中国建筑工业出版社，2009.12P86.
③ 朱小地. "蛰居"之处——北京"旬"会所. 世界建筑[J]，2011（2）.

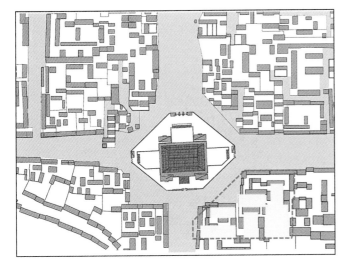
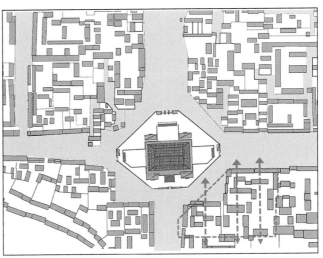
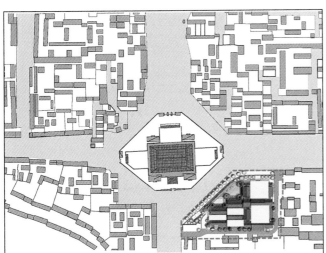
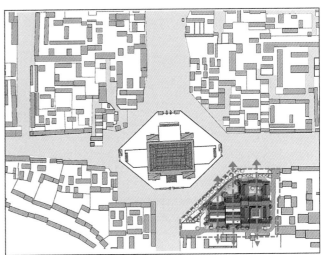

图14-2-13　北京时间博物馆平面布局分析（来源：波士顿国际设计（BIDG）提供）

图14-2-14　旬会所仪门空间1（来源：北京市建筑设计研究院有限公司提供，傅兴 摄）

图14-2-15　旬会所仪门空间2（来源：北京市建筑设计研究院有限公司提供，傅兴 摄）

图14-2-16　旬会所仪门空间3（来源：北京市建筑设计研究院有限公司提供，傅兴 摄）

（二）西海边的院子

　　西海边的院子[①]位于北京什刹海西海东沿与德胜门内大街之间的一个狭长基地，在德胜门城楼正南方不到400米。面朝西海一侧的两排砖混结构的厂房建筑，前身是什刹海地区久负盛名的蓝莲花酒吧，基地东侧则是20世纪七八十年代搭建的几间矮小破旧的临时性房屋。房主希望能将这一贯通西海与德胜门内大街的地块改造成具有北京胡同文化特质的空间，同时又能满足一系列非常当代的混合使用功能——包括茶室、正餐、聚会、办公、会议，以及居住、娱乐。

　　建筑师在对基地现有构筑物进行详细梳理后，在原本狭长拥挤的基地内，提出"三进院"的改造方案，营造出具有多重层次与虚实节奏的空间体验。而这里所提出的"三进院"，并非是对传统四合院中轴对称院落格局的模仿，却力图通过错落有致、移步换景的空间层次，以当代的语言重新阐释多重院落这一概念在进深变化上的可能，同时构建了房主期待中胡同文化生活的内涵（图14-2-17）。

　　与传统四合院完全"内向性"的居住状态不同，好客的房主提出的种种公共功能需要在内院里呈现出"外向性"的姿态，从而引发更加开放的人为活动。建筑师通过

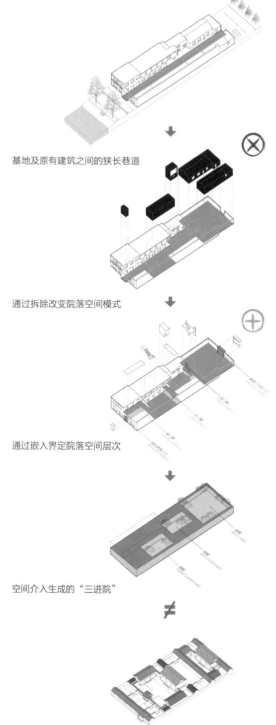

基地及原有建筑之间的狭长巷道

通过拆除改变院落空间模式

通过嵌入界定院落空间层次

空间介入生成的"三进院"

传统四合院-中轴对称的"三进院"

图14-2-17　西海边的院子院落生成分析（来源：META-Project 提供）

---

① 王硕，张婧. 西海边的院子. 建筑学报[J]，2015（10）：40-44.

图14-2-18 西海边的院子院落景观1（来源：META-Project 提供）

图14-2-19 西海边的院子院落景观2（来源：META-Project 提供）

图14-2-20 西海边的院子院落景观3（来源：META-Project 提供）

火山岩石材、楸木与筒瓦的精心构造搭接，在庭院内部引入有如行走在胡同中的丰富材质感受（图14-2-18～图14-2-20）。

（三）曲廊院

曲廊院[①]位于北京老城胡同街区内，一个占地面积约450平方米的"L"形小院，院内包含5座旧房子和几处彩钢板的

---

① 韩文强. 曲廊院修旧与植新. 设计[J]，2016（14）：60-67.

临建。院子原本是某企业会所，后因经营不善而荒废，在搁置了相当一段时间之后，小院现在即将被改造为茶舍，以供人饮茶阅读为主，也可以接待部分散客就餐。

原始旧有建筑格局难以满足当代环境舒适性的要求，新的建筑必须能够完全封闭以抵御外部的寒冷，因此，设计师将建筑中的流线视觉化，转化为"廊"的形式，在旧有建筑的屋檐下加入一个扁平的"曲廊"将分散的建筑合为一体，创造新旧交替、内外穿越的环境感受（图14-2-21）。

在传统建筑中，廊是一种半内半外的空间形式，它的曲折多变、高低错落，大大增加了游园的乐趣，犹如树枝分岔的曲廊从室外伸展到旧建筑内部，模糊了院与房的边界，改变院子呆板狭窄的印象。轻盈、透明、纯白的廊空间与厚重、沧桑、灰暗的旧建筑形成气质上的反差，新的更新、老的更老，拉开时间上的层叠，让新与旧产生对话。曲廊在原有院子中划分了三个错落的弧形小院，使每一个茶室有独立的室外景致，在公共和私密之间产生过渡（图14-2-22～图14-2-25）。

图14-2-21　曲廊院屋顶照片1（来源：建筑营工作室 提供）

图14-2-22　曲廊院室内照片2（来源：建筑营工作室 提供）

图14-2-23　曲廊院室内照片3（来源：建筑营工作室 提供）

图14-2-24　曲廊院室内照片4（来源：建筑营工作室 提供）

图14-2-25　曲廊院室内照片5（来源：建筑营工作室 提供）

第三节　中庭设计

北京传统的院落空间、功能丰富多样，传统的院落空间可以为一个家庭提供交流、沟通、聚会等场所，满足人们的日常使用，可以视作现代建筑中家庭的起居室。伴随着现代建筑技术的发展与国外建筑理论的冲击，院落空间出现了新形式的转译，逐渐发展演变为现代建筑较常采用的中庭空间。北京传统的中庭空间吸取了西方中庭空间的元素但依旧保持着浓郁的中国传统文化气息。在空间形态、功能布置、造景写意等方面具有中国传统文化元素与特征。

（一）中国银行总部

北京中银大厦①位于复兴门内大街和西单北大街交汇处的西北角，建筑面积为17.48万平方米，平面呈"口"字形，东南部分为12层，西北部分为15层，最高处为47.5米。"口"字形的中央为一个55米见方、45米高的中庭。中庭的中央布置了由水池、山石、竹林等构成的极具中国风味的园林。

建筑师首先研究了平面与层高的数据关系，同时综合考

虑到人体尺度、空间尺度等许多尺度关系，最终确定模数体系对中庭空间进行控制与设计。模数体系的采用与关注表明了建筑师对建筑整体与中庭空间的统筹协调能力。

中庭中的元素——屋顶形式、景观设计、植物选择等多方面体现了中国味道（图14-3-1～图14-3-3），其中水池是中庭的点睛之笔，在平静的水面上，耸立着几块散发着自然气息的山石，使中庭充满着浓郁的中国情调。这种类似中国画的处理手法，深刻体现了中国文化对自然的诠释。

图14-3-1　中银大厦中庭景观1（来源：王祥东 摄）

图14-3-2　中银大厦中庭景观2（来源：王祥东 摄）

① 薛明. 寓艺术于技术——北京中银大厦设计回顾. 建筑创作[J]，2003（1）：46-72.

图14-3-3　中银大厦中庭景观3（来源：王祥东 摄）

（二）香山饭店

香山饭店[①]中央的是精心设计的中庭——四季长春庭，这是建筑师在对中国传统"院"的理解之上，运用园林的设计元素和现代空间的处理手法，对中庭空间的全新阐释。庭内入口为一座屏风，屏风是中国古代的传统家具，也包含了很多中国的传统工艺，极具中国传统特色。屏风后是一潭清澈的方形水池，池中立有石山两座，整个小景清新、淡雅，显现了传统园林的特点。中庭是四合院建筑的天井，中间通透，四周有圆形月洞门、方形大门，墙面上是菱形窗，由门外看去，中庭的美景像是嵌在画框中一样。墙面采用了白墙灰瓦的基本色调，很具有江南民居的特点，给人以典雅清新的感觉。采光内庭中，整个顶棚采用了中国传统建筑歇山

图14-3-4　香山饭店中庭景观1（来源：李艾桦 摄）

顶的做法，再以钢化结构做骨架，上面覆盖了现代化的玻璃窗，阳光透过玻璃洒在墙上、地上，形成了流动感光影的效果（图14-3-4、图14-3-5）。

①　单伟. 传统文化元素在城市建筑设计上的应用——以北京香山饭店为例[J]. 艺术与设计（理论），2013（11）：69-70.

图14-3-5 香山饭店中庭景观2（来源：李艾桦 摄）

香山饭店对于中庭空间的利用，既体现了北京传统四合院的精髓，同时也使空间的使用更加贴近时代与人们生活、更宜人。为院落的传承探索出了新的方向。

第四节 景观自然

四合院是北京人主要的生活空间，也与北京人的精神气质高度契合。"天棚鱼缸石榴树"彰显了老北京人喜欢接地气的生活。在北京传统四合院中院落是一个自我平衡的小环境，按北京城老话来说，是含有内气，这种"内气"就是北京四合院的精神，是北京人最为推崇的人文情怀，这份情怀最直观的体现于院落的景观营造中。因为北京独特的气候与地域文化，北京四合院的景观更加清爽、利落，质朴、简单：红彤彤的石榴、耀眼的海棠，院中老树下石桌上栩栩动人的雕刻，水缸中畅游的小鱼，檐下廊里蹦蹦跳跳的百灵，偶尔还能看到辛勤筑巢的燕子匆匆略过……这些美好的场景体现了北京人对美好生活的期盼，有生活的亲切又富有哲思与深情。

（一）如园景观设计

"如园"居住区取名于圆明园中的著名皇家园林，位于北京西北郊百望山下，占地10公顷。设计要求把清代山西老宅的木构架和门窗、宋式的赑屃（毕喜）、清式的石狮子、清式的拴马桩等等要素，连同已经成形的售楼建筑（后将改为住区会所）一起组成展示区（图14-4-1～图14-4-4），并体现出住区的文化精神。

项目最重要的是来自山西的清代老宅正堂建筑，被放置在南大门和北样板房之间，以建立一个带有礼制性的中轴秩序空间，并将这个带有中国传统家庭精神纽带意义的建筑作为这个秩序空间的高潮点。一个超尺度的大门用于框景，用当代的建筑语言强化和暗示这个典型的中国空间秩序，同时作为不同空间秩序、不同空间类型之间的过渡，起了举足轻重的联系作用。

在老建筑前设一处方形的缓冲空间，向西可进入住区，向东则经过紫藤花架门便，开启售楼处流动空间体验，最终经过柱廊空间进入样板房区域。这里新设的景观，如长窗透镜墙、镜面水池、席纹铺地、松石如绘式场景、书法流水墙，连同清式的拴马桩、抱鼓石、石狮子和宋式石毕喜，以及大门、老房

图14-4-1　如园入口1（来源：朱育帆景观工作室 提供，陈尧 摄）

图14-4-2　如园入口2（来源：朱育帆景观工作室 提供，陈尧 摄）

子、售楼处和样板房，对于它们相互空间关系的梳理和考究起到了关键的引导、组织和升华品质空间的作用，使得居住者获得了连续丰富的当代东方理想空间的情感体验。[1]

（二）京兆尹素食餐厅

京兆尹素食餐厅[2]对空间而言尊重四合院的核心元素——院（图14-4-5、图14-4-6），设计中营造了两个完整的院子，一个封闭、一个敞开，形成呼应，其他空间都围绕院子展开。

图14-4-3　如园院落1（来源：朱育帆景观工作室 提供，陈尧 摄）

---

① 朱育帆，姚玉君，田莹，等. 北京五矿万科如园展示区景观设计混搭. 城市环境设计[J]，2013.
② 张永和. 汲取传统的精华——京兆尹素食餐厅. 室内设计与装修[J]，2013（2）：56-61.

图14-4-4　如园院落2（来源：朱育帆景观工作室 提供，陈尧 摄）

图14-4-5　京兆尹院落鸟瞰（来源：舒赫 摄）

图14-4-6　京兆尹小院影壁墙（来源：舒赫 摄）

图14-4-7　京兆尹院落景观（来源：舒赫 摄）

　　室外的院子营造出一个花园餐厅，悬挂的八面体屏风创造亲密缥缈的空间氛围（图14-4-7、图14-4-8）。让食客们能在大自然中畅享天然原味的素食佳肴。侧院翠竹林立，

图14-4-8 京兆尹侧院（来源：舒赫 摄）

夏季负离子喷雾颇有洗涤一身尘嚣的感觉，同时也湿润了北京干燥的空气，置身此处仿佛脱离了城市中的一切；冬季若赶上雪天，便为大幸，隔着玻璃观竹赏雪，虽略清冷，却与一墙之隔的车水马龙形成了鲜明的对比，让人心也不禁沉静下来。

设计师对传统园林是抱批判态度的，认为其设计偏于烦琐。在这个项目的景观设计中，建筑师把传统的庭院内的元素简化成几个色块和质感，如暗红色的木框架、灰色的砖铺地，灰白相间的石子，就是说设计师希望把古代景观中的琐碎去除，同时把其精华质量调动出来。

（三）红砖美术馆庭院部分

红砖美术馆[①]地处北京市朝阳区东北部一号地国际艺术区，园区占地面积约2万平方米，其中包括8000平方米的现代室外庭院（图14-4-9、图14-4-10）。

作为对西方建筑与景观专业分离的批判，红砖美术馆的建筑与庭园设计分三部分展开：一方面，以白居易的《大巧若拙》对"巧"的匠心要求，将原有大棚的简陋空间，改造为意象密集的美术馆展示空间；另一方面，为改观当代景观图案式设计的乏味，本设计借鉴中国园林长达千年的城市山林的经验，并尝试经营出可行可望可居可游的密集意象；再

① 董豫赣. 败壁与废墟：建筑庭院红砖美术馆. 上海：同济大学出版社，2012.11.

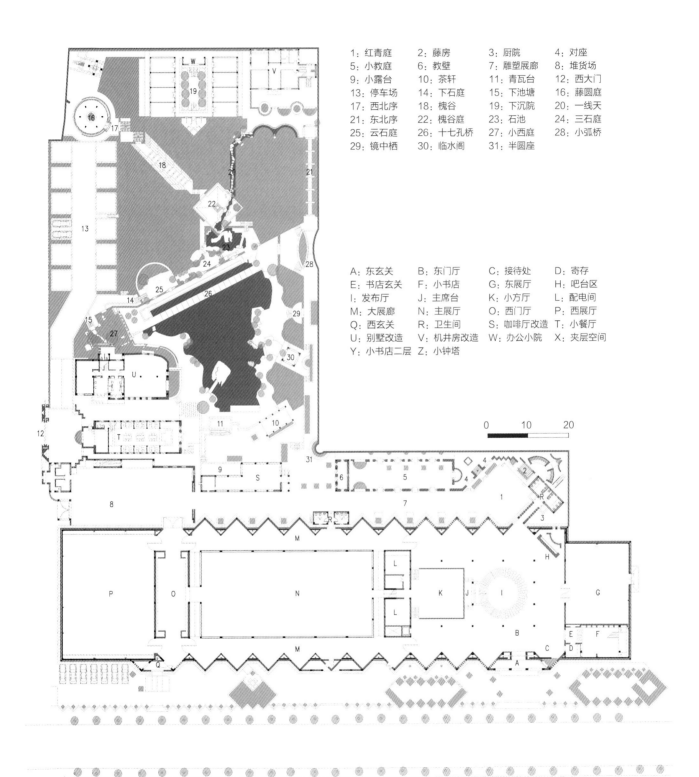

1：红青庭　　2：藤房　　　3：厨院　　　4：对座
5：小教庭　　6：教壁　　　7：雕塑展廊　8：堆货场
9：小露台　　10：茶轩　　 11：青瓦台　 12：西大门
13：停车场　 14：下石庭　 15：下池塘　 16：藤圆庭
17：西北序　 18：槐谷　　 19：下沉院　 20：一线天
21：东北序　 22：槐谷庭　 23：石池　　 24：三石庭
25：云石庭　 26：十七孔桥 27：小西庭　 28：小弧桥
29：镜中栖　 30：临水阁　 31：半圆座

A：东玄关　　B：东门厅　　C：接待处　　D：寄存
E：书店玄关　F：小书店　　G：东展厅　　H：吧台区
I：发布厅　　J：主席台　　K：小方厅　　L：配电间
M：大展廊　　N：主展厅　　O：西门厅　　P：西展厅
Q：西玄关　　R：卫生间　　S：咖啡厅改造　T：小餐厅
U：别墅改造　V：机井房改造　W：办公小院　X：夹层空间
Y：小书店二层　Z：小钟塔

图14-4-9　红砖美术馆首层平面（资料来源：董豫赣 提供）

图14-4-10　池北混凝土管建造的十七孔桥（来源：邢宇 摄）

图14-4-11　后花园一线天（来源：董豫赣摄）

图14-4-12　槐谷（来源：董豫赣 摄）

图14-4-13　后花园东北玄关（来源：董豫赣 摄）

一方面作为对封闭美术馆与北部山林间的过渡，庭院部分的设计，作为对之前设计的清水会馆的思考延伸，尝试着将生活场景更准确地表达出来，并以此庭院部分连接北部园林与南部的建筑部分（图14-4-11～图14-4-13）。①

中部庭院因技术性消防通道与回车场的要求而设计，将植物散植周围，同时结合遮蔽邻居与对美术馆附属咖啡厅未来经营的考虑将狭长小教廷置入场地。美术馆北部园林按计成的教诲，城市地造园，首要乃制造出山高水低

---

① 第三届中国建筑传媒奖，设计理念。

的差异意向，然后再经营建筑与林木关系，惜乎于装修项目，只能造景，于是挖南池之土以垒北山，于山中置槐谷庭，以为上山下水之枢纽，且以上大下小之槐谷、上狭下宽之石涧引序，而于山北设置一上人屋顶以借景北部无尽的湿地以及更北的隐约群山，中途甲方忽然慷慨购置的九块巨石，遂"随形制器"，分别以嵌入墙中以流泉用、涡旋藤萝以敝山林意、浮于池中以成岛想、矗于岸边以成宋画之屏风之念。[①]

（四）罗红摄影艺术馆

罗红摄影艺术馆的景观设计体现了人与自然融合的传统文人思想，以自然的原始形态为基础进行景观氛围营造与设计，提供了一个可游可居、与自然紧密结合的景观空间。（图14-4-14～图14-4-17）

图14-4-14 罗红摄影艺术馆庭院景观1（来源：李艾桦 摄）

图14-4-15 罗红摄影艺术馆庭院景观2（来源：李艾桦 摄）

图14-4-16 罗红摄影艺术馆庭院景观3（来源：李艾桦 摄）

图14-4-17 罗红摄影艺术馆庭院景观4（来源：李艾桦 摄）

① 董豫赣. 随形制器——北京红砖美术馆设计[J]. 建筑学报，2013.2.

第十五章　建筑

中国传统建筑是中华古代灿烂文明的重要载体。由古至今逐步衍生出以木结构为主体的建筑结构体系，在漫长的历史进程中无论是建筑形制、结构、装饰、色彩，都形成了一套具有中国文化意蕴的独特体系。

新中国成立之后，伴随着政治、经济、文化的发展，古城北京的建筑传承虽然历经了波浪式的前进轨迹，但是对于传统建筑的解析与研究并没有中断过，那是一种深入骨髓的东方居住文明思想与西方现代科学理念之间最为深刻的碰撞，一代代新中国建筑师立足时代环境，摸索着保护与发展相伴、继承和创新相融的传承之路。

伴随着新中国成立十年大庆、古都风貌保护、传统文化复兴等思潮，北京涌现出一批兼具时代性、地域性、民族性的建筑作品。本章通过分析这些典型传承案例的空间形态构成、立面造型设计、细部结构处理、色彩材质运用，挖掘并探究北京当代建筑传承传统建筑特征的设计手法和内在逻辑，整理出以下四类传承方法：

第一，传统建筑形式的继承：即建筑格局与形态基本延续中国传统建筑的特征。

第二，传统建筑形式的演化：即建筑部分延续传统建筑最典型的造型特征。

第三，传统建筑形式的创新：即建筑借鉴新现代主义思潮，提取传统形式中有代表性的构件元素，形成当代中式风格。

第四，传统建筑意境的延续：即建筑并不直接采取传统建筑形式，意求神似。

四种建筑传承手法虽有设计方式的不同和传承程度的差异，但并无真正的优劣之分，无论对于传统建筑形式特征遵守还是改变，对于空间意境延续还是升华，都可以创作出非常优秀的建筑作品。但从本质上说，我们的新建筑既需要与时俱进——采用新技术、新材料，满足现代生活的需求，又要自觉学习和挖掘中国传统建筑文化的精神、寻求意境上的契合。

第一节 传统建筑形式的继承

此类传承策略完整继承了传统建筑的整体格局、主体构件和外观装饰，采用现代先进的结构、技术、材料，并引入符合现代生活需求的使用功能。建筑整体仍由台基、屋身、屋顶三个主要部分构成，呈现对称均衡、水平延展的空间构图，同时，保持着整套传统建筑的色彩、装饰及造型构件，或略作简化和提炼。

从建筑形式的概念来解析，可以理解为是传统风格的全面延续。但是需要特别关注到两个方面：一是延续传统建筑形式不是简单盲目的模仿，而是基于对传统建筑和传统文化的理解，符合地理及人文环境，适应现代建筑的材料与技术特点，做到格局形式地道、比例尺度精良、拥有传统气韵；二是随着时代的演进，大众对于传统的理解，对于建筑民族性、地域性的认知是动态发展的，因此，对传统建筑形式的传承手法不会局限于特定的模式，它必然会因时间、空间、功能等呈现出不同的形态，即便是外观上的"复古"，只要在某些特质上，充分表达或呼应了传统内涵，触发人与这一区域的情感联系，就有它成立的依据。

一、整体空间的继承

整体空间的继承不仅包含了空间构型、外部样式、细节装饰，其内部的结构逻辑和建造逻辑也遵循传统的方法。

（一）颐和安缦酒店

颐和安缦酒店位于颐和园公园东侧，占地面积近三万平方米，分为九个院落。酒店规划充分考虑原有地貌，房屋高度也被严格限定，并确定了古典形式和院落格局的建筑基调（图15-1-1）。整体酒店风格与颐和园建筑谐调，有新建、改建，也有保留，其中保留的老建筑曾经是清代德和园大戏楼排演的地方，餐厅是大臣觐见慈禧太后的等候室。院

图15-1-1 颐和安缦酒店入口空间（来源：马泷 摄）

图15-1-2　颐和安缦酒店内庭院夜景（来源：马泷 摄）

图15-1-3　颐和安缦酒店室内空间（来源：马泷 摄）

落内的树影垂柳与庭院荷塘的恬静悠远，使颐和安缦酒店的存在即体现了现代工艺和生活品位，又充分表达了皇家园林建筑的内涵。

颐和安缦酒店虽然地处中国著名皇家园林的边上，但并未有游客发现它的存在，这本身就是酒店设计最大的成功。它的地理位置决定了建筑风格必须遵从古典形式，但是酒店的整体建造又融入了很多创新的设计手法，并置入了现代设施，内部空间设计更是将传统建筑中不适合酒店功能的空间形式、光影关系、材质色彩加以净化，展现了雍容大气的东方韵味。同时，室外环境大量运用荷塘、垂柳、奇石、绿地、乔木，建筑掩映其中，相得益彰（图15-1-2、图15-1-3）。

（二）"秀"吧

"秀"吧位于北京银泰中心三栋超高层塔楼围合的裙房顶层，遵从传统建筑的整体风格特征，采用开间布局形式，按照轴线之间的转合形成平面格局。主体建筑采用歇山屋面，其他建筑采用悬山屋面的比例和形式（图15-1-4）。

"秀"吧建筑将传统建筑理念与当代建筑设计手法与施工工艺充分结合，各栋中式建筑之间通过玻璃体空间联系，再配合水系、竹林映衬，使建筑空间氛围古朴大方，与周边现代建筑和谐共生（图15-1-5）。建筑内部采用了钢结构体系，使室内格局和梁柱排布也能合理解决。设计者深入研究并展现出了中国古建的独特比例和韵味，并通过精彩的中式器物隔断装饰和博物馆式的局部灯光处理，

使传统建筑形式和现代酒吧文化之间架起了艺术的桥梁（图15-1-6）。

（三）京兆尹素食餐厅

京兆尹素食餐厅建筑面积两千多平方米，毗邻雍和宫和国子监，采用三进的四合院格局，建筑是在原有的院落基础上改造而成。入口庭院隐秘于建筑前院内侧，穿过灰砖石板的甬道，一切如世外桃源般豁然开朗。内院设计分为玻璃中庭和露天庭院两种处理手法，通过比例、尺度和材料与传统的坡屋面结合，使现代元素在传统气氛中更加具有仪式感（图15-1-7），设计将传统院落中提取出的木、石、砖、瓦等典型材料进行现代有机组合，如用木头做砖来砌筑隔断，砌墙的砖叠涩移植过来做吧台，传达出一种传统和现代的结合与共生，塑造出空灵、纯净、朴素、禅意的空间。

京兆尹素食餐厅汲取了传统建筑的韵味和意境，并与现代环境、空间、功能、景观创新式的自然融合，室内与室外、建筑与庭院、家具与陈设、灯光与乐曲、服饰与茶饮，无一不传递着优雅、静谧之美（图15-1-8）。对传统门、窗、墙分隔空间的法则进行全新的演绎，是对于传统四合院建筑成功的传承案例。室内设计既遵从传统建筑中的构架空间感受，又运用非常规的呈现和建造方法对房屋的材料、材质进行重组，与家具巧妙配合，形成了一种新的和谐（图15-1-9）。

图15-1-4 "秀"吧鸟瞰（来源：北京市建筑设计研究院有限公司 提供，傅兴 摄）

图15-1-6 "秀"吧室内结构及装饰（来源：北京市建筑设计研究院有限公司 提供，傅兴 摄）

图15-1-5 "秀"吧外观效果（来源：北京市建筑设计研究院有限公司 提供，傅兴 摄）

（四）钓鱼台国宾馆十八号楼

钓鱼台国宾馆十八号楼，是钓鱼台国宾馆内现代建筑群落中接待规格最高的建筑，接待过无数外国元首和政府首脑。该楼坐落在传统园林中，松柏山丘、曲水堆石等传统元素尽现。建筑与院落、水系、周边建成环境和谐共存，互成对景，楼台亭榭尽收眼底（图15-1-10）。建筑造型为传统宫殿式构型，楼高3层，黄色琉璃瓦铺顶，绿色的画栋雕梁，大红的漆柱支撑，门前两侧的一对鎏金铜狮极具特色。墙体使用灰砖、木构架、木斗拱、汉白玉勾栏，整个建筑形式都采用了传统建筑材料（图15-1-11）。

图15-1-7　京兆尹素食餐厅与城市空间关系（来源：舒赫 摄）

图15-1-8　京兆尹内院空间（来源：舒赫 摄）

图15-1-9　京兆尹室内空间（来源：舒赫 摄）

　　十八号楼位于景观轴线的核心位置，拥有得天独厚的景观资源，作为接待国家元首的最高居所，建筑采用中国传统建筑的形式可谓恰如其分。酒店的装饰没有极尽奢华，而是很好地融合自然环境，主入口坐南朝北，使接待大厅和主要客房均面向宁静的湖面，营造了很好的景观意境。十八号楼

建筑外观鲜艳的色彩和纹样主要体现的是清式建筑的特征，这与钓鱼台曾是清代皇室行宫的身份相呼应，与中国传统建筑崇尚优雅、恬静、自然、简约的审美略有不同。楼内空间典雅大方，中式韵味与创造性的装修和家具设计赢得各方赞誉（图15-1-12）。

图15-1-10　钓鱼台十八号楼湖景（来源：吴懿 摄）

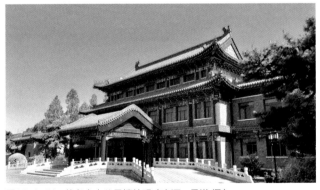

图15-1-11　钓鱼台十八号楼外观（来源：马泷 摄）

图15-1-12　钓鱼台十八号楼室内空间（来源：杨超英 摄）

二、外部形式的继承

外部形式的继承，以室外的空间形态、构件样式、细节装饰所呈现的整体外观效果为重，其内部采用现代的结构逻辑和建造工艺。

（一）北京时间博物馆

钟鼓楼坐落在北京古城南北中轴线的北端，是元、明、清代都城的报时中心，也是国家重点文物保护单位。时间博物馆位于钟楼的东南侧，采用了天然质朴的木头与灰砖相结合的建筑形式，比较全面地继承历史风貌特征（图15-1-13）。此外，博物馆将主体的使用空间置身于地下，减少了地面建筑的体量，尺度宜人，简洁质朴，低调内敛，与周边历史街区和古建筑文物的关系达到了很好的平衡。

时间博物馆建筑设计并不是对传统四合院的简单模仿和复制，而是融入了现代材料、工艺。原木色的仿古窗棂门

图15-1-13   北京时间博物馆鸟瞰（来源：波士顿国际设计（BIDG）提供）

图15-1-14   北京时间博物馆与鼓楼的关系（来源：波士顿国际设计（BIDG）提供）

图15-1-15   北京时间博物馆室内空间（来源：波士顿国际设计（BIDG）提供）

框、若隐若现的玻璃内廊，简约而精致（图15-1-14）。在典型的装饰构件上，传承了宋、明时代的装饰要素并进行简化，去除不必要的烦琐的部分，保留其最为经典的意向，这些都是十分值得借鉴的探索方向。此外，建筑将博物馆中出现的会议交流空间、大型展示空间，以及停车、机房等功能利用下沉方式解决，也是古城现代化更新的很好尝试（图15-1-15）。

（二）前门商业街改造

前门大街位于北京中轴线南部，大街长845米、宽20米，北起前门月亮湾，南至天桥路口。明嘉靖二十九年（1550年）建外城前是皇帝出城赴天坛的御路，建外城后为外城主要南北街道，明、清至民国时期皆称正阳门大街（图15-1-16）。为迎接北京奥运会的召开，对年久失修的前门地区进行了整体修缮、改建和重建，形成了传统风格的商

图15-1-16 前门商业街北区入口（正阳门大街）（来源：马泷 摄）

图15-1-18 前门商业街北京坊（来源：侯晟 摄）

图15-1-17 前门商业街街景（来源：马泷 摄）

业步行街，其外部形态基本延续了明清与民国风格，采用了传统建筑的基本形制。商业街上店铺以老字号为主，如全聚德、盛锡福、内联升、都一处等，室内为传统风格。其他更多的商铺则根据功能不同，采用现代建筑的形式和设计手法进行内部构造的设计（图15-1-17）。

前门商业街的改造是近年来中心城区最大的老城街区保护与改造工程，街道基本延续了传统建筑的形制与色彩，加上北京老字号店铺的聚集，使商业街的传统气氛更加浓厚（图15-1-18）。商业街区的地下部分为新建的大型车库和辅助用房，缓和了新的使用功能与传统建筑形式之间的冲突。整个前门商业街南北轴线感强烈，规模较大，如能预留充足的乔木绿化，配置不同空间尺度的景观和下沉城市空间，将会提供更为宜人、丰富的体验，使改造的总体价值得到提升和更充分的体现。

图15-1-19　国子监艺术酒店鸟瞰（来源：波士顿国际设计（BIDG）提供）

（三）国子监艺术酒店

国子监艺术酒店位于国子监街南侧，是北京重点保护的传统街区范围。用地原为破旧的传统合院、杂院建筑和改革开放初期建设的简陋的现代多层建筑。建筑分为酒店和大都美术馆两部分。设计将现代清水混凝土手法与清式坡屋顶建筑造型结合，由于酒店主楼尺度较大，在国子监地区传统的合院建筑中仍然显得较为突兀，因此采用化整为零、层层叠落的手法进行分解处理，整体与周边环境契合，不失为一种适宜的传承方式（图15-1-19）。

图15-1-20　国子监艺术酒店内廊空间（来源：波士顿国际设计（BIDG）提供）

国子监艺术酒店设计大量采用具象的中国传统建筑语素和手法，使人们误以为是古建筑的修复工程。但是细细品味就会发现建筑师有意将庞大的建筑体和室内空间错落分解加以隐藏，不刻意追求现代建筑的特征和语言，转而对于传统建筑的造型、街区尺度不断诠释和重复，仅在小尺度的空间采用了清水混凝土和玻璃、金属等材料，再加上对于材料选择和做工精度严加控制，整体效果舒适宜人（图15-1-20）。建筑的室内设计中，从材质到格调，充分展现了当代中式的气韵（图15-1-21）。

图15-1-21　国子监艺术酒店大堂（来源：波士顿国际设计（BIDG）提供）

（四）前门四合院改造

这座四合院位于前门商业区东侧一条不大的胡同里，这片区域是北京老城重要的历史文化保护区，聚集了多位当代著名建筑师的四合院改造作品，本项目是其中重要的一座。建筑在传统四合院民居格局的基础上，未对传统建筑形式做过度改造，而是充分发挥现代工艺、材料、色彩、光影等建筑语言，对于原有木结构框架进行修复补充，融入新的空调、照明系统；清理残破的旧砖墙体，添加通透的玻璃墙体；更换同类型的深色板瓦，全面提升屋面的保温防水性能，

展现出现代工艺和传统构造的和谐统一（图15-1-22）。

设计在充分保存原有建筑和院落格局的基础上，利用纯熟的现代材质和工艺手法，对传统四合院室内外空间的过渡，进行了创新性的诠释。利用现代方形铝型材切割成独立的截面单元，并通过有机的反复拼接组合，形成有趣的立面外遮阳系统。由于铝型材单元的尺度与窗格和瓦片宽度相仿，因而产生了十分和谐的建筑效果（图15-1-23）。室内修复的青砖地面、精巧的木质立柱和梁架、温暖的灯光和木质家具，都通过玻璃隔断与铝格栅若隐若现的透射出来，舒适宜人（图15-1-24）。

图15-1-22　四合院内庭院（来源：马泷 摄）

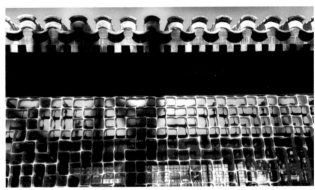

图15-1-23　四合院外部立面细部（来源：马泷 摄）

图15-1-24　四合院内部空间（来源：马泷 摄）

第二节　传统建筑形式的演化

此类传承手法通过解读传统建筑中富有表现力的元素、符号，以比较具象的方式运用到现代建筑实践中。建筑体型由建筑功能主导，呈现突破传统建筑的整体形式。传统建筑单体的元素、符号有很多——屋顶、斗栱、梁柱、墙壁、门窗、砖瓦、台基等，但是对传统建筑的沿承，民族形式的表现，坡屋顶无疑是最具表现力的外部特征，传统坡屋顶与现代主义建筑体量的结合，是北京建筑中最为典型的传承方式。一方面，坡屋顶是传统建筑最显著的形态元素，正如梁思成先生在《中国建筑的特征》中描述"……外部特征明显，迥异于他系建筑，乃造成其自身风格之特质。中国建筑之外轮廓予人以优美之印象，且富于吸引。……屋顶为实际必需之一部……历代匠师不殚繁难，集中构造之努力于此……屋顶坡面，脊端，及檐边，转角各种曲线，柔和壮丽，为中国建筑物之冠冕，而被视为神秘风格之特征……"；另一方面，屋顶是区别于屋身部分的主要构件，基本不受功能需求的制约，设计可以相对独立和灵活。

这一类建筑通常保持坡屋顶的形式，或坡顶与平顶主次结合。主体围护结构按照现代的材料特性及使用功能的需要而设计，并添加一些传统装饰。这些装饰同样不受功能制约，在现代建筑的基础上，恰当的装点传统建筑的细部元素，形成标志性的建筑符号，体现了对传统的回望与再现。

一、以屋顶作为典型特征传承演化

此类建筑的最重要特征是：以砖石和钢筋混凝土结构为技术手段，最上层加设大屋顶。主体建筑一般为垂直三段做法：基座、墙身、屋顶，大型建筑水平五段做法：中段为主

体，两旁为两个侧翼和两个连接部分。屋顶由钢结构或混凝土结构制作，檐口有的照法式做斗栱和檐椽、飞椽，有的用木料，或用木模浇混凝土制成。梁枋等部位，加以传统木构件形状的装饰构件，并在混凝土面上饰以油漆彩画。 此类传承建筑区别于传统建筑的形制，体现了民族风格与时代特征，比近代的古典式、折中式有所突破，且这一形式多出现于高质量的大型纪念性公共建筑中。

（一）民族文化宫

民族文化宫坐落在西长安街北侧，1959年落成，建筑面积约3万平方米，主楼13层，高68米。建筑平面呈"山"字形，中央为塔式高层建筑，东西翼楼对称布局、环抱两侧，形成重台高塔的格局，建筑造型别致、富丽、宏伟，具有浓郁的中国民族艺术风格（图15-2-1）。屋顶设计吸取了传统建筑大屋顶的典型特征，飞檐宝顶冠以孔雀蓝琉璃瓦；塔楼部分则采用了重檐、攒尖方亭的形式强化塔身造型（图15-2-2）。翼楼各层的汉白玉栏杆，形成了传统建筑台基的效果，烘托出中心塔楼的挺拔，突出了建筑物的纪念性。基座与高塔的高度对比，形成优美的天际线。色彩设计上，乳白色墙身、绿色琉璃屋顶和层间琉璃挂落板，结合米黄色花岗石勒脚，明快、雅致。正门汉白玉门廊中，是布满金色卷草纹的铜门，庄严、绮丽。[①]

老一辈建筑大师依托自身深厚的传统文化和设计底蕴，从构型比例到功能布局，屋顶、立面、色彩、材质等各处细节，无不推敲入微，让人叹服。纵使历经半个多世纪，长安街沿线涌现了各种现代主义新建筑，我们依然能够感受到民族文化宫的独特。而在建设之初，民族文化宫更是代表了整个社会和建筑师对于传统文化、民族精神的解读，是新中国成立早期现代高层建筑传承传统建筑特色的一次积极的尝试，也是对梁思成先生关于"现代建筑转译法"运用的生动体现（图15-2-3）。

---

① 从民族传统到中国现代——民族文化宫+民族饭店. 建筑创作，2017年第4期.

图15-2-1　民族文化宫远景（来源：北京市建筑设计研究院有限公司 提供，杨超英 摄）

图15-2-2　民族文化宫塔楼屋顶（来源：北京市建筑设计研究院有限公司 提供，杨超英 摄）

图15-2-3　民族文化宫内部空间（来源：北京市建筑设计研究院有限公司 提供，杨超英 摄）

（二）北京友谊宾馆

友谊宾馆占地33万平方米，建筑面积32万平方米，整栋建筑精致、细节丰富，是一个规模恢宏、传统特色浓郁的园林式建筑群（图15-2-4）。建筑立面以传统的灰色黏土砖作为基本外墙材料，构成整幢建筑形式与色彩的沉稳基调。同时运用琉璃瓦覆盖的传统坡屋顶形式，以及屋檐下的彩画和构件的传统装饰体系，达成了现代使用功能和传统建筑形式的融合。迎客大厅的落地窗扇采用明式花格，搭配中式的室内装饰，门廊极具传统风韵，雕梁画栋、碧瓦红柱、光辉曜日，强化了建筑的文脉和属性（图15-2-5）[1]。

---

① 《张镈与张开济：对阵/分离——折射中国建筑在20世纪50-60年代的一段发展》。

图15-2-4 友谊宾馆鸟瞰（来源：北京市建筑设计研究院有限公司 提供，杨超英 摄）

图15-2-6 友谊宾馆裙楼（来源：北京市建筑设计研究院有限公司 提供，杨超英 摄）

图15-2-5 友谊宾馆入口处外立面（来源：北京市建筑设计研究院有限公司 提供，杨超英 摄）

友谊宾馆的设计是新中国成立初期，大型酒店类建筑在继承中国传统建筑领域的集大成者，由于现代酒店功能的需求和新建筑形式的引入，建筑造型主体无论从外部表现上还是内部结构上都已经完全采用了现代建筑手法，因此在屋面处理上建筑尽可能采用新老材料的结合，传达给观者浓厚的传统建筑氛围，建筑工艺十分精致，同时特别考虑了屋面与主楼交接区域的相互渗透和细部处理，使建筑之美历久弥新。设计师在近人

尺度上也做了大量建筑传承处理和尝试，曲面坡屋顶、车库入口门廊、传统石栏杆，增加了传统韵味（图15-2-6）。

（三）中国美术馆及其改造装修工程

中国美术馆地处五四大街和王府井大街交叉口的西北角，1962年落成，原建筑面积约17000平方米，建筑造型严整对称、恢宏大气。在平面设计上，强调中央轴线和空间序列；建筑构型上采用经典三段式；外观上最明显的特征为传统坡屋顶，覆以金色琉璃瓦。整个美术馆建筑强调三个层次，第一层次为主入口充满秩序感的休息环廊，为观众进入美术馆提供了空间和精神上的过度，也形成了行进方向层层递进的节奏感。第二层次为水平展开的裙楼，其檐下的空柱廊、规整的实墙、方窗，呈现了传统建筑典型的虚实变化，与休息环廊遥相呼应。第三层次为中央高起的楼阁，四周抱厦，密檐造型，巧妙地借鉴了敦煌莫高窟的主楼式样，是整个建筑表现力的最高层次，并与两翼相结合，形成了中间高、两侧低的丰富轮廓线，舒展而富有力量。檐下墙面、梁柱上采用的琉璃面和绿色陶制花式是对传统构件及色彩的提炼，朴实雅致。加之花窗、展厅大门、空廊、竹园……精巧的细节烘托着整个建筑的艺术气质和传统精神。

中国美术馆地处内城的中心位置，是北京城重要的空间节点，建筑既要满足功能需要，更要处理与城市的对话关系。美术馆的建筑设计，与周围景观相辅相成，展现出明显的民族风格和传统意境，完美地融合于故宫、景山、北海等传统区域营造的古都文化氛围中，成为北京的标志性建筑之一，也是国际上80个著名美术馆之一。21世纪初，中国美术馆启动了改造装修工程，设计团队本着"实实在在地关注空间，通过关注那些精细、真实的细部处理来实现对人的尊重和对历史、文化和环境的尊重，实现建筑的本原意义"[1]的初衷，在完整保持美术馆整体风格的基调下，根据新的使用需求，完成了展陈标准的升级，流线功能的完善，室内外装饰的提升，结构机电的改造。这栋艺术殿堂，凝结了两代建筑师的心血，保持着自己庄严而精致、古典而现代的风貌，并赋予了新时代的材料、技术、工艺，是传统建筑和传统文化传承的典范（图15-2-7～图15-2-9）。

图15-2-7　中国美术馆主入口（来源：傅兴、庄惟敏 摄）

① 庄惟敏《筑·记》. 北京：中国建筑工业出版社，2012（《与前辈大师的一次用心的合作——中国美术馆改造装修工程》）.

图15-2-8　中国美术馆夜景（来源：傅兴、庄惟敏 摄）

图15-2-9　中国美术馆室内空间（来源：傅兴、庄惟敏 摄）

（四）北京西站

北京西站于1996年1月21日开通运营，站房区总建筑面积约为50万平方米，车站设有10个月台。在规划设计中，提出了"整体、功能、形象、经济"的设计原则，表现出了交通建筑所具有的标志性，以及北京古都文脉的延续性（图15-2-10）。站前广场采用多层方案，建筑顶部增加了传统建筑造型。站房综合楼为门状巨型结构，象征着首都的门户。在综合楼的入口区域通过巨大的列柱，连接和承托上部建筑，并通过颜色及材料的对比，让人联想起古建筑的某些重要特征（图15-2-11）。

西站设计建设时期，正值北京市政府主导的"夺回古都风貌"城市建筑运动方兴未艾时期，复杂而巨大的交通建筑如何融入传统建筑宜人的尺度和形式，是困扰建筑师的大课题。西站采用的是现代主义的建筑主体，并运用了象征主义手法体现了门户的概念。在传统建筑传承方面，重点在建筑顶部直接设计承托了三组古典主义的楼阁建筑，裙楼的高架桥一侧也设计有经过简化和装饰的牌楼系列柱廊，是此时期对传统建筑传承的相当典型的表达方式（图15-2-12）。

（五）北京大学图书馆新馆

北京大学图书馆新馆建于1998年5月，正值北京大学百年校庆。在新馆建设之初，无论是与校园中各建筑风格的和谐还是与旧馆舍的连接问题，都需要重点考虑。新馆紧靠旧馆扩建，平面呈"凸"字形，建筑主体两边各配一个裙楼，体量比例别致（图15-2-13）。图书馆风格以传统为主，进

行了不同程度的演进，唐风琉璃瓦仿传统屋面的"大屋顶"依旧是最鲜明的特征，建筑布局南北对称，墙身是北京大学校园内的经典灰色调，立面的窗格风格与旧馆神似，并通过近人尺度的建筑细部、室外装饰手法，使建筑的整体十分和谐（图15-2-14）。

北京大学自燕京大学堂建立以来一直把传统建筑的传承作为校园内建筑的重点，各个时期的设计师都力图将自己对传统形式的理解表现在新建筑上。图书馆是校园中心，也是北京大学最高学府的学术中心的代表，对建筑文化脉络的延续与发展要求很高。新馆的设计师十分重视建筑屋顶在建筑形式中的传承作用，但是并没有简单采用琉璃瓦大屋顶，而是将当代建筑材料与汉唐古朴的风格相结合，展现出历史演进的历程，此建筑体现出的传统建筑风格的传承变化，充分体现了它对新思想、新观念的理解（图15-2-15）。

二、以构件作为典型特征传承演化

以现代建筑结构和功能为基础，利用适当的构件形状及装饰纹样探索民族形式，这个便是以构件为典型特征的传承手法。在新中国成立后的一段特殊时期里，伴随反浪费运动的进行，大屋顶遭受到各方批判，因而满足现代功能，提炼传统符号的简洁的建筑造型便成了主要的建筑形式。以构件作为典型特征传承传统的建筑，整体造型繁简得当，细部造型颇具心意，更好地适应了一些新型功能建筑。

图15-2-10 北京西站北广场空间（来源：北京市建筑设计研究院有限公司 提供，杨超英 摄）

图15-2-12 北京西站顶部楼阁（来源：北京市建筑设计研究院有限公司 提供，杨超英 摄）

图15-2-11 北京西站北入口（来源：北京市建筑设计研究院有限公司 提供，杨超英 摄）

（一）人民大会堂

人民大会堂以其特殊的政治地位，成为国家政治文化的载体。1958年8月中央决定改建天安门广场，从整个天安门的规划到建筑单体的设计施工，一共用时380天，包含了10000人的大礼堂与5000人的宴会厅。整幢建筑的设计周期只有50天，并在10个月内建设完成。人民大会堂规模和体量巨大，如何体现中华民族的特色和新中国成立十年的成就，成了建筑形式讨论的敏感问题。如果采用传统形式建造，不知道要花多少工夫和财力才能表现出如此宏伟的气势，因此本着"适用、经济，在可能条件下注意美观"的方针，设计师们对形式进行精简提炼，放弃了选用传统建筑屋顶的思路（图15-2-16）。

图15-2-13　北京大学图书馆新馆主楼（来源：关肇邺工作室 提供，陈溯 摄）

图15-2-14　北京大学图书馆新馆正面（来源：关肇邺工作室 提供，陈溯 摄）

图15-2-15　北京大学图书馆校园环境鸟瞰（来源：清华大学建筑设计研究院有限公司 提供）

人民大会堂总体立面采用西方经典的竖向三段式、水平五段式格局，但在构件部分充分体现对中国传统建筑的传承。特别是在入口、门楣、檐口、柱廊的部位，尽可能采用独特的琉璃构件、传统纹样浮雕、传统造型的柱头和雀替，确保了建筑总体的传统基调（图15-2-17）。并且，建筑的外部装饰和内部装修，通过简练的符号与线条贯彻以传统的手法达成和谐的效果（图15-2-18）。

（二）北京首都剧场

1955年竣工的首都剧场坐落在繁华的王府井大街，总建筑面积1.5万平方米，是我国首座以演出话剧为主的专业剧场，常被称为中国剧场设计的奠基之作（图15-2-19），其平面布局集中完整，各主要功能均沿中轴线布局。整体构型上虽然采用了西方古典手法，但在室内外装饰设计上，将传统建筑的典型构件传承转译，利用垂花门、影壁、雀替、额

图15-2-16　人民大会堂长安街景（来源：北京市建筑设计研究院有限公司 提供，杨超英 摄）

图15-2-18　人民大会堂室内空间（来源：北京市建筑设计研究院有限公司 提供，杨超英 摄）

图15-2-17　人民大会堂与天安门广场关系（来源：北京市建筑设计研究院有限公司 提供，杨超英 摄）

枋、藻井以及沥粉彩画等语汇，通过现代的石材和工艺加以表达，呈现出庄重而富有传统建筑艺术表情的建筑风貌。外部环境空间也通过华表的再设计，表达了中西两种建筑文化的交融（图15-2-20）。

　　这种将传统构件符号化的重现，强调的是表观特征的传承，使人们产生与时空的对话，加强人与历史的情感联系，是更为直接、装饰化的意义表达。首都剧场在外形上所提取的典型特征也并不是片段化、局部化的，额枋、雀替、加之壁柱强烈的凹凸感和深邃的阴影，使人们可以解析到传统建筑墙、檐柱的空间关系和传统意味。木构转化为砖石的材料，也增强了大型剧场建筑的体量感，造就了首都剧场古朴、凝重、宏伟的建筑风格。建筑室内空间也极具传统色

图15-2-19　首都剧场街景（来源：中国建筑设计研究院有限公司提供）

图15-2-21　首都剧场室内设计手绘图（来源：中国建筑设计研究院有限公司 提供，林乐义 绘）

图15-2-20　首都剧场立面细部（来源：中国建筑设计研究院有限公司 提供，张广源 摄）

彩，雕梁画栋、屋顶彩绘，各种细节装饰演绎着文化的厚重感（图15-2-21）。当我们经过首都剧场，是否会想起，在这栋色调温暖、庄严雄伟的建筑中，充满"京味儿"的经典大戏，抑或推陈出新、紧扣时代的新剧每天都在上演着。这种传统与现代的交融不正和首都剧场的建筑设计理念高度契合吗？

（三）北京饭店西楼

北京饭店由西楼、中楼和东楼及新建新中楼、贵宾楼组成。其中东楼1974年建成，是北京市20世纪70年代最高的建筑和第一个现代高层饭店；中楼为法式建筑，始建于1917年，是市级文物保护单位；西楼于1954年建成，是新中国成立后东长安街上建成的第一幢大型建筑，结构形式为钢筋混

图15-2-22 北京饭店西楼鸟瞰（来源：中国建筑设计研究院有限公司 提供）

图15-2-23 北京饭店西楼立面细部（资料来源：杨超英 摄）

图15-2-24 北京饭店西楼大堂空间（来源：杨超英 摄）

凝土框架剪力墙结构，大量采用新技术、新工艺、新材料，并在门头、檐口等重点部位附以传统建筑构件进行装饰，体现了当时建筑施工的最高水平（图15-2-22）。

北京饭店建筑群临近紫禁城，如何既满足大型酒店的功能和接待需要，又呼应古典皇城的历史氛围，是一件几乎无法回答的课题。北京饭店西楼采用三段式的设计手法，在重点部位采用中国传统建筑构件造型的装饰，是一种典型的折中主义的解决方案。同时，北京饭店西楼整体选用暖色系的砖红色，也

达成了与紫禁城的呼应（图15-2-23）。北京饭店西楼与原北京饭店相依而建，在高度、体量、尺度等方面与老楼协调统一，又使用亭子、重檐牌楼、雀替等中国传统建筑符号，使之具有鲜明的民族特色，室内则以金色、木色为主设计，与老楼的西洋建筑风格既有对比，又和谐统一（图15-2-24）。

（四）天桥艺术中心

北京天桥艺术中心建成于2015年，位于西城区南中轴

图15-2-25　天桥艺术中心全景（来源：北京市建筑设计研究院有限公司华南设计中心 提供，张广源 摄）

图15-2-27　天桥艺术中心室内空间（来源：北京市建筑设计研究院有限公司华南设计中心 提供，张广源 摄）

图15-2-26　天桥艺术中心北入口（来源：北京市建筑设计研究院有限公司华南设计中心 提供，张广源 摄）

西侧，毗邻天坛与先农坛，建筑面积7.5万平方米，限高18米，是一个现代化的剧场群。设计深入挖掘当地文化，将天桥元素与剧场功能结合，强调空间使用的多功能性。建筑立面采用米黄色石材砌筑出类似砖墙的中式建筑效果，屋面以几道自由灵动的曲面造型设计与中轴线两侧皇城和民居的屋顶弧度产生呼应（图15-2-25）。

天桥艺术中心在近人尺度上，设计了很多与中国传统构件相关联的建筑细部。若从位于艺术中心北面的文化广

场进入（图15-2-26），需要通过一条南北向中式文化内街，此文化街的设计更是集中体现了中国传统建筑文化和天桥曲艺风韵的融合。在内街的另一端是作为艺术中心的东大厅。这里最醒目的是一座3米高12米宽的仿古戏楼，它以正乙祠戏楼为原型，融合了古代民间与官方两种戏楼的建筑特色，主体由钢结构搭建覆以实木装饰，并巧妙地连接起了剧院内的两座剧场，同时也连接起古代和现代的戏院空间（图15-2-27）。

第三节　传统建筑形式的创新

现代建筑传承传统建筑另一重要方式是借鉴新现代主义思潮，提取传统建筑的主要构件形态符号，如屋顶、斗栱、柱廊等，通过对传统元素抽象提炼、夸张变异、解构重塑等具有创造性的继承手法，跳脱出具体的形象，以追求精神的凝练、传统建筑文化及审美的契合，既体现民族文化，又蕴含现代精神。以屋顶为例，将坡屋顶的形态、坡度等进行创新，形成新的建筑屋顶轮廓，或是抽象成一种广泛被认知的典型几何图形，如雁栖湖国际会议中心，或是挑出深远的檐口，与墙面组成灰空间，形态富于变化又体现对传统建筑特殊的空间构型的尊重，或是将坡屋顶简化，结合平面对称布局，进行重新组合，形成传统又创新的形式，如北京大学百年纪念讲堂。不管是直观的轮廓形态，或者是只可意会的空间感受，都可以产生浓厚的与传统建筑的情感关联，作为与历史对话和解读的方式，形成当代中式风格。

一、精简提炼

将传统建筑物主体构件提取出来，抽象为几何图形、图案，或特定的空间构型，引入现代建筑之中，作为建筑造型的最大核心亮点。

（一）中国国家图书馆

1909年京师图书馆成立，新中国成立后更名为国立北京图书馆。20世纪70年代中期，周总理提议并批准兴建图书馆新馆。国家图书馆是改革开放初期建设的全国图书事业的中心和最大的综合性研究图书馆，占地7.24公顷，建筑面积14万平方米，可藏书2000万册，拥有各类阅览室36个，阅览座位3000座。建筑外形对称严谨、高低错落，外檐为孔雀蓝琉璃瓦，采用混凝土简化模式的坡屋顶，外墙为淡灰色面砖，配以白色线脚、花岗石基座、汉白玉栏杆和古铜色窗框，增添了朴实大方和中国书院的特色（图15-3-1）。

图15-3-1　中国国家图书馆鸟瞰（来源：中国建筑设计研究院有限公司 提供，张广源 摄）

图15-3-2　中国国家图书馆近景（来源：杨超英 摄）

图15-3-3　中国国家图书馆室内空间（来源：中国建筑设计研究院有限公司 提供，张广源 摄）

国家图书馆毗邻园青水秀的紫竹院公园，自然环境十分宜人。建筑以低层阅览室环绕高塔形书库，多层、多内院的布局为主，水平生长的建筑外廊和二层基座联络平台，使建筑的光影环境丰富，产生出不少灵动之气。图书馆的体型虽然巨大，但高低错落，室内空间以大地色系为主，形成公园与城市环境的和谐过渡，使人们可以身处自然，穿梭书海，享受宜人的城市空间（图15-3-2、图15-3-3）。

（二）钓鱼台芳华苑

钓鱼台芳华苑是钓鱼台国宾馆中最新、最大、设施最完善的国际会议中心，它谦和静谧、温文尔雅，用当代中式建筑语言去呈现一座中国古典建筑的典雅。芳华苑总平面布局呈L形，这是对场地内原有树木做了精心保留，对东侧著名银杏林以及西侧湖水、养源斋等古迹充分尊重与回应的结果。钓鱼台芳华苑限高24米，建筑用地有限，因此其内部两个主要的高大空间（1600平方米的大型景观宴会厅、1200平方米的大型专业会议厅）必须叠加布置，其他多个贵宾接待、餐饮场所，也必须满足国宾接待的特殊流程，这些高大空间的排布与中式建筑风格以及优美环境的和谐显得十分富有挑战（图15-3-4）。

芳华苑采用古典楼台式建筑的做法，巧妙地隐藏了建筑体量，同时借鉴中国传统建筑特点设计了向外伸展的巨大屋檐、柱廊、格栅，这些要素共同形成了室外过渡空间，让内

外空间柔和过渡，光影丰富自然，并且完美地解决了绿色建筑采光、遮阳等理念，形成新建筑着意刻画的特征（图15-3-5）。作为国宾馆最重要的会议中心，这里既接待国家元首，也会迎接众多国际友人，芳华苑需要符合钓鱼台这座古典式、园林式国宾馆的独特氛围，探索钓鱼台国宾馆自身的文脉特征，最终建筑选取了当代中式建筑风格，回到唐宋建筑的质朴而恢宏的气质，同时满足当代使用需求。芳华苑运用当代材料技术、体现当代工艺水平，但表达和传承了中国传统建筑文化的意境。芳华苑的设计过程是当代中式建筑风格演进的一个重要实践（图15-3-6）。

（三）北京雁栖酒店

雁栖湖国际会都精品酒店2014年落成，坐落于京郊怀柔的雁栖湖半岛，依山就势，是我国最新的国宾级会议接待地。酒店建筑面积4.26万平方米，布局采用院落式，利用东西向场地高差，使建筑群呈现既分散又集中、错落有致的形态（图15-3-7）。酒店的屋面提取中国传统建筑最为典型的坡屋顶特征，用更为平直、精炼的形态与现代的材料和构造工艺呈现出来。造型设计中，采用深灰色的金属屋顶、木色的金属格栅、米色的石材墙面，对应传统建筑中屋顶、檐柱窗扇、基座的意向，却又蕴含着更为写意和简洁的表达。椽子、梁枋等传统建筑元素，则以一种更为抽象和装饰感的形象出现（图15-3-8）。[①]

① 参考：钟兵，纪振平. 关乎山水：雁栖酒店建筑设计之一. 北京规划建设，2015.

图15-3-4 芳华苑贵宾入口（来源：北京市建筑设计研究院有限公司 提供，傅兴 摄）

图15-3-5 芳华苑夜景（来源：北京市建筑设计研究院有限公司 提供，傅兴 摄）

图15-3-6 芳华苑室内空间（来源：北京市建筑设计研究院有限公司 提供，傅兴 摄）

　　酒店所在的雁栖湖半岛在规划阶段便提出"探求建筑与自然的和谐共生，传承传统文化与打造满足现代会议需求的传世经典建筑并举"的设计理念。在精品酒店的设计中贯穿了融合传统与现代、因地制宜、与周边环境相协调的思路。半围合式的总体布局从空间上呼应传统院落的格局，又因为一侧面向景观水面开放，得以与环境对话。挑檐和下部凹入的阳台、木色金属格栅形成了丰富的明暗和进退关系，恰与传统建筑的深挑檐、檐柱、"灰空间"的特点暗合。材料的选择更多地考虑石、木、映射大自然的玻璃，以体现其天然、质朴又现代的造型特征（图15-3-9）。

图15-3-7　雁栖酒店鸟瞰（来源：中国建筑设计研究院有限公司 提供，张广源 摄）

图15-3-8　雁栖酒店立面细部（来源：中国建筑设计研究院有限公司 提供，张广源 摄）

图15-3-9　雁栖酒店大堂空间（来源：中国建筑设计研究院有限公司 提供，张广源 摄）

（四）国家开发银行总部办公楼①

国家开发银行总部办公楼位于西长安街上，总建筑面积14万平方米，2013年竣工，是极具几何学精神的北京城中重要建筑（图15-3-10）。建筑总体布局源于对北京老城历史文脉的重新思考和深入解析，深入研究基地的场所特征，确定采用延续长安街建筑中统一的、均匀的类型学体系

————————————
① 根据崔彤设计师提供素材整理。

图15-3-10　国家开发银行主立面（来源：中科院建筑设计研究院有限公司 提供，杨超英 摄）

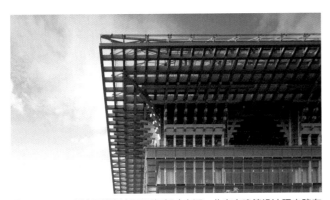

图15-3-11　国家开发银行屋顶细部（来源：北京市建筑设计研究院有限公司 提供，杨超英 摄）

图15-3-12　国家开发银行内部空间（来源：北京市建筑设计研究院有限公司 提供，徐健 摄）

的空间秩序。建筑的"双重性"源于现代与传统两类城市形态的并置与冲突，设计挑战是如何在两种异质要素之间寻找平衡，设计选取中国传统建筑的架构体系，提供了一种与外界沟通的框架，完成了从精神结构建立到城市空间建构（图15-3-11）。

　　建筑从传统街区的肌理研究出发，探究四合院的空间形态，并将其与传统建筑架构体系结合，通过叠加、穿插、变异、转化成为立体的空中合院。使建筑融于长安街建筑群的同时，创造外表均质、内核节奏变化的新空间类型，力求在城市尺度与旧城肌理、城市空间与院落空间、现代技术与传统技艺之间达成平衡的秩序。国家开发银行总行办公楼从传统建筑语汇入手，以传统元素为根，以现代结构为本，提炼了中国传统建筑的精华，体现了中国从悠久的传统文化走向创新的现代文明的发展之路（图15-3-12）。

（五）北京城市副中心行政办公区

北京城市副中心行政办公区位于通州区潞城镇，临近东六环，整体布局严整对称，围合与开放的院落式空间勾勒出品字构型，主体建筑群设计突显中式建筑庄严、典雅的形象特征（图15-3-13）。立面采用竖向三段式和横向三段式的方式使建筑层次丰富且重点突出。竖向通过坡屋顶、檐下缩柱、石材墙面的基座感，与传统建筑的三段式呼应；横向则通过建筑材料的通透变化，形成两边实中间虚的层次，并在两端设置空中露台营造灰空间，为建筑增加了充满意趣的过渡（图15-3-14）。坡屋顶的下表面设计有覆斗形藻井，其顶部天窗直通室外，将自然光线引下，建筑效果奇特。而仿铜的材质也使建筑增加了一份浑厚古典的气质（图15-3-15）。在不同界面的处理中，采用了大量的格栅形式，变化的格栅尺度和疏密有致的排列方式，使得空间效果虚实

图15-3-13 北京城市副中心行政办公区整体风貌（来源：北京市建筑设计研究院有限公司 提供，朱勇 摄）

图15-3-14 北京城市副中心行政办公区建筑单体夜景（来源：北京市建筑设计研究院有限公司 提供，朱勇 摄）

图15-3-15 北京城市副中心行政办公区建筑屋檐效果（来源：北京市建筑设计研究院有限公司 提供，王祥东 摄）

变换、层次多样，建筑与景观、空间与环境相互掩映、对话融合。

　　建筑单体中最有特色的是坡屋顶的创新做法，即用单纯的圆弧曲线对传统五举举架的曲线进行拟合、简化，从而呈现出既有传统曲线韵味，又方便施工和精度控制的屋顶轮廓，极富现代的雕塑感。融合传统建筑的神韵、审美及当代设计理念、技术水平，正是契合了设计团队从规划和建筑设计伊始，便立下的"从传统走向未来"的主题。而这一理念在与老城相呼应的轴线、序列空间的组织、错落有致的建筑轮廓线、蜿蜒的水系、贯穿始终的建筑模数制、宏观与微观相结合的庭院空间、传统建筑构件及空间的现代演绎中不断印证着，设计将传统文化的传承和城市形态的延续与发展充分的结合，让人深深地感受到设计团队对历史传承的热爱和使命感。①

二、抽象衍生

　　抽象衍生指提取传统建筑物典型构件特征进行抽象表达，通过夸大、变形、拆分、重组等手法，以突出特征的作用和影响，使之本身成为一种象征符号，加强建筑的表现力，甚至引发创造性的想象，让建筑充满了不确定性和动态的张力。

（一）丰泽园饭店

　　丰泽园饭店位于前门地区西南侧，竣工时间是1994年，饭店建筑面积1.48万平方米，设计之初地块周边店面集簇街道狭窄，因此建筑采用阶梯式形式，如一组小体量建筑的叠加，为了保持与周边街道空间比例的协调，设计中将三层以上部分向内收缩，沿街保持在两层裙房9米高左右，使其与其他沿街建筑高度基本一致（图15-3-16）。建筑外部色彩选

图15-3-16　丰泽园饭店（来源：中国建筑设计研究院有限公司 提供，张广源 摄）

① 根据设计团队提供资料整理。

图15-3-17　丰泽园饭店屋顶细部（来源：中国建筑设计研究院有限公司 提供，张广源 摄）

图15-3-18　丰泽园饭店室内空间（来源：中国建筑设计研究院有限公司 提供，张广源 摄）

择了砖红色面砖为基调、灰白色仿石砖勾边，这样使得建筑更易与周围嘈杂的色彩环境相融合，勾边的做法也进一步划分了建筑的体和面，更缩小了建筑尺度，削弱了体量，丰富了细部，显得建筑外观精致而亲切。虽然今天饭店前已经面向宽阔的两广大街，城市氛围发生了明显变化，但这些有益的尝试仍然具有价值。

在传统老字号的建筑传承方面，设计者寻找到一种除了大屋顶之外的手法，设计了贯穿南北的主轴线，主体建筑和主要室内空间的组织均按此轴线对称布局。从外部形体看，轴线为层层跌落的形体建立了秩序感和层次感，突出入口，主次分明；从室内空间看，轴线对称布置使大堂气派并具有明确的导向性，水平导向性与中庭竖向空间形成强烈对比。中庭的园林景观布局自然，与大堂严谨的对称格局迥异，给人一种别有洞天的感觉。在传统建筑语汇的选择上，丰泽园饭店的设计偏重于采用民居的细节做法，如南门廊的半亭石作，建筑角部放大的花格窗扇、门窗的分格形式，裙房的檐口，廊下的梁格处理以及重复出现的菱形图案都取自于中国北方的传统民居，并适当地变形、再设计，使之与建筑的整体尺度相协调（图15-3-17、图15-3-18）。

（二）炎黄艺术馆

1991年正式落成的炎黄艺术馆，坐落于北京奥运核心区，整体占地面积28亩，建筑面积1.2万平方米，展厅面积3300平方米。艺术馆的建筑造型吸取了唐宋时期的建筑风格，大手笔的斜向线条由传统建筑屋顶轮廓线衍生而来，平面上采取非对称格局，充分应对艺术馆的使用需求。屋顶采用青色琉璃瓦，檐口瓦当饰以"炎黄"二字图形纹样，外墙以北京西部山区民居常用的青石板贴面，基座正门侧壁均以蘑菇石砌成。除了线条和材料，建筑的外饰面也充分考虑色彩："屋顶瓦色彩宜重，墙面和基座宜淡，屋顶琉璃瓦颜色……选用了青紫色，在阳光下泛褚紫。色彩凝重中有几分润泽……力求高雅又不失朴素"。

艺术馆"斗形"的母题（其室内部分区域采用仿唐木构架再现母题），是功能和形式的统一，这一突出的斜线形态，又和大屋顶的造型神似，给人以稳重威仪、延展大气的感受，富有纪念性，与炎黄艺术馆这一主题高度吻合。平面布局以"非对称"、"变轴线"、"九宫格"等多种元素，在传统中注入了新时代、新功能的活力，充满巧思和个性。可以感受到，设计师在探索传统建筑文化中的某种"基因"时，省略了木构细节，没有雕梁画栋，没有飞檐斗栱，以青色琉璃瓦覆盖抽象化的大屋顶，质朴典雅，博取古建神韵，向人们展示了华夏建筑之美。设计师本人所追崇的"出新意于法度之中，寄妙理于豪放之外"，也给我们带来了重要的提示和思考（图15-3-19～图15-3-21）。[①]

---

① 刘力. 北京炎黄艺术馆. 建筑学报，1992-2.

图15-3-19 炎黄艺术馆鸟瞰（来源：北京市建筑设计研究院有限公司 提供，杨超英 摄）

图15-3-20 炎黄艺术馆主入口（来源：北京市建筑设计研究院有限公司 提供，杨超英 摄）

图15-3-21 炎黄艺术馆室内空间（来源：北京市建筑设计研究院有限公司 提供，杨超英 摄）

（三）北京雁栖湖国际会议中心

《诗·小雅·斯干》："如鸟斯革，如翚斯飞。"朱熹集传："其栋宇峻起，如鸟之警而革也，其檐阿华彩而轩翔，如翚之飞而矫其翼也，盖其堂之美如此。"建筑以此为灵感，体现"鸿雁展翼，汉唐飞扬"的建筑性格。探索中国传统建筑之美的内核与现代工业建筑美学的融合，运用钢构以及铜椽排列构成传统意向。会议中心总建筑面积4.2万平方米，总平面设计采取正南北朝向，与现有山水环境对位呼应，尽可能保护与梳理现有的生态环境，在争取景观最大化的前提下，组织外部空间与会议中心及宴会人员的外部流线。平面采用中国传统图案"九宫格"组织功能布局，融汇和谐、多元共存，建筑师从传统建筑——"地坛"、"故宫"、"五凤楼"、"保和殿"、"北海小西天"等建筑中汲取灵感，形式转译展示国家礼仪、呈现大国风范。

　　建筑屋檐吊顶运用铜椽排列构成，利用工厂预制、标准化生产、现场吊装、精准放线等方法取得了高完成度的效果，体现了现代工业与传统之美的交相辉映。飞檐是中国传统建筑风格的重要表现之一，通过檐部的这种特殊处理和创造，不但扩大了采光角度，而且增添了建筑物向上的动感，似有一股气势将屋檐向上托举。建筑群中层层叠叠的飞檐更是营造出壮观的气势和中国传统建筑特有的飞动轻快的韵味。从中国特有的传统文化，如传统建筑的装饰构件、中国的山水字画、器物等中，吸取具有象征性的符号元素，以色彩、纹样、材质、形状、文字等形式置入现代建筑之中，在时空上与传统关联，引起情感共鸣，这种文化隐喻也是对传统建筑文化的传承和延展（图15-3-22～图15-3-24）。

图15-3-22　北京雁栖湖国际会议中心主入口空间（来源：北京市建筑设计研究院有限公司 提供，傅兴 摄）

图15-3-23　北京雁栖湖国际会议中心主厅（来源：北京市建筑设计研究院有限公司 提供，傅兴 摄）

图15-3-24　北京雁栖湖国际会议中心鸟瞰（来源：马泷 摄）

第四节　传统建筑意境的延续

传统建筑意境的延续，即充分挖掘中国传统建筑空间与意境的精髓把中国传统文化中注重秩序、平衡、层次与和谐的空间哲学融入现代建筑设计之中，令人体验到蕴含传统精神的、特有的空间氛围与特质。

中国传统文化中，空间序列、材质色彩，通常是最直观的特征。北京传统建筑就以其规整严谨的整体布局，分明而层次丰富的色彩、精湛的工艺最为突出，而这两部分也是近现代北京传承传统建筑意境的重要方面。一方面在空间构型的尺度与韵律上，包括建筑布局、功能组织、空间序列营造、虚实对比等方面，延续传统建筑的意境；另一方面在建筑的材质、色彩、工艺上唤起对传统记忆和情境上的关联。

一、空间构型的尺度与韵律

以内部空间序列为主要特征传承的建筑，常常呈现依次展开、层层递进的形式。将主要的建筑空间沿轴线或某种组合逻辑，有序地铺展开，构建曲折幽深、步移景异、回旋往复的效果。各空间通过屏障相隔，先抑后扬，以空间形态为主要特征传承的建筑，虚实相生、含蓄模糊，不能一览无遗、一言名状。有实墙的封闭感，也有门窗洞口带来的通透感，辅以光线的处理、景观的引入，若隐若现，充满意味。

（一）香山饭店

香山饭店建筑总面积约为15万平方米，建筑依托香山地区众多的皇家古迹，是一座融中国传统建筑艺术、园林艺术、环境艺术为一体的人文酒店，体现了中国传统建筑艺术的精华。设计利用简朴的民居风格营造外部造型，融合使用西方现代建筑原则与中国传统的营造手法。从建筑的前庭、大堂到后院，轴线控制体现了空间构型的尺度与韵律感，结合珍贵古树的保留和新的园林造型，使原本处于山清水秀之中的香山饭店，更加的自然天成（图15-4-1）。

图15-4-1　香山饭店（来源：杨超英 摄）

图15-4-2　香山饭店立面细部（来源：李艾桦 摄）

图15-4-3　香山饭店室内空间（来源：杨超英 摄）

　　香山饭店虽然被一些学者质疑其建筑形象为江南手法与北方山地环境有冲突，但其项目用地位置优越，建筑与周边其他古建筑保持着相当的空间距离，自成一方天地，建筑与环境相得益彰。出于酒店功能的需求，饭店在入口及前庭处，并没有很多绿化，以广场为主。建筑在景观设计上也颇具匠心，无论是室外的一瓦一柱，还是室内的花格方灯，都与建筑风格遥相呼应，形成完美的传统气质。建筑的色彩以白、灰两色为主，配合原木色调的使用，清新明快，既与香山自然纯朴的山林风景相协调，又与饭店功能结合良好（图15-4-2、图15-4-3）。

（二）奥林匹克下沉广场建筑

　　奥运下沉广场即是奥运中心区的标志性下沉城市空间，也是重要的关于传统文化传承的建筑空间。这里将东侧龙形水系的地下商业空间和西侧地铁附属的商业空间连接在一起，并通过六道步行廊桥将下沉庭院分为七个合院。一号院"御道宫门"以故宫午门广场为设计意向，二号院"古木花亭"容纳了一座北京最为典型的三进制四合院，三号院"礼乐重门"用大鼓筑起红墙用排箫铺就金瓦，四号、五号院"穿越瀛洲"使大规模的人流集散、如入仙境，六号院"合院谐趣"用现代材料重新构筑了一座开放的合院空间，七号院"水印长天"借用皇家建筑中广庭的概念，使传统建筑构件和现代建筑空间相生相容（图15-4-4）。

　　奥运下沉广场借用多个建筑空间和现代语言诠释出丰富的历史形象，并且把邻近的大型建筑自然的组合在其周围（图15-4-4、图15-4-5）。下沉广场不是单纯的庭园或景观空间，而是通过空间构型和建筑实体的韵律尺度，将中国传统及奥运精神的建筑作品一一呈现。从中可以看到历史保

图15-4-4　奥运下沉广场南入口夜景（来源：DKM Lighting 提供，傅兴 摄）

图15-4-5　奥运下沉广场夜景鸟瞰（来源：北京市建筑设计研究院有限公司 提供，傅兴 摄）

图15-4-6 奥运下沉广场纵观全景（来源：北京市建筑设计研究院有限公司 提供，杨超英 摄）

护、可持续发展理念以及新技术应用在建筑创作中的体现。紫禁城的红墙到北京四合院民居，千年的鼓乐器物到盛唐的马球运动，均在这里交相辉映（图15-4-6）。

（三）德胜尚城

德胜门楼是老北京城除正阳门外硕果仅存的半座城门（箭楼），它独特的历史价值理应得到新建建筑最大的尊重。德胜尚城将设计中巨大的建筑体量分解减弱，再配合与箭楼手法相近的建筑立面意向、材料延续和开窗方式，使建筑在满足功能需求的情况下，展现出亲切宜人的尺度和外部形象。在建筑斜街南侧尽端，还设计了几栋简朴的传统民居作为画龙点睛之笔，使建筑与历史的关联更加紧密（图15-4-7、图15-4-8）。

建筑地上部分被分成七栋独立的单体空间，每栋楼都设计庭院，一条斜街将它们串起，楼与楼之间形成新的"胡同空间"，组合成独特的多层写字楼群。此外建筑特

别关注了乔木绿化和屋面绿化，丰富屋面设计理念，产生更加可持续互动的生长进化过程。建筑表皮采用灰色青砖和石材错缝拼装，营造开放的城市空间，亦唤起城市的记忆（图15-4-9）。

（四）中国国家博物馆

中国国家博物馆由原中国历史博物馆和中国革命博物馆改扩建而成，坐落于北京天安门广场东侧，紧邻紫禁城（图15-4-10）。原有建筑建于1959年，是新中国成立初期十大建筑之一。老馆面向天安门广场的西侧入口及柱廊被保留下来，新建部分借鉴了传统建筑檐柱的营造法式，采用一组挺拔的方柱刻画出国家博物馆庄严的形象。博物馆的屋顶由略带弧度的古铜色金属铝板覆盖，是对紫禁城宫殿群和老馆建筑金黄色琉璃瓦屋面的重新演绎。建筑屋顶的叠加退阶设计借鉴紫禁城的重檐庑殿顶，同时也充分考虑到了与天安门广场西侧人民大会堂屋顶样式呼

应。新馆主入口采用镂空花纹铜门，令人联想到中国古典建筑纹饰优美的木扇窗棂。[①]

改扩建工程对老馆给予最大程度地保留，这一做法体现出设计师对这一特殊地段建筑物"坚守传统、面向时代"的思考，亦是国家博物馆对待历史的基本态度。新老建筑不仅

有造型和意境上的延续、协调统一，又有各自鲜明的形象特点，将建筑本体在历史进程中的演变历程充分展示出来。新馆的建筑设计没有简单搬用传统建筑元素，而是从中庭、檐柱、屋顶、纹样等典型室内外空间构型、构件的象征意义出发，让大众从这组长达50年跨度的建筑群中，感受传统文化

图15-4-7 德胜尚城建筑空间尺度（来源：中国建筑设计研究院有限公司 提供，张广源 摄）

图15-4-9 德胜尚城屋顶空间（来源：中国建筑设计研究院有限公司 提供，张广源 摄）

图15-4-8 德胜尚城南侧入口空间（来源：中国建筑设计研究院有限公司 提供，张广源 摄）

① ［德］斯特凡·胥茨. 中国国家博物馆改扩建工程设计. 建筑学报，2011.

图15-4-10　国家博物馆总体布局（来源：gmp 提供，Christian Gahl 摄）

图15-4-11　国家博物馆中庭空间（来源：gmp 提供，Christian Gahl 摄）

图15-4-12　国家博物馆室内（来源：gmp 提供，Christian Gahl 摄）

和哲学理念的传承（图15-4-11、图15-4-12）。

二、建筑外观的材质与色彩

　　建筑的颜色很大程度是由材料本身决定的。在中国的传统建筑中，通常运用砖瓦、石头、金属、木材作为主要材料混合使用。材料本身的色彩，再加上金属、琉璃的装饰，油漆等颜料的表面处理，呈现出了传统建筑的色彩体系。屋面和墙身的琉璃瓦与青砖，柱式中的彩色油漆，梁、额枋、天花中的各色装饰，都是传统的色彩搭配，这些元素在传承传统的现代建筑中，也多有沿承。有些采用传统建筑的基本主材——木、砖、石、瓦，或将其与现代感十足的材料并置，形成戏剧性的碰撞、对比，引发传统和现代的碰触和情绪；有些通过材料本身的色彩呈现；有些通过特殊的结构涂料展示；有些是对传统绘画、书法中色彩的借鉴及对古典器物的色彩进行衍生；有些则只是色彩和光线的演绎；图案轮廓的隐喻也可创造出富有传统意趣的空间。

（一）天安门观礼台

天安门观礼台1954年建成，是用于国庆阅兵等重大庆典观礼的现代建筑，总建筑面积约4000平方米，2016年9月入选"首批中国20世纪建筑遗产"名录①。天安门观礼台采用对称式布局，分列于城楼两侧，仅有很少部分与城楼交错，这样既不会遮挡天安门主体建筑，又使其成为天安门气势的延伸（图15-4-13）。观礼台造型简洁大方，依金水桥畔逐级升起，最大高度不到天安门城楼基座的一半，建筑色彩采用与天安门城楼一致的深砖红色，为了不破坏总体氛围，观礼台未设固定座椅，使其建筑的雕塑感更为突出（图15-4-14）。

众多参观天安门的游客并未察觉天安门观礼台的存在，这就是设计最大的成功之处，其阶梯形设计与古代皇家建筑中基座层层递进、步步升起的形制异曲同工，充满厚重感和仪式感（图15-4-15）。2007年经过修缮后虽然在结构、墙体等方面大量使用了新材料、新工艺，并更新了提升电梯、卫生间和座椅设施，但建筑基本保持原貌，这也是对原设计最大的肯定、对天安门城楼最大的尊重。每当举行重大活动身临观礼台，人们心中肃然起敬，对历史的缅怀油然而生，这也就是设计师的初衷吧。

（二）首都博物馆

首都博物馆新馆位于长安街西延长线，总建筑面积约6万平方米，于2005年竣工，2006年对外开放。建筑简洁

图15-4-13　天安门观礼台鸟瞰（来源：北京市建筑设计研究院有限公司 提供，杨超英 摄）

① 　人民大会堂等98项目入选"首批中国20世纪建筑遗产"名录. 中国新闻网，2016-09-30.

图15-4-14　天安门观礼台长安街景（来源：马泷 摄）

图15-4-15　天安门观礼台近景（来源：马泷 摄）

的矩形平面与北京城市格局十分协调，而非对称的形体则呼应了建筑所在的街角空间（图15-4-16）。建筑以传统材料及材料间的不同色彩搭配展现了北京的历史。建筑主入口采用微拱起的青白石，暗喻宫廷"丹陛桥"的做法，并一直延伸到室内。建筑造型采用"青铜容器"这一元素，暗喻文物发掘。设计师说"把这样的青铜容器镶嵌在博物馆的外墙青砖中间，仿佛一个考古学家偶然发现了埋藏多年的宝藏"。

博物馆悬挑的"大屋顶"虽然采用的是现代高技术工艺手法，出檐深远却薄如蝉翼，既继承了中国传统的屋檐意向，又产生出十分感人的建筑艺术效果。在外部材料的选择上，建筑运用了高质量的仿木板材作为对传统木结构的暗示；正立面大量使用灰砖语素，分格方式让人联想起老北京灰色的古城墙。外部景观设计有竹园和水院，竹林一直连通到地下空间，水院则通过兽头喷水、砖雕、陶瓷雕塑等传统造景元素来营造出中式氛围。整体来看，首都博物馆建筑是通过材质运用来表达传统意境的典范，是北京现代建筑中传承传统文化不可多得的设计作品（图15-4-17、图15-4-18）。

（三）北京首都国际机场T3航站楼

北京首都国际机场总建筑面积98.6万平方米，长度超过3000米，是中国面向世界的航空门户，也承载了旅客抵达北京后对首都的第一印象。T3航站楼造型取意于皇城文化——塑造"人民宫殿"，希望在满足现代化大型机场建筑功能，充分表达现代高技术、高完成度的同时，通过中国传统材

图15-4-16　首都博物馆正立面（来源：中国建筑设计研究院有限公司 提供，张广源 摄）

图15-4-17　首都博物馆室内空间（来源：中国建筑设计研究院有限公司 提供，张广源 摄）

图15-4-18　首都博物馆室内细部（来源：中国建筑设计研究院有限公司 提供，张广源 摄）

质、色彩的运用传递东方韵味、成就中国传统建筑意境的延续，这也是使建筑与中国传统文化产生关联的一个常见方式（图15-4-19）。

首都机场T3航站楼修长的造型和类似鳞片状的采光天窗宛若一条卧龙，看似具象，实则更多地希望通过色彩和空间变换的搭配表达中国传统文化的建筑之美，屋面色彩选用紫禁城的金黄色琉璃瓦意向，建筑边柱采用暗红色的古代大殿色彩（图15-4-20）。在室内屋面的处理上，设计师采用从中国红色到金色的渐变处理，这一色彩变化贯穿在从值机大厅到国际旅客商业区长达3公里的沿线上，使旅客在办理相关登记流程时沐浴于中国传统文化缤纷的色彩中（图15-4-21）。

图15-4-19 首都机场T3航站楼鸟瞰（来源：北京市建筑设计研究院有限公司 提供，杨超英 摄）

图15-4-20 首都机场T3航站楼外景（来源：北京市建筑设计研究院有限公司 提供，傅兴 摄）

图15-4-21 首都机场T3航站楼室内空间（来源：北京市建筑设计研究院有限公司 提供，傅兴 摄）

（四）嘉德艺术中心

嘉德艺术中心临近故宫，北侧与中国美术馆隔街相望，东侧面向王府井大街，西侧为大片的老城胡同，其位置重要且敏感。艺术中心于2017年落成，地上八层地下五层，汇集了艺术展览、拍卖预展、艺术品仓储、文物鉴定和修复、五星级艺术酒店等功能，是亚洲首家一站式的艺术品交流平

台。建筑主体由两部分组成，下方由灰色玄武岩表皮体块堆叠而成，错落有致；其上大小不一的圆形窗洞是对元代中国著名山水画家黄公望《富春山居图》的抽象提炼，充满想象力和韵律感，也将光线引入室内。建筑上方为悬浮的玻璃四方环，由玻璃砖错缝砌筑而成，形成了传统建筑青砖墙般的纹理，体量完整简洁，其材料的选择和构建方式既有砖墙厚

重的象征意义，也因其通透性多了一些融合和谦逊的态度。玻璃砖与下部的玄武岩石材底座，形成虚实对比，亦创造了一种变换的张力（图15-4-22）。

　　建筑设计的要点是从城市层面把握与历史文脉、艺术文化、商业氛围及老城生活的微妙平衡。底部打散的建筑体量、灰色的材质，在近人尺度更好地呼应了西侧传统民居的肌理和规模；上方完整的玻璃体块，则是和王府井大街、五四大街上其他大型公共建筑对话，在城市视角上，取得体量的统一性。这种处理方式成功地在北京老城的肌理中置入了大体量的新建筑，并弥合了体量带来的与城市协调的问题（图15-4-23）。无论是形体的塑造，还是材料的表达，这种更为糅合、复杂的设计策略，与建筑本身应对周边北京城多元的语境相契合，意趣盎然（图15-4-24）。

图15-4-22　嘉德艺术中心正立面（来源：奥雷·舍人事务所 提供，Iwan Baan 摄）

图15-4-23　嘉德艺术中心与老城区（来源：奥雷·舍人事务所 提供，Iwan Baan 摄）

图15-4-24　嘉德艺术中心室内空间（来源：Buro OS 奥雷·舍人事务所 提供）

第十六章　建构

北京传统建筑建构逻辑发展至唐代逐渐稳定下来后，呈现一种"千篇一律与千变万化"的状态，例如结构形式，北京地区的传统建筑基本以抬梁为主，但发展出来的形态却是千变万化的。在长期的稳定发展中，建构逻辑逐渐成为传统建筑文化的一部分，成为大众对于传统建筑认知的一部分。本章按照对建构文化传承的角度和方式的不同，以建筑案例为主线，分四个小节进行论述：第一节分析传统建筑整体建构逻辑的传承与创新；第二节分析传统建筑结构形式的传承与创新；第三节从砖、木、瓦等传统材料角度，论述传统材料在当代建构中的传承与创新；第四节从屋顶、台基、斗栱、立柱等角度探讨传统建构元素在现代建筑中的传承与创新。

第一节   建构逻辑的传承创新

对于传统建筑的继承与发展，林徽因先生曾说过"中国架构制即与现代方法恰巧同一原则，将来只需变更建筑材料，主要结构部分均可不用过激变动，而同时因材料的可能，便作新的发展，必有极满意的新建筑产生。"指出了通过材料置换来传承传统建筑的可能性。通过材料置换的方式，用当代的材料较为忠实地还原传统的建构逻辑，设计出的建筑既能满足现代使用功能的要求，又有传统的精神内涵。

（一）"秀"吧

在具体实践中，银泰顶部的"秀"吧是对传统建构逻辑整体创新的案例之一。如果说建构的一个重要议题是探讨"本体"和"再现"之间的通道，那么"秀"便是一个直接

而深刻的实践，全面回应了上述建构问题。建筑师在设计时按传统的方式保留了屋面椽子以上的做法，对椽子以下的部分进行了当代重构：结构部分，用工字钢钢结构替换了木结构，但间架、举折关系仍严格按照营造法式推算；立面用现代的玻璃幕替换了原有的隔扇，但尊重柱间的关系。在细节方面，也处处精心推敲：如因钢结构屋面体系的厚度远超出《营造法式》的做法要求，为保证檐口效果，采用槽钢收口来代替木连檐，并简化外檐铺作做法，通过用"单斗只替"及"替木 + 把绞头作"替代比较高的四铺作，降低屋架高度，弥补因钢结构厚度而升起的部分高度。

当这些手法组合在一起时，传统的意蕴由木包的斗栱替木、檐口的工字钢等细节晕染到现代的材料之上，共同勾勒出了一个和谐的"本体"与"再现"的统一体（图16-1-1、图16-1-2）。

图16-1-1   "秀"吧（来源：北京市建筑设计研究院有限公司 提供，傅兴 摄）

图16-1-2 "秀"吧构造细节（来源：北京市建筑设计研究院有限公司 提供，傅兴 摄）

（二）国家开发银行总部办公楼

位于长安街的国家开发银行总部办公楼（简称开行）也是类似的一个案例。建筑师从传统语汇入手，提炼和运用了中国传统建筑的精华（图16-1-3～图16-1-5）。

建筑师认为中国经典建构中的"技艺合一"的复合体系呈现出空间、建构、形态的逻辑关系。木构建构形态本身已经构成完整形式语言或图像语言。

建筑师认为，中国建筑的"架构"体系在于梁和柱的关联度，而梁和柱子的关系逐渐变成了穿斗式和抬梁式，进一步的演化产生了类穿斗、类抬梁的现代化结构体系。因此，设计采用梁、柱作为建构体的基本单元，采用密柱组成的"柱筒"构成"巨柱"，"巨柱"体系在保留传统"柱"支撑逻辑的同时演化为空间"柱筒"，9米×9米的"柱筒"空腔成为整个建筑最小的空间单元，整个建筑的空间和结构均由此模数展开，进一步形成"八柱七间"的建构秩序。这一新范式既区别于传统，也迥异于现代主义，通过"束柱筒"的介入实现了从"支撑单元"向"空间单元"的转化。建筑隐含着完整的中国传统建构的逻辑，同时通过空间的设计和材料的选择令建筑内外都能感知其建构的秩序。

中国建构的"二木相合、三木建构、四柱支撑"逐渐从"元素"到"模件"再到"单元"直到"总集"的生成，以

一种特有语法结构，形成秩序完整、层次分明的建构系统。开行的基本建构逻辑以"密构巨柱"和"桁架梁"形成的"巨亭"和"八柱七间"作为沟通长安街和北京老城的"平衡体系"中的重要内容，强调上下、前后的贯通和联系，以此探究"架构"中"透明性"现象和"木构高技派"的品质。

第二节 传统结构的传承创新

北京的传统建筑同中国传统建筑一样，结构不单只起到支撑建筑的物理作用，更多的也参与了内部空间的建构。北京传统建筑结构很多都是"露明造"，这些建筑的内部结构与空间取得了高度的一致性，因此，从这个角度看，北京传统建筑的结构本身就带有建构的意义，高度参与室内外空间的构成。

北京的传统建筑发展到明清时期，屋顶的结构形式主要采用了抬梁式，由层层叠起的梁和柱来传力，其中主长梁可达到四步架或六步架的长度，可以取得较大的空间跨度。而这些建筑也多采用"露明造"，将抬梁的形式较为完整地展现在室内空间之中。

图16-1-3　国家开发银行总部办公楼1（来源：中科院建筑设计研究院有限公司 提供，杨超英 摄）

图16-1-4　国家开发银行总部办公楼2（来源：中科院建筑设计研究院有限公司 提供，杨超英 摄）

图16-1-5　国家开发银行总部办公楼3（来源：中国建筑设计研究院有限公司 提供，杨超英 摄）

图16-2-1 "秀"吧内部结构（来源：北京市建筑设计研究院有限公司提供，傅兴 摄）

图16-2-2 中国国家博物馆柱廊（来源：王恒 摄）

一、钢木结构

在"秀"吧的设计中，建筑屋顶以《营造法式》为范本，每一个主要杆件以及各杆件之间的关系都按照《营造法式》的要求，进行严格的设计。内部的结构也按照抬梁的方式进行转译。此外由于现代规范要求，所有的结构都采用钢结构，但在钢结构的外面采用木材进行围合，表现木构建筑的质感。

主持建筑师回忆"在钢结构屋架现场施工完成之后，虽然现场到处是建筑垃圾，周围是没有完工的银泰中心主体建筑，但传统建筑的钢结构框架，表现出来的美妙已经跃然呈现，让人肃然起敬。对传统建筑所蕴含的美学价值的充分认知，是通过认真依托《营造法式》进行设计后，才意识到的。"这充分说明了只有将传统的结构形式组织到使用空间，并完整地展现出来，其结构的建构意义才能表达出来。而这一点上在"秀"吧的各个建筑单体中都得到了良好的体现，主吧、葡萄酒吧、雪茄吧等都将构架体系露明，使其参与室内空间的构成，部分构架还被赋予了额外的功能，如主吧中的吧台部分，构架参与了吧台顶部的构成。于是整个室内构架与建筑形成有机的整体，建构的意义就得到了体现（图16-2-1）。

二、钢筋混凝土结构

中国国家博物馆改扩建工程是一个中外建筑师合作的项目，建筑师在设计时没有采用对中国传统建筑元素的简单复制，而是从中国的文化与哲学出发，力图创造出符合时代精神的现代中国建筑。

国博的西立面是改造设计中唯一一个改动较大的立面，设计借鉴了中国传统建筑中前檐廊的做法，对各个结构构件都有当代的抽象转译。首先在立面上，采用挺拔的方柱对应国博原来的柱式，形成前檐空间，立柱之间由横梁相连接，屋面安置于其上，构造层次与传统建筑无异。同时国博还对"斗栱"进行了抽象提取："这里的'斗栱'是一种轻盈的支承构件，由柱顶探出的弓形肘木为栱，与之间的方形垫木为斗，各个构件都有相应的简化，但组合在一起仍传递出了强烈的传统意蕴。"转译的斗栱成为国博外檐空间的重要组成部分，完善了立面的整体效果及建筑的外部空间效果（图16-2-2）。

可以看到，上述案例不单是对传统结构体系进行了现代的改造，更是将其作为组成室内外空间的重要元素，而这也使得传统结构的建构意义在这些建筑上得到了传承与体现。

三、钢结构

刘敦桢认为，中国传统建筑体系有强烈的秩序性，"在平面布局方面具有一种简明的组织规律，就是以'间'为单位构成单座建筑，再以建筑组成庭院，进而以庭院为单元，

图16-2-3 似合院夜景（来源：齐欣 摄）

图16-2-4 似合院（来源：舒赫 摄）

组成各种形式的族群。"而间则是由两品屋架构成，因此，"一品屋架"是构成传统建筑的最基本单元。

北京奥林匹克下沉广场中的"似合院"便对这一体系作了现代的诠释。该方案提取了类似传统建筑断面的构件形式作为基本型，在限定的平面布局内，用重复微变的"基本钢构件"完成整个建筑的搭构，组织纪律明晰。柱网上的一些柱子打了个弯，与梁连体，其上支檩，檩上架椽，椽上铺瓦，与传统四合院建筑一脉相承。同时钢的特性使原来相对烦琐的造型简化，反映出时代的气息（图16-2-3、图16-2-4）。

方案取消了所有的围合物，使室内外融为一体。从而将原本封闭和私密的空间转换成开敞而公共的场所，让人们得以在无拘无束地自由行走过程中，既能品味似曾相识的感觉，更能体验到一种新生。这是通过对传统建筑结构高度抽象提取后展开的设计，也能在传统与现代之间找到通路。

第三节　传统材料与技艺的传承创新

中国传统建筑材料起源于"五行"之说，即所谓"金、木、水、火、土"也，即"石、木、砖、瓦、土"，五材并举，传统建筑中建筑材料通常以搭配使用为主。每种传统材料有其相对应的使用位置及构造做法。与之不同，现当代建筑实践中更加注重对单一传统材料的阐释。在建筑师利用中国传统材料抵抗建筑趋同性所做出的努力中，涌现出一批较为出色的实践作品。

中国建筑历史上，对材料问题的研究和论述主要是集中于实践性层面，如《考工记》、《营造法式》、《工部工程做法则例》等。受到西方现代建构理论的启发，现当代建筑师在实践中，不仅关注材料的结构属性，同时关注其表面属性。北京作为北方传统建筑的代表性区域，传统建筑以北方民居及宫殿建筑为主，以砖、木、瓦为主要材料，石材、夯土运用较少[1]。因而，本节将按照传统材料——砖、木、瓦种类分类，从材料的结构属性与材料的表面属性出发，结合案例论述传统材料在现当代建构实践作品中的传承与创新。

一、砖的砌筑

自明代以来，砖开始在中国传统建筑中广泛运用。砖，以黏土烧制的青砖、红砖为主，是传统建造方式中主体结构及围护墙体的主要材料。从物理属性来说，砖适合于受压，是砌体结构的主要材料，给人厚重感。此外，砖尺度较小，并可通过排列组合的不同，形成多变的表面肌理。就其表面属性而言，传统烧结方式赋予砖表面丰富的空隙质感以及各异的、细微的颜色差异。每块砖之间都有所区别，即使打磨后仍然保持着自然的色差。砖的表面属性语言丰富，它在当代建筑设计中的沿用，弥补了快速城市化中建筑所暴露出的情感缺失。

（一）红砖美术馆

红砖美术馆以北方民居中最质朴的红砖为主要材料，

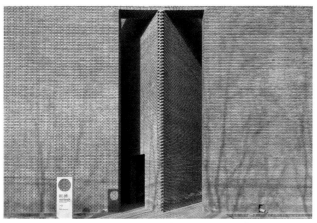

图16-3-1　红砖美术馆——砖的质感（来源：王祥东 摄）

构建出建筑师心中西方的神坛以及东方的园林等各种空间原型。在这个建筑中，砖被赋予了全新的含义，但砖的表皮属性——光线下砖墙斑驳的时间的印记得以延续。建筑师试图用更加单纯的材料，将人们的注意力引入对空间及细部的关注。建筑师传递出一个文人的信仰，砖不仅用于建造民居，也能建造传承文化的公共建筑。在当代工匠传统缺失和实际建造经验缺乏的困境之下，建筑师用手工打造的美术馆将受到现代工业文明和机械发展冲击的技艺还原，并以凝固此地的方式延续。以此传承古老的砖材及其所代表的中国传统建筑文化（图16-3-1）。

对砖的建造技法和细部的推敲也是此建筑实验的重点。"他强调并且希望建筑与身体发生关系，在建设过程中，他还亲自研究砌砖以及如何摆放，甚至还希望在实践中探索各种新的可能性，因为这些可能性光凭想象很难捕捉。"[2]主体建筑南北两侧以折墙展开，折线阳角与阴角采取了不同的处理方式，横砖的加入使其形成三个角，阳角得以凸显，阴角则通过两面墙的彼此退让缝合在一起。檐口处层层挑出的砖柱单元暗示出似是而非的斗栱意向，砖叠涩堆砌的斗栱在整座建筑中成为经常出现的元素。为凸显对传统材料的尊重，不同的砌筑方式中，建筑师为保证每块砖体的完整性，尽量做到不切割（图16-3-2）。

---

[1] 现代建筑中石材的建构，更多来源于西方，与传统建筑传承关系较弱，又因北京传统建筑中夯土使用较少，故不予论述。
[2] 巩剑. 红砖. 红砖美术馆，2014.

图16-3-2　红砖美术馆——砖的表现与砌筑（来源：王祥东 摄）

（二）通州艺术中心门房

通州艺术中心的建筑师选用了老北京传统的建筑材料——青砖，希望通过采用人们熟悉的材料来反映建筑的文脉特征，营造一种似曾相识的感觉（图16-3-3）。在建造上，建筑将传统工艺与当代技术相结合，用建筑的表皮和结构来表达内外空间的相互作用（图16-3-4）。

建筑师利用数字技术，将砖创新地砌筑生成了不同于以往的形态与肌理。在通州艺术中心门房的东立面、西立面以及南立面靠下的部分，建筑师为了营造出"褶皱"的视觉效果，专门设计了青砖的排列方式。青砖的常规尺寸是长240毫米、宽120毫米、高60毫米，建筑师砌筑120毫米厚的单层砖墙，并采用一种"一顺一丁"的花墙砌法，在墙朝内的一面取齐，朝外的一面则间隔着将砖丁砌，自然出挑60毫米。砖墙远看整体感很强，近看则具有丰富的肌理。不止如此，建筑师还有更细致地处理，突出墙面的丁砖分别被切去 20毫米、40毫米、60毫米、80毫米和 120毫米，凸出的尺寸越来越小，形成退晕式的微妙变化，直至最终完全消失，融入墙面。砖墙在西侧还有一种变化，通过将丁砖抽走，砖墙由实体渐渐变成镂空，镂空的地方刚好可以给半地下的设备用房提供一定的自然采光。

图16-3-3　通州艺术中心门房（来源：黄源 摄）

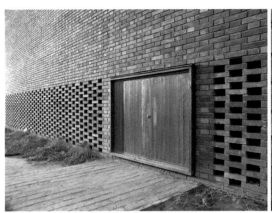

图16-3-4 通州艺术中心门房——灰砖的退韵与镂空（来源：黄源 摄）

图16-3-5 三影堂摄影艺术中心——像素化山水整体效果（来源：高尚 摄）

图16-3-6 三影堂摄影艺术中心——像素化山水细部做法（来源：高尚 摄）

（三）三影堂摄影艺术中心

　　三影堂摄影艺术中心坐落在北京朝阳区草场地艺术区，由一个被废弃的工厂、汽车修理厂及门面改造而成，通过折线型的平面布置围合出三角形的内庭院。

　　青砖是其表皮的主要材料，由庭院地面延伸到墙面。砖墙上形似天然崖壁般的斑驳表面肌理，是在砌筑时将部分青砖有控制地向外凸出而形成的。这种看似完全随机的凹凸图案，其实是在建筑师严密的控制下完成的。从墙面施工图可以看到控制甚至精确到了每块砖的三维定位。建筑师通过对砖材进退的处理形成的阴影关系，在墙面上绘制山水自然的纹理，废墟般的山河萧瑟随着折墙徐徐展开。建筑采用中国传统的建筑材料，但运用现代建筑像素化的表皮处理手法，相较类似假山的空间化模拟自然山水的手法，更加符合艺术中心对大空间的功能需求（图16-3-5、图16-3-6）。

（四）贵点艺术空间

　　贵点艺术空间位于宋庄，在这里，建筑师重新发掘了水泥花砖这种在当代几近遗失的建筑材料，并加以创造性地利用。贵点艺术空间是一个两面围合的院落，建筑体量简洁，外表被花砖包裹并透过窗洞渗透到室内空间，庭院中也使用了同种材料作为分隔和点缀。

　　水泥花砖是一种可以勾起人们对过往记忆的建筑材料。在整个外墙面，材料以全新的现代方式被砌筑起来，以突显出材料本身和某一特定历史时期的建筑及生活之间的情感联

图 16-3-7　贵点艺术空间砖的砌筑（来源：百子甲壹建筑工作室 提供）

结。建筑师选择花砖为材料，是从过往生活环境中提取出建筑特征，并且将这些特征用新的建筑语言来表达，它承载了一个思考，即如何将前一个时代特征移植到当下的建筑中，同时还能传达出建筑师所要表达的情感（图16-3-7）。

二、木的搭接

中国古代以木材为材料创造的榫卯结构书写了诸多中国

建筑艺术的辉煌篇章。从物理属性来说，木材纵向抗拉、抗弯性能较好，抗压性能较差，在传统建筑中多用于梁柱，并具有抗震性能好，施工简单，工期短等技术优势。工业制造的胶合木由薄层单板黏合而成，具有改善天然木材的性能，且具有更大的强度和耐久性。木材表面属性尤为独特，它具有自然柔和的暖色调、饱含哲思的年轮肌理、柔软而富有弹性的质感。木纹给人良好的视觉及触觉效果，甚至可以给人清新自然的嗅觉体验，它与生俱来的纹路饱含自然韵味，是其他常用建筑材料无法替代的。

　　随着我国林业资源的消耗、传统木构技术的遗失，以及混凝土、钢材等力学性能更好的建材出现，中国当代建筑中木材的使用越来越少，或只是作为简单的装饰材料。2017年1月10日，住房和城乡建设部发布了《装配式木结构建筑标准》（GB/T 51233—2016），并于2017年6月1日起实施。木材的材料性能研发以及建构技术的实验应该受到更多关注，相信未来会有更多木材的现代建筑实践作品出现。

（一）二分宅

　　二分宅位于水关长城脚下11个别墅中的置高处，依山就势，一分为二拥抱着山谷。空间关系上，二分宅转译传统北京四合院，将其从高密度的城市环境移植到自然景观之中。

院子从在城市中被建筑四面围合变为由山坡和房子环抱。

　　为建造一个对生态环境影响较小、日后必要时能够相对容易、干净地拆除的建筑，建筑师借助中国以土木为主要建筑材料的传统，选用胶合木框架为主结构。

　　胶合木结构部分借鉴传统榫卯结构的搭接形式，但梁柱内部以钢板连接件铆接，增强其节点强度。与平屋顶形式相适应，其木构架形式大大简化，去掉举架和斗栱，仅余富有节奏感的梁柱，更加简洁。木框架结构作为室内的主体元素被完整地表现出来，并且朝向院落敞开，充分显露在外立面中。与之协调，院落内部的部分外墙、露台、吊顶也由木板拼接而成。木材自然的表面，与庭院内部野树斜枝呼应，使得别墅愈加融入自然山林之中，室内细腻而温暖，富有生命力（图16-3-8～图16-3-11）。

图16-3-8　二分宅——木材质感的表现（来源：非常建筑事务所 提供）

图16-3-9　二分宅——木材质感的表现（来源：浅川敏 Asakawa Satoshi 摄）

图16-3-11　二分宅——建造过程（来源：非常建筑 提供）

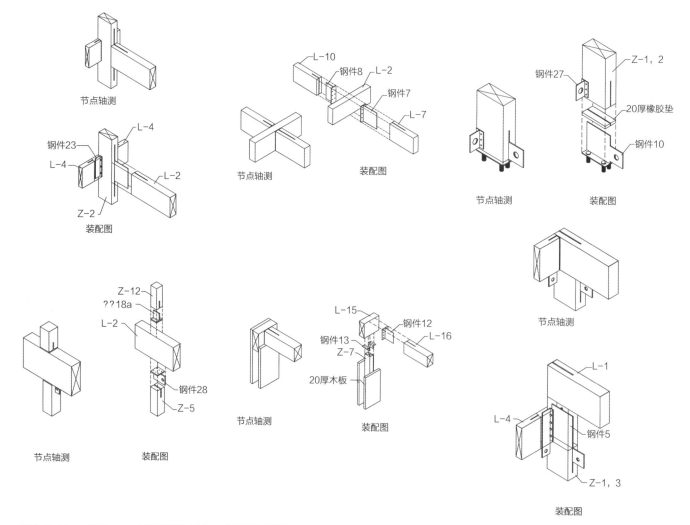

图16-3-10　二分宅——木材细部搭接（来源：非常建筑 提供）

（二）篱苑书屋

篱苑书屋所处基地背山面水，景色清幽，一派自然的松散。设计构思旨在与自然相配合，让人造的物质环境，将大自然清散的景气凝聚成为一个有灵性的气场，营造人与自然和谐共处、天人合一的情境。

篱苑书屋选取力学性能更优良的方钢为主结构，但为延续文脉，其内部以杉木为装饰材料。采用100×100及100×200的方钢作为主要结构构件。室内采用合成杉木板装饰，做成书架和供读者席地而坐轻松阅览的大台阶。室内空间暗示出木材作为中国传统建筑结构的格构感，具有令人震撼的单纯性，避免了混凝土或是钢材具有的冰冷的工业感，亲切而贴近生命本质。加之外部类似小树枝的外墙，使整个书屋与古时木结构茅草亭感官上更加神似（图16-3-12）。

三、瓦的拼贴

以瓦为主要材料的大屋顶是中国传统建筑的特点之一。瓦由黏土烧结制成，是坡屋顶的主要材料，起到为房屋遮风避雨的作用。最具代表性的是传统的弧形小青瓦，它由手工制作成型，呈青灰色。

青瓦所搭建的坡屋面代表了我们对老城第五立面的认知。传统瓦屋面构造复杂，耗费人力成本，随着材料技术的发展，出现了更多施工更简单、成本低廉的现代瓦材，传统的瓦片使用率大大降低。但一些现代建筑，不是运用青瓦作为屋面材料，而是将瓦用在立面上，更加完整表现出瓦片朴实的质感和灵动的光影变化，是对连绵起伏的瓦独特表面肌理的再现，是对老城记忆的挖掘。

图16-3-12　篱苑书屋——以木材回归自然（来源：李晓东工作室 提供）

（一）京兆尹素食餐厅

位于雍和宫的京兆尹素食餐厅由四合院改造而成，建筑师从四合院中提炼了瓦这种典型材料，用非常规的使用和建造方法来组织它们，将传统屋面的瓦拼搭成屏风，其目的是想达到传统和现代的共生与结合。

建筑师通过瓦的不同拼接方式，创作出类似花窗的传统意向的屏风，作为分隔室内空间的半透明墙面，其显现出现代简洁的色彩和传统丰富的肌理（图16-3-13）。

（二）西海边的院子

建筑位于什刹海西海东沿与德胜门内大街之间的一个狭长基地，在德胜门城楼正南方不到四百米，面朝西海一侧，改造后成为三进的院落。较为开敞的后院围墙则演化成为一场材料搭接的实验，在尝试了几种不同材料之后，建筑师以

"筒瓦"作为后院墙材料搭接实验的主体材料。将本用于屋顶排水的筒瓦在旧墙内侧垂直叠放成为围屏，并通过精心控制的细微扭转，使这一原本灰暗的材料在不同光线与角度下呈现出耐人寻味的光影变化（图16-3-14）。

图 16-3-13　京兆尹——瓦的拼搭（来源：舒赫 摄）

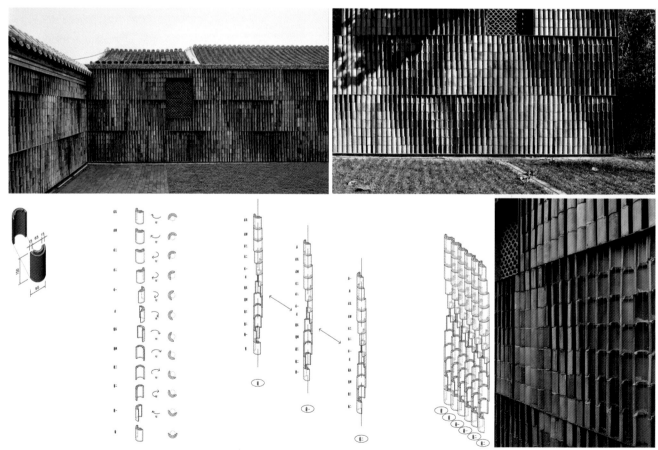

图16-3-14　西海边的院子——瓦的扭转（来源：META-Project 提供）

第四节　传统建构元素与形式的传承创新

建筑的传统建构元素，其表现形式可能是整体继承构造逻辑但使用当代技术的创新方式，或者是在局部对传统架构元素图像化的再使用。前者除了风格和形式上的传承，保留传统建筑的建构内涵，还包括结构、工艺、材料上的创新，更加抽象化、现代化，这里称之为传统建构元素的"创新"；后者多以旧物件的再利用或对传统图样的模仿，进行传统空间意境的渲染，其结构作用已经大大退化，更加装饰化、古典，我们称之为传统建构元素的"继承"。无论是传统建构元素的"创新"还是"继承"，都是在现代建筑的尺度远远大于传统建筑之后，对传统文化的延续，他们都应当遵循一个基本原则，即将传统建构元素作为文化认同的感情寄托，让建筑在时空中与历史产生联系，摒弃无谓的装饰，更恰如其分地诠释传统，从而使建筑产生跨时代的文化共鸣。

一、屋顶

无论是紫禁城中雄伟的殿堂样式、还是胡同街巷中常见的民居形式，传统屋顶都以其丰富的形制、精致的节点、标志性的大体量、特有的曲线等，成为最具代表性的传统建筑的建构元素。现代建筑对传统屋顶建构元素的解析和重新诠释，一直都是传承传统建筑文化、延续古都风貌最常见的做法。

（一）传统屋顶元素的继承

传统屋顶是北京最早得到广泛应用的建构元素，如北京西站候车楼、民族文化宫等。随着现代建筑的尺度不断扩大，建筑师们逐渐意识到，这种传统屋顶嫁接在现代建筑的局部做法，须要考虑传统与现代建筑之间截然不同的比例、建构逻辑和材料使用方式。屋顶与建筑主体之间，逐渐采用更加柔性的连接及过渡，虚实对比，相互融合，或者尝试用现代的建构技术去再现传统屋顶，维持必要的传统建构元素信息，风貌一新。

北京大学图书馆新馆（图16-4-1、图16-4-2）在顶部使用了传统屋顶元素，结构上采用钢筋混凝土结构，增加其与主体的适应性和结构耐久性。而为了更好地处理传统屋顶与现代主体之间不同的比例和建筑语言，在屋顶和主体之间增加了一个虚实过渡的层次，使得屋顶能够产生漂浮感，与主体之间产生柔性的连接。此外，色彩的统一、现代材料的融入、简洁的主体立面以及其方正的体量也使得坡屋顶面貌

图16-4-1　北京大学图书馆新馆（来源：清华大学建筑设计研究院有限公司 提供）

图16-4-2　北京大学图书馆新馆山花悬鱼（来源：清华大学建筑设计研究院有限公司 提供）

一新又不失传统韵味，表达了传统与建筑现代语汇之间的相互融合。

（二）传统屋顶元素的创新

建筑师尤恩伍重曾提取中国传统建筑中"漂浮"的屋顶作为空间意向来创作悉尼歌剧院，他认为传统大屋顶始终给人以向上、上升的空间感受与文化内涵。在现代建筑中，这种对传统建筑建构元素的抽象、感性的认识，恰好可以有效地转译为现代建筑空间语言。在北京，类似的案例有钓鱼台国宾馆芳菲苑、大葆台汉墓展览馆、炎黄艺术馆等。

钓鱼台国宾馆芳菲苑（图16-4-3）的坡屋顶位于建筑入口，去除了冗繁的传统屋顶细部装饰，简洁利落地向外出挑，寻找现代与传统的呼应。在屋顶的处理上，建筑使用了新的材料（玻璃、金属板等），深远的屋顶出檐和较大的屋顶比例，消解新功能、新技艺带来的尺度过大的疏离感，让建筑更好地融入传统氛围浓厚的钓鱼台区域。屋顶开阔舒缓、出檐深远、雍容大度，在当代的建筑语境下回应了北京建筑的传统性，并体现了大国风范。

大葆台汉墓展览馆（图16-4-4）是位于京郊的帝王陵遗址博物馆，主要展示地宫原址及出土文物等，建筑在地上

图16-4-3　钓鱼台国宾馆芳菲苑（来源：吴懿 摄）

图16-4-4 大葆台汉墓展览馆（来源：高尚 摄）

部分处理的十分简洁。屋顶被提取为建筑的主要空间要素，下部体量弱化，与传统殿堂式建筑的空间意向如出一辙。建筑虽通体采用混凝土浇筑，但仍能够引发参观者与历史时空的联系，将人带入传统建筑肃穆、质朴的建筑风韵。以最具代表性的屋顶元素，完成传统要素的跨文化喻意。

此外，现代建筑对屋顶元素的传承还可能通过屋顶曲线、空间透明性等建构特点来表达，这些经过提炼的建构特点的抽象化再现，更加符合当代建筑的审美趋向。

二、外檐

斗栱，是传统建筑结构美、形式美一体化的表现，无论从艺术或技术的角度来看，它都足以象征和代表传统建筑的精神和气质。然而，自唐代起斗栱就明确规定不得用于民间，而明清时随着建筑结构技术的进步，斗栱仅作为文化符号象征性地装饰于建筑外檐。这些历史给斗栱增添了传奇色彩，也使得工匠们始终冠以非常慎重的态度去思考和完善它。

无论是故宫主轴线上威严的建筑群，还是老北京四合院的回廊，连续的立柱都是必不可少的建构元素。柱廊本身除了弱化建筑体量、使立面消隐、形成多层次空间，中国人更将柱廊空间视为与自然相遇的生活场所，如颐和园的长廊、四合院的游廊等，这种半室外的空间形式恰好满足了亲近自然的生活诉求。此外，随着近代西洋建筑语言的引入，柱廊也逐渐开始使用在建筑的入口空间，辅助表达建筑空间的仪式感和庄重的氛围。因此现代建筑在对柱廊的使用上，一方面展现传统建筑空间与庭院生活之间的日常性，另一方面也在局部烘托了建筑的仪式感和庄重性。

在北京传统建筑当中，建筑立面随着建筑功能不同通常分为两类：园林建筑的立面多被廊、窗、门扇等通透、柔性、轻质的构件所代替，形成游廊、屏风等，虚化的立面与开敞的室外空间联系着室内与自然，并削弱较大的建筑体量。受到北方严寒气候的影响，更多的传统建筑，尤其以民居建筑为代表，主要采用实墙作为围护结构，起到保温防寒的作用，并形成浑厚端庄的建筑气质。以典型的四合院建筑立面为例，除了最易识别的山墙外，外墙还包括正面窗户下方的槛墙、从台基一直砌筑到屋檐下的后檐墙等，仅在庭院回廊内，保留少量通透的围墙和装饰，而其中传统的山墙墀头还是雕刻花纹细部的重点，装点更多的建筑细节。因此，建筑立面要素在北京的建筑风貌上有多样的变化。

（一）斗栱元素的继承

老北京一直都有将斗栱用于重要的建筑以彰显其重要性及民族性的常用做法，因此斗栱常见于一些传统意向浓郁的新建筑，以及其室内设计当中。北京雁栖湖国际会议中心（图16-4-5、图16-4-6）深刻反思了中国传统建筑文化，将斗栱元素与现代建筑要求结合反应时代特征，其内外都尝试了对

斗栱元素的重现，配合以精致的古典样式的木作装饰，营造了浓郁的传统氛围，是斗栱元素现代传承的典型案例。

（二）斗栱元素的创新

如今，斗栱之于传统建筑的文化内涵被重新审视，建筑师们还是希望能够诠释斗栱真实的结构作用和建构主体的角色，参与到诸如空间、形态、功能和结构的全过程，如同在中国传统建筑中，结构美、形式美、装饰美相统一，结构即形式。这种具备透明性的建构逻辑，正是现代建筑所推崇的。

北京新世界中心（图16-4-7、图16-4-8）在设计上体现："新而旧"的传统文化的创新。层层退韵，向外悬伸，

图16-4-5　北京雁栖湖APEC国际会议中心细部1（来源：王祥东 摄）

图16-4-6　北京雁栖湖APEC国际会议中心细部2（来源：王祥东 摄）

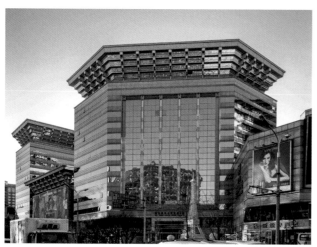

图16-4-7　北京新世界中心大楼（来源：高尚 摄）

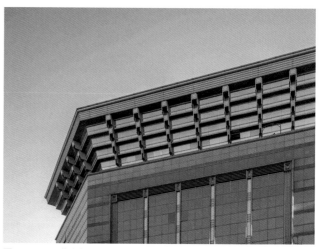

图16-4-8　北京新世界中心大楼檐口细部（来源：高尚 摄）

方格化的细部图像逻辑，并在其间加入通透的玻璃窗，回应传统建筑透明性的建构逻辑。由于其主体立面部分采用简洁的网格处理，与斗栱元素的立面统一，因而避免产生无谓的装饰性，使得建筑在现代的风格中体现传统性。

（三）柱廊元素的继承

受近代西方建筑的影响，新中国成立后北京的重要建筑多借鉴西方建筑语言，采用高耸立柱突出入口空间庄重的仪式感，这种形式适应于作为新中国首都的北京展现大国气质的建筑空间诉求。同时，柱廊其传统空间形式亦普遍存在于老北京市井生活当中。国家博物馆新馆扩建工程（图16-4-9）将主入口处设置的柱廊空间的内涵进一步扩展：前排柱廊在入口处展现巍峨的建筑气质，并通过回廊的形式围合空间在入口处形成庭院，使室内外空间自然过渡，亦引发游览者

图16-4-9 国家博物馆新馆扩建工程柱廊（来源：王恒 摄）

对老北京日常生活场景的共鸣。

（四）柱廊元素的创新

北京建筑大学新校区学生综合服务楼（图16-4-10~图16-4-12）是学生宿舍区内的一座小型公共建筑，建筑室内为无柱大空间，建筑外围则形成类似柱廊的公共空间。柱廊的柱子已从传统的"柱"转化为"短墙"，但它在建构逻辑上依然兼顾了结构作用和场所精神。短墙序列作为柱廊当代建筑语言的转译，一方面为室内无柱空间提供结构上的可能，为立面上的大窗户提供遮阳，为店铺和学生提供半室外的休憩空间；另一方面实现了室内与自然之间不同生活场所的过渡，在空间上延续了老北京柱廊空间所隐含的日常生活场景。这组空间设计在建构逻辑上延续其重要的结构作用，在建筑美学上体现了中国传统建筑亲近自然的审美意象。

（五）外墙元素的继承

"微"杂院位于北京大栅栏片区的茶儿胡同（图16-4-13），建筑师试图对这一曾混居了12户的杂院进行更新改造，重新恢复传统风貌和传统生活氛围，建成一座儿童图书馆和迷你艺术空间。受气候影响，四合院都有敦厚的外墙，较小的外窗，显现出灰砖本真的颜色。微杂院置换了外墙材料，用混凝土代替灰砖，两者色彩、质感相似，最大程度保留了真实、朴素的传统韵味。此外，由于材料和结构技艺的

图16-4-10 北京建筑大学新校区学生综合服务楼（来源：北京市建筑设计研究院有限公司 提供）

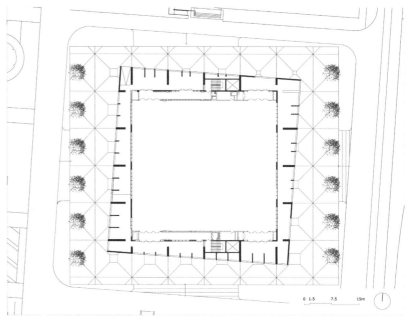

图16-4-11 北京建筑大学新校区学生综合服务楼柱廊空间（来源：北京市建筑设计研究院有限公司 提供）

图16-4-12 北京建筑大学新校区学生综合服务楼平面图（来源：北京市建筑设计研究院有限公司 提供）

图16-2-13 微杂院（来源：标准营造 提供，王子凌 摄）

更新，混凝土外墙能够打破原有单一的外墙界面，通过窗洞处的创新处理，创造出更加灵活多变的使用空间，并且能够适应当代城市生活所需要的新的功能。外墙元素在局部进行更新，而配合原有的传统建筑构件，在革新中依然保留了四合院的传统意象。

（六）外墙元素的创新

长城脚下公社中的竹屋（图16-4-14），以竹序列形成消隐、柔性的通透立面，在公共空间中消除室内外界限，形成质朴、空灵的冥想和休憩空间。建筑的去装饰性是当代建筑师对建筑建构学的普遍共识，包括结构受力方式清晰

图16-4-14 长城脚下公社-竹屋（来源：苏琳琳 摄）

可辨，视觉可读，诚实表达建造过程和节点，忠实遵循材料本性等，都是建筑师尝试表达的建构逻辑。茶室竹立面采用了新的材料样式和建构技艺，是传统园林常用建构要素在现代建筑的再现，在自然和山水之间渲染人与自然亲密互动的空间美学，成为茶室、游廊等的公共空间常采用的经典样式。

三、台基

与传统屋顶相似，台基也有着严格的等级制度，如最低等级的平台式、最高等级的须弥座等。褪去烦琐的传统细部，台基则简化为高台或层层退台，使建筑的入口高于视线，从而烘托出建筑崇高的地位和庄重的气质，也配合漂浮其上的传统大屋顶，完成建筑"向上、向天"的空间意趣。因此，台基这一建构元素辅助现代建筑表达传统性的时候，往往应用于具有纪念意义、庄重氛围的建筑或建筑群，尤其是在首都北京，使用非常广泛。

（一）台基元素的继承

毛主席纪念堂主体呈正方形，外有44根明柱，屋顶有两层飞檐，台基为两层，四周环以汉白玉栏杆（图16-4-15）。由于建筑处于传统建筑风貌完整的故宫主轴线上，因此适宜增

图16-4-15 毛主席纪念堂（来源：北京市建筑设计研究院有限公司 提供）

加必要的古典样式建筑细部，在整体建构逻辑上，更偏向于传统的风貌。为了烘托建筑的崇高性和纪念意义，建筑引用了须弥座台基元素，虽也随时代的文化需求而有所简化，但仍可看作是传统台基的重现。这里的台基，一方面与传统的空间环境相协调，另一方面也是恰如其分地体现了建筑的民族性。

（二）台基元素的创新

在北京有很多具有纪念意义或重要的公共建筑使用台基元素来烘托其重要性和仪式感，如人民大会堂（图16-4-16）、池会所（图16-4-17），其中，台阶作为简化的台

图16-4-16　人民大会堂东立面（来源：王佳怡 摄）

基，因与现代建筑语汇之间契合度较高而被广泛使用。当然，由于现代建筑的体量远远超出传统建筑，台基已不再成为建筑高度的决定性因素，台基在使用上也倾向于作为建筑与环境之间的联系，同时提供重要建筑与道路之间必要的距离感。因此，除了在非常传统的场景下选择重现传统样式的建筑台基外，大多数情况下会将台基转译为多层次台阶，使建筑高于视线，显示出庄重的气质，使边界过渡柔和，表达区别于封建传统的开放态度。池会所位于北池子大街35号院内，东接北池子大街，西临故宫筒子河，属北京旧城25片历史文化保护

区，是西临故宫的重要地段。根据城市规划要求，复建的新建筑应与整体片区和谐统一、体现北京建筑文化的底蕴。建筑采用南北对位的四合院建筑形式，南院为复建的清代俄罗斯文馆，中院和北院为新建的院落。项目在传统四合院格局南北轴线统领与多层递进的空间中，尝试东西两侧不同体量的变化，以适应内部功能的要求，同时在屋架、外檐、山墙、台明等建构方面进行了创新尝试。

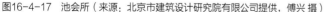

图16-4-17　池会所（来源：北京市建筑设计研究院有限公司提供，傅兴 摄）

第十七章　结语

2014年9月，习近平总书记在"舆论聚焦中国建筑文化缺失"文章上批示："城市建筑贪大、媚洋、求怪等乱象由来已久，且有愈演愈烈之势，是典型的缺乏文化自信的表现，也折射出一些领导干部扭曲的政绩观，要下决心进行治理。建筑是凝固的历史和文化，是城市文脉的体现和延续。要树立高度的文化自觉和文化自信，强化创新理念，完善决策和评估机制，营造健康的社会氛围，处理好传统与现代、继承与发展的关系，让我们的城市建筑更好地体现地域特征、民族特色和时代风貌"。[①] 2015年12月20日至21日，时隔37年的中央城市工作会再次召开，2016年2月6日中共中央国务院印发了《关于进一步加强城市规划建设管理工作的若干意见》，进一步指出，"城市建筑贪大、媚洋、求怪等乱象丛生，特色缺失，文化传承堪忧"。城市建筑乱象丛生，暴露的是扭曲混乱的价值标准和陷入迷茫的文化传承；价值判断的失衡、文化自信的失落、跨文化交流的失语、规划和决策制度的失范，共同酿成了城市建筑的乱象。[②]

泱泱中华、礼仪之邦，千年华夏、源远流长。现代的中国应该不仅是一个经济大国，更应该成为一个文化强国。在冷战后的世界中，全球政治在历史上第一次成为多极的和多文明的。[③] 多元文化对话是当今全球文化的主题。在变化的早期阶段，西方化促进了现代化。在后期阶段，现代化以两种方式促进了非西方化和本土文化的复兴。[④] 社会层面，现代化带来社会整体政治、经济等实力的增强，使人民对本土文化的自信不断增强；个体层面，当传统文化与社会生活断裂，现代化促进异化感出现并导致个体归属感的丧失，因此个体需要从历史传统中寻找文化认同。

城市风貌、建筑形象是一个国家、城市精神文明世界最直观的物质体现。中国建筑市场是世界中心，建筑文化却是一片荒漠，亟需一场回归人文情怀的文化复兴。[⑤] 在当今世界全球化、多元文化对话与交融的背景下，北京作为世界大国首都，作为未来世界级城市群——京津冀城市群的核心城市，作为中国的政治中心、文化中心、国际交往中心、科技创新中心，城市风貌、建筑形象应充分彰显中国作为四大文明古国的文化内涵。在建筑本土文化复兴时期，应该以传统建筑为载体，深入剖析物质实体背后蕴藏的传统文化，在建筑层面发掘中国传统文化精粹并探索现代建筑传承、创新。通过对传统建筑解析与传承的探索助益中国传统文化走到世

① 崔愷. 文化的态度——在中国建筑学会深圳年会上的报告. 建筑学报, 2015.3.
② 张磊, 王全书委员. "奇葩建筑"是缺乏文化自信的表现. 人民政协报, 2015.017版.
③ 塞缪尔·亨廷顿著. 文明的冲突与世界秩序的重建 (修订版). 周琪, 刘绯, 张立平, 王圆译. 北京: 新华出版社, 2018.1.
④ 塞缪尔·亨廷顿著. 文明的冲突与世界秩序的重建 (修订版). 周琪, 刘绯, 张立平, 王圆译. 北京: 新华出版社, 2018.1.
⑤ 王全书. 中国建筑要有文化自信. 人民日报, 2015.023版.

界文化体系对话中去。

中国现代建筑传承中国传统建筑文化，需要跳出具体的形象，在对中国传统建筑文化和审美意识进行深入的、哲学意义上的批判、认识的基础上，进行抽象的思辨和精神的凝练，探索能和现代建筑艺术和审美意识契合的在精神层面上表达中国的建筑创作之路——要做到不是形象上、技术上的，而是精神上、意境上的[①]。研究传统建筑及其传承，并不否定建筑创作创新的主体地位，而是为了在充分树立民族自信与文化自信的基础上，更好地创新，更加巩固中国人参与世界现代发展进程的能力，是中国整个文化层面的问题及其思考，不仅是建筑领域，不仅是北京的问题及

探索。

"中国传统建筑解析与传承"这个主题自中国现代化发展以来便不断有先辈探索研究；面向未来，我们会面对更多样的社会背景、城市发展需求、建筑设计要求等；本书不期望找寻到唯一的标准答案，而是希望可以引发大家的关注与思考，提供一种解题的思路：一个明确的理念——传承传统，一个相对清晰的思考方向——从城市、院落、建筑、建构多层面传承传统，一些优秀的传承策略与建议——百余年探索过程中能体现时代整体特征的、建成的传承中国传统建筑文化的典型项目，为"中国传统建筑解析与传承"这一主题的推进提供助益。

北京传统建筑传承图谱

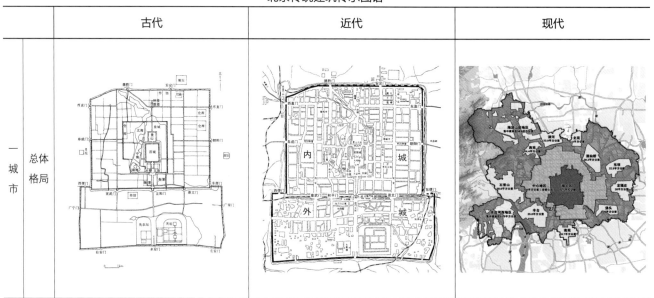

		古代	近代	现代
一城市	总体格局			

---

① 引自"秦佑国教授访谈"。

		古代	近代	现代
一城市	轴线空间		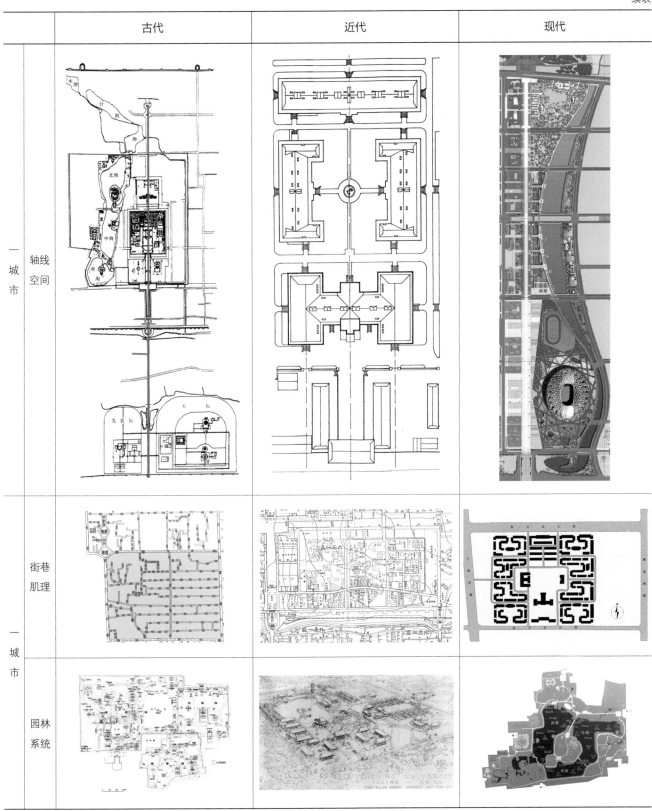	
一城市	街巷肌理			
	园林系统			

续表

		古代	近代	现代
一城市	城郊村落			
二院落	院落围合			
	空间层次			
	中庭设计			

		古代	近代	现代
二院落	景观自然			
三建筑	传统建筑形式继承			
	传统建筑形式演化			
三建筑	传统建筑形式创新			
	传统建筑意境延续			

续表

		古代	近代	现代
四建构	建构逻辑与结构			
	传统材料与工艺			
	建构元素与形式			

附　录

Appendix

上篇：北京古代传统建筑遗存

序号	章	节	项目名称	类型	创建年代	位置	材料结构	文保等级
1		第二节 城门城墙构成的城市轮廓	古观象台	衙署	明~清	东城区建国门内大街2号	夯土包砖	全国重点文物保护单位
2			明北京城墙遗址	城墙	明永乐十八年（1420年）	东城区建国门南大街南端、北京火车站南侧；西城区西二环路及前三门大街	夯土包砖	全国重点文物保护单位
3			正阳门城楼	城门楼	明~清：明正统元年（1436年）建，清光绪二十九年（1903年）重建	天安门广场南端	城台夯土包砖；城楼木结构	全国重点文物保护单位
4	第三章 城市	第三节 中轴线空间序列及比例关系	故宫	宫殿	明~清	天安门广场北侧	主体殿宇为木结构	全国重点文物保护单位（世界文化遗产）
5			景山	园林	明~清	景山西街44号	木结构为主	全国重点文物保护单位
6			北海及团城	园林	明~清	文津街1号（故宫西北面）	木结构为主	全国重点文物保护单位
7			中南海	园林	明~清	故宫西侧	木结构为主	全国重点文物保护单位
8		第五节 作为严整城市规划补充的园林系统	香山静宜园	园林	清	海淀区香山公园	木结构为主，佛塔为砖石结构	全国重点文物保护单位
9			玉泉山静明园	园林	清	海淀区颐和园昆明湖西	木结构为主，佛塔为砖石结构	全国重点文物保护单位
10			颐和园	园林	清	海淀区颐和园路	木结构为主	全国重点文物保护单位（世界文化遗产）
11		第六节 极具功能性的京郊村落	爨底下古山村	古村落	明	门头沟区斋堂镇		全国重点文物保护单位
12			榆林堡	古寨堡	元	延庆县康庄镇		延庆县文物保护单位

序号	章	节	项目名称	类型	创建年代	位置	材料结构	文保等级
13		第二节 院落的平面模数与扩展方式	新开路(新革路)20号四合院	四合院民居	清	东城区新开路（新革路）20号	木结构	北京市文物保护单位
14			蔡元培故居	四合院民居	清	东城区	木结构	北京市文物保护单位
15			西四北六条二十三号四合院	四合院民居	清	西四北六条23号	木结构	北京市文物保护单位
16			崇礼宅	四合院民居	清	东城区东四六条63、65号	木结构	全国重点文物保护单位
17	第四章 院落	第三节 院落的空间序列营造	故宫	宫殿	明~清	天安门广场北侧	主体殿宇为木结构	全国重点文物保护单位（世界文化遗产）
18			天坛	坛庙	明~清	永定门内大街东侧	殿宇为木结构；祭坛为夯土及砖石结构	全国重点文物保护单位（世界文化遗产）
19			太庙	坛庙	明~清	天安门东北侧	木结构	全国重点文物保护单位
20			历代帝王庙	坛庙	明~清	西城区阜成门内大街131号	木结构	全国重点文物保护单位
21			孔庙	坛庙	元	东城区雍和宫大街西侧国子监街3号	木结构	全国重点文物保护单位
22			雍和宫	佛寺	清	东城区雍和宫大街12号	木结构	全国重点文物保护单位
23			十三陵	墓葬	明	昌平区长陵乡、十三陵乡	木结构及砖石结构	全国重点文物保护单位（世界文化遗产）
24			醇亲王墓	墓葬	清	海淀区苏家坨镇妙高峰东麓	木结构及砖石结构	北京市文物保护单位
25			田义墓	墓葬	明	石景山区模式口大街	砖石结构	全国重点文物保护单位
26			恭王府	王府	清	西城区前海西街17号	木结构	全国重点文物保护单位
27			礼士胡同129号	四合院民居	清	东城区礼士胡同129号	木结构	北京市文物保护单位
28			东岳庙	道观	明~清	朝阳区朝阳门外大街141号	木结构	全国重点文物保护单位
29			万寿寺	佛寺	明~清	海淀区紫竹院街道西三环北路18号	木结构	全国重点文物保护单位
30			大觉寺	佛寺	明~清	海淀区苏家坨镇	木结构	全国重点文物保护单位
31			白塔寺	佛寺	元~清	西城区阜成门内大街	殿堂为木结构，塔为砖结构	全国重点文物保护单位

序号	章	节	项目名称	类型	创建年代	位置	材料结构	文保等级
32	第四章 院落	第三节 院落的空间序列营造	碧云寺	佛寺	明	海淀区香山东麓	殿堂为木结构，金刚宝座塔石结构	全国重点文物保护单位
33			潭柘寺	佛寺	金～清	门头沟区潭柘寺镇平原村北	殿堂为木结构，塔林为砖结构	全国重点文物保护单位
34			白云观	道观	明～清	西城区西便门外北滨河路西白云观街路北	木结构	全国重点文物保护单位
35			可园	四合院民居	清	东城区帽儿胡同 7、9、11、13 号	木结构	全国重点文物保护单位
36		第五节 院落空间的整中有变	故宫御花园	园林	明～清	天安门广场北侧	主体殿宇为木结构	全国重点文物保护单位（世界文化遗产）
37			恭王府萃锦园	王府	清	西城区前海西街 17 号	木结构	全国重点文物保护单位
38			白云观云集园	道观	明～清	西城区西便门外北滨河路西白云观街路北	木结构	全国重点文物保护单位
39	第五章 建筑	第二节 程式化亦不乏多样化的立面造型	故宫太和殿	宫殿	明～清	天安门广场北侧	木结构	全国重点文物保护单位（世界文化遗产）
40			故宫中和殿	宫殿	明～清	天安门广场北侧	木结构	全国重点文物保护单位（世界文化遗产）
41			故宫保和殿	宫殿	明～清	天安门广场北侧	木结构	全国重点文物保护单位（世界文化遗产）
42			故宫乾清宫	宫殿	明～清	天安门广场北侧	木结构	全国重点文物保护单位（世界文化遗产）
43			故宫交泰殿	宫殿	明～清	天安门广场北侧	木结构	全国重点文物保护单位（世界文化遗产）
44			故宫坤宁宫	宫殿	明～清	天安门广场北侧	木结构	全国重点文物保护单位（世界文化遗产）
45			故宫钦安殿	宫殿	明～清	天安门广场北侧	木结构	全国重点文物保护单位（世界文化遗产）
46			故宫角楼	宫殿	明～清	天安门广场北侧	木结构	全国重点文物保护单位（世界文化遗产）
47		第三节 基于木结构特性与空间形式的灵活的剖面设计	明长陵棱恩殿	墓葬	明	昌平区长陵乡、十三陵乡	木结构及砖石结构	全国重点文物保护单位（世界文化遗产）
48			国子监辟雍	儒学	明～清	东城区雍和宫大街西侧国子监街孔庙西侧	木结构	全国重点文物保护单位

续表

序号	章	节	项目名称	类型	创建年代	位置	材料结构	文保等级
49	第五章 建筑	第三节 基于木结构特性与空间形式的灵活的剖面设计	北海小西天	园林	明~清	文津街1号（故宫西北面）	木结构	全国重点文物保护单位
50			天坛祈年殿	坛庙	明~清	永定门内大街东侧	木结构	全国重点文物保护单位（世界文化遗产）
51			颐和园德和园大戏楼	园林	清	海淀区颐和园路	木结构	全国重点文物保护单位（世界文化遗产）
52			安徽会馆戏楼	会馆	清	西城区后孙公园17、19、21、23	木结构	全国重点文物保护单位
53			湖广会馆戏楼	会馆	清	西城区虎坊桥西南角，虎坊路3号	木结构	北京市文物保护单位
54			正乙祠戏楼	会馆	清	西城区西河沿281号	木结构	北京市文物保护单位
55			牛街礼拜寺礼拜大殿	清真寺	明~清	西城区广安门内牛街中路88号	木结构	全国重点文物保护单位
56			雍和宫法轮殿	佛寺	清	东城区雍和宫大街12号	木结构	全国重点文物保护单位
57		第四节 基于小木作的灵活分隔的室内空间	智化寺	佛寺	明	东城区禄米仓胡同5号	木结构	全国重点文物保护单位
58			太庙戟门	坛庙	明~清	天安门东北侧	木结构	全国重点文物保护单位
59			故宫宁寿宫乐寿堂	宫殿	明~清	天安门广场北侧	木结构	全国重点文物保护单位（世界文化遗产）
60			故宫养心殿	宫殿	明~清	天安门广场北侧	木结构	全国重点文物保护单位（世界文化遗产）
61			故宫乾隆花园符望阁	宫殿	明~清	天安门广场北侧	木结构	全国重点文物保护单位（世界文化遗产）
62	第六章 建构	第一节 高度标准化、模数化的大木结构	故宫文华门	宫殿	明~清	天安门广场北侧	木结构	
63			社稷坛	坛庙	明~清	天安门西北侧	殿宇为木结构；祭坛为夯土及砖石结构	全国重点文物保护单位
64			天坛祈年殿	坛庙	明~清	永定门内大街东侧	木结构	全国重点文物保护单位（世界文化遗产）
65			太庙戟门	坛庙	明~清	天安门东北侧	木结构	全国重点文物保护单位
66			故宫太和门	宫殿	明~清	天安门广场北侧	木结构	全国重点文物保护单位（世界文化遗产）
67			故宫养心殿	宫殿	明~清	天安门广场北侧	木结构	全国重点文物保护单位（世界文化遗产）
68			太庙井亭	坛庙	明~清	天安门东北侧	木结构	全国重点文物保护单位

序号	章	节	项目名称	类型	创建年代	位置	材料结构	文保等级
69			太庙享殿	坛庙	明~清	天安门东北侧	木结构	全国重点文物保护单位
70		第一节 高度标准化、模数化的大木结构	北海小西天观音殿	园林	明~清	文津街1号（故宫西北面）	木结构	全国重点文物保护单位
71			颐和园佛香阁	园林	清	海淀区颐和园路	木结构	全国重点文物保护单位（世界文化遗产）
72			雍和宫万福阁	佛寺	清	东城区雍和宫大街12号	木结构	全国重点文物保护单位
73		第二节 多样化的砖石结构类型	天安门华表		明	东城区		
74			碧云寺天王殿	佛寺	明	海淀区香山东麓	木结构	全国重点文物保护单位
75			故宫钦安殿	宫殿	明~清	天安门广场北侧	木结构	全国重点文物保护单位（世界文化遗产）
76	第六章 建构	第三节 色彩材质丰富的屋面瓦作	钟楼	城楼	明~清：始建于永乐十八年(1420年)；清乾隆十年（1745年）重建，乾隆十二年(1747年)落成	地安门外大街北端，鼓楼北侧	城台夯土包砖；城楼砖石结构无梁殿	全国重点文物保护单位
77			故宫文渊阁	宫殿	明~清	天安门广场北侧	木结构	全国重点文物保护单位（世界文化遗产）
78			三官阁过街楼		清	门头沟区		北京市文物保护单位
79			故宫御花园万春亭	宫殿	明~清	天安门广场北侧	木结构	全国重点文物保护单位（世界文化遗产）
80			颐和园花承阁琉璃塔	园林	清	海淀区颐和园路	木结构	全国重点文物保护单位（世界文化遗产）
81			天坛皇穹宇	坛庙	明~清	永定门内大街东侧	木结构	全国重点文物保护单位（世界文化遗产）
82			先农坛太岁殿拜殿	坛庙	明~清	西城区永定门外大街西侧，东经路21号	木结构	全国重点文物保护单位
83			北海法轮殿	园林	明~清	文津街1号（故宫西北面）	木结构	全国重点文物保护单位
84		第四节 轻质灵活而多样的小木装修	故宫太和殿	宫殿	明~清	天安门广场北侧	木结构	全国重点文物保护单位（世界文化遗产）
85			故宫翊坤宫	宫殿	明~清	天安门广场北侧	木结构	全国重点文物保护单位（世界文化遗产）

续表

序号	章	节	项目名称	类型	创建年代	位置	材料结构	文保等级
86		第四节 轻质灵活而多样的小木装修	太庙戟门	坛庙	明~清	天安门东北侧	木结构	全国重点文物保护单位
87			故宫奉先殿	宫殿	明~清	天安门广场北侧	木结构	全国重点文物保护单位（世界文化遗产）
88			故宫午门	宫殿	明~清	天安门广场北侧	木结构	全国重点文物保护单位（世界文化遗产）
89			宣南粉房琉璃街65号	四合院民居	清	西城区粉房琉璃街65号	木结构	四合院保护院落
90			恭王府	王府	清	西城区前海西街17号	木结构	全国重点文物保护单位
91			颐和园	园林	清	海淀区颐和园路	木结构为主	全国重点文物保护单位（世界文化遗产）
92	第六章 建构	第五节 建筑装饰	故宫午门	宫殿	明~清	天安门广场北侧	木结构	全国重点文物保护单位（世界文化遗产）
93			故宫太和殿	宫殿	明~清	天安门广场北侧	木结构	全国重点文物保护单位（世界文化遗产）
94			地坛皇祇室	坛庙	明~清	东城区安定门外大街东侧	木结构	全国重点文物保护单位
95			天坛祈年殿	坛庙	明~清	永定门内大街东侧	木结构	全国重点文物保护单位（世界文化遗产）
96			故宫端门	宫殿	明~清	天安门广场北侧	木结构	全国重点文物保护单位（世界文化遗产）
97			十三陵	墓葬	明	昌平区长陵乡、十三陵乡	木结构及砖石结构	全国重点文物保护单位（世界文化遗产）
98			智化寺如来殿万佛阁	佛寺	明	东城区禄米仓胡同5号	木结构	全国重点文物保护单位
99			太庙	坛庙	明~清	天安门东北侧	木结构	全国重点文物保护单位
100			故宫协和门	宫殿	明~清	天安门广场北侧	木结构	全国重点文物保护单位（世界文化遗产）
101			天坛东门	坛庙	明~清	永定门内大街东侧	木结构	全国重点文物保护单位（世界文化遗产）
102			颐和园长廊	园林	清	海淀区颐和园路	木结构	全国重点文物保护单位（世界文化遗产）
103			故宫文渊阁	宫殿	明~清	天安门广场北侧	木结构	全国重点文物保护单位（世界文化遗产）
104			故宫养心殿	宫殿	明~清	天安门广场北侧	木结构	全国重点文物保护单位（世界文化遗产）

序号	章	节	项目名称	类型	创建年代	位置	材料结构	文保等级
105			南锣鼓巷黑芝麻胡同 13 号	四合院民居	清	东城区南锣鼓巷黑芝麻胡同 13 号	木结构	北京市文物保护单位
106			北大吉巷 47 号	四合院民居	清	西城区北大吉巷 47 号	木结构	
107			齐白石故居	四合院民居	清	西城区跨车胡同 13 号	木结构	北京市文物保护单位
108			宣南菜市口东侧宅院	四合院民居	清	西城区宣南菜市口东侧	木结构	
109			碧云寺	佛寺	明	海淀区香山东麓	殿堂为木结构，金刚宝座塔石结构	全国重点文物保护单位
110			翠花街 5 号	四合院民居	清	西城区翠花街 5 号	木结构	西城区文物保护单位
111			美术馆东街 25 号	四合院民居	清	东城区美术馆东街 25 号	木结构	北京市文物保护单位
112	第六章 建构	第五节 建筑装饰	粉房琉璃街 124 号	四合院民居	清	西城区粉房琉璃街 124 号	木结构	
113			贾家胡同 40 号	四合院民居	清	西城区贾家胡同 40 号	木结构	
114			三眼井胡同某门楼	四合院民居	清	东城区三眼井胡同	木结构	
115			东棉花胡同 15 号	四合院民居	清	东城区东棉花胡同 15 号	木结构	北京市文物保护单位
116			故宫漱芳斋	宫殿	明~清	天安门广场北侧	木结构	全国重点文物保护单位（世界文化遗产）
117			天坛皇穹宇	坛庙	明~清	永定门内大街东侧	木结构	全国重点文物保护单位（世界文化遗产）
118			故宫钦安殿	宫殿	明~清	天安门广场北侧	木结构	全国重点文物保护单位（世界文化遗产）
119			故宫雨花阁	宫殿	明~清	天安门广场北侧	木结构	全国重点文物保护单位（世界文化遗产）
120			故宫乾清宫	宫殿	明~清	天安门广场北侧	木结构	全国重点文物保护单位（世界文化遗产）

中篇：北京近代对传统建筑传承变革

序号	章	节	项目名称	创建年代	位置	遗存现状	备注
1		第一节 封建帝都空间的逐渐开放	清农事试验场旧址	1906 年	西城区西直门外大街 137 号	历史遗产得到较好保护	"清农事试验场旧址"为全国重点文物保护单位
2			中山公园（中央公园）	1914 年	东城区中华路 4 号	历史遗产得到较好保护	"中山公园"为全国重点文物保护单位
3			正阳门与箭楼	1915 年改造	东城区前门大街甲 2 号	历史遗产得到较好保护	"北京正阳门"为全国重点文物保护单位
4			王府井大街	20 世纪 20 ～ 30 年代	东城区王府井大街	有少量近现代历史遗存	——
5			前门大栅栏商业街	20 世纪初	西城区大栅栏街	有部分近现代历史遗存	——
6		第二节 传统城市架构的继承与发展	长安街	民国初年	东城区、西城区	有部分近现代历史遗存	——
7			环城铁路	1915 年	东城区、西城区等	不存	——
8	第八章 城市	第三节 近代城市空间及功能的扩展	王府井大街	20 世纪 20 ～ 30 年代	东城区王府井大街	有少量近现代历史遗存	——
9			西单商业街	清末民初	西城区	历史遗存基本无存	"北京市大栅栏商业街区"为全国重点文物保护单位
10			前门大栅栏商业街	20 世纪初	西城区	有部分近代历史遗存，亟待保护	——
11			香厂新市区	民国初年	西城区	历史遗产亟待保护、再利用	——
12			海淀文教区	民国初年	海淀区	历史遗产得到较好保护	"清华大学现存的早期建筑""未名湖燕园建筑群"为全国重点文物保护单位
13			西北郊风景游览区	民国初年	海淀区	历史遗产得到较好保护	——
14			西郊新街市	日本占领时期（1937—1945 年）	海淀区、昌平区、门头沟区、石景山区	历史遗产得到较好保护	——
15			石景山炼铁厂（首钢）	20 世纪上半叶	石景山区石景山路 68 号	历史遗产得到较好保护	——
16		第四节 城乡过渡地带及京郊乡镇的发展	海淀镇	清	海淀区海淀镇	历史遗存基本无存	——
17			长辛店镇	明、清	丰台区长辛店镇	历史遗产亟待保护、再利用	——

续表

序号	章	节	项目名称	创建年代	位置	遗存现状	备注
18	第八章城市	第四节 城乡过渡地带及京郊乡镇的发展	琉璃渠村	清	门头沟区	历史遗产状况不详，调查未及	——
19			南苑	元、明、清	丰台区南苑	历史遗存基本无存	——
20	第九章院落	第一节 传统院落空间的新内容	北京王府井天主教东堂	1905 年	北京市东城区王府井大街 74 号	历史遗产得到较好保护	"东堂"为全国重点文物保护单位
21			北京宣武门南堂	1902 年	西城区宣武门前门西大街 141 号	历史遗产得到较好保护	"南堂"为全国重点文物保护单位
22			北京西什库北堂	1888 年	西城区西什库大街 33 号	历史遗产得到较好保护	"西什库教堂"为全国重点文物保护单位
23			东交民巷使馆建筑群	19 世纪末、20 世纪初	东城区东交民巷	历史遗产得到较好保护	"东交民巷使馆建筑群"为全国重点文物保护单位
24			清末陆军部衙署建筑群	1907 年	东城区张自忠路 3 号	历史遗产得到较好保护	"清陆军部和海军部旧址"为全国重点文物保护单位
25			京师大学堂校园建筑群	20 世纪初	东城区沙滩后街 55 号	历史遗产得到较好保护	"京师大学堂分科大学旧址"为全国重点文物保护单位
26			清华大学校园建筑群	20 世纪初	海淀区双清路 30 号	历史遗产得到较好保护	"清华大学现存的早期建筑"为全国重点文物保护单位
27			燕京大学校园建筑群	20 世纪 20 年代	海淀区颐和园路 5 号	历史遗产得到较好保护	"未名湖燕园建筑群"为全国重点文物保护单位
28			泰丰楼饭庄旧址	20 世纪初	西城区煤市街 33 号	历史遗产尚存，亟待修缮	——
29			前门粮食店街第三旅馆	清末民初	西城区粮食店街	历史遗产尚存，得到保护	——
30			排子胡同 36 号四合院	清末民初	西城区排子胡同 36 号	历史遗产尚存，亟待修缮	——
31			东南园南巷 10 号	20 世纪初	西城区东南园南巷 10 号	历史遗产尚存，亟待修缮	——
32			陕西巷 52 号	20 世纪初	西城区陕西巷 52 号	历史遗产尚存，亟待修缮	——
33			泰安里联排中庭式住宅	20 世纪初	西城区仁寿路 816 号	历史遗产尚存，亟待修缮	——

续表

序号	章	节	项目名称	创建年代	位置	遗存现状	备注
34	第九章 院落	第二节 从四合院到室内中庭建筑	正乙祠（浙江银号会馆）戏楼	19 世纪末、20 世纪初	西城区前门西河沿 220 号	历史遗产得到较好保护	"正乙祠"为北京市文物保护单位
35			德寿堂药店	20 世纪初	西城区珠市口西大街 175 号	历史遗产得到较好保护	"德寿堂药店"为北京市文物保护单位
36			韩家胡同 20 号	20 世纪初	西城区韩家胡同 20 号	历史遗产尚存，亟待修缮	
37			瑞蚨祥	20 世纪初	西城区大栅栏街 18 号	历史遗产得到较好保护	"瑞蚨祥旧址门面"为北京市文物保护单位
38			粮食店街第十旅馆	20 世纪初	西城区粮食店街 73 ~ 77 号	历史遗产得到较好保护	"粮食店街第十旅馆"为北京市文物保护单位
39			中原证券交易所旧址	20 世纪初	西城区西河沿街的 196 号	历史遗产尚存，亟待修缮	
40			劝业场	20 世纪初	西城区廊房头条 17 号	历史遗产得到较好保护	"劝业场旧址"为北京市文物保护单位
41	第十章 建筑	第一节 清末民初的中西合璧建筑	日本公使馆旧馆	1886 年	东城区东交民巷 21 号	历史遗产得到较好保护	"东交民巷使馆建筑群"为全国重点文物保护单位
42			京师大学堂藏书楼		东城区沙滩后街 55 号	历史遗产得到较好保护	"京师大学堂分科大学旧址"为全国重点文物保护单位
43			西什库教堂（北堂）	1888 年	西城区西什库大街 33 号	历史遗产得到较好保护	"西什库教堂"为全国重点文物保护单位
44			京奉铁路正阳门东车站	1906 年	东城区前门大街甲 2 号	历史遗产局部尚存，得到修复与复建	"京奉铁路正阳门东车站"为北京市文物保护单位
45			圆明园西洋楼		海淀区圆明园遗址公园	遗址得到较好保护	"圆明园遗址公园"为全国重点文物保护单位
46			清农事试验场大门旧址	1906 年	西城区西直门外大街 137 号	历史遗产得到较好保护	"清农事试验场旧址"为全国重点文物保护单位
47			清末陆军部衙署主楼旧址	1907 年	东城区张自忠路 3 号	历史遗产得到较好保护	"清陆军部和海军部旧址"为全国重点文物保护单位
48			德寿堂药店	20 世纪初	西城区珠市口西大街 175 号	历史遗产得到较好保护	"德寿堂药店"为北京市文物保护单位
49			瑞蚨祥西鸿记	20 世纪初	西城区大栅栏街	历史遗产得到较好保护	——

续表

序号	章	节	项目名称	创建年代	位置	遗存现状	备注
50	第十章 建筑	第一节 清末民初的中西合璧建筑	廊坊头条 19 号商店	20 世纪初	西城区廊坊头条 19 号	历史遗产尚存立面	——
51		第二节 中体西用思想下中国传统复兴式建筑	中华圣公会教堂	1907 年	西城区佟麟阁路 85 号	历史遗产得到较好保护	"中华圣公会教堂"为北京市文物保护单位
52			协和医学院建筑	1921 年	东城区东单三条 9 号	历史遗产得到较好保护	"协和医院旧址"为全国重点文物保护单位
53			辅仁大学建筑	1930 年	西城区定阜街 1 号	历史遗产得到较好保护	"辅仁大学本部旧址"为全国重点文物保护单位
54			燕京大学校园建筑群	20 世纪 20 年代	海淀区颐和园路 5 号	历史遗产得到较好保护	"未名湖燕园建筑群"为全国重点文物保护单位
55			国立北平图书馆旧址	1931 年	西城区文津街 7 号	历史遗产得到较好保护	"北平图书馆"为全国重点文物保护单位
56		第三节 本土建筑师的中国风格新建筑探索	北京交通银行	1930 年	西城区西河沿街 9 号	历史遗产得到较好保护	"交通银行旧址"为北京市文物保护单位
57			国立清华大学生物馆	1930 年	海淀区双清路 30 号	历史遗产得到较好保护	"清华大学现存的早期建筑"为全国重点文物保护单位
58			仁立地毯公司	1932 年	不存	不存	——
59	第十一章 建构	第一节 结构体系的变革	"乐善园"畅观楼旧址	1898 年	西城区西直门外大街 137 号	历史遗产得到较好保护	"清农事试验场旧址"为全国重点文物保护单位
60			中海海晏堂	1904 年	不存	不存	——
61			中华圣公会教堂	1907 年	西城区佟麟阁路 85 号	历史遗产得到较好保护	"基督教中华圣公会教堂"为全国重点文物保护单位
62			紫禁城延禧宫灵沼轩	1909 年	东城区景山前街 4 号	历史遗产得到较好保护	"故宫博物院"为全国重点文物保护单位
63			京华印书局旧址	1920 年	西城区南新华街 177 号	历史遗产得到较好保护	——
64			北京饭店中楼	1917 年	东城区东长安街 33 号	历史遗产得到较好保护	——
65			国立北平图书馆旧址	1931 年	西城区文津街 7 号	历史遗产得到较好保护	"北平图书馆旧址"为全国重点文物保护
66			正乙祠（浙江银号会馆）戏楼	不详	西城区前门西河沿 220 号	历史遗产得到较好保护	"正乙祠"为北京市文物保护单位

续表

序号	章	节	项目名称	创建年代	位置	遗存现状	备注
67		第一节　结构体系的变革	清华大学大礼堂	1917 年	海淀区双清路 30 号	历史遗产得到较好保护	"清华大学现存的早期建筑"为全国重点文物保护单位
68			清华大学体育馆	1919 年	海淀区双清路 30 号	历史遗产得到较好保护	"清华大学现存的早期建筑"为全国重点文物保护单位
69			清华大学体育馆扩建	1931 年	海淀区双清路 30 号	历史遗产得到较好保护	"清华大学现存的早期建筑"为全国重点文物保护单位
70			北平真光剧场（今中国儿童剧场）	1936 年	东城区东安门大街 64 号	历史遗产得到较好保护	——
71	第十一章　建构	第二节　材料与工艺的传承和发展	中原证券交易所旧址	20 世纪初	西城区西河沿街的 196 号	历史遗产尚存，亟待修缮	——
72			中华圣公会教堂	1907 年	西城区佟麟阁路 85 号	历史遗产得到较好保护	"中华圣公会教堂"为北京市文物保护单位
73			北京宣武门南堂		西城区宣武门前门西大街 141 号	历史遗产得到较好保护	"南堂"为全国重点文物保护单位
74			清末陆军部衙署旧址	1907 年	东城区张自忠路 3 号	历史遗产得到较好保护	"清陆军部和海军部旧址"为全国重点文物保护
75		第三节　形式与装饰的模仿和创新	北京王府井天主教东堂	1905 年	北京市东城区王府井大街 74 号	历史遗产得到较好保护	"东堂"为全国重点文物保护单位
76			东交民巷使馆建筑群	19 世纪末、20 世纪初	东城区东交民巷	历史遗产得到较好保护	"东交民巷使馆建筑群"为全国重点文物保护
77			清末陆军部衙署旧址	1907 年	东城区张自忠路 3 号	历史遗产得到较好保护	"清陆军部和海军部旧址"为全国重点文物保护
78			榆树巷 1 号（怡香园旧址）	20 世纪初	西城区榆树巷 1 号	历史遗产尚存，亟待修缮	——
79			燕京大学校园建筑群	20 世纪 20 年代	海淀区颐和园路 5 号	历史遗产得到较好保护	"未名湖燕园建筑群"为全国重点文物保护
80			国立北平图书馆主楼旧址	1931 年	西城区文津街 7 号	历史遗产得到较好保护	"北平图书馆"为全国重点文物保护

下篇：北京现代对传统建筑传承创新

序号	章	节		项目名称	建设时间	位置	备注
1	第十三章 城市	第二节 两轴格局	一、两轴交汇	天安门广场	1914年5月启动改造；1958年，为迎接十周年国庆开始史上最大规模的扩建	东城区东长安街	——
2			二、南北轴线	中轴线	元朝始建，1949年后陆续延伸建设		2016年的北京市两会上，"推动中轴线申遗"被正式写入政府工作报告
3			三、东西轴线	长安街	明永乐十八年（1420年）始建，1953年开始陆续延伸建设	天安门以南的东西轴线	——
4		第三节 环路嵌套	一、环路格局	环路路网	1992年9月二环路全线建成开始，陆续建设	二环路建在北京外城城墙位置上，以二环路为原点，逐渐向外拓展形成单中心圈层式	——
5			二、环状绿隔规划	环状绿隔	2007年规划建设	第一道绿化隔离地区位于中心城的中心地区与边缘集团之间；第二道绿化隔离地区位于一绿和市区边缘集团外界至规划六环路外侧	——
6		第四节 街巷肌理	一、传统街巷保护	大栅栏街区	2003年改建	前门大街	历史商业区
7				王府井街	1998年改建	东城区	历史商业街
8				琉璃厂街	1979年改建	西城区	历史文化街市
9			二、方格网肌理延续	海运仓危改小区	2002年9月启动	东城区	位于古都风貌保护区范围内
10				南池子历史文化保护区	2002年5月启动	东城区	北京市政府公布的历史风貌保护区
11				百万庄小区	1953年建成	西城区百万庄大街	——
12			三、单位大院	北京国棉厂	1953—1957年	朝阳区八里庄	从东郊十里堡到慈云寺东，自东向西先后建设
13				北京交通大学	1951年10月搬迁至此	海淀区西直门外上园村3号院	——
14			四、内向型居住区	万科西山庭院	2004年竣工	海淀区京密引水渠畔	——

续表

序号	章	节		项目名称	建设时间	位置	备注
15	第十三章　城市	第四节　街巷肌理	四、内向型居住区	观唐云鼎别墅区	2008 年竣工	密云云佛山畔	——
16		第五节　公共园林	一、借用历史遗存遗迹	皇城根遗址公园	2001 年 3 月启动	东城区，北起地安门东大街，南至东长安街	在明清北京皇城东墙的原位置上建设
17				金中都公园	2002 建为"丰宣公园"，2013 年改造更名为"金中都公园"	西城区菜户营桥东北角	坐落在金中都城内的部分遗址上
18			二、运用传统理念建造	园博园北京园	2011 年 3 月启动	丰台区境内永定河畔绿色生态发展带	——
19		第六节　城郊村落	一、传统村落空间格局的传承	水峪村	明末清初兴盛，至今有 100 余座明清四合院	房山区南窖乡	2011 年入选第六批中国历史文化名村，2012 年入选第一批中国传统村落，后入选了北京市第一批传统村落修缮改造试点村
20				灵水村	辽金时代形成，至今保留有大量明清寺庙、民居	门头沟区斋堂镇	2005 年 11 月入选第二批中国历史文化名村，后入选北京市第一批传统村落修缮改造试点村
21			二、传统村落风格特征的再生	梨花村	2006 年新农村建设形成今棋盘式格局	大兴区庞各庄	市级民俗旅游村
22				司马台村	2010 年 7 月整体搬迁改造	密云区古北口镇	北京美丽乡村联合会会员村
23	第十四章　院落	第一节　院落围合	一、内向的空间组织方式	北京友谊宾馆	1954 年建设开业，1958 年竣工，2002 局部翻修	海淀区中关村南大街 1 号	2016 年 9 月入选首批中国 20 世纪建筑遗产名录
24				中信国安会议中心	2005 年设计，2008 年竣工	平谷区大华山镇西峪水库南岸	——
25			二、模糊的内部界面	"秀"吧	2006 年设计，2009 年竣工	朝阳区建国门外大街 2 号北京银泰购物中心 6 层	——
26				四分院	2014 年设计，2015 年竣工	西城区	
27			三、逐渐开放的外部界面	中国国家科学图书馆	1999 年设计，2002 年竣工	海淀区北四环西路 33 号	——

序号	章	节		项目名称	建设时间	位置	备注
28		第一节 院落围合	三、逐渐开放的外部界面	奥林匹克中心区下沉花园2号院	2007年设计，2008年竣工	奥林匹克中心区	——
29				德胜尚城	2002~2003年设计，2005年竣工	西城区德胜门外大街，德胜门西北200米	——
30				北京坊	2017年1月建成	西城区煤市街至廊坊头条的北京坊片区	——
31		第二节 空间层次	一、空间递进	北京菊儿胡同	1992年竣工	东城区南锣鼓巷片区菊儿胡同	2016年9月入选首批中国20世纪建筑遗产名录
32				奥林匹克下沉花园景观设计	2005~2006年设计，2008年竣工	奥林匹克中心区	——
33	第十四章 院落		二、空间延展	香山饭店	1982年	海淀区西山风景区香山公园内	2016年9月入选首批中国20世纪建筑遗产名录
34				大观园酒店	1987~1989年设计，1992年竣工	西城区南菜园街88号/北京大观园西北角	获选20世纪80年代北京十大建筑
35				中国园林博物馆	2010~2012年设计，2013年竣工	丰台区园博园西北角	——
36				北京时间博物馆	2010~2015年设计	东城区鼓楼东大街及地安门外大街交汇处	——
37			三、空间时序	旬会所	2008年设计，2010年竣工	东四环百子湾路口	——
38				西海边的院子	2013年设计，2013年竣工	西城什刹海西海东沿与德胜门内大街之间	——
39				曲廊院	2013~2014年设计，2015年竣工	东城区东四十一条25号	——
40		第三节 中庭设计		中国银行总部	1995~1998年设计，2000年竣工	西城区复兴门内大街和西单北大街交汇处的西北角	——
41				香山饭店	1982年	海淀区西山风景区香山公园内	2016年9月入选首批中国20世纪建筑遗产名录
42		第四节 景观自然		如园景观设计	2011年6~7月设计，2011年12月竣工	西北郊百望山下	——
43				京兆尹素食餐厅	2011~2012年设计，2012竣工	东城区五道营胡同2号，毗邻雍和宫和国子监	——

续表

序号	章	节		项目名称	建设时间	位置	备注
44	第十四章 院落	第四节 景观自然		红砖美术馆庭院部分	2007 年设计，2012 年竣工	顺义区孙河乡顺白路一号地国际艺术园	——
45				罗红摄影艺术馆	2016 年开放	顺义区机场高速杨林大道出口 200 米	——
46	第十五章 建筑	第一节 传统建筑形式的继承	一、整体空间的继承	颐和安缦酒店	2008 年开业	海淀区颐和园宫门前街 1 号，颐和园东门	其中保留了部分历史建筑
47				"秀"吧	2006 年设计，2009 年竣工	朝阳区建国门外大街 2 号银泰中心裙房顶层	——
48				京兆尹素食餐厅	2011~2012 年设计，2012 竣工	东城区五道营胡同 2 号，毗邻雍和宫和国子监	——
49				钓鱼台国宾馆十八号楼	1959 年	钓鱼台国宾馆内	获选 20 世纪 50 年代北京十大建筑。2016 年 9 月入选首批中国 20 世纪建筑遗产名录
50			二、外部形式的继承	北京时间博物馆	2010~2015 年设计	东城区鼓楼东大街及地安门外大街交汇处	——
51				前门商业街改造	2003~2017 年	位于北京中轴线南部，北起前门月亮湾，南至天桥路口	前门商业街的改造是近年来中心城区最大的老城街区保护与改造工程，在不同阶段、不同区域持续进行
52				国子监艺术酒店	2009~2014 年设计	国子监街南侧	位于北京重要历史文化保护区
53				前门四合院改造	2016 年 11 月	前门商业区东侧	位于北京重要历史文化保护区
54		第二节 传统建筑形式的演化	一、以屋顶作为典型特征传承演化	民族文化宫	1959 年建成并开放	西长安街北侧	获选 20 世纪 50 年代北京十大建筑，2016 年 9 月入选首批中国 20 世纪建筑遗产名录
55				北京友谊宾馆	1954 年建设开业，1958 年竣工，2002 局部翻修	海淀区中关村南大街 1 号	2016 年 9 月入选首批中国 20 世纪建筑遗产名录
56				中国美术馆及其改造装修工程	1962 年竣工，改造装修工程 2003 年竣工	东城区五四大街，东临美术馆东街，北临黄米胡同	2016 年 9 月入选首批中国 20 世纪建筑遗产名录

续表

序号	章	节		项目名称	建设时间	位置	备注
57		第二节 传统建筑形式的演化	一、以屋顶作为典型特征传承演化	北京西站	1996 年开通运营	丰台区莲花池东路 118 号	——
58				北京大学图书馆新馆	1998 年竣工	北京大学内	——
59			二、以构件作为典型特征传承演化	人民大会堂	1959 年竣工	天安门广场西侧，西长安街南侧	获选 20 世纪 50 年代北京十大建筑，2016 年 9 月入选首批中国 20 世纪建筑遗产名录
60				北京首都剧场	1955 年竣工	王府井大街 22 号	2016 年 9 月入选首批中国 20 世纪建筑遗产名录
61				北京饭店西楼	1954 年建成	东城区长安街	2016 年 9 月北京饭店入选首批中国 20 世纪建筑遗产名录
62				天桥艺术中心	2015 年开业	西城区天桥南大街，西城区南中轴西侧，毗邻天坛与先农坛	——
63	第十五章 建筑	第三节 传统建筑形式的创新	一、精简提炼	中国国家图书馆	1987 年落成	海淀区中关村南大街 33 号	——
64				钓鱼台芳华苑	2014 年建成开放	钓鱼台国宾馆内	——
65				北京雁栖酒店	2014 年落成	怀柔区雁栖湖	——
66				国家开发银行总部办公楼	2013 年竣工	西长安街沿线的复兴门内大街 18 号	——
67				北京城市副中心行政办公区	2018 年 10 月竣工	通州区运河东大街	——
68			二、抽象衍生	丰泽园饭店	1994 年竣工	前门地区西南侧	——
69				炎黄艺术馆	1991 年落成	坐落于北京奥运核心区，朝阳区亚运村慧忠路 9 号	入选第三批中国 20 世纪建筑遗产名录
70				北京雁栖湖国际会议中心	2014 年 3 月建成	怀柔区雁栖湖	——
71		第四节 传统建筑意境的延续	一、空间构型的尺度与韵律	香山饭店	1982 年开业	海淀区西山风景区香山公园内	2016 年 9 月入选首批中国 20 世纪建筑遗产名录

续表

序号	章	节		项目名称	建设时间	位置	备注
72	第十五章 建筑	第四节 传统建筑意境的延续	一、空间构型的尺度与韵律	奥林匹克下沉广场建筑	2008 年竣工	奥林匹克中心区	——
73				德胜尚城	2002~2003 年设计，2005 年竣工	西城区德胜门外大街，德胜门西北 200 米	——
74				中国国家博物馆	1959 年竣工，2011 年新馆开放	天安门广场东侧，东长安街南侧	老馆获选 20 世纪 50 年代北京十大建筑，并于 2016 年 9 月入选首批中国 20 世纪建筑遗产名录
75			二、建筑外观的材质与色彩	天安门观礼台	1954 年建成	天安门前方两侧	2016 年 9 月入选首批中国 20 世纪建筑遗产名录
76				首都博物馆	2006 年开馆	长安街西延长线上、白云路的西侧，复兴门外大街 16 号	——
77				北京首都国际机场 T3 航站楼	2008 年开通运营	顺义区首都国际机场中心广场东侧	获选 21 世纪初北京十大建筑
78				嘉德艺术中心	2017 年落成	东城区王府井大街 1 号	——
79	第十六章 建构	第一节 建构逻辑的传承创新		"秀"吧	2006 年设计，2009 年竣工	朝阳区建国门外大街 2 号北京银泰购物中心 6 层	——
80				国家开发银行总部办公楼	2013 年竣工	西长安街沿线的复兴门内大街 18 号	——
81		第二节 传统结构的传承创新	一、钢木结构	"秀"吧	2006 年设计，2009 年竣工	朝阳区建国门外大街 2 号北京银泰购物中心 6 层	——
82			二、钢筋混凝土结构	中国国家博物馆	1959 年竣工，2011 年新馆开放	天安门广场东侧，东长安街南侧	老馆是中华人民共和国成立十周年北京十大建筑之一，并于 2016 年 9 月入选首批中国 20 世纪建筑遗产名录
83			三、钢结构	似合院	2007 年设计，2007~2008 年建造	奥林匹克中心区	——
84		第三节 传统材料与技艺的传承创新	一、砖的砌筑	红砖美术馆	2007 年设计，2012 年竣工	顺义区孙河乡顺白路一号地国际艺术园	——

序号	章	节		项目名称	建设时间	位置	备注
85			一、砖的砌筑	通州艺术中心门房	——	通州区宋庄镇小堡村	——
86				三影堂摄影艺术中心	2006 年 7 月 ~ 2007 年 6 月设计	朝阳区草场地 155 号	——
87		第三节　传统材料与技艺的传承创新		贵点艺术空间	2007 年设计，2010 年竣工	通州区宋庄镇	——
88			二、木的搭接	二分宅	2000 年 9 月 ~ 2001 年 5 月设计，2002 年 10 月建成	延庆水关长城	——
89				篱苑书屋	2011 年 3 月 ~ 2011 年 10 月建造	怀柔区交界河村智慧谷	——
90			三、瓦的拼贴	京兆尹素食餐厅	2011—2012 年设计，2012 竣工	东城区雍和宫大街	——
91				西海边的院子	2013 年设计，2013 年竣工	西城什刹海西海东沿与德胜门内大街之间	
92	第十六章　建构		一、屋顶	北京大学图书馆新馆	1998 年竣工	北京大学内	——
93				钓鱼台国宾馆芳菲苑	2002 年 5 月竣工	钓鱼台国宾馆	——
94				大葆台汉墓展览馆	1983 年开放	丰台区花乡郭公庄南	——
95		第四节　传统建构元素与形式的传承创新	二、外檐	北京雁栖湖 APEC 国际会议中心	2014 年 3 月建成	怀柔区雁栖湖	——
96				北京新世界中心	1998 年开业	东城区崇文门外大街	获选 20 世纪 90 年代北京十大建筑
97				国家博物馆新馆	1959 年竣工，2011 年新馆开放	天安门广场东侧，东长安街南侧	老馆是中华人民共和国成立十周年北京十大建筑之一，并于 2016 年 9 月入选首批中国 20 世纪建筑遗产名录
98				北京建筑大学新校区学生综合服务楼	2010 年设计，2011 年 12 月建成	大兴区芦求路	——
99				微杂院	2013 年竣工	西城区大栅栏茶儿胡同 8 号	——

序号	章	节		项目名称	建设时间	位置	备注
100	第十六章　建构	第四节　传统建构元素与形式的传承创新	二、外檐	竹屋	2002年4月	G6京藏高速公路53号水关长城出口	——
101			三、台基	毛主席纪念堂	1997年竣工	东城区天安门广场	2016年9月入选首批中国20世纪建筑遗产名录
102				人民大会堂	1959年竣工	北京市天安门广场西侧，西长安街南侧	获选20世纪50年代北京十大建筑之一，2016年9月入选首批中国20世纪建筑遗产名录
103				池会所	2013年竣工	东城区北池子大街35号	——

参考文献

Reference

[1] 《中共中央国务院关于进一步加强城市规划建设管理工作的若干意见》2016.2.21（来源：新华社）。

[2] 《中央城镇化工作会议公报》2013.12.14（来源：新华网）。

[3] 中共中央办公厅国务院办公厅印发：《关于实施中华优秀传统文化传承发展工程的意见》2017.1.25（来源：新华社）。

[4] 中国共产党北京市委员会发布：《中共北京市委关于制定北京市国民经济和社会发展第十三个五年规划的建议》（2015.12.8）。

[5] 2015.4.30中共中央政治局审议通过：《京津冀协同发展规划纲要》。

[6] 北京市编制，1983年7月14日批复：《北京城市建设总体规划方案（1982年）》。

[7] 北京市编制，1993年10月6日批复：《北京城市总体规划（1991年～2010年）》。

[8] 北京市编制，国务院2005年1月27日批复：《北京城市总体规划（2004年～2020年）》。

[9] 北京市编制，2017年9月13日中共中央国务院批复：《北京城市总体规划（2016年～2035年）》。

[10] 夏征农，陈至立. 辞海[M]. 上海：上海辞书出版社，2009.

[11] 侯仁之主编. 北京历史地图集（文化生态卷）[M]. 北京：文津出版社，2013.9.

[12] 侯仁之主编. 北京历史地图集（政区城市卷）[M]. 北京：文津出版社，2013.9.

[13] 王军. 城记[M]. 北京：生活·读书·新知三联书店，2003.

[14] 梁思成，陈占祥等. 梁陈方案与北京[M]. 沈阳：辽宁教育出版社，2005.

[15] 梁思成. 清式营造则例[M]. 北京：清华大学出版社，2006.

[16] 梁思成，中国建筑史[M]. 天津：百花文艺出版社，1998.

[17] 韩光辉. 从幽燕都会到中华国都——北京城市嬗变[M]. 北京：商务印书馆，2011.

[18] 傅熹年. 中国古代建筑工程管理和建筑等级制度研究[M]. 北京：中国建筑工业出版社，2012.

[19] 薛凤旋，刘欣葵. 北京：由传统国都到中国式世界城市[M]. 北京：社会科学文献出版社，2014.

[20] 陈愉庆. 多少往事烟雨中（修订版）[M]. 北京：人民文学出版社，2014.

[21] 傅熹年. 社会人文因素对中国古代建筑形成和发展的影响[M]. 北京：中国建筑工业出版社，2015.

[22] 王光镐. 人类文明的圣殿——北京[M]. 北京：中国书籍出版社，2014.9（2015.10重印）.

[23] 侯仁之著. 北平历史地理. 邓辉等译[M]. 北京：外语教学与研究出版社，2013.11（2015.2重印）.

[24] 邹德侬. 中国现代建筑二十讲[M]. 北京：商务印书馆，2015.

[25] 杨永生编. 张镈：我的建筑创作道路[M]. 天津：天津大学出版社，2011.1.

[26] 侯仁之主编. 北京历史地图集. 政区城市卷[M]. 北京：文津出版社，2013.9.

[27] 侯仁之主编. 北京历史地图集. 文化生态卷[M]. 北京：文津出版社，2013.9.

[28] 朱祖希. 元代及元代以前北京城市形态与功能演变[M]. 广州：华南理工大学出版社，2015.12.

[29] 尹钧科. 北京郊区村落发展史[M]. 北京：北京大学出版社，2001.

[30] 王南. 北京古建筑（上、下册）[M]. 北京：中国建筑工业出版社，2015.

[31] 朱光亚. 建筑与文化关系有感[J]. 建筑与文化，2014（3）.

[32] 王亚钧，路林. 从卫星城到新城——北京城市空间格局的发展与变化[J]. 北京规划建设，2006（5）.

[33] 施卫良，和朝东，胡波，彭珂. 贯彻中央精神，回应时代要求——北京新总规的几个重点[J]. 城市规划，2017（11）.

[34] 施卫良，赵峰. 北京城市总体规划的继承、发展与创新[J]. 北京规划建设，2005（2），73-80.

[35] 王青岚. 当代北京建筑中的传统元素研究[D]. 北方工业大学，2011.

[36] 杜立群. 北京城市总体规划实施评估[J]. 城市管理与科技，2012（5），34-35.

[37] [战国]吕不韦著. 吕氏春秋新校释. 陈奇猷校释[M]. 上海：上海古籍出版社，2002.

[38] [汉]司马迁. 史记[M]. 北京：中华书局，2006.

[39] [汉]周礼. 郑玄注. 陈戍国点校[M]. 长沙：岳麓书社，2006.

[40] [元]熊梦祥. 析津志辑佚[M]. 北京：北京古籍出版社，1983.

[41] [元]陶宗仪. 南村辍耕录[M]. 北京：中华书局，1959.

[42] [明]张爵. 京师五城坊巷胡同集[M]. 北京：北京古籍出版社，1982.

[43] [明]蒋一葵. 长安客话[M]. 北京：北京古籍出版社，1994.

[44] [明]萧洵. 故宫遗录[M]. 北京：北京古籍出版社，1980.

[45] [明]刘侗，于奕正. 帝京景物略[M]. 北京：北京古籍出版社，1983.

[46] [清]孙承泽. 天府广记[M]. 北京：北京古籍出版社，1984.

[47] [清]于敏忠等编纂. 日下旧闻考[M]. 北京：北京古籍出版社，1983.

[48] [清]阙名. 日下尊闻录[M]. 北京：北京古籍出版社，1981.

[49] [清]鸿雪因缘图记. 麟庆著文. 汪春泉等绘图[M]. 北京：北京古籍出版社，1984.

[50] [清]顾炎武. 昌平山水记[M]. 北京：北京古籍出版社，1980.

[51] [清]震钧. 天咫偶闻[M]. 北京：北京古籍出版社，1982.

[52] [清]富察敦崇. 燕京岁时记[M]. 北京：北京古籍出版社，1981.

[53] [清]圆明园四十景图咏. 沈源，唐岱等绘. 乾隆吟诗，汪由敦代书. 北京：世界图书出版公司北京公司. 2005[意]马可波罗著. 马可波罗行纪. 冯承钧译. 上海：上海书店出版社，2001.

[54] 王国维. 观堂集林（外二种）（第三卷艺林三）[M]. 石家庄：河北教育出版社，2001.

[55] 原北平市政府秘书处编. 旧都文物略[M]. 北京：中国建筑工业出版社，2005.

[56] 梁思成. 梁思成全集[M]. 北京：中国建筑工业出版社，2001.

[57] 邓辉，侯仁之. 北京城的起源与变迁[M]. 北京：中国书店，2001.

[58] 北京大学历史系《北京史》编写组. 北京史（增订版）[M]. 北京：北京出版社，1999.

[59] 徐苹芳编著. 明清北京城图[M]. 北京：地图出版社，1986.

[60] 王南. 规矩方圆天地之和[M]. 北京：中国城市出版社，2018.

[61] 徐苹芳. 历史、考古与社会——中法学术系列讲座：论北京旧城街道的规划及其保护. 法国远东学院北京中心编印，2002.

[62] 侯仁之主编. 北京历史地图集[M]. 北京：北京出版社，1988.

[63] 侯仁之主编. 北京城市历史地理[M]. 北京：北京燕山出版社，2000.

[64] 侯仁之著. 燕园史话[M]. 北京：北京大学出版社，2008.

[65] 侯仁之. 北京城的生命印记[M]. 北京：生活·读书·新知三联书店，2009.

[66] 傅熹年. 傅熹年建筑史论文集[M]. 北京：文物出版社，1998.

[67] 傅熹年. 中国古代城市规划建筑群布局及建筑设计方法研究[M]. 北京：中国建筑工业出版社，2001.

[68] 傅熹年. 中国科学技术史·建筑卷[M]. 北京：科学出版社，2008.

[69] 贺业钜. 中国古代城市规划史[M]. 北京：中国建筑工业出版社，1996.

[70] 贺业钜. 考工记营国制度研究[M]. 北京：中国建筑工业出版社，1985.

[71] 刘敦桢主编. 中国古代建筑史（第二版）[M]. 北京：中国建筑工业出版社，1984.

[72] 潘谷西主编. 中国古代建筑史第四卷：元明建筑（第二版）[M]. 北京：中国建筑工业出版社，2009.

[73] 孙大章主编. 中国古代建筑史第五卷：清代建筑[M]. 北京：中国建筑工业出版社，2002.

[74] 李诚主编. 北京历史舆图集（全四卷）[M]. 北京：外文出版社，2005.

[75] 梅宁华，孔繁峙主编. 中国文物地图集·北京分册（上、下册）[M]. 北京：科学出版社，2008.

[76] 王南. 古都北京[M]. 北京：清华大学出版社，2012.

[77] 于杰，于光度. 金中都[M]. 北京：北京出版社，1989.

[78] 陈高华. 元大都[M]. 北京：北京出版社，1982.

[79] 北京市古代建筑研究所，北京市文物局资料信息中心编. 加摹乾隆京城全图[M]. 北京：北京燕山出版社，1995.

[80] 北京市文物研究所. 北京考古四十年[M]. 北京：北京燕山出版社，1990.

[81] 城乡建设环境保护部中国建筑技术发展中心建筑历史研究所编. 北京古建筑[M]. 北京：文物出版社，1986.

[82] 萧默编著. 巍巍帝都：北京历代建筑[M]. 北京：清华大学出版社，2006.

[83] 阎崇年. 中国古都北京[M]. 北京：中国民主法制出版社，2008.

[84] 朱祖希. 营国匠意——古都北京的规划建设及其文化渊源[M]. 北京：中华书局，2007.

[85] 于倬云主编. 紫禁城宫殿[M]. 北京：生活·读书·新知三联书店，2006.

[86] 姜德明编. 北京乎：1919–1949年现代作家笔下的北京[M]. 北京：生活·读书·新知三联书店，2005.

[87] 林语堂著. 京华烟云. 张振玉译[M]. 北京：作家出版社，1995.

[88] 林语堂著. 辉煌的北京. 赵沛林，张钧译[M]. 西安：陕西师范大学出版社，2002.

[89] 王南. 传统北京城市设计的整体性原则. 北京规划建设，2010.3：25～32.

[90] 中国美术全集编辑委员会编. 中国美术全集6 绘画编明代绘画（上）[M]. 北京：文物出版社，1988.

[91] 北京文物精粹大系编委会，北京市文物局. 北京文物精粹大系·石雕卷[M]. 北京：北京出版社，2000.

[92] 曹婉如等编. 中国古代地图集清代[M]. 北京：文物出版社，1997.

[93] 中国国家博物馆编. 中国国家博物馆馆藏文物研究丛书·绘画卷（风俗画）[M]. 上海：上海古籍出版社，2007.

[94] 马兰，李立祥著. 雍和宫[M]. 北京：华文出版社，2004.

[95] 周维权. 中国古典园林史（第二版）[M]. 北京：清华大学出版社，1999.

[96] 张杰. 中国古代空间文化溯源[M]. 北京：清华大学出版社，2012.

[97] 胡丕运主编. 旧京史照[M]. 北京：北京出版社，1995.

[98] 刘阳编著. 三山五园旧影[M]. 北京：学苑出版社，2007.

[99] 华揽洪著. 重建中国——城市规划三十年（1949–1979）. 李颖译. 华崇民编校[M]. 北京：生活·读书·新知三联书店，2006.

[100] 故宫博物院编. 清代宫廷绘画[M]. 北京：文物出版社，2001.

[101] 李孝聪编著. 美国国会图书馆藏中文古地图叙录[M]. 北京：文物出版社，2004.

[102] 北京市规划委员会，北京城市规划学会主编. 长安街：过去·现在·未来[M]. 北京：机械工业出版社，2004.

[103] 中国营造学社. 中国营造学社汇刊[M]. 北京：中国知识产权出版社，2006.

[104] 赵正之. 元大都平面规划复原的研究. 科技史文集（第

2 辑）[M]. 上海：上海科学技术出版社，1999.10：14~27.

[105] 北京市测绘设计研究院编著. 北京旧城胡同现状与历史变迁调查研究（上、下册）. 2005.

[106] 吴建雍等. 北京城市生活史[M]. 北京：开明出版社，1997.

[107] 傅公钺编著. 北京老城门[M]. 北京：北京美术摄影出版社，2001.

[108] 张先得编著. 明清北京城垣和城门[M]. 石家庄：河北教育出版社，2003.

[109] 北京市建筑设计研究院《建筑创作》杂志社主编. 北京中轴线建筑实测图典[M]. 北京：机械工业出版社，2005.

[110] 路秉杰著. 天安门[M]. 上海：同济大学出版社，1999.

[111] 陈平，王世仁主编. 东华图志：北京东城史迹录（上、下册）[M]. 天津：天津古籍出版社，2005.

[112] 王军. 采访本上的城市[M]. 北京：生活·读书·新知三联书店，2008.

[113] 王南. 《康熙南巡图》中的清代北京中轴线意象. 北京规划建设，2007（05）：71~77.

[114] 刘洪宽绘. 天衢丹阙——老北京风物图卷. 北京：荣宝斋出版社，2004.

[115] 摄影艺术出版社编. 北京风光集. 北京：摄影艺术出版社，1957.

[116] 北京东方文化集团北京皇城艺术馆编撰. 帝京拾趣——北京城历史文化图片集. 北京：北京皇城艺术馆，2004.

[117] 朱文一. 空间·符号·城市：一种城市设计理论. 北京：中国建筑工业出版社，1993.

[118] 北京市规划委员会编. 北京历史文化名城皇城保护规划. 北京：中国建筑工业出版社，2004.

[119] 方霖，锐明. 城市及其周边——旧日中国影像[M]. 济南：山东画报出版社，2003.

[120] 万依，王树卿，陆燕贞主编. 清代宫廷生活[M]. 北京：生活·读书·新知三联书店，2006.

[121] 刘畅. 北京紫禁城[M]. 北京：清华大学出版社，2009.

[122] 刘敦桢，梁思成. 清文渊阁实测图说 梁思成全集（第三卷）[M]. 北京：中国建筑工业出版社，2001：109.

[123] 杨新华主编. 南京明故宫[M]. 南京：南京出版社，2009.

[124] 王子林. 紫禁城原状与原创（上下册）[M]. 北京：紫禁城出版社，2007.

[125] 贾珺. 中国皇家园林[M]. 北京：清华大学出版社，2013.

[126] 王贵祥. 北京天坛[M]. 北京：清华大学出版社，2009.

[127] 罗哲文，杨永生主编. 失去的建筑（增订版）[M]. 北京：中国建筑工业出版社，2002.

[128] 李路珂，王南，李菁，胡介中. 北京古建筑地图（上）[M]. 北京：清华大学出版社，2009.

[129] 王南，胡介中，李路珂，袁琳. 北京古建筑地图（中）[M]. 北京：清华大学出版社，2011.

[130] 北京市城市规划管理局编. 北京在建设中[M]. 北京：北京出版社，1958.

[131] 秦风老照片馆编. 徐家宁撰文. 航拍中国 1945：美国国家档案馆馆藏精选. 福州：福建教育出版社，2014.

[132] 南京工学院建筑系. 曲阜孔庙建筑[M]. 北京：中国建筑工业出版社，1987.

[133] 聂石樵主编. 雒三桂、李山注释. 诗经新注[M]. 济南：齐鲁书社，2000.

[134] 清华大学建筑学院编. 颐和园[M]. 北京：中国建筑工业出版社，2000.

[135] 张宝成绘画，张恩荫文字说明. 逝去的仙境——圆明园[M]. 北京：蓝天出版社，2002.

[136] 高巍，孙建华等. 燕京八景[M]. 北京：学院出版社，2002.

[137] 王其亨主编. 古建筑测绘[M]. 北京：中国建筑工业出版社，2006.

[138] 贺业钜等著. 建筑历史研究. 于振生. 北京王府建筑[M]. 北京：中国建筑工业出版社，1992：82~141.

[139] 赵尔巽等. 清史稿[M]. 北京：中华书局，1977.

[140] 王梓. 王府[M]. 北京：北京出版社，2005.

[141] 冯其利. 寻访京城清王府[M]. 北京：文化艺术出版社，

2006.

[142] 窦忠如. 北京清王府[M]. 天津：百花文艺出版社，2007.

[143] 李玉祥，王其钧编. 北京四合院[M]. 南京：江苏美术出版社，1999.

[144] 马炳坚编著. 北京四合院建筑[M]. 天津：天津大学出版社，1999.

[145] 邓云乡. 北京四合院草木虫鱼[M]. 河北教育出版社，2004.

[146] 翁立. 北京的胡同[M]. 北京：北京燕山出版社，1992.

[147] 陈刚，朱嘉广主编. 历史文化名城北京系列丛书[M]. 北京：北京出版社，2004.

[148] 北京市规划委员会编. 北京旧城二十五片历史文化保护区保护规划[M]. 北京燕山出版社，2002.

[149] 北京市规划委员会编. 北京历史文化名城北京皇城保护规划[M]. 北京：中国建筑工业出版社，2004.

[150] 华新民. 为了不能失去的故乡：一个蓝眼睛北京人的十年胡同保卫战[M]. 北京：法律出版社，2009.

[151] 王彬. 北京微观地理笔记[M]. 北京：生活·读书·新知三联书店，2007.

[152] 王南. 北京城市美学研究——重申城市设计的整体性原则[D]. 北京：清华大学建筑学院，2008.

[153] 邓奕，毛其智. 从《乾隆京城全图》看北京城街区构成与尺度分析[J]. 城市规划，2003（10）：58~65.

[154] 邓奕. 北京胡同空间形态演变浅析[M]. 北京规划建设，2005（04）：17~19.

[155] 朱竞梅. 清代北京城市地图的绘制与演进[D]. 北京：北京大学城市与环境学系，2001.

[156] 朱家溍. 故宫退食录[M]. 北京：北京出版社，1999.

[157] 刘敦桢. 中国住宅概说[M]. 天津：百花文艺出版社，2004.

[158] 盛锡珊绘. 老北京·市井风情画[M]. 北京：外文出版社，1999.

[159] 王贵祥，贺从容，廖慧农主编. 中国古建筑测绘十年：（2000—2010）清华大学建筑学院测绘图集[M]. 北京：清华大学出版社，2011.

[160] 王同祯. 寺庙北京[M]. 北京：文物出版社，2009.

[161] 郝慎钧，孙雅乐编著. 碧云寺建筑艺术[M]. 天津：天津科学技术出版社，1997.

[162] 黄春和. 白塔寺[M]. 北京：华文出版社，2002.

[163] 北京市石景山区文物管理所编. 北京法海寺，2001.

[164] 杨亦武. 云居寺[M]. 北京：华文出版社，2003.

[165] 邢一中. 云居寺[M]. 北京：北京出版社，1996.

[166] 国家图书馆善本特藏部编. 北京云居寺石经山旧影[M]. 北京：北京图书馆出版社，2004.

[167] 吕铁钢，黄春和. 法源寺[M]. 北京：华文出版社，2006.

[168] 龙霄飞. 北京皇宫御苑的佛寺与佛堂[M]. 北京：华文出版社，2004.

[169] 张云涛. 北京戒台寺石刻[M]. 北京：北京燕山出版社，2006.

[170] 孙荣芬等. 大觉禅寺[M]. 北京：北京出版社，2006.

[171] 孔祥利. 北京长河史万寿寺史[M]. 北京：荣宝斋出版社，2006.

[172] 汉宝德. 明清建筑二论·斗栱的起源与发展[M]. 北京：生活·读书·新知三联书店，2014.

[173] 郭华瑜. 明代官式建筑大木作[M]. 南京：东南大学出版社，2005.

[174] 马炳坚. 中国古建筑木作营造技术（第二版）[M]. 北京：科学出版社，2003.

[175] 刘大可. 中国古建筑瓦石营法[M]. 北京：中国建筑工业出版社，1993.

[176] 胡汉生. 明十三陵[M]. 北京：中国青年出版社，2007.

[177] 汪建民，侯伟著. 北京的古塔[M]. 北京：学苑出版社，2003.

[178] 王世仁主编. 北京市宣武区建设管理委员会，北京市古代建筑研究所合编. 宣南鸿雪图志[M]. 北京：中国建筑工业出版社，1997.

[179] [意]马可波罗著. 马可波罗行纪. 冯承钧译[M]. 上海：上海书店出版社，2001.

[180] [意]贝纳沃罗著. 世界城市史. 薛钟灵等译[M]. 北京：科学出版社，2000.

[181] [美]刘易斯·查尔斯·阿灵顿著. 古都旧景——65年前外国人眼中的老北京. 赵晓阳译[M]. 北京：经济科学出版社，1999.

[182] [美]埃德蒙·N·培根著. 城市设计（修订版）. 黄富厢，朱琪译[M]. 北京：中国建筑工业出版社，2003.

[183] [美]凯文·林奇著. 城市形态. 林庆怡等译者[M]. 北京：华夏出版社，2003.

[184] [美]刘易斯·查尔斯·阿灵顿著. 古都旧景——65年前外国人眼中的老北京. 赵晓阳译[M]. 北京：经济科学出版社，1999.

[185] [瑞]奥斯伍尔德·喜仁龙著. 北京的城墙和城门. 许永全译[M]. 北京：北京燕山出版社，1985.

[186] [澳]赫达·莫里逊著. 洋镜头里的老北京. 董建中译[M]. 北京出版社，2001.

[187] [英]李约瑟著. 中国之科学与文明（第十册）. 陈立夫主译. 台北：台湾商务印书馆股份有限公司，1977年4月初版. 1985年2月第4版.

[188] [日]冈田玉山等编绘. 唐土名胜图会[M]. 北京：北京古籍出版社，1985.

[189] [日]常盘大定，关野贞著，复旦大学文史研究院编，李星明主编. 中国文化史记（全译本）[M]. 上海：上海辞书出版社，2017.

[190] Sirén, Osvald. The walls and gates of Peking: researches and impressions. London: John Lane, 1924.

[191] Sirén, Osvald. Gardens of China. New York: The Ronald Press Company, 1949.

[192] 中国建筑科学研究院. 宣南鸿雪图志[M]. 北京：中国建筑工业出版社，2002.

[193] 张复合. 北京近代建筑史[M]. 北京：清华大学出版社，2004.

[194] 赖德霖等. 中国近代建筑史[M]. 北京：中国建筑工业出版社，2016.

[195] 赖德霖. 中国近代建筑史研究[M]. 北京：清华大学出版社，2007.

[196] 张复合. 图说北京近代建筑史[M]. 北京：清华大学出版社，2008.

[197] 王亚男，1900——1949年北京的城市规划与建设研究[M]. 南京：东南大学出版社，2008.4.

[198] 唐克扬，从废园到燕园，北京：生活·读书·新知三联书店，2009.08.

[199] 中国建筑设计研究院建筑历史研究所编. 北京近代建筑[M]. 北京：中国建筑工业出版社，2008.

[200] 北京文物局，《北京文物建筑大系》编委会. 北京文物建筑大系：近代建筑[M]. 北京：北京美术摄影出版社，2011.

[201] 李路珂等编著. 北京古建筑地图套装（全三册）[M]. 北京：清华大学出版社，2011.

[202] 北京市古代建筑研究所. 北京古建文化丛书——近代建筑[M]. 北京：北京美术摄影出版社，2014.

[203] 梁思成. 建筑设计参考图集序. 梁思成全集（第六卷）[M]. 北京：中国建筑工业出版社，2001.

[204] 李海清. 中国建筑现代转型[M]. 南京：东南大学出版社，2004.

[205] 朱启钤. 营造论. 暨朱启钤纪念文选[M]. 天津：天津大学出版社，2009.

[206] 张剑葳. 中国古代金属建筑研究[M]. 南京：东南大学出版社，2005.

[207] 董黎. 中国近代教会大学建筑史研究[M]. 北京：科学出版社，2010.

[208] 徐苏斌. 近代中国建筑学的诞生[M]. 天津：天津大学出版社，2010.

[209] 史明正. 走向近代化的北京城[M]. 北京：北京大学出版社，1995.

[210] 业祖润. 北京民居[M]. 北京：中国建筑工业出版社，2009.

[211] 刘亦师. 清华大学校园的早期规划思想来源研究，2013中国城市规划年会会议论文集[C]. 2013.

[212] 刘亦师. 从名园到名校清华学校早期校园景观之形成及其

特征. 风景园林，2005（03）.

[213] 罗森. 清华大学校园建筑规划沿革（1911——1981）[J]. 新建筑，1984（04）.

[214] 吕拉昌，黄茹. 新中国成立后北京城市形态与功能演变[M]. 广州：华南理工大学出版社，2016.

[215] 《中国大百科全书》总编委会. 中国大百科全书（第二版）[M]. 北京：中国大百科全书出版社，2009.

[216] 刘欣葵. 首都体制下的北京规划建设管理[M]. 北京：中国建筑工业出版社，2009.

[217] 李东泉，韩光辉. 1949年以来北京城市规划与城市发展的关系探析——以1949-2004年间的北京城市总体规划为例[J]. 北京社会科学，2013（05）.

[218] 王凯，徐辉. 新时期北京城市规划对策研究[J]. 城市与区域规划研究，2015（03）.

[219] 乔永学. 北京城市设计史纲（1949——1978）[J]. 清华大学，2003（02）.

[220] 杨滔. 空间句法：基于空间形态的城市规划管理[J]. 城市规划，2017（02）.

[221] 朱文一. 跨世纪城市建筑理念之一——从轴线对称到"院套院"[J]. 世界建筑，1997（1）.

[222] 李磊，刘晓明，张玉钧. 二环城市快速路与北京城市发展[J]. 城市发展研究，2014（07）.

[223] 徐匡迪在"中国城市百人论坛2017年会"上的讲话.

[224] 侯仁之接受新华社记者采访时的讲话.

[225] 《城市道路交通规划设计规范》GB 50220-95.

[226] 董瑜. 北京城墙遗址公园建设研究[J]. 北京林业大学，2009（11）.

[227] 国务院批转建设部、文化部关于请公布第二批国家历史文化名城名单报告的通知，1986-12-08.

[228] 贾蓉. 大栅栏更新计划：城市核心区有机更新模式[J]. 北京规划建设. 2014（06）.

[229] 孟庆华，连荔. 结合海运仓危改小区D区设计谈北京旧城区危房改造[J]. 工程建设与设计，2004（07）.

[230] 林楠，王葵. 文化传承与城市发展——北京南池子历史文化

保护区（试点）规划设计[J]. 建筑学报，2003（11）.

[231] 李宏铎. 百万庄住宅区和国棉一厂生活区调查[J]. 建筑学报，1956（06）.

[232] 张艳，柴彦威，周干钧. 中国城市单位大院的空间性及其变化：北京京棉二厂的案例[J]. 国际城市规划，2009（05）.

[233] 孟璠磊，徐彤，石克辉. 高校校园"大院"的空间模式——以北京交通大学为例[J]. 北京交通大学学报，2014（04）.

[234] 史健，阮洪涛，董钿宇. 观唐：对传统居住形态的探讨与实践[J]. 建筑创作. 2008（03）.

[235] 赵兴华. 北京园林史话[M]. 北京：中国林业出版社，2000.01.

[236] 北京建设史书编辑委员会. 建国以来的北京城市建设资料——城市环境[M]. 北京：北京建设史书编辑委员会，1988.03.

[237] 《圆明园四十景图咏》. 乾隆九年（1744年）由宫廷画师唐岱等绘制.

[238] 汉宝德. 中国建筑文化讲座[M]. 北京：生活·读书·新知三联书店，2008.11.

[239] 贾珺，北京私家园林志[M]. 北京：清华大学出版社，2009.12.

[240] 北京市建筑设计研究院有限公司EA4设计所编. 中国园林博物馆[M]. 天津：天津大学出版社，2015.10.

[241] 董豫赣，败壁与废墟：建筑与庭园红砖美术馆[M]. 上海：同济大学，2012.11.

[242] 龙渊，"亚洲最大花园式宾馆"——北京友谊宾馆. 饭店现代化[J]，2004.（4）

[243] 吴钢，张瑛，陈凌. 佳作奖：中信国安会议中心庭院式客房. 世界建筑[J]，2009（2）.

[244] 朱小地. 设计真相——关于银泰中心裙楼屋顶花园酒吧的创作笔记. 建筑学报[J]，2009.11.

[245] 崔愷，逄国伟，张广源. 德胜尚城. 世界建筑[J]，2013（10）.

[246] 祁斌，邹晓霞，下沉花园2号院古木花厅——一个积极的

城市外部空间. 世界建筑[J], 2008（6）.

[247] 陈蝶. 菊儿胡同. 摇曳在传统与现代之间——吴良镛整治北京胡同的成功范例, 中国建设信息[J], 2004（11X）.

[248] 吴良镛. 菊儿胡同试验的几个理论性问题——北京危房改造与旧居住区整治（三）. 建筑学报[J], 1991（12）.

[249] 朱小地, 张果, 任军军. 奥林匹克公园中心区景观设计[M]. 世界建筑, 2008（6）.

[250] 王天锡. 香山饭店设计对中国建筑创作民族化的探讨[J]. 建筑学报, 1981.6.

[251] 何玉如. 传统亦风流. 建筑学报[J], 1994（6）.

[252] 朱小地. "蛰居"之处——北京"旬"会所. 世界建筑[J], 2011（2）.

[253] 王硕, 张婧. 西海边的院子. 建筑学报[J], 2015（10）: 40-44.

[254] 韩文强. 曲廊院修旧与植新. 设计[J], 2016（14）: 60-67.

[255] 薛明. 寓艺术于技术——北京中银大厦设计回顾. 建筑创作[J], 2003（1）: 46-72.

[256] 单伟. 传统文化元素再城市建筑设计上的应用——以北京香山饭店为例[J], 艺术与设计（理论）, 2013（11）: 69-70.

[257] 张永和. 汲取传统的精华——京兆尹素食餐厅. 室内设计与装修[J], 2013（2）: 56-61.

[258] 朱育帆, 姚玉君, 田莹等. 北京五矿万科如园展示区景观设计混搭. 城市环境设计[J], 2013.

[259] 崔愷, 朱小地, 庄惟敏, 朱文俊. 20年后回眸香山饭店[J].百年建筑2003. Z1.

[260] 彭培根, 从贝聿铭的北京"香山饭店"设计谈现代中国建筑之路[J]. 建筑学报, 1980.4.

[261] 刘少宗, 檀馨. 北京香山饭店的庭园设计[J]. 建筑学报, 1983.5.

[262] 董豫赣. 随形制器——北京红砖美术馆设计[J]. 建筑学报, 2013.2.

[263] 张钦楠. 阅读城市[M]. 北京：三联书店出版社, 2004.

[264] 秦佑国. 中国现代建筑的中国表达[J]. 建筑学报, 2004.

[265] 罗哲文, 王振复. 中国建筑文化大观[M]. 北京：北京大学出版社, 2001.

[266] 华揽洪. 传统与现代风格的调和[J]. 建筑创作, 2013.

[267] 刘力. 北京炎黄艺术馆[J]. 建筑学报, 1992.

[268] [德]斯特凡·胥茨, 中国国家博物馆改扩建工程设计[J]. 建筑学报, 2011.

[269] 钟兵, 纪振平. 关乎山水：雁栖酒店建筑设计之一[J]. 北京规划建设, 2015.

[270] 刘勤, 宋焱, 钱江峰. 山水相融：雁栖酒店建筑设计之一[J]. 北京规划建设, 2015.

[271] 从民族传统到中国现代——民族文化宫+民族饭店[J]. 建筑创作, 2017（04）.

[272] 巩剑. 红砖. 红砖美术馆, 2014.

[273] 庄惟敏, 宿利群. 中国美术馆改造装修工程设计[J]. 建筑学报, 2003,（8）.

[274] [美]肯尼斯·弗兰姆普敦著. 建构文化研究——论19世纪和20世纪建筑中的建造诗学. 王骏阳译[M]. 北京：中国建筑工业出版社, 2007.

[275] 塞缪尔·亨廷顿著, 文明的冲突与世界秩序的重建（修订版）, 周琪, 刘绯, 张立平, 王圆译[M]. 北京：新华出版社, 2018.1.

[276] 于水山. 长安街与中国建筑的现代化[M]. 北京：生活·读书·新知, 三联书店, 2016.

[277] 朱祖希. 北京市西城区文物保护研究所, 正阳书局编. 北京城：中国历代都城的最后结晶[M]. 北京：北京联合出版公司, 2018.3.

[278] 业祖润. 北京古山村——川底下[M]. 北京：中国建筑工业出版社, 1999.

[279] 葛虎, 余雪悦. 北京门头沟爨底下古村落, 国家历史文化名城研究中心历史街区调研[J]. 城市规划, 2013, 37（05）: 97-98.

后　记

Postscript

本书历时五年终于付梓。在此期间，北京卷编写组在多方的关注与支持下不忘初心、砥砺前行，深入北京传统建筑解析与传承这一主题，尝试从理论与实践层面、不同角度开启探索之路。

本书由北京市规划和自然资源委员会总体组织，原北京市勘察设计和测绘地理信息管理办公室协调落实，副主任李节严组织，并对书稿内容校审、提供宝贵意见，市场监管处处长侯晓明协调，李慧、车飞、杨健担任课题组织方联系人；获得北京市农业农村局、北京市住房和城乡建设委员会、北京市城市建设档案馆、北京市城市规划设计研究院、北京市测绘设计研究院等机构支持。

本书由北京市建筑设计研究院有限公司总承担，邀请北京市建筑设计研究院有限公司、清华大学建筑学院、北方工业大学建筑与艺术学院相关专家组建编写组共同研究编写。

北京市建筑设计研究院有限公司总建筑师朱小地担任本书编写总负责人，总体指导本书的整体思路、基本原则、编写及其组织，并对全书进行审定。

北京市建筑设计研究院有限公司建筑设计基础研究工作室主任韩慧卿负责编写总体落实，李艾桦担任编写协调人与联系人，两人总体牵头本书编写研究及其组织管理，主要承担了总体框架、模板、汇总、初步审定的工作，主编前言、绪论、下篇院落章节、结语、后记，负责科研与出版管理、策划、梳理、协调工作。

清华大学建筑学院老师王南担任上篇北京古代传统建筑遗存主编人，卢清新参与编写。

北方工业大学建筑与艺术学院副教授钱毅担任中篇北京近代对传统建筑传承变革主编人，清华大学建筑学院博士后李海霞，北方工业大学闫峥、刘强、段晓婷、孟昳然，北京观远咨询有限公司陈凯协助中篇编写。

北京市建筑设计研究院有限公司副总建筑师马泷担任下篇总体特征与建筑章节的主编人，吴懿、侯晟参加主要编写。

中国城市规划设计研究院信息中心副主任杨滔担任下篇城市章节的主编人，北京市建筑设计研究院有限公司建筑设计基础研究工作室田燕国参加主要编写，黄蓉协助编写。

北京市建筑设计研究院有限公司原艺术中心钟曼琳、王恒、王佳怡参加下篇建构章节的主要编写。

在总负责人指导下，总落实人与联系人组织下，编写组内既有专项分工、又通力协作，各主编团队同时参与了本书历次或多次研讨、访谈与调研等工作，讨论确认本书的研究思路，在完整统一的大思路、框架、体例的模式下开展各部分的编写，并为其他相关部分的编写工作提供了素材、建议与协助。

此外，北京建院建筑文化传播有限公司刘江峰协助下篇进行案例梳理与搜集，参加了多次研讨与部分调研工作；原荷兰代尔夫特大学蔡澄参与下篇院落章节的部分编写工作。

编写过程中，相关领域资深专家给予本书持续的关注与指导，衷心感谢孙大章先生作为本书联系专家给予的多次深入细致的指导，崔愷院士、常青院士、庄惟敏院士、陈同滨研究员、朱光亚教授，秦佑国教授、罗德胤副教授、何玉如大师、崔彤大师、邵韦平大师、汪恒总建筑师、业祖润教授、侯兆年研究员、赵之枫教授，还有柳澎副总建筑师、刘方磊副总建筑师、王鹏博士、宓宁总监等给予的专业的建议。

为广泛征求意见，编写组专题拜访了多位专家。衷心感谢马国馨院士、傅熹年院士、庄惟敏院士、孙大章先生、秦佑国教授、单德启教授、陈同滨研究员、业祖润教授、刘小军处长等。

关于北京城市与建筑发展变迁等方面的内容，衷心感谢原北京市规划和自然资源委员会王玮副主任、北京城市规划学会邱跃理事长进行校审并提供宝贵意见。

本书在案例的收集与编写方面尤为慎重，结合专家推荐，并广泛邀请北京地区重要设计机构推荐适合主题的优秀案例，获得大力支持。衷心感谢北京市建筑设计研究院有限公司、中国建筑设计研究院有限公司、清华大学建筑设计研究院有限公司、中科院建筑设计研究院有限公司、中国建筑科学研究院有限公司、非常建筑事务所、北京墨臣建筑设计事务所、维思平建筑设计、齐欣建筑设计咨询有限公司、德国gmp建筑事务所、波士顿国际设计（BIDG）、迹·建筑事务所、奥雷·舍人建筑事务所（OLE）、关肇邺工作室、META-Project、建筑营工作室、朱育帆景观工作室、李晓东工作室、百子甲壹建筑工作室、北京大学董豫赣副教授等众多设计机构、设计师为本书提供了丰富的素材。

本书也获得众多研究机构的大力支持。衷心感谢北京大学城市与环境学院历史地理研究所教授唐晓峰，北京市测绘设计研究院人文地理研究分院院长张宏年、副院长吴飞，北京出版集团为本书绪论提供了重要的地图资料，并协助校审书中涉及的相关北京历史地理信息。

衷心感谢北京市农业农村局村镇建设处处长胡建华，北京市住房和城乡建设科学技术研究所刘辉，北京市门头沟区农村工作委员会丁莹，北京市丰台区住建委刘颖等领导、专家在村落调研方面给予了大力支持。

衷心感谢北京市建筑设计研究院有限公司周凯、张冰雪，中国建筑设计研究院有限公司任浩，清华大学建筑设计研究院有限公司鲍红，中科院建筑设计研究院有限公司王建平，北京清华同衡规划设计研究院有限公司李君洁等协助落实图片资料、素材、工作协助。衷心感谢杨超英、傅兴、张广源、王祥东、赵大海、陈凯、舒赫、李倩怡、高尚、黄源、陈尧、王子凌、曹翼、浅川敏、苏圣亮、苏琳琳、陈溯、张立全、朱勇、Christian Gahl、Iwan Baan、Buro Os、陈鹤、冯畅、张耕、邢宇、徐健、刘玉奎、胡介中、王琼、袁琳、辛惠园、王军、包志禹、王峥英、何淼淼等众多专业摄影师与摄影爱好者为本书提供的精美的照片！

衷心感谢中国建筑工业出版社原总编辑、编审朱象清，艺术设计图书中心主任、编审唐旭，副主任吴绫，编审李东禧，编辑孙硕对本书进行审核校对、排版等工作，进一步提高了本书的整体效果与编写质量。

最后，还要衷心感谢所有为本书编写研究提供过无私帮助、未能一一列出的社会各界人士与机构，你们的无私奉献促进了本书的顺利付梓！

中国优秀传统建筑文化的解析与传承是一个宏大而艰巨的课题，这本书只是漫长研究旅途中的阶段性成果，我们还会继续在此领域深入思考研究！